Friedel Hartmann

Methode der Randelemente

Boundary Elements
in der Mechanik
auf dem PC

Mit 159 Abbildungen

Springer-Verlag Berlin Heidelberg New York
London Paris Tokyo 1987

Dr.-Ing. Friedel Hartmann
Lehrstuhl für Baumechanik-Statik
Universität Dortmund
August-Schmidt-Straße
4600 Dortmund 50

ISBN-13: 978-3-540-17336-6   e-ISBN-13: 978-3-642-82970-3
DOI: 10.1007/978-3-642-82970-3

CIP-Kurztitelaufnahme der Deutschen Bibliothek
Hartmann, Friedel:
Methode der Randelemente: boundary elements in d. Mechanik auf d. PC / Friedel Hartmann.
Berlin; Heidelberg; New York; London; Paris; Tokyo: Springer, 1987.

Vorwort

Die Methode der Randelemente bietet gegenüber den finiten Elementen den Vorteil, daß nur der Rand des Gebiets diskretisiert werden muß, und so das zu lösende Gleichungssystem sehr viel kleiner ist, als bei finiten Elementen. Zudem ist die Genauigkeit der Lösung i.allg. größer. Es erstaunt daher nicht, daß die Methode mehr und mehr das Interesse der Fachwelt findet.

Dieses Buch ist eine Einführung in die Methode. Es wendet sich an Ingenieure, Mathematiker und Physiker, die an einer elementaren und auf die praktischen Aspekte ausgerichteten Darstellung Interesse haben. Behandelt werden u.a. Stäbe, Balken, elastische Membrane, Scheiben, Platten, elastische Körper, die harmonischen und transienten Schwingungen dieser Bauteile und die Kopplung mit finiten Elementen. Häufige Vergleiche mit finiten Elementen und Verweise auf die elementare Mechanik erleichtern den Zugang. Auf die numerischen Details der Methode wird ausführlich eingegangen. Das Buch enthält die vollständigen Einflußmatrizen für die Behandlung von Plattenproblemen (lineare Elemente), Membran- und Scheibenproblemen (quadratische Elemente) und für die Probleme elastischer Körper (lineare Elemente). Die Literatur über Randelemente (boundary elements) nimmt ständig zu. In dem Buch konnte daher nur ein repräsentativer Querschnitt der möglichen Anwendungen dargestellt werden. Viele Dinge sind zudem noch im Fluß. Erfahrung gewinnt man nur durch das Rechnen und mit Randelementen (in ihrer heutigen Form) wird noch nicht sehr lange gerechnet.

Zu dem Buch werden drei Programme zur Lösung von Membran- , Scheiben- und Plattenproblemen angeboten. Sie sind in TURBO-PASCAL geschrieben und laufen auf dem IBM-PC (640 K, 8087 Coprozessor) und kompatiblen Computern.

Ich danke Herrn Dr.-Ing. T. P. Akyol, Herrn Dipl.-Ing. R. Dallmann, Herrn Dr.-Ing. H. Kröner und Herrn Dr.-Ing. M. Ottenstreuer für die Überlassung von Ergebnissen ihrer Arbeiten, Herrn Dipl.-Ing. R. Milnikel für wertvolle Hinweise bei der Programmentwicklung, Frau Middeldorf und Herrn cand. ing. Florian Weller für das Anfertigen der Reinzeichnungen und Frau Dipl.-Ing. Sabine Pickhardt und Herrn Dipl.-Ing. Peter Schöpp für das Korrekturlesen und dem Springer-Verlag für die Aufnahme des Buchs in seine Reihe und für die stets freundliche Zusammenarbeit.

Dortmund, Oktober 1986   Friedel Hartmann

Inhaltsverzeichnis

Einleitung

Wenn man die Randwerte einer linearen Funktion u kennt, dann kann man die Funktion mit dem Lineal zeichnen, s. Abb. 1.

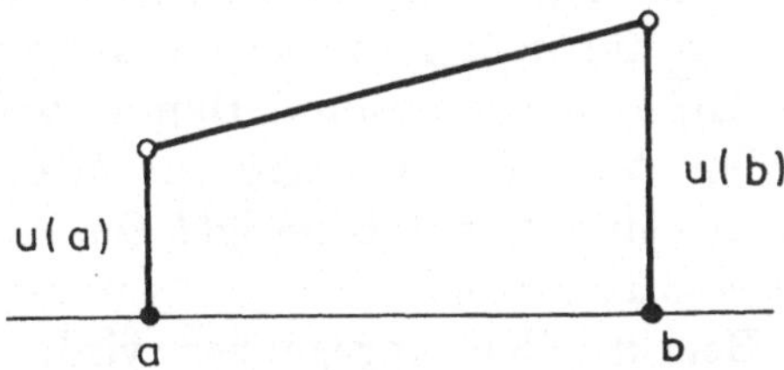

Abb. 1 Eine Gerade ist durch ihre Randwerte eindeutig bestimmt

Dies ist die einfachste Anwendung des Prinzips der Randelemente: Die Randwerte einer Funktion bestimmen den Verlauf der Funktion. In der Sprache der Mechanik lautet dieses Prinzip:

Die Weg- und Kraftgrößen auf dem Rand eines Bauteils und die äußere Belastung bestimmen die Verformungen und Spannungen im Innern eindeutig.

Bei einem Stab, s. Abb. 2, sind die maßgebenden Randdaten z.B. die Verschiebungen und die Normalkräfte,

$$u(0) = u_1, \qquad u(l) = u_2, \qquad N(0) = -f_1, \qquad N(l) = f_2,$$

und die Einflußfunktion für $u(x)$ lautet,

$$u(x) = (1 - x)u_1 + xu_2 + 1/EA\Big\{f_1 + [(1 - l)x + 1]f_2$$
$$+ \int_0^x p(y)[(1 - x)y + 1]dy + \int_x^l p(y)[(1 - y)x + 1]\,dy\Big\}. \qquad (1)$$

Eine solche Einflußfunktion gleicht einem programmierbaren Kurvenlineal, das

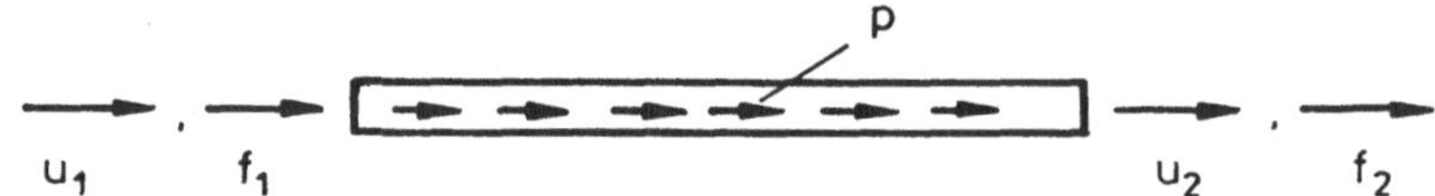

Abb. 2 Die Weg- und Kraftgrößen auf dem Rand eines Stabs und die Längskräfte p

man an den Intervallenden nur an die richtigen Markierungen halten muß, und man erhält die exakte Verschiebung in jedem beliebigen Innenpunkt. Solche Formeln gibt es nicht nur für Stäbe, sondern auch für Balken, Scheiben, Platten etc.. Der Leser ist jetzt vielleicht versucht zu fragen: Warum braucht man dann überhaupt noch Näherungsverfahren, wenn die Dinge so einfach sind, wenn man ja schon fertige Lösungen für alle Bauteile hat? Das Problem besteht darin, daß man nicht alle die Randdaten kennt, die man zum Anlegen des 'Kurvenlineals', d.h. zur Konstruktion der Einflußfunktion, benötigt. Von zwei konjugierten Größen auf dem Rand ist nämlich immer nur eine vorgeschrieben. Die andere Größe ist unbekannt. Damit stellt sich die Frage: Wie erhält man die fehlenden Weg- und Kraftgrößen auf dem Rand, die man für die Anwendung der Einflußfunktionen benötigt? Die Antwort lautet: *Mit den Kopplungsbedingungen auf dem Rand.*

Bevor auf diesen Begriff näher eingegangen wird, sei daran erinnert, wie man mit finiten Elementen mechanische Probleme löst.

Die Längsverschiebung u des Zugstabs in Abb. 3 mit linearen finiten Elementen zu approximieren heißt, das Verformungsverhalten des Zugstabs zu restringieren. Man erlaubt dem Zugstab nur noch solche Verformungszustände

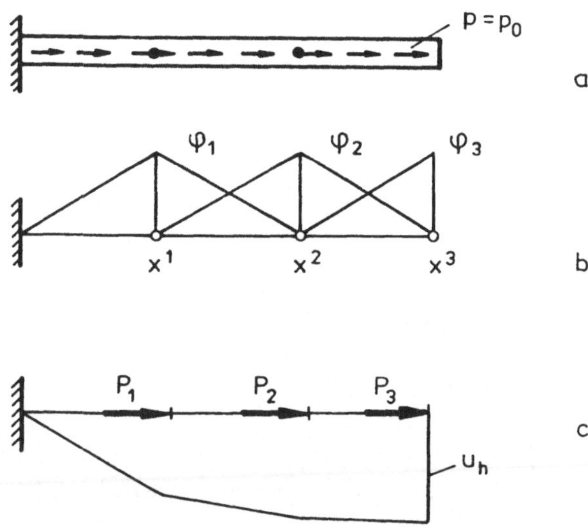

Abb. 3 a-c. Lösung eines Stabproblems mit finiten Elementen; b die drei Ansatzfunktionen; c die Näherungslösung u_h

$$u_h = \sum_{i=1}^{3} u_i \varphi_i(x) \, ,$$

anzunehmen, die sich durch die drei stückweise linearen Ansatzfunktionen darstellen lassen. Ein solcher Stab aber, dessen Längsverschiebung u stückweise linear verläuft, ist ein Stab, der allein durch Knotenkräfte belastet wird. Zu jeder möglichen Wahl der Knotenverschiebungen u_i gehören daher drei bestimmte Knotenkräfte P_k. Diese sind den Sprüngen der Normalkraft $N_h = EAu_h''$ der FE-Lösung in den Knoten x^k gleich.

Die Knotenverschiebungen u_i werden nun so bestimmt, daß die potentielle Energie

$$\Pi_1(u_h) = \frac{1}{2} \int_0^l EA(u_h')^2 \, dx - \int_0^l pu_h \, dx$$

zum Minimum wird. Dies ist, wie man zeigen kann, äquivalent mit der Forderung, daß die FE-Lösung u_h sich so einstellen soll, daß die Arbeit der Knotenkräfte P_k auf den Wegen der drei möglichen virtuellen Verrückung φ_i gleich der Arbeit der wahren äußeren Kräfte p auf denselben Wegen ist, daß also für die drei Knotenkräfte P_k gelten soll

$$\sum_{k=1}^{3} P_k \varphi_i(x^k) = \int_0^l p \varphi_i \, dx \, , \qquad i = 1, 2, 3$$

Wenn man die FE-Kräfte virtuell verrückt, dann sollen diese dabei dieselbe Arbeit leisten, wie die wahren Kräfte.

Wie löst man nun dasselbe Problem mit Randelementen? Zuerst sei bemerkt, daß man die Lösung eigentlich schon kennt, denn die oben angegebene Einflußfunktion

$$u(x) = (1 - x)u_1 + xu_2 + 1/EA\Big\{ f_1 + [(1 - l)x + 1]f_2$$
$$+ p_o[l(x + 1) - \frac{1}{2}(x^2 + xl^2)] \Big\}$$

ist die Lösung. Die Funktion (1) ist nicht nur die Längsverschiebung des Stabs in Abb. 3, sondern die Längsverschiebung *aller* Stäbe unter allen nur denkbaren Belastungen. Ein Fachwerkstab, eine Eisenbahnschiene, ein Zugband, sie alle besitzen *dieselbe* Lösung, die Funktion $u(x)$ in (1). Wo ist dann das Problem? Betrachten wir die Funktion $u(x)$ genauer: Um die Verschiebung $u(x)$ für einen Punkt x ausrechnen zu können, muß man — neben der äußeren Belastung p, die man ja immer kennt — die Endverschiebungen und die Endkräfte des Stabs

$$u_1 = 0, \qquad u_2 = ?,$$
$$f_1 = ?, \qquad f_2 = 0$$

kennen, und dies sind zwei Werte zuviel. Auf Grund der Lagerbedingungen ist zwar bekannt, daß links die Verschiebung Null ist, $u_1 = 0$, und rechts die Stabendkraft $f_2 = 0$, aber es ist nicht bekannt, wie groß die Verschiebung am rechten freien Ende $u_2 = ?$ und die Lagerkraft am linken Ende $f_1 = ?$ ist.

Was tun? Nun, zuerst schneiden wir den Stab einmal frei, s. Abb. 4, damit auch die versteckte, unbekannte Größe f_1 sichtbar wird, und dann erinnern wir uns an den Satz von Betti. Dieser besagt, daß die gegenseitigen äußeren Arbeiten zweier Gleichgewichtszustände gleich groß sind,

$$A_{1,2} = A_{2,1} \,.$$

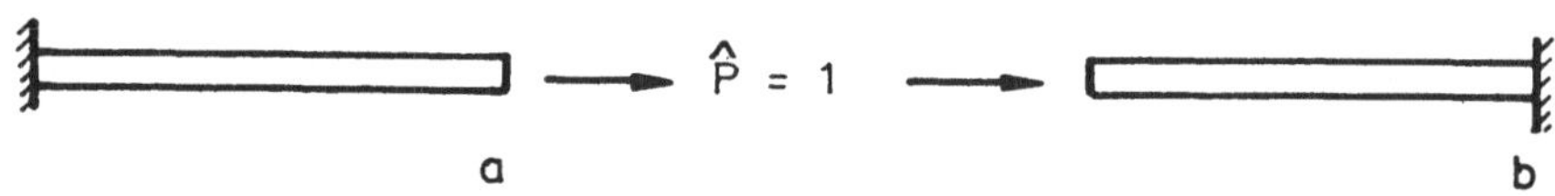

Abb. 4 Die unbekannten Randwerte

Nehmen wir an, wir kennen zwei weitere Gleichgewichtszustände des Stabs. Wir wüßten, etwa, wie groß die Verformungen und Schnittkräfte des Stabs sind, wenn eine Einzelkraft am rechten Stabende zieht, und, — das ganze vertauscht — eine Einzelkraft auf das linke Stabende drückt, s. Abb. 5a und b. Von diesen beiden Gleichgewichtszuständen weist zwar nur der linke dieselben Lagerbedingungen auf, wie der interessierende Stab. Dies ist aber für den Satz von Betti unerheblich. Bevor der Satz von Betti formuliert wird, werden die Tragwerke immer von ihren Lagern freigeschnitten, damit die Lagerkräfte — diese sind ja auch äußere Kräfte — nicht vergessen werden.

Abb. 5 Kontrollzustände

Nennen wir diese Gleichgewichtszustände $2a$ und $2b$. Der gesuchte Zustand sei der Zustand 1. Nun wird der Satz von Betti insgesamt zweimal formuliert. Beim erstenmal ist der Zustand 2 der Zustand $2a$ und beim zweitenmal der Zustand $2b$. Wir erhalten so zwei Gleichungen

$$A_{1,2a} = A_{2a,1} \,,$$
$$A_{1,2b} = A_{2b,1}$$

in denen die unbekannte Endverschiebung u_2 und die unbekannte Auflagerkraft

f_1 vorkommen, denn diese sind ja an den äußeren Arbeiten beteiligt. Dies gibt uns nun umgekehrt eine Möglichkeit, die Unbekannten u_2 und f_1 zu bestimmen. Zwei Gleichungen und zwei Unbekannte — das geht genau auf.

Nun soll die Methode etwas vereinfacht werden. Es wäre sehr mühsam — und bei mehrdimensionalen Problemen auch undenkbar — erst jedesmal den Lastfall: Einzelkraft am linken bzw. rechten Ende zu lösen, um sich Gleichgewichtszustände zu verschaffen, mit denen man die Einhaltung des Gleichgewichts des Zustands 1 kontrollieren kann. Man bräuchte einen Vorrat an Gleichgewichtszuständen, die man in allen Situationen einsetzen kann. Hier empfehlen sich die Gleichgewichtszustände eines unendlich langen Stabs unter dem Angriff einer Einzelkraft, s. Abb. 6.

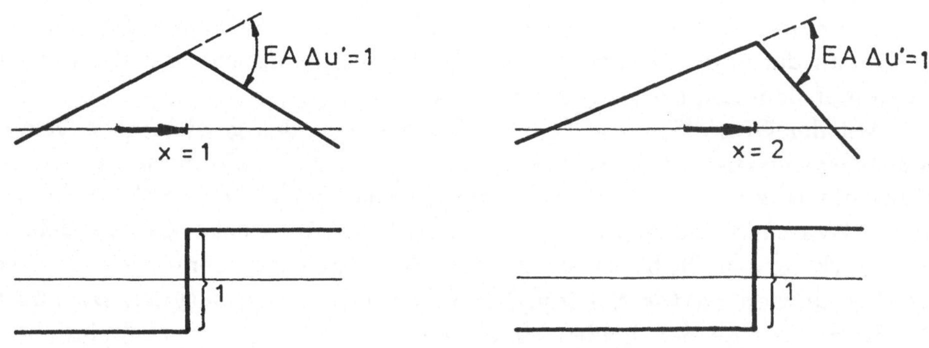

Abb. 6 Die Normalkraft springt im Aufpunkt um den Wert 1

Wenn an einem Stab eine Einzelkraft $\hat{P} = 1$ angreift, dann verläuft die Längsverschiebung u links und rechts vom Angriffspunkt linear, s. Abb. 6, (die horizontale Verschiebung u wurde vertikal zum Stab abgetragen), und im Aufpunkt hat die Verschiebung einen Knick. Wenn nun der Stab unendlich lang ist, dann bedeutet dies einfach nur, daß man die beiden Äste nach links und rechts ins Unendliche weiterlaufen läßt. Daß so im Unendlichen dann auch die Verschiebung u Unendlich wird, stört nicht. An diesen unendlich fernen Punkten sind wir gar nicht interessiert. Uns interessiert nur das Verhalten in der Nähe des Aufpunkts. Auch der Einwand, daß in den Lagern, also im Unendlichen, die Verschiebung Null und im Mittelteil, etwa dort, wo die Kraft angreift, die Verschiebung unendlich groß sein muß, berührt uns nicht, denn wir können uns immer vorstellen, daß wir von u die 'Konstante' ∞ abziehen. Wo der Nullpunkt der Verschiebungsskala liegt, ist gleichgültig.

Die Längsverschiebung eines unendlich langen Stabs unter dem Angriff einer Einzelkraft in einem Punkt x ist also eine stückweise lineare Funktion mit einem Knick im Aufpunkt. Der analytische Ausdruck für solch eine Funktion mit Knick lautet

$$g_0(y,x) = \frac{1}{EA} \begin{cases} (1-x)y + 1, & y \leq x, \quad \text{(links von der Kraft)}, \\ (1-y)x + 1, & x \leq y, \quad \text{(rechts von der Kraft)}. \end{cases} \tag{2}$$

Liegt der Punkt y links von x, dann gilt die obere Formel, liegt er rechts von x, dann die untere Formel.

Die Koordinate x markiert den Aufpunkt, und die Koordinate y ist die Laufvariable, d.h. die Koordinate des Punkts, in dem wir die Verschiebung wissen wollen. Vom Nullpunkt des Koordinatensystems gehen also zwei Skalen aus: Eine Skala x und eine Skala y. Beide Skalen sind identisch, und beide haben denselben Nullpunkt. Auf der Skala x markieren wir die Lage des Aufpunkts, und auf der anderen Skala y die Lage des uns gerade interessierenden Punkts, des Punkts in dem wir die Verschiebung wissen wollen, die die Kraft $\hat{P} = 1$ verursacht.

Die Funktion mit dem Knick $g_0(y,x)$ heißt *Grundlösung*. Allgemeiner versteht man darunter die Verformungsfigur eines unendlichen elastischen Mediums unter dem Angriff einer Einzelkraft.

Mit der Grundlösung $g_0(y,x)$ haben wir nun den gewünschten Vorrat an Gleichgewichtszuständen. Wir brauchen nur den Aufpunkt in zwei verschiedene Punkte, z.B. $x = 1$ und $x = 2$, zu legen und haben so zwei verschiedene Gleichgewichtszustände konstruiert, s. Abb. 6. Jedes Teilstück eines so belasteten unendlich langen Stabs ist für sich im Gleichgewicht, denn die Normalkraft ist, bis auf den Faktor EA, die Neigung der Funktion $g_0(y,x)$. Da nun aber die Neigungen an den beiden Enden einer Geraden gleich groß sind, so sind auch die Normalkräfte entgegengesetzt gleich groß. Aber auch wenn zwischen den Schnitten der Knick liegt, wenn die Linie also gebrochen ist, dann wird man finden, daß die Normalkräfte in den Schnitten der zum Knick gehörigen äußeren Kraft das Gleichgewicht halten.

Fassen wir zusammen: Mit der Grundlösung $g_0(y,x)$ hat man einen unerschöpflichen Vorrat an Gleichgewichtszuständen. So viele Punkte x, so viele Gleichgewichtszustände gibt es, mit denen man kontrollieren kann. Praktisch geht man dabei so vor, daß man die Kraft $\hat{P} = 1$ in so viele Punkte x setzt, wie man Gleichgewichtszustände braucht, und dann jeweils das Teilstück, das nach Größe und Lage mit dem realen Stab übereinstimmt, aus dem unendlich langen Stab herausschneidet.

In der oberen Reihe von Abb. 7 sind die Gleichgewichtszustände angetragen, die wir zuerst vorgeschlagen hatten. Darunter sind zwei mögliche Lastfälle

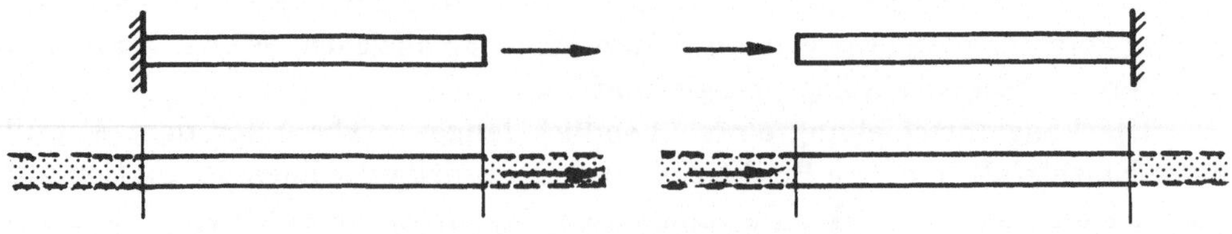

Abb. **7** Alternative Kontrollzustände

des unendlich langen Stabs angezeichnet mit denen man statt dessen kontrollieren kann. Einmal greift die Kraft im Punkt $x = l$ an und einmal im Punkt $x = 0$. Diese Zustände haben gegenüber den ersteren den Vorteil, daß sie sozusagen fertig tabelliert sind. Die Stabendverformungen der Teilstücke kann man direkt aus (2) entnehmen und die Stabendkräfte aus der Formel für die Normalkraft der Grundlösung

$$N_0(y, x) = \begin{cases} (1 - x), & y \leq x, & \text{(links von der Kraft)}, \\ -x, & x \leq y, & \text{(rechts von der Kraft)}. \end{cases}$$

Geht man so vor, formuliert man also den Satz von Betti einmal mit der Grundlösung $g_0(y, x = 0)$ und einmal mit der Grundlösung $g_0(y, x = l)$ und dem unbekannten Zustand, dann erhält man, nach einem kleinen Zwischenschritt, s. Kap. 2, als Resultat das Gleichungssystem

$$\frac{EA}{l} \begin{bmatrix} 1 & -1 \\ -1 & 1 \end{bmatrix} \begin{bmatrix} u_1 \\ u_2 \end{bmatrix} = \begin{bmatrix} f_1 \\ f_2 \end{bmatrix} + \begin{bmatrix} p_1 \\ p_2 \end{bmatrix} \tag{3}$$

dessen Matrix genau die Steifigkeitsmatrix des Stabs ist. Die Komponenten p_i sind die negativen Festhaltekräfte, d.h. die Auflagerdrücke, die die verteilte Belastung p verursacht, wenn beide Stabenden festgehalten werden. Über das Vorzeichen, das die p_i haben müssen, orientiert man sich am einfachsten, indem man die Verschiebungen $u_i = 0$ setzt (feste Einspannung), denn dann muß gelten $f_i = -p_i$. Die Werte p_i sind im übrigen in bautechnischen Handbüchern tabelliert.

Von den insgesamt vier Größen u_i und f_i in (3) sind immer zwei vorgeschrieben und die dazu konjugierten Größen unbekannt. In unserem Fall sind dies

$$u_1 = 0, \qquad u_2 = ?,$$
$$f_1 = ?, \qquad f_2 = 0,$$

und daher kann man aus den zwei Gleichungen ($p_0 = 100$, $l = 4$)

$$\frac{EA}{l} \begin{bmatrix} 1 & -1 \\ -1 & 1 \end{bmatrix} \begin{bmatrix} 0 \\ u_2 \end{bmatrix} = \begin{bmatrix} f_1 \\ 0 \end{bmatrix} + \begin{bmatrix} 200 \\ 200 \end{bmatrix},$$

die zwei Unbekannten bestimmen,

$$u_2 = 0,8 \, \text{m}, \qquad f_1 = -400 \, \text{kN}, \qquad (\frac{EA}{l} = 250).$$

Setzt man diese Werte zusammen mit den bekannten Werten, $u_1 = 0$, $f_2 = 0$, in die Einflußfunktion (1) ein, so erhält man schließlich die gesuchte Stabverschiebung

$$u(x) = 0,4 \, x - 0,05 \, x^2 \quad \text{m}.$$

8

Dieses Verfahren läßt sich bei allen Stäben und allen möglichen Lastfällen anwenden. Was man dazu braucht, ist die Steifigkeitsmatrix des Stabs, die Tabelle der Festhaltekräfte p_i und einen Gleichungslöser (für ein System 2×2).

Der Ingenieur kennt die Beziehung $\boldsymbol{Ku} = \boldsymbol{f} + \boldsymbol{p}$ aus der Literatur gewöhnlich nur in der 'homogenen' Form

$$\boldsymbol{Ku} = \boldsymbol{f},$$

d.h. wenn der Stab lastfrei ist, und Kräfte nur an den Stabenden angreifen. Dies ist aber nur eine verkürzte Formulierung der *Kopplung* zwischen den Stabendverformungen u_i und Stabendkräften f_i, wie sie in der Gleichung $\boldsymbol{Ku} = \boldsymbol{f} + \boldsymbol{p}$ zum Ausdruck kommt.

Jeder Ingenieur weiß, daß man an einem Stab nicht mit einer Kraft P ziehen und gleichzeitig eine Verschiebung u vorschreiben kann, s. Abb. 8. Ist P gegeben, dann ist u eindeutig bestimmt,

$$u = \frac{Pl}{EA},$$

und nicht mehr frei wählbar. Zwischen den Randdaten besteht also eine Kopplung. Der mathematische Ausdruck dieser Kopplung ist das System $\boldsymbol{Ku} = \boldsymbol{f} + \boldsymbol{p}$.

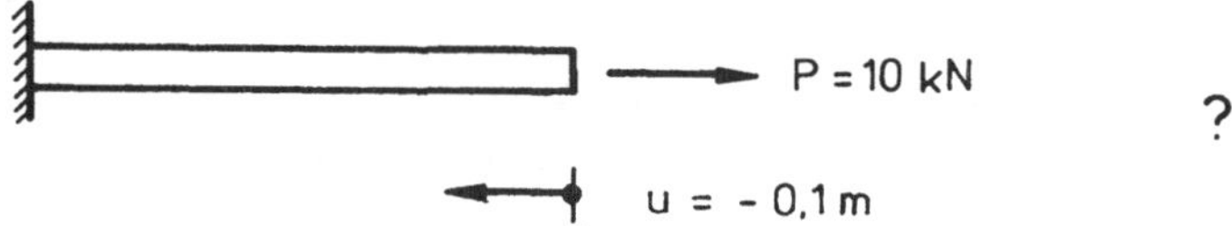

Abb. 8 Zwei zueinander konjugierte Größen können nicht unabhängig voneinander vorgeschrieben werden

Würde man z.B. irgendwelche Randdaten u_i, f_i in die Einflußfunktion (1) des Stabs einsetzen, ohne sie zuvor auf Kompatibilität geprüft zu haben, dann würden weder die Randverschiebungen noch die Randkräfte der so konstruierten Funktion mit den Zahlen u_i und f_i übereinstimmen. Umgekehrt gilt aber: Genügt ein Satz u_i, f_i von Randdaten der Gleichung $\boldsymbol{Ku} = \boldsymbol{f} + \boldsymbol{p}$, dann kann man sicher sein, daß die mit diesen Werten u_i und f_i konstruierte Einflußfunktion (1) auch genau diese Werte u_i und f_i auf dem Rand annimmt.

Die Kopplung involviert Weg- und Kraftgrößen gleichermaßen. Würde man z.B. in die Einflußfunktion die richtigen Randverschiebungen u_i einsetzen, aber die falschen Randkräfte f_i, dann wären auch die geometrischen Randbedingungen verletzt, nicht nur die statischen. Und umgekehrt: Würde man falsche Verschiebungen u_i einsetzen, aber richtige Kräfte f_i, dann wären auch die Kraftrandbedingungen verletzt.

Wie wendet man diese Prinzipe nun bei mehrdimensionalen Problemen an, bei Scheiben, Platten, elastischen Körpern etc.? Um diese Frage zu beantworten, wählen wir als Modellproblem eine Membran, s. Abb. 9, weil sie nur einen Freiheitsgrad, die vertikale Durchbiegung $u(= u_3)$, hat. Ihre Diffe-

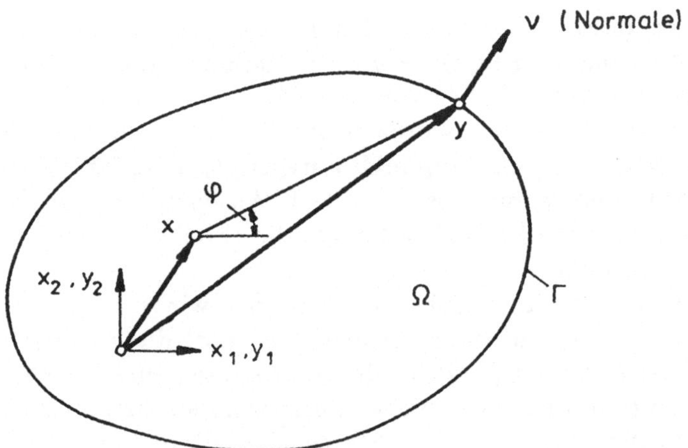

Abb. 9 Die Bezeichnungen bei einer Membran

rentialgleichung ist von der niedrigen Ordnung 2, so daß es nur ein Paar von konjugierten Randgrößen gibt, die Durchbiegung u und die Aufhängekraft t (die Normalableitung von u). Die Membran sei mit der Kraft $N = 1$ vorgespannt. Wird eine solche Membran mit einem Druck p angeblasen, dann biegt sie sich gemäß der Formel

$$u(x) = -\frac{1}{2\pi}\left\{\int\limits_{\Gamma} \ln r\, t(y)\, ds_y - \int\limits_{\Gamma} \frac{r_\nu}{r} u(y)\, ds_y + \int\limits_{\Omega} \ln r\, p(y)\, d\Omega_y\right\} \tag{4}$$

durch. Die ersten beiden Integrale sind Randintegrale, das dritte Integral ist ein Gebietsintegral. Die Terme in dieser Einflußfunktion haben die Bedeutung:

$$r = |y - x| \qquad \text{Abstand zwischen dem Aufpunkt } x = (x_1, x_2)$$
$$\text{und dem Integrationspunkt } y = (y_1, y_2)\,,$$

$$u(y) \qquad \text{Durchbiegung im Randpunkt } y\,,$$

$$t(y) \qquad \text{Aufhängekraft im Randpunkt } y\,,$$

$$\nu = \{\nu_1, \nu_2\}^T \qquad \text{Normale im Randpunkt } y\,,$$

$$r_\nu = \nu_1 \cos\varphi + \nu_2 \sin\varphi\,,$$

ln = natürlicher Logarithmus, ds = Bogenlänge auf dem Rand.

Das erste Integral beschreibt den Einfluß, den die Aufhängekraft $t(y)$ auf dem Rand auf die Durchbiegung u im Punkt x hat. Dieser Einfluß ist proportional dem Logarithmus des Abstands r zwischen dem Aufpunkt x und dem Integrationspunkt y.

Das zweite Integral beschreibt den Einfluß der Randdurchbiegung $u(\boldsymbol{y})$ auf die Durchbiegung u im Punkt $\boldsymbol{x}$. Dieser Einfluß ist invers proportional dem Abstand r, und er hängt ferner von dem Term r_ν, der Normalableitung des Abstands r in Richtung der Normalen im Integrationspunkt, ab. Wenn die Randnormale $\boldsymbol{\nu}$ genau vom Aufpunkt $\boldsymbol{x}$ wegzeigt, dann ist $r_\nu = 1$. Zeigt sie genau zum Aufpunkt $\boldsymbol{x}$, dann ist $r_\nu = -1$. Ansonsten nimmt r_ν alle Werte zwischen -1 und $+1$ an. Das dritte Integral beschreibt den Einfluß des Drucks p auf die Durchbiegung.

Die Punkte, über die integriert wird, nennen wir $\boldsymbol{y} = (y_1, y_2)$, um sie vom Aufpunkt $\boldsymbol{x} = (x_1, x_2)$ zu unterscheiden. Man darf diese Bezeichnungen also nicht mit der Bezeichnung (x, y) für die Koordinaten eines ebenen Punkts verwechseln, $\boldsymbol{x}$ und $\boldsymbol{y}$ sind Punkte. In der Literatur findet man oft die Bezeichnung $\boldsymbol{\xi} = (\xi_1, \xi_2)$ für den Aufpunkt. Dies hat den Vorteil, daß man die Integrationsvariable dann $\boldsymbol{x}$ nennen kann, aber den Nachteil, daß aus u eine Funktion $u(\boldsymbol{\xi})$ wird. Uns erschien es daher zweckmäßiger das $\boldsymbol{x}$ für die Funktion zu reservieren und der Integrationsvariablen — einer reinen Arbeitsvariable, die ja nach der Integration verschwunden ist — den Namen $\boldsymbol{y}$ zu geben. Wir gehen hier mit vielen Autoren konform.

Betrachten wir nun eine Membran, auf der kein Druck lastet, aber deren freier Rand Γ_2 von Kräften $\bar{t}$ nach unten gezogen wird. (Die vertikalen Kräfte $\bar{t}$ in Abb. 10, wie auch die vertikalen Verschiebungen u in den folgenden Abbildungen, wurden horizontal angetragen). Gesucht ist die Durchbiegung der Membran. Theoretisch ist sie schon bekannt. Die Durchbiegung u ist nämlich die Einflußfunktion (4) (das Gebietsintegral in (4) kann entfallen, da kein Druck p vorhanden ist). Aber die Situation ist dieselbe, wie beim Stab. Um mit der Einflußfunktion wirklich rechnen zu können, müssen wir den Verlauf der Durchbiegung u und der Aufhängekraft t auf dem *ganzen* Rand kennen. Von den beiden Größen kennen wir jedoch abschnittsweise immer nur eine. Längs des festen Rands Γ_1, dort, wo die Membran aufgehängt ist, ist $u = 0$, aber dafür ist die Aufhängekraft t unbekannt. Längs des freien Rands andererseits ist $t = \bar{t}$ vorgeschrieben, aber die Durchbiegung u ist unbekannt. Was tun? Zuerst ver-

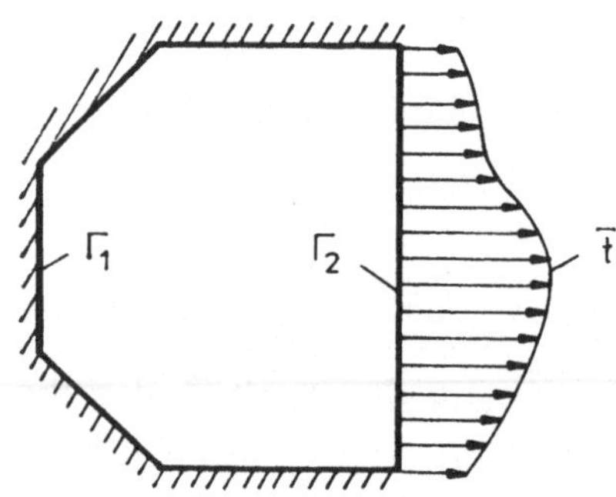

Abb. 10 Zugkräfte ziehen den Rand der Membran nach unten

einfachen wir das Ganze. Die Unbekannten u und t sind ja Funktionen, also Symbole mit unendlich vielen Freiheitsgraden, und es besteht sicherlich wenig Hoffnung sie Punkt für Punkt bestimmen zu können. Wir denken uns daher u und t längs des ganzen Rands durch lineare Funktionen approximiert, wie in Abb. 11 a und b.

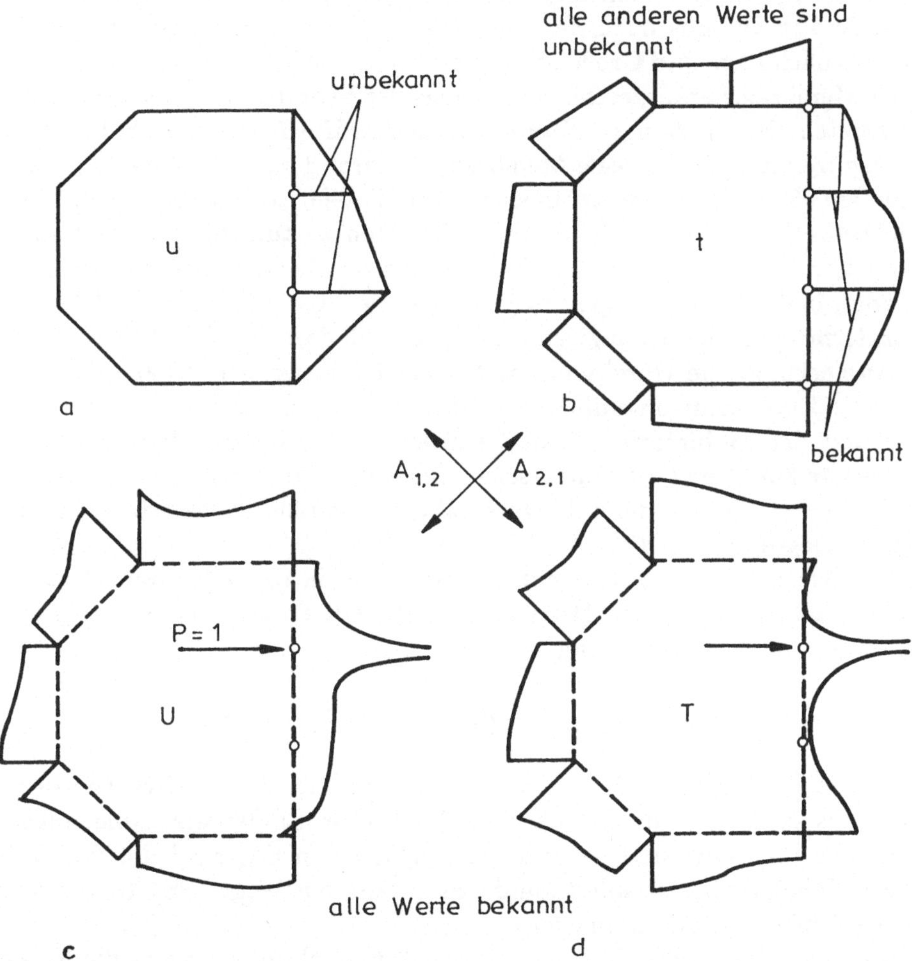

Abb. 11 a-d. Das Teilstück und die reale Membran: **a-b** die Randwerte der realen Membran; **c-d** die Randwerte des Teilstücks der unendlichen Membran

Aus den unendlich vielen Freiheitsgraden werden durch diese Interpolation so endlich viele, etwa n für jede Funktion und in der Summe somit $2n$. Von diesen $2n$ Freiheitsgraden müssen n noch bestimmt werden, denn auf dem freien Rand sind die Knotenwerte von u unbekannt und auf dem festgehaltenen Rand die Knotenwerte von t. Zur Bestimmung dieser n Freiheitsgrade benutzen wir, wie beim Stab, den Satz von Betti. Wir formulieren nacheinander mit

n bekannten Gleichgewichtszuständen und dem gesuchten Zustand n-mal den Satz von Betti und erhalten so ein Gleichungssystem $n \times n$ für die insgesamt n unbekannten Knotenwerte t_i und u_i.

Als Kontroll-Gleichgewichtszustände wählen wir dabei der Reihe nach die Durchsenkung einer unendlich ausgedehnten Membran unter dem Angriff einer Einzelkraft $\hat{P} = 1$ in einem der n Knoten. Wie im Fall des unendlich langen Stabs, denken wir uns dazu das Teilstück der unendlich ausgedehnten Membran, das nach Lage und Größe mit der realen Membran zusammenfällt, aus der großen Membran herausgeschnitten. Längs der Schnittkante, der gestrichelten Linie, treten Verschiebungen U und Aufhängekräfte T auf, s. Abb. 11 c und d. Genauso trennen wir die reale Membran von ihren Lagern, um die Lagerkräfte als äußere Kräfte sichtbar zu machen. Wir haben es dann mit zwei Gleichgewichtszuständen in zwei identischen Gebieten zu tun, für die der Satz von Betti gelten muß, d.h. die Arbeit der konjugierten Randgrößen muß gleich groß sein oder, in der Terminologie des Statikers, die Überlagerung über Kreuz, das L_2-Skalarprodukt der konjugierten Größen, muß dasselbe Resultat ergeben.

Anmerkung: Die Durchsenkung $U = (-1/2\pi)\ln r$ wird zwar im Angriffspunkt der Einzelkraft unendlich groß, dies ist aber unerheblich, da wir nur an der Arbeit der konjugierten Kraft t auf den Wegen U, also dem *Integral* von $\ln r \times$ glatte Funktion $(= t)$, interessiert sind und nicht an einzelnen Werten. Die Arbeit aber ist endlich, denn das Integral des Logarithmus hat einen endlichen Wert. Analoges gilt für T.

Die Kraft $\hat{P} = 1$ wird so nun nacheinander in die n Knoten x^k gestellt, und jedesmal der Satz von Betti formuliert. Auf diese Weise erhalten wir n Gleichungen, die das Gleichungssystem

$$H_{ki}\,u_i = G_{ki}\,t_i + d_k\,, \qquad k = 1, 2, \ldots, n\,,$$

bilden. Die Koeffizienten H_{ki} sind die Randarbeiten der Kraftgrößen der unendlich ausgedehnten Membran auf den Wegen der Einheitsdurchbiegungen — wenn die u_i alle eins sind — und die Koeffizienten G_{ki} sind die Randarbeiten der Einheitskräfte — alle t_i sind eins — auf den Wegen des Teilstücks der unendlich ausgedehnten Membran.

Mit den Einheitsdurchbiegungen und Einheitskräften hat es die folgende Bewandnis. Der Ansatz für die Randdurchbiegung

$$u = \sum_{i=1}^{n} u_i \varphi_i(x)$$

setzt sich aus n Dachfunktionen $\varphi_i(x)$ (z.Bsp.) zusammen. Eine solche Dachfunktion hat im Knoten x^i den Wert 1 und in allen anderen Knoten den Wert Null. Sie stellt also die Randverformung der Membran dar, wenn man den

Punkt x^i um die Strecke $u = 1$ auslenkt und dabei alle anderen Punkte festhält, s. Abb. 12.

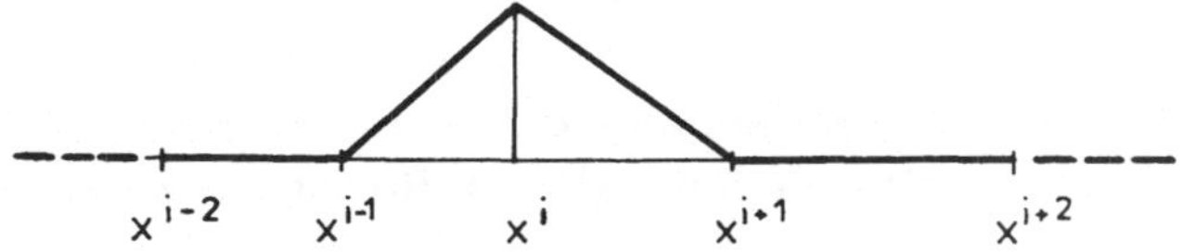

Abb. 12 Dachfunktion

Die Arbeit, die die Aufhängekraft T des Teilstücks der unendlich ausgedehnten Membran auf dem Weg $\varphi_i(x)$ leistet, wenn die Einzellast im Knoten x^k steht, ist der Term H_{ki}. (Die Lage des Aufpunkts x^k bestimmt die Größe von T).

Ganz analog verhält es sich mit den Einheitskräften. Der Ansatz für die Randkräfte

$$t = \sum_{i=1}^{n} t_i \varphi_i(x)$$

setzt sich ebenfalls aus n Dachfunktionen $\varphi_i(x)$ (z.B.) zusammen, also aus n Einheitsverteilungen von Kräften. Die Arbeit, die die Kräfte $\varphi_i(x)$ auf den Wegen U des Teilstücks der unendlich ausgedehnten Membran leisten, wenn die Einzelkraft $\hat{P} = 1$ im Knoten x^k steht, ist der Term G_{ki}. (Die Lage des Aufpunkts x^k bestimmt den Verlauf von U).

In Matrizenschreibweise ist das obige System äquivalent mit

$$\begin{bmatrix} H_{11} & H_{12} \\ H_{21} & H_{22} \end{bmatrix} \begin{bmatrix} u_1 \\ u_2 \end{bmatrix} = \begin{bmatrix} G_{11} & G_{12} \\ G_{21} & G_{22} \end{bmatrix} \begin{bmatrix} t_1 \\ t_2 \end{bmatrix} + \begin{bmatrix} d_1 \\ d_2 \end{bmatrix},$$

wobei die H_{ij} und G_{ij} Untermatrizen sind, und die Vektoren nach Rändern geordnet, die Bedeutung haben:

$$u = \{u_1, u_2\}^T \qquad \text{Vektor der Weggrößen auf } \Gamma_1 \text{ und } \Gamma_2,$$
$$t = \{t_1, t_2\}^T \qquad \text{Vektor der Kraftgrößen auf } \Gamma_1 \text{ und } \Gamma_2,$$
$$d = \{d_1, d_2\}^T \qquad \text{Einfluß der verteilten Belastung im Innern}$$
$$\text{auf den Rand } \Gamma_1 \text{ bzw. } \Gamma_2.$$

Dieses Gleichungssystem kann man nun noch so umordnen, daß links nur die unbekannten und rechts die bekannten Größen stehen

$$\begin{bmatrix} -G_{11} & H_{12} \\ -G_{21} & H_{22} \end{bmatrix} \begin{bmatrix} t_1 \\ u_2 \end{bmatrix} = \begin{bmatrix} -H_{11} & G_{12} \\ -H_{21} & G_{22} \end{bmatrix} \begin{bmatrix} u_1 \\ t_2 \end{bmatrix} + \begin{bmatrix} d_1 \\ d_2 \end{bmatrix} =: \begin{bmatrix} b_1 \\ b_2 \end{bmatrix},$$

14

so daß also ein lineares Gleichungssystem

$$A\,x = b$$

entsteht. Die Matrix A ist, anders als bei den finiten Elementen, voll besetzt und auch nicht mehr positiv definit. Aber dafür ist sie wesentlich kleiner als eine FE-Matrix.

Hat man dieses Gleichungssystem gelöst, dann kennt man alle Knotenwerte u_i und t_i auf dem Rand, und man kann dann mit Hilfe der Einflußfunktion (4) die Durchbiegung in jedem gewünschten Punkt der Membran berechnen.

Dem Leser, der erwartet hat, daß auch bei mehrdimensionalen Problemen wieder die Steifigkeitsmatrix auftritt, sei versichert, daß das im Prinzip auch so ist. Bei eindimensionalen Problemen ist $G^{-1}H = K$ (exakt), bei mehrdimensionalen Problemen ist $FG^{-1}H \approx K$ (näherungsweise). Die Matrix F ist die *Gramsche Matrix* ('Massenmatrix') der Randfunktionen, s. Kap. 7.

Fassen wir zusammen: Die möglichen Gleichgewichtslagen eines Stabs gehen alle auf *eine* Funktion, die Einflußfunktion (1), zurück. Sie ist sozusagen die 'Urlösung' aller Stabprobleme. Ihre Gleichung beruht auf dem Satz von Betti, denn (1) bedeutet eigentlich

$$1 \times u(x) = -\ \text{Randarbeit}\,(A_{1,2}) + \text{Randarbeit}\,(A_{2,1})$$
$$+\ \text{Arbeit im Gebiet}\,(A_{2,1})\,.$$

Die linke Seite ist also die Arbeit $A_{1,2}$ (im Gebiet) der Kraft $\hat{P} = 1$ auf dem Weg $u(x)$. Diese Arbeit ist gleich der Randarbeit, die die konjugierten Größen des realen Stabs und des Teilstücks des unendlich langen Stabs aufeinander leisten plus der Arbeit der verteilten Belastung auf den Verschiebungen des Teilstücks. Die Arbeit im Gebiet $(A_{2,1})$ kann in der Regel auch durch äquivalente Randintegrale ersetzt werden, so daß man $u(x)$ allein durch Randintegrale berechnen kann.

Solche Formeln wie (1) besitzen wir nicht nur für den Stab, sondern für viele andere wichtige Bauteile wie Balken (2.20), Membranen (3.2), Scheiben (4.8), elastische Körper (4.8) und Platten (6.6). So, wie alle Geraden auf die *eine* Funktion

$$y = ax + b$$

zurückgehen, so die Gleichgewichtslagen aller Stäbe, Balken, Scheiben, Körper und Platten auf die Einflußfunktionen in diesem Buch.

Das eigentliche Problem bei der Anwendung der Einflußfunktionen besteht darin, daß man nicht alle Randterme kennt, die man zur Berechnung der Randarbeiten benötigt. Um diese unbekannten Funktionen zu bestimmen, teilt man den Rand in Randelemente ein, und bestimmt n Knotenwerte so, daß der Satz von Betti n-mal gilt.

Bei den finiten Elementen macht man also im Gebiet, s. Abb. 13a, einen Ansatz aus stückweise Polynomen und kontrolliert diesen Ansatz mit dem Prinzip der virtuellen Verrückungen, indem man n-mal an dem System 'wackelt'. Bei den Randelementen, s. Abb. 13b, werden dagegen die Randwerte durch stückweise Polynome approximiert und ihre Knotenwerte mit dem Satz von Betti kontrolliert: n-mal läßt man eine Einzelkraft auf dem Rand angreifen, n-mal muß die dabei geleistete gegenseitige äußere Arbeit gleich groß sein.

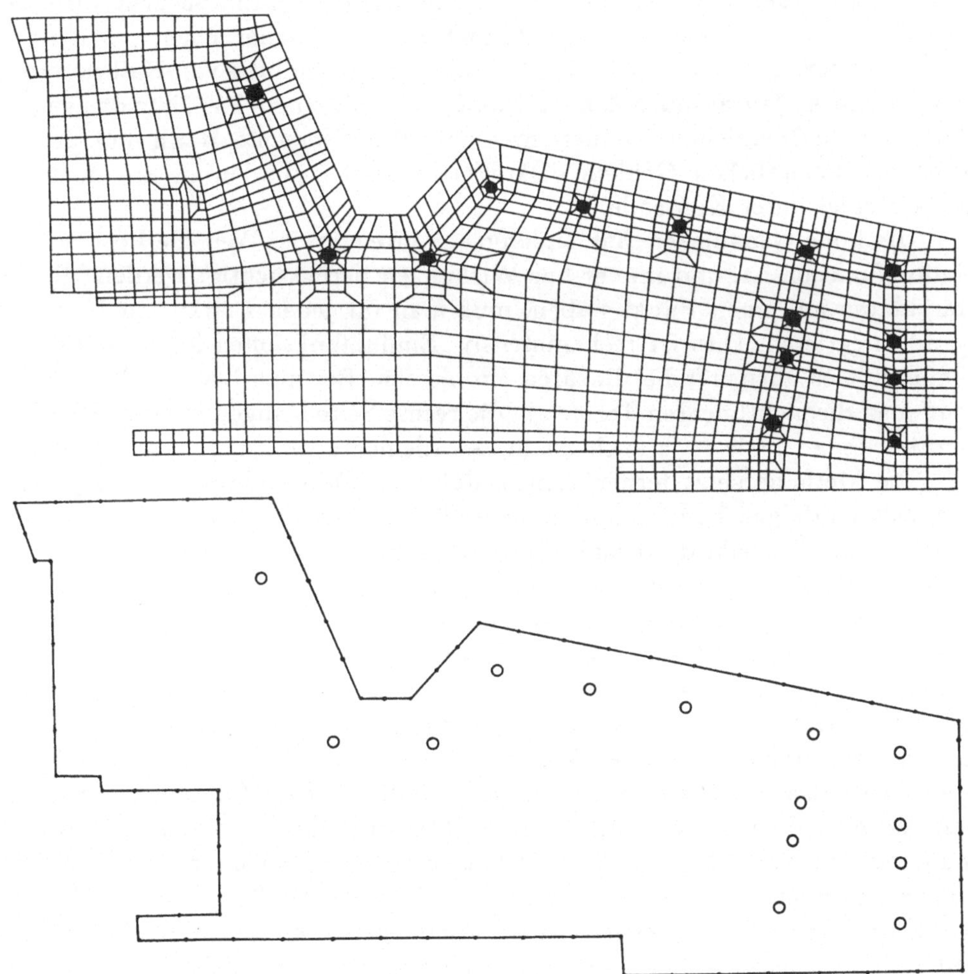

Abb. 13 a-b. Diskretisierungsaufwand bei einer Platte: **a** FE-Modell; **b** RE-Modell

Der entscheidende Vorteil der Randelemente gegenüber den finiten Elementen ist die Tatsache, daß sich die Dimension eines Problems um eins erniedrigt. Unbekannte gibt es nur auf dem Rand, und daher muß auch nur der Rand diskretisiert werden. Gerade bei dreidimensionalen Problemen bedeutet dies eine deutliche Verringerung des Speicherplatzbedarfs und eine beträchtliche

Arbeitserleichterung. (5 Mann-Tage gegenüber 6 Mann-Jahren bei der Untersuchung von Salzstöcken in Louisiana). Die Genauigkeit der Resultate ist zudem in der Regel höher als bei finiten Elementen, weil der Ansatz der REM die Differentialgleichung exakt erfüllt und nur die Randwerte differieren. Gemäß dem *Prinzip von St. Venant* klingen daraus herrührende Störungen aber mit wachsender Entfernung vom Rande rasch ab. Schon bei einer sehr groben Einteilung des Rands erhält man erfahrungsgemäß gute Ergebnisse im Innern. Aber auch Probleme, bei denen vorwiegend die Lösung auf dem Rand gesucht wird, wie etwa Rißprobleme, lassen sich mit Randelementen genauer lösen.

Besonders gut eignet sich die Methode zur Behandlung von Halbraumproblemen und Außenraumproblemen. Unmöglich, mit einem FE-Netz den ganzen Halbraum zu überziehen. Benutzt man aber Randelemente, dann muß nur der Rand des unendlichen Gebiets diskretisiert werden, und man hat doch das ganze Gebiet unter Kontrolle.

Die hohe Genauigkeit hat andererseits ihren Preis. Weil die Lösung eine Einflußfunktion ist, und immer alle Wirkungen berücksichtigt werden, die die Randdaten auf einen Punkt haben, muß man für jeden Punkt neu über den Rand integrieren. Dies ist rechenintensiv. Einflußfunktionen im gewöhnlichen Sinne gibt es auch nur bei linearen Problemen. Bei nichtlinearen Problemen muß man die nichtlinearen Terme auf die rechte Seite bringen und das Problem iterativ lösen — wie es ja auch die finiten Elemente tun.

Die Methode setzt ferner voraus, daß man die Grundlösung der jeweiligen Differentialgleichung kennt, man weiß, wie sich das Material unter dem Angriff einer Einzelkraft verhält. Dies schränkt praktisch die Anwendung auf Differentialgleichungen mit konstanten Koeffizienten ein.

Die Methode der Randelemente ist eine Integralgleichungsmethode und als solche basiert sie auf klassischen Konzepten. Neu an ihr ist eigentlich nur der (geschickt gewählte) Name. Daß sie nicht früher das Interesse der Ingenieure gefunden hat, liegt wohl nur daran, daß die Rechner fehlten, mit denen man die Gleichungssysteme hätte lösen können. Dieses erzwungene Desinteresse hatte aber leider auch zur Folge, daß man die Grundlagen der Methode aus den Augen verlor, und so heute in der Mechanikliteratur eine Lücke klafft. Dies muß man nicht nur vom Standpunkt der Randelemente aus bedauern, sondern auch vom Standpunkt der Mechanik, denn die Methode der Randelemente hat ja, wie jedes (vernünftige) Rechenverfahren, ein *fundamentum in re*. Auf diesem Fundament ruhen nicht nur die Randelemente, sondern auch die finiten Elemente, denn diese benutzen *denselben* Ansatz wie die Randelemente. Wir zeigen dies am Beispiel des einfachsten Flächentragwerks, der Membran.

Eine Membran mit finiten Elementen berechnen heißt, daß man für die Durchbiegung u einen Ansatz

$$u_h(x) = \sum_{i=1}^{n} u_i \varphi_i(x) \tag{5}$$

aus n finiten Funktionen $\varphi_i(x)$ macht. Durch die Wahl eines solchen Ansatzes restringiert man das Verformungsverhalten der Membran. Man erlaubt ihr nur noch solche Gleichgewichtslagen anzunehmen, die sich durch die n finiten Funktionen ausdrücken lassen. Jedem Koordinatenvektor

$$u = \{u_1, u_2, \ldots, u_n\}^T$$

entspricht dabei eine ganz bestimmte Gleichgewichtslage $u_h(x)$. Die zu einer solchen Gleichgewichtslage $u_h(x)$ gehörigen äußeren Kräfte erhält man, indem man die Funktion $u_h(x)$ elementweise in die Membrangleichung $-\Delta u$ einsetzt. Auf den Elementgrenzen kommen dazu noch die Kräfte t_Δ, die aus den Sprüngen der Schnittkräfte herrühren. Unter diesen Verformungsfiguren u_h wird nun diejenige gewählt, deren äußere Kräfte auf jedem Weg $\varphi_i(x)$ dieselbe virtuelle äußere Arbeit leisten, wie die wahren Kräfte p,

$$\delta A_a(u_h, \varphi_i) = \delta A_a(u, \varphi_i). \tag{6}$$

Gleichbedeutend hiermit ist, daß die potentielle Energie der FE-Lösung den kleinsten Wert unter allen möglichen Lösungen hat.

Die FE-Lösung ist also die Gleichgewichtslage der Membran unter dem Angriff von Kräften, die im Sinne des Prinzips der virtuellen Verrückungen (6) den wahren äußeren Kräften gleich sind.

Nun kann jede Gleichgewichtslage der Membran durch die Einflußfunktion (4) dargestellt werden — also auch die FE-Lösung. Man hat hierzu nur die Randdaten u_{FE} und t_{FE} der FE-Lösung und die zur FE-Lösung gehörigen äußeren Kräfte in die Einflußfunktion (4) einzusetzen. Sind z.B. die Ansatzfunktionen φ_i Dachfunktionen, also abschnittsweise lineare Funktionen, dann sind die Elementkräfte

$$p_h^e = -\Delta u_h \qquad \text{auf dem Element } \Omega_e$$

Null und nur längs der Netzlinien l_m, s. Abb. 14, wirken äußere Linienkräfte t_Δ, die aus der Unstetigkeit der Schnittkräfte herrühren. Damit lautet die Integraldarstellung der FE-Lösung

$$u_h(x) = \sum_{i=1}^{n} u_i \varphi_i(x) = -\frac{1}{2\pi}\left\{\int_\Gamma \ln r\, t_{FE}(y)\, ds_y - \int_\Gamma \frac{r_\nu}{r} u_{FE}(y)\, ds_y \right.$$

$$\left. + \sum_m \int_{l_m} \ln r\, t_\Delta(y)\, ds_y \right\}. \tag{7}$$

Beide Darstellungen der FE-Lösung — die Summenformel (5) wie die Ein-

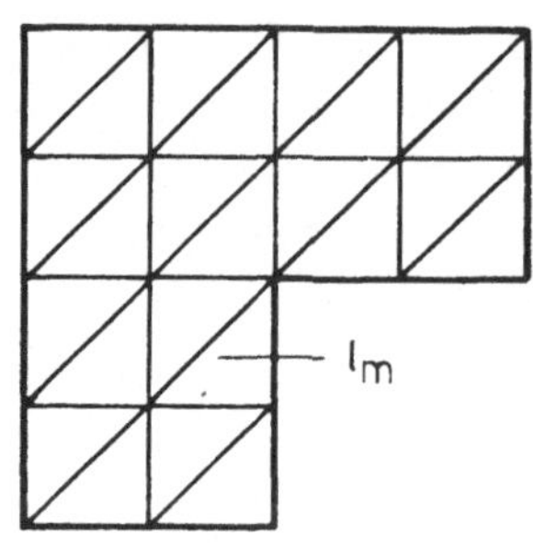

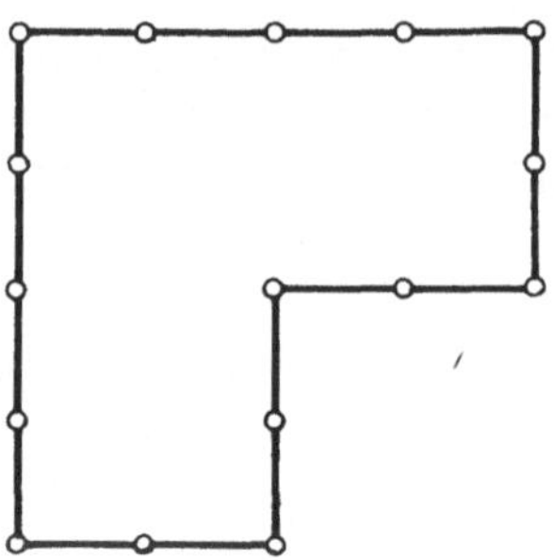

FE -NETZ   RE - DISKRETISIERUNG

Abb. 14 Das FE- und RE-Modell einer Membran

flußfunktion (7) — sind identisch! Ob man eine FE-Lösung als die Summe der
n finiten Funktionen $\varphi_i(x)$ begreift, oder sie durch ihre Wirkungen charakterisiert, wie in (7), ist dasselbe. Das heißt aber doch, daß finite Elemente und
Randelemente denselben Ansatz — die Einflußfunktion (4) der Membran —
benutzen, denn (7) unterscheidet sich ja vom RE-Ansatz

$$u_h(x) = -\frac{1}{2\pi}\left\{ \int_\Gamma \ln r \, t_{\mathrm{RE}}(y) \, ds_y - \int_\Gamma \frac{r_\nu}{r} u_{\mathrm{RE}}(y) \, ds_y + \int_\Omega \ln r \, p(y) \, d\Omega_y \right\}$$

nur durch die Tatsache, daß im RE-Ansatz die Kräfte p gleichmäßig verteilt
sind, während sie im Fall des FE-Ansatzes als Linienkräfte t_Δ auf die Netzlinien
konzentriert sind,

$$-\sum_m \frac{1}{2\pi} \int_{l_m} \ln r \, t_\Delta(y) \, ds_y, \qquad \text{(FEM)},$$

$$-\frac{1}{2\pi} \int_\Omega \ln r \, p(y) \, d\Omega_y, \qquad \text{(REM)}.$$

Mathematisch gesehen wird also bei der FEM (lineare Ansätze) das Gebietsintegral, das den Einfluß des Drucks p beschreibt, durch Linienintegrale approximiert. Mechanisch gesehen wird der gleichmäßige Druck p durch konzentrierte
Linienkräfte angenähert.

All dies gilt natürlich auch für die anderen Bauteile, *wie auch für nichtkonforme FE-Ansätze*, also Ansätze, die Sprünge in den Weggrößen aufweisen.
Hierzu hat man nur die Einflußfunktion um die entsprechenden Terme zu erweitern, s. Abschn. 1.13.

Anmerkung: Auch nichtkonforme Lösungen sind Gleichgewichtslösungen.
Einen geraden Balken mit nichtkonformen C^0-Elementen approximieren be-

deutet praktisch, daß man den Balken durch einen gebrochenen Linienzug mit lauter biegesteifen Ecken ('einen nicht ganz flachgedrückten Rahmen') approximiert.

Fassen wir zusammen:

1) Beide Methoden, finite Elemente wie Randelemente, liefern als Lösungen die Gleichgewichtslagen benachbarter Lastfälle.
2) Im Fall der finiten Elemente sind diese Lastfälle durch äußere Kräfte charakterisiert, die die verteilten Kräfte wie die Randkräfte approximieren.
3) Im Fall der Randelemente drücken auf die Membran dieselben Kräfte wie im wahren Lastfall. Nur die Kräfte auf dem Rand stimmen nicht exakt mit den wahren Randkräften überein und auch die geometrischen Lagerbedingungen werden nicht genau erfüllt. (Bei der FEM werden die Lagerbedingungen exakt erfüllt).
4) Beide Verfahren beruhen auf demselben Ansatz: Der Einflußfunktion der Membran.

Da man natürlich auch die wahre Lösung durch die Einflußfunktion (4) darstellen kann, sind wir (theoretisch) in der Lage den Fehler $u - u_h$ einer FE-Lösung wie auch einer RE-Lösung genau berechnen zu können.

Ein einfaches Beispiel möge dies erläutern: Die Einflußfunktion für die Fläche A eines Rechtecks lautet

$$A = a\,b. \tag{8}$$

Mißt man statt der Seitenlängen a und b die Längen $a + \varepsilon$ und $b + \eta$, so folgt aus (8) für den Fehler

$$A - A_h = a\,b - (a + \varepsilon)(b + \eta) = -a\eta - b\varepsilon - \varepsilon\eta\,.$$

In der Praxis ist es natürlich so, daß man die wahren Längen a und b nicht kennt, und man daher auch den Fehler nicht berechnen kann. Bei Randwertproblemen besteht das Problemen darin, daß man von zwei konjugierten Randwerten der wahren Lösung abschnittsweise immer nur eine kennt und so — obwohl man die exakte Formel hat — den Fehler nicht berechnen kann. Aber man kann an den Einflußfunktionen zumindest ablesen, welche Einflüße maßgebend sind, worauf man zu achten hat. Die adaptiven Methoden nützen dies aus.

Den Einflußfunktionen kommt also eine Bedeutung zu, die weit über den Rahmen der Randelemente hinausgeht. Jede mechanisch interpretierbare Näherungslösung basiert auf einer Einflußfunktion. Die Einflußfunktionen enthalten im Grunde in ihren Kernen die ganze Mechanik und die ganze Numerik eines Problems. Mit ein Ziel dieses Buchs ist es, diesen universalen Aspekt der Einflußfunktionen deutlich zu machen.

1 Die Grundlagen der Methode

Dieses Kapitel ist eine knapp gefaßte Darstellung der Grundlagen der Methode. Es kann beim ersten Lesen überflogen werden. Dem Leser, der mehr an der Anwendung interessiert ist, empfehlen wir, mit dem 2. Kapitel zu beginnen. Dort wird die Methode an Hand praktischer, eindimensionaler Probleme ausführlich erläutert.

1.1 Notation

Wir benutzen die *Einsteinsche Summationskonvention*, gemäß der über doppelt vorkommende Indizes zu summieren ist. So ist also die Spur a_{ii}, (engl. trace), einer Matrix A der Ausdruck

$$\text{tr}\,(A) = a_{ii} = a_{11} + a_{22} + \cdots + a_{nn}\,.$$

Das Skalarprodukt zweier Vektoren $a = \{a_i\}$ und $b = \{b_i\}$ lautet in dieser Notation,

$$a \cdot b = a_i\, b_i\,,$$

und das Skalarprodukt zweier Matrizen $A = [a_{ij}]$ und $B = [b_{ij}]$

$$A \cdot B = \text{tr}\,(A^T B) = a_{ij} b_{ij} = a_{11}\, b_{11} + a_{12}\, b_{12} + \cdots + a_{nn}\, b_{nn}\,.$$

Das Matrizenprodukt $AB = C$ zweier Matrizen A und B ist die Matrix C mit den Elementen

$$c_{ij} = a_{ik} b_{kj}\,, \qquad (\text{Summe über } k)\,.$$

Faßt man Vektoren als $(n \times 1)$ Matrizen auf, dann kann man für das Skalarprodukt auch schreiben

$$a \cdot b = a^T b\,.$$

Steht das T über dem zweiten Vektor, dann meint man die Matrix

$$C = a\,b^T = a \otimes b$$

mit den Elementen

$$c_{ij} = a_i b_j\,.$$

Den Begriff des Skalarprodukts zweier Vektoren

$$a \cdot b = a_1 b_1 + a_2 b_2 + \cdots + a_n b_n =: (a, b)$$

kann man auf Funktionen erweitern.

Das Integral

$$\int\limits_0^l f(x)g(x)\,dx =: (f, g)$$

nennt man das L_2-*Skalarprodukt* zweier Funktionen. Alle Arbeitsausdrücke der Kontinuumsmechanik sind L_2-Skalarprodukte zwischen Tensoren 0. Stufe, (skalarwertigen Funktionen),

$$\delta A_a = \int\limits_0^l p(x)\hat{u}(x)\,dx\,,$$

(*virtuelle äußere Arbeit beim Stab*),

1. Stufe, (vektorwertigen Funktionen)

$$\delta A_a = \int\limits_\Omega p(x) \cdot \hat{u}(x)\,d\Omega = \int\limits_\Omega p_i(x)\hat{u}_i(x)\,d\Omega\,,$$

(*virtuelle äußere Arbeit bei einer Scheibe*),

und 2. Stufe, (matrizenwertigen Funktionen), wie z.B.

$$\delta A_i = \int\limits_\Omega E \cdot \hat{S}\,d\Omega = \int\limits_\Omega \varepsilon_{ij}\hat{\sigma}_{ij}\,d\Omega\,,$$

(*Wechselwirkungsenergie bei einem elastischen Körper*).

Wo es ein Skalarprodukt gibt, existiert auch der Begriff des transponierten Operators. Die *transponierte Matrix* A^T ist definiert durch

$$(Ax, \hat{x}) = (x, A^T\hat{x})\,.$$

22

Ist nun

$$Ku = \int_0^l k(y,x)u(y)\,dy$$

ein Integraloperator, dann ist der *transponierte Operator* definiert durch

$$(Ku,\hat{u}) = (u, K^T\hat{u})\,.$$

Wegen

$$(Ku,\hat{u}) = \int_0^l [\int_0^l k(y,x)u(y)\,dy]\,\hat{u}(x)\,dx$$

$$= \int_0^l u(y)[\int_0^l k(y,x)\hat{u}(x)\,dx]\,dy = (u, K^T\hat{u})$$

ist also der zu K transponierte Operator

$$K^T u = \int_0^l k(x,y)u(y)\,dy\,,$$

der Operator, bei dem die Plätze von x und y in dem Kern $k(y,x)$ vertauscht sind. Ist der Kern symmetrisch, dann ist, wie im Falle einer symmetrischen Matrix, $K = K^T$.

Beim Rechnen mit Einflußfunktionen kommen immer zwei Punkte vor: Der Aufpunkt und der Integrationspunkt. Den einen Punkt nennen wir $x = \{x_i\}$ und den anderen $y = \{y_i\}$. Vom Nullpunkt des Koordinatensystems gehen also in jede Achsrichtung immer zwei gleiche Skalen aus. Auf der einen Achse werden die Koordinaten x_i des Aufpunkts abgetragen und auf der anderen Achse die Koordinaten y_i des Integrationspunkts.

Der Abstand der beiden Punkte, s. Abb. 1.1,

$$r = [(y_i - x_i)(y_i - x_i)]^{\frac{1}{2}}\,,$$

ist eine Funktion der Koordinaten y_i und der Koordinaten x_i, und er besitzt daher Ableitungen nach y_i und x_i

$$r_{,y_i} = \frac{y_i - x_i}{r} \,, \qquad r_{,x_i} = \frac{x_i - y_i}{r} = -r_{,y_i} \,.$$

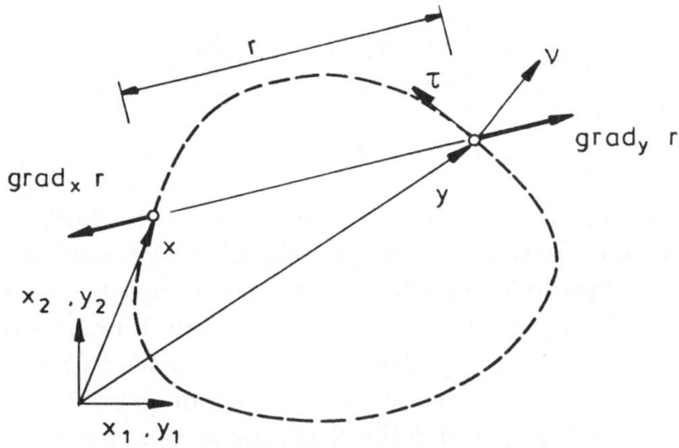

Abb. 1.1 Beziehung zwischen Aufpunkt x und Integrationspunkt y

Die Kurzform

$$r_{,i} = r_{,y_i}$$

soll in Zukunft immer die Ableitung von r nach y_i bedeuten.

Die aus den Ableitungen gebildeten Vektoren

$$\nabla_x r = \{r_{,x_i}\}\,, \qquad \nabla_y r = \{r_{,y_i}\}$$

sind Einheitsvektoren, die auf der Verbindungsgeraden der beiden Punkte x und y liegen und in jeweils entgegengesetzte Richtungen zeigen. Sie geben die (Flucht-) Richtungen an, in die sich die Punkte x bzw. y bewegen müssten, wollten sie den Abstand möglichst rasch vergrößern, s. Abb. 1.1.

Die Normale und die Tangente in einem Randpunkt x werden mit n und t bezeichnet,

$$n = \{n_1, n_2\}^T\,, \qquad t = \{t_1, t_2\}^T = \{-n_2, n_1\}^T\,,$$

und in einem Randpunkt y mit ν und τ

$$\nu = \{\nu_1, \nu_2\}^T\,, \qquad \tau = \{\tau_1, \tau_2\}^T = \{-\nu_2, \nu_1\}^T\,.$$

Die Richtungsableitungen

$$r_n = \frac{\partial r}{\partial n} = r_{,x_1}\, n_1 + r_{,x_2}\, n_2 = -r_{,1}\, n_1 - r_{,2}\, n_2\,,$$

$$r_t = \frac{\partial r}{\partial t} = r_{,x_1} t_1 + r_{,x_2} t_2 = +r_{,1} n_2 - r_{,2} n_1 \,,$$

$$r_\nu = \frac{\partial r}{\partial \nu} = r_{,y_1} \nu_1 + r_{,y_2} \nu_2 = +r_{,1} \nu_1 + r_{,2} \nu_2 \,,$$

$$r_\tau = \frac{\partial r}{\partial \tau} = r_{,y_1} \tau_1 + r_{,y_2} \tau_2 = -r_{,1} \nu_2 + r_{,2} \nu_1 \,,$$

geben an, wie sich der Abstand ändert, wenn man den Punkt x bzw. y in Richtung der Normalen bzw. Tangente verschiebt. Die Richtungsableitungen sind gleich dem Skalarprodukt zwischen dem betreffenden Gradienten ∇r und der Normalen bzw. Tangente. Da alle diese Vektoren Einheitsvektoren sind, schwanken die Werte der Richtungsableitungen zwischen -1 und $+1$. Ein Wert $+1$ bedeutet, daß die Richtung genau vom Gegenpol (dem Punkt x oder y) wegführt. Ein Wert -1 dagegen, daß die Richtung genau zum Gegenpol führt.

So wie es höhere Ableitungen gibt, gibt es auch höhere Richtungsableitungen. Ist

$$\boldsymbol{m} = \{m_1, m_2\}^T \,, \qquad \boldsymbol{p} = \{p_1, p_2\}^T = \{-m_2, m_1\}^T$$

ein weiteres Paar von orthogonalen Einheitsvektoren, die wir als eine Normale $\boldsymbol{m}$ und eine zugehörige Tangente $\boldsymbol{p}$ auffassen können, dann folgt mit der Bezeichnung

$$r_p = r_{,x_1} p_1 + r_{,x_2} p_2 = r_{,1} m_2 - r_{,2} m_1$$

für die nächst höheren Richtungsableitungen

$$r_{\nu,m} = \frac{\partial r_\nu}{\partial m_x} = \frac{1}{r} r_\tau r_p \,, \qquad r_{\tau,m} = \frac{\partial r_\tau}{\partial m_x} = -\frac{1}{r} r_\nu r_p \,,$$

$$r_{n,m} = \frac{\partial r_n}{\partial m_x} = \frac{1}{r} r_t r_p \,, \qquad r_{t,m} = \frac{\partial r_t}{\partial m_x} = -\frac{1}{r} r_n r_p \,.$$

Mit Hilfe dieser Formeln, der Kettenregel

$$(r_\nu r_n)_{,m} = r_{\nu,m} r_n + r_\nu r_{n,m} \qquad \text{(etc.)}$$

und der Regel

$$\left(\frac{1}{r}\right)_{,m} = -\frac{1}{r^2} r_m$$

kann man sehr leicht beliebig hohe Richtungsableitungen der Einflußfunktionen berechnen.

Die *ε-Umgebung* eines Punkts x bezüglich eines Gebiets Ω ist die Menge aller Punkte y in Ω, deren Abstand von x kleiner gleich ε ist, s. Abb. 1.2.

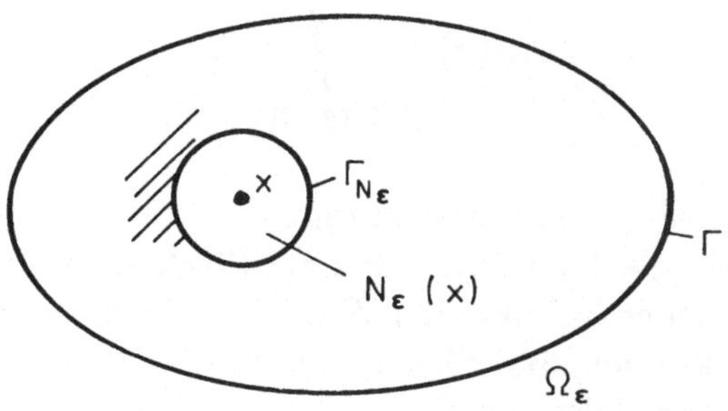

Abb. 1.2 Ein gelochtes Gebiet

$$N_\varepsilon(x) = \{y \in \Omega \mid |y - x| \leq \varepsilon\} \ .$$

Das Gebiet Ω ohne $N_\varepsilon(x)$ ist das gelochte Gebiet

$$\Omega_\varepsilon = \Omega - N_\varepsilon(x) \ ,$$

und

$$\Gamma_{N_\varepsilon}(x) = \{y \in \Omega \mid |y - x| = \varepsilon\}$$

ist der Rand des Lochs.

Wählt man den Punkt x als Ursprung des Koordinatensystems und wechselt zu Polarkoordinaten über

$$y_1 = r\cos\varphi\,, \qquad y_1 = r\cos\varphi\sin\vartheta\,,$$
$$y_2 = r\sin\varphi\,, \qquad y_2 = r\sin\varphi\sin\vartheta\,,$$
$$y_3 = r\cos\vartheta\,,$$

dann gilt

$$r_{,1} = \cos\varphi\,, \qquad r_{,1} = \cos\varphi\sin\vartheta\,,$$
$$r_{,2} = \sin\varphi\,, \qquad r_{,2} = \sin\varphi\sin\vartheta\,,$$
$$r_{,3} = \cos\vartheta\,.$$

Das Oberflächenelement dS_1 der n-dimensionalen Einheitssphäre S_1 lautet in Polarkoordinaten

$$dS_1 = \begin{cases} d\varphi\,, & \text{Bogenlänge des Einheitskreis (2-D)}\,, \\ \sin^2\vartheta\, d\vartheta\, d\varphi\,, & \text{Flächenelement der Einheitssphäre (3-D)}\,. \end{cases}$$

Die Tangenten, die von einem Punkt x auf der Oberfläche eines Körpers ausgehen, bilden einen Tangentenkegel, der die im Punkt x zentrierte Einheitssphäre S_1 in zwei Teile zerlegt. Die Fläche von S_1, die innerhalb des Kegels liegt, nennen wir $S_1(x,\Omega)$. Der Eckenwinkel $\Delta\varphi(x)$ des Punkts ist gleich der Größe dieser Fläche

$$\Delta\varphi(x) = \int\limits_{S_1(x,\Omega)} dS_1\,.$$

Die Oberfläche der Einheitssphäre beträgt 4π und der Umfang des Einheitskreis 2π. Also hat ein glatter Punkt auf einer Fläche den Eckenwinkel $\Delta\varphi = 2\pi$ und auf dem Rand einer Scheibe den Winkel $\Delta\varphi = \pi$.

Die Einflußfunktionen sind Skalarprodukte (im L_2-Sinne) zwischen einem Kern $k(y,x)$ und einer Belegung $f(y)$

$$u(x) = \int\limits_{\Omega} k(y,x) f(y)\, d\Omega_y\,.$$

Der Kern hat gewöhnlich die Gestalt

$$k(y,x) = \frac{k(\varphi,\vartheta)}{r^m}\,,$$

ist also vom Typ

$$(Abstand)^{-m} \times Geometrie\,.$$

Solange der Aufpunkt x nicht im Integrationsgebiet Ω liegt, existiert das Integral, ist der Einfluß endlich. Liegt der Punkt jedoch in Ω, dann fällt im Aufpunkt die Integrationsvariable y mit dem Punkt x zusammen, und daher hat dort, wegen $r = 0$, der Kern den Wert Unendlich. Die Frage, ob der Kern noch summierbar ist, das Integral noch existiert, entscheidet man am einfachsten mit Hilfe der Einheitskugel $N_1(x)$. Man stellt sich vor, das Gebiet Ω sei die Einheitskugel, und der Aufpunkt x sei der Mittelpunkt der Kugel. Das Volumenelement der n-dimensionalen Kugel lautet

$$d\Omega = r^{n-1} dr\, dS_1\,,$$

und daher existiert das Integral ($\Omega = N_1 =$ Einheitskugel)

$$\int\limits_{\Omega} \frac{k(\varphi,\vartheta)}{r^m}\, d\Omega_y = \int\limits_{0}^{1} r^{n-1-m}\, dr \int\limits_{S_1} k(\varphi,\vartheta)\, dS_1 \tag{1.1}$$

genau dann, wenn der Exponent m der Ungleichung $m < n$ genügt. Ein solches Integral heißt *schwach singulär*. Ist $m \geq n$, dann heißt das Integral *stark singulär*.

Ist das Gebiet Ω keine Kugel, dann kann man Ω immer in die Einheitskugel mit Zentrum in x (der Maßstab ist ja relativ) und einen gelochten Rest, in dem das Integral regulär ist, zerlegen.

Die nur von der 'Geometrie' abhängige Funktion $k(\varphi, \vartheta)$ heißt *Charakteristik*, [1]. Ein Integral wie (1.1) existiert auch für Exponenten $m \geq n$ — im Sinne eines Cauchyschen Hauptwerts — wenn das Integral der Charakteristik über die Einheitssphäre S_1 verschwindet

$$\int\limits_{S_1} k(\varphi, \vartheta)\, dS_1 = 0\,,$$

denn dann folgt

$$\lim_{\varepsilon \to 0} \int\limits_{\Omega_\varepsilon} \frac{k(\varphi, \vartheta)}{r^m}\, d\Omega_y = \lim_{\varepsilon \to 0} \int\limits_{\varepsilon}^{1} r^{n-1-m}\, dr \int\limits_{S_1} k(\varphi, \vartheta)\, dS_1 = 0\,.$$

Der *Cauchysche Hauptwert* eines Integrals ist also der Grenzwert, den man erhält, wenn man erst die Singularität ausspart, und dann den Radius ε des Lochs gegen Null gehen läßt. Bei regulären Integralen, etwa dem Integral von $\sin x$, hängt der Wert nicht davon ab, wie man die Fläche unter der Kurve ausschöpft. Stark singuläre Integrale kann man dagegen, wenn überhaupt, nur noch auf diese Weise integrieren.

1.2 Die Grundidee

Wir wollen im folgenden den zentralen Gedanken der Methode einmal in der Sprache des Mathematikers und einmal in der Sprache des Ingenieurs formulieren.

1.2.1 Die Grundidee aus der Sicht des Mathematikers

Eine Matrix A und zwei Vektoren x, $\hat{x}$, in der Reihenfolge

$$\hat{x}^T A x$$

bilden einen Skalar. Da man einen Skalar beliebig transponieren kann, ist das dasselbe wie

$$x^T A^T \hat{x}\,.$$

Also gilt für zwei beliebige Vektoren x und $\hat{x}$

$$B(\hat{x}, x) = \hat{x}^T A x - x^T A^T \hat{x} = 0\,.$$

Dies ist der Satz von Betti: *Die Arbeit, die der Vektor $A\,x$ auf dem Weg $\hat{x}$ leistet, ist gleich der Arbeit, die der Vektor $A^T\hat{x}$ auf dem Weg x leistet.*

Sei nun die Lösung $x = x_L$ der Gleichung

$$A x = b$$

gesucht, und g^i die zur rechten Seite e_i gehörige Lösung der adjungierten Gleichung

$$A^T g^i = e_i \,,$$

dann folgt leicht

$$B(g^i, x_L) = g^{iT} b - x^T e_i = g^{iT} b - x_i = 0 \,,$$

oder

$$x_i = g^{iT} b \,.$$

Man kann also mit der 'Grundlösung' g^i des adjungierten Operators A^T eine 'Integraldarstellung' der i-ten Komponente x_i der Lösung formulieren. Als Nebenprodukt liefert diese Methode auch gleich eine Aussage über die Kondition der Matrix A, denn sind die Grundlösungen g^i klein, dann haben kleine Änderungen von b nur kleine Änderungen der x_i zur Folge.

Die Zeilen der Inversen einer Matrix

$$x = A^{-1} b$$

sind also die Grundlösungen der adjungierten Matrix, des adjungierten Operators, und eine Gleichung lösen heißt, die rechte Seite skalar mit den Grundlösungen des adjungierten Operators zu multiplizieren. Dies ist das Grundprinzip der Methode der Randelemente.

1.2.2 Die Grundidee aus der Sicht des Ingenieurs

Derselbe Sachverhalt soll nun noch so dargestellt werden, wie ihn der Ingenieur formuliert.

Die Beziehung zwischen den Knotenverschiebungen u_i und den Knotenkräften f_i eines Fachwerks, s. Abb. 1.3, wird von einer symmetrischen Matrix, der Steifigkeitsmatrix K, beschrieben

$$K u = f \,.$$

Nach dem Satz von Betti ($K = K^T$)

$$B(\hat{u}, u) = \hat{u}^T K u - u^T K \hat{u} = \hat{u}^T f - u^T \hat{f} = A_{1,2} - A_{2,1} = 0 \,,$$

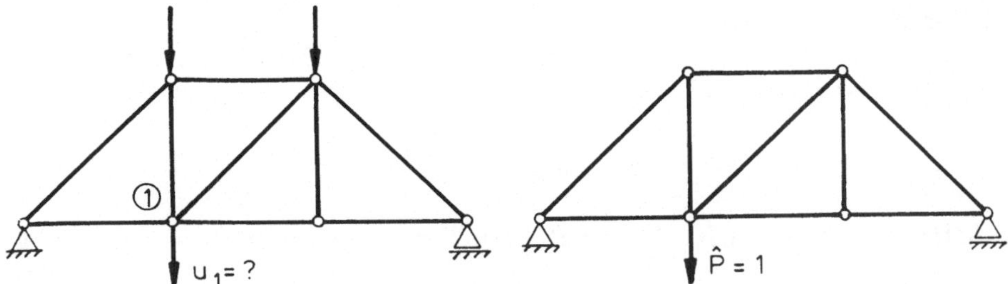

Abb. 1.3 Berechnung der Knotenverschiebung u_1 mit Hilfe des Satzes von Betti

ist „*die gegenseitige äußere Arbeit der Knotenkräfte f_i und $\hat{f}_i$ gleich groß* ". Also kann man z.B. die vertikale Verschiebung u_1 des Knotens 1 dadurch bestimmen, daß man in dem Knoten eine Einzelkraft $\hat{P} = 1$ in Richtung der gesuchten Verschiebung wirken läßt. Der Vektor $\hat{f}$ der Knotenkräfte ist in diesem Fall der Einheitsvektor e_1

$$Kg^1 = e_1, \qquad g^1 = \text{Vektor der Knotenverformungen},$$

und somit folgt aus dem Satz von Betti,

$$B(g^1, u) = g^{1T} f - u^T e_1 = g^{1T} f - u_1 = 0,$$

oder, nach u_1 aufgelöst,

$$u_1 = g^{1T} f.$$

1.3 Einflußfunktionen

In der Statik der Kontinua haben wir es nun nicht mit Vektoren, sondern mit Funktionen zu tun. Die Rolle der Vektoren u und $\hat{u}$ übernehmen jetzt Funktionen u und $\hat{u}$, und die Rolle der Matrix K übernimmt ein Differentialoperator.

Vektor	=	Funktion,
Matrix	=	Differentialoperator,
Skalarprodukt	=	Integral.

Methodisch aber ist alles dasselbe. Ausgehend von dem Satz von Betti, der 2. Greenschen Identität, werden wir mit Hilfe der Grundlösungen des adjungierten Operators (dies ist derselbe Operator, wie in der ursprünglichen Differentialgleichung, da die Differentialgleichungen selbstadjungiert sind) eine Integraldarstellung, eine Einflußfunktion, für die Verschiebungsfunktion u eines Bauteils herleiten.

1.3.1 Der Satz von Betti

Die Längsverschiebung u eines Stabs genügt der Differentialgleichung

$$-EAu'' = p\,.$$

Die Arbeit der äußeren Kräfte p auf virtuellen Wegen $\hat{u}$ ist daher das Integral

$$\int_0^l -EAu''\hat{u}\,dx = \text{Kraft} \times \text{Weg}\,.$$

Ist die Funktion u zweimal und die virtuelle Verrückung $\hat{u}$ einmal stetig differenzierbar, dann kann man mittels partieller Integration dieses Arbeitsintegral in ein 'Randintegral' und ein Gebietsintegral zerlegen

$$\int_0^l -EAu''\hat{u}\,dx = -[N\hat{u}]_0^l + \int_0^l EAu'\hat{u}'\,dx\,, \qquad (N = EAu')\,.$$

Bringt man alles auf eine Seite und faßt zusammen, dann hat man die *1. Greensche Identität* der Stab-Differentialgleichung formuliert.

p: $u \in C^2[0,l]$, $\hat{u} \in C^1[0,l]$,

$$\text{q:}\ G(u,\hat{u}) = \int_0^l -EAu''\hat{u}\,dx - [N\hat{u}]_0^l - \int_0^l \frac{N\hat{N}}{EA}\,dx = \delta A_a - \delta A_i = 0\,.$$

Die Buchstaben p, q sind ein Kürzel für *wenn, dann.* Wenn also u und $\hat{u}$ hinreichend oft stetig differenzierbar sind, dann ist die Summe der ersten beiden Terme, der virtuellen äußeren Arbeit, gleich dem symmetrischen Integral, der virtuellen inneren Arbeit.

Das Prinzip der virtuellen Verrückungen ist also eine verbale Umschreibung der 1. Greenschen Identität.

Vertauscht man die Plätze von u und $\hat{u}$, dann erhält man *das Prinzip der virtuellen Kräfte*

p: $\hat{u} \in C^2[0,l]$, $u \in C^1[0,l]$,

$$q:\ G(\hat{u},u) = \int_0^l -EA\hat{u}''u\,dx - [\hat{N}u]_0^l - \int_0^l \frac{\hat{N}N}{EA}\,dx = \delta A_a^c - \delta A_i^c = 0\,,$$

und subtrahiert man die beiden Identitäten

$$B(\hat{u},u) = G(\hat{u},u) - G(u,\hat{u}) = 0\,,$$

dann erhält man *den Satz von Betti*, die 2. Greensche Identität.

$$p:\ \hat{u},\ u\ \in C^2[0,l]\,,$$

$$q:\ B(\hat{u},u) = \int_0^l -EA\hat{u}''u\,dx + [\hat{N}u - \hat{u}N]_0^l - \int_0^l \hat{u}(-EAu'')\,dx$$

$$= A_{1,2} - A_{2,1} = 0\,.$$

Diese einfachen mathematischen Strukturen sind *grundlegend* für die ganze Mechanik. Um uns im folgenden Wiederholungen zu ersparen, und um die Gemeinsamkeiten besser sehen zu können, bedienen wir uns einer etwas abstrakten Notation. So schreiben wir für den Differentialoperator im Gebiet D und für die Randoperatoren ∂^i. Im Falle des Stabs also

$$Du = -EAu''\,,\qquad \partial^0 u = u\,,\qquad \partial^1 u = EAu'\,,\quad \text{Normalkraft}\,.$$

Im Falle eines Balkens

$$Dw = (EIw'')''\,,\qquad \partial^0 w = w\,,\qquad \partial^1 w = w'\,,\qquad \partial^2 w = -EIw''\,,\quad \text{Moment}\,,$$
$$\partial^3 w = -(EIw'')'\,,\quad \text{Querkraft}\,.$$

Im Falle einer Membran (N = konstante Vorspannung)

$$Du = -N\Delta u\,,\qquad \partial^0 u = u\,,\qquad \partial^1 u = N\frac{\partial u}{\partial n}\,,\quad \text{Normalkraft}\,.$$

Im Falle der Kirchhoffplatte

$$Dw = K\Delta\Delta w\,,\qquad \partial^0 w = w\,,\qquad \partial^1 w = \frac{\partial w}{\partial n}\,,\qquad \partial^2 w = M_n(w)\,,\quad \text{Moment}$$
$$\partial^3 w = V_n(w)\,,\quad \text{Kirchhoffschub}$$

und im Falle einer Scheibe oder eines elastischen Körpers

$$D\,u = -L\,u\,, \qquad \partial^0 u = u\,, \qquad \partial^1 u = \tau(u)\,, \qquad \text{Spannungsvektor}\,.$$

(Wegen der ausführlichen Darstellung des Differentialgleichungssystems $-L$ eines elastischen Körpers bzw. einer Scheibe s. Kap. 4).

Zu solch einem selbstadjungierten Operator der Ordnung $2m$,

$$\text{Stab, Membran, Scheibe, elastischer Körper}\,, \qquad 2m = 2\,,$$
$$\text{Balken, Platte}\,, \qquad 2m = 4\,,$$

gehören zwei Integralidentitäten

$$\text{p:}\; u,\,\hat{u}\; \in C^{2m}(\bar{\varOmega}) \times C^{m}(\bar{\varOmega})\,,$$

$$\text{q:}\; G(u,\hat{u}) = \int_{\varOmega} Du\,\hat{u}\,d\varOmega - \sum_{i=1}^{m}(-1)^{i}\int_{\varGamma} \partial^{2m-i}u\,\partial^{i-1}\hat{u}\,ds - E(u,\hat{u})$$

$$= \delta A_i - \delta A_a = 0\,,$$

und

$$\text{p:}\; \hat{u},\,u\; \in C^{2m}(\bar{\varOmega})\,,$$

$$\text{q:}\; B(\hat{u},u) = G(\hat{u},u) - G(u,\hat{u})$$

$$= \int_{\varOmega} D\hat{u}\,u\,d\varOmega - \sum_{i=1}^{2m}(-1)^{i}\int_{\varGamma} \partial^{2m-i}\hat{u}\,\partial^{i-1}u\,ds - \int_{\varOmega} \hat{u}\,Du\,d\varOmega$$

$$= A_{1,2} - A_{2,1} = 0\,.$$

Bei den gewöhnlichen Differentialgleichungen, also bei Stäben und Balken, sind die Randintegrale natürlich durch

$$[N\hat{u}]_{a}^{b} = N(b)\hat{u}(b) - N(a)\hat{u}(a)\,, \qquad \text{etc.,}$$

zu ersetzen. Das Integral

$$E(u,\hat{u}) = \int_{0}^{l} EA u'\hat{u}'\,dx\,, \qquad \text{(Stab)}\,,$$

$$E(u,\hat{u}) = \int_{\Omega} N(u,_1\,\hat{u},_1 + u,_2\,\hat{u},_2)\,d\Omega\,, \qquad \text{(Laplace Operator)}\,,$$

$$E(\boldsymbol{u},\hat{\boldsymbol{u}}) = \int_{\Omega} \sigma_{ij}\hat{\varepsilon}_{ij}\,d\Omega\,, \qquad \text{(Scheiben, Körper)}\,,$$

$$E(w,\hat{w}) = \int_{0}^{l} EIw''\hat{w}''\,dx\,, \qquad \text{(Balken)}\,,$$

$$E(w,\hat{w}) = \int_{\Omega} \left[w,_{11}\,(\hat{w},_{11} + \nu\hat{w}_{22}) + 2(1-\nu)w,_{12}\,\hat{w},_{12} \right.$$

$$\left. + w,_{22}\,(\hat{w},_{22} + \nu\hat{w},_{11}) \right]\,d\Omega\,, \qquad \text{(Platte)}\,,$$

ist die *Wechselwirkungsenergie* ($=$ virtuelle innere Energie δA_i) zwischen zwei Funktionen u und $\hat{u}$. Auf der Diagonalen $u = \hat{u}$ ist das Integral, nach Multiplikation mit dem Faktor $1/2$ die

$$\text{Innere Energie} = \frac{1}{2}\,E(u,u)\,.$$

Die 1. Identität formuliert das *Prinzip der virtuellen Verrückungen*, s. [2],

$$G(u,\hat{u}) = \delta A_a - \delta A_i = 0\,, \qquad \text{für alle } \hat{u}\,,$$

und das *Prinzip der virtuellen Kräfte*,

$$G(\hat{u},u) = \delta A_a^c - \delta A_i^c = 0\,, \qquad \text{für alle } \hat{u}\,.$$

Die 2. Identität formuliert den *Satz von Betti*,

$$B(\hat{u},u) = A_{1,2} - A_{2,1} = 0\,.$$

1.3.2 Betti-Daten

Die Weg- und Kraftgrößen auf dem Rand, die in dem Satz von Betti auftreten, nennen wir die *Betti-Daten* eines Bauteils. Ihnen kommt im Rahmen der Methode eine besondere Bedeutung zu. Wenn der Ingenieur von der Arbeit konjugierter Kräfte auf dem Rand spricht, dann meint er immer die Betti-Daten. Was zueinander konjugiert ist, was auf welchen Wegen Arbeit leistet, bestimmt die 2. Identität. Unter regulären Bedingungen ist von zwei konjugierten Größen auf jedem Stück des Rands eine vorgeschrieben, die andere unbekannt. Von den insgesamt $2m$ Betti-Daten sind also m bekannt und m unbekannt. Die niederen Größen

$$\partial^0 u, \partial^1 u, \ldots, \partial^{m-1} u, \qquad \text{(wesentliche Randbedingungen)},$$

sind die Weggrößen, und die höheren Größen

$$\partial^m u, \partial^{m+1} u, \ldots, \partial^{2m-1} u, \qquad \text{(natürliche Randbedingungen)},$$

die Kraftgrößen. Mit Blick auf die Randbedingungen spricht man von *wesentlichen* und *natürlichen* Randbedingungen.

1.3.3 Grundlösungen

Die Gleichgewichtslage eines Balkens ist die Funktion $\hat{w}$, die der Differentialgleichung

$$EI\hat{w}^{IV} = \hat{p}, \qquad (EI = c)$$

und den Randbedingungen genügt. Eine Differentialgleichung gibt nur dann einen Sinn, wenn die rechte Seite glatt ist. Daher muß man, wenn die Belastung aus einer Einzelkraft $\hat{P}$ besteht, das Gleichgewicht anders definieren. Man verlangt, daß im Punkt x, also dort, wo die Einzelkraft angreift, die Querkraft des Balkens um den Wert $\hat{P}$ springt

$$\lim_{\varepsilon \to 0} \left\{ \hat{Q}(x + \varepsilon) - \hat{Q}(x - \varepsilon) \right\} = \hat{P}, \qquad \hat{Q} = -EI\hat{w}'''.$$

Gleichbedeutend hiermit ist, daß der Grenzwert der Arbeit, die die Querkräfte in den beiden Schnittfugen $x + \varepsilon$ und $x - \varepsilon$ auf den Wegen einer virtuellen Verrückung w leisten, gegen $\hat{P}w(x)$ konvergiert

$$\lim_{\varepsilon \to 0} \left\{ \hat{Q}(x + \varepsilon)w(x + \varepsilon) - \hat{Q}(x - \varepsilon)w(x - \varepsilon) \right\} = \hat{P}w(x).$$

Was bei einem Balken zwei Punkte sind, ist bei einer Platte ein Kreis. Steht im Punkt $\boldsymbol{x}$ einer Platte eine Einzelkraft, dann bedeutet dies, daß das Integral des Kirchhoffschubs über immer enger gezogene Kreise $\Gamma_{N\varepsilon}(\boldsymbol{x})$ um $\boldsymbol{x}$ gegen $\hat{P} = 1$ konvergiert, s. Abb. 1.4. Läßt man den Kirchhoffschub auf Wegen $w(\boldsymbol{y})$ Arbeit leisten, dann ist, wie man zeigen kann, der Grenzwert der Arbeit gerade $1 \times w(\boldsymbol{x}) = w(\boldsymbol{x})$. Diese Beobachtung präzisierend sagen wir: Die Biegefläche $\hat{w} = g_0$ ist genau dann die Durchbiegung der Platte unter einer Einzelkraft $\hat{P} = 1$ am Ort $\boldsymbol{x}$, wenn a) g_0 in allen Punkten $\boldsymbol{y} \neq \boldsymbol{x}$ eine homogene Lösung der Plattengleichung $K\Delta\Delta g_0 = 0$ ist, und wenn b) der Grenzwert der Arbeit, den

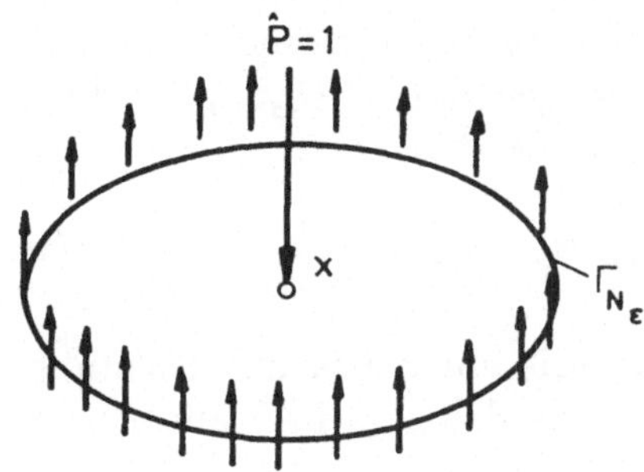

Abb. 1.4 Die Kräfte auf dem Rand der Kreisscheibe halten der Einzelkraft das Gleichgewicht

der Kirchhoffschub $\hat{V}_n$ auf den Wegen jeder möglichen virtuellen Verrückung w leistet, gleich $w(x)$ ist.

Diese Beobachtungen nun verallgemeinernd definieren wir: Die Funktion $g_0(y, x)$ ist eine Grundlösung des Operators D, wenn

a) $D_y g_0(y, x) = 0$,   in allen Punkten $y \neq x$,

b) $\displaystyle \lim_{\varepsilon \to 0} \int_{\Gamma_{N\varepsilon}(x)} \partial^{2m-1} g_0(y, x)\, u(y)\, ds_y = u(x)$,   für alle $u \in C^{2m}(\bar{\Omega})$,

wenn also die Arbeit, die die Schnittkraft $\partial^{2m-1} g_0$ auf jedem Weg u leistet, in der Grenze gerade $u(x)$ ist. Wählt man als virtuelle Verrückung u die Funktion $u = 1$, dann steht rechts die 1 und wir haben wieder die Aussage, daß das Integral des Kirchhoffschubs gegen 1 konvergiert.

Eine Platte kann man nun auch mit einem Einzelmoment belasten oder ihr einen Knick oder gar einen Sprung in der Durchbiegung aufzwingen. Die zu diesen Lastfällen gehörigen Grundlösungen erhält man, indem man die Operatoren ∂^i auf die 0. Grundlösung anwendet und dabei nach den Koordinaten x_i differenziert.

$$g_i(y, x) = \partial_x^i g_0(y, x) \qquad i = 0, \ldots, 2m - 1.$$

Bei der Platte $(2m = 4)$ gibt es vier Operatoren ∂^i und daher vier Grundlösungen und bei einer Scheibe, einer Membran $(2m = 2)$ zwei Grundlösungen

$2m = 2$		$2m = 4$	
$g_0(y, x)$,	Einzelkraft,	$g_0(y, x)$,	Einzelkraft,
$g_1(y, x)$,	Versetzung,	$g_1(y, x)$,	Einzelmoment,
		$g_2(y, x)$,	Knick,
		$g_3(y, x)$,	Versetzung.

Die Durchbiegung g_1, die ein Einzelmoment verursacht, das in Richtung des Vektors $\boldsymbol{n}$ 'abrollt', ist also gleich der Neigung (in dieser Richtung) der Biegefläche des Lastfalls: 'Einzelkraft $\hat{P} = 1$ in $\boldsymbol{x}$'.

$$g_1(\boldsymbol{y}, \boldsymbol{x}) = \partial_{\boldsymbol{x}}^1 g_0(\boldsymbol{y}, \boldsymbol{x}) = \frac{\partial}{\partial n_{\boldsymbol{x}}} g_0(\boldsymbol{y}, \boldsymbol{x}) \,.$$

Oder: Die Durchbiegung, die ein Knick mit Richtung $\boldsymbol{n}$ verursacht, ist gleich dem Moment M_n der Platte, das zum Lastfall: 'Einzelkraft $\hat{P} = 1$ in $\boldsymbol{x}$' gehört

$$g_2(\boldsymbol{y}, \boldsymbol{x}) = \partial_{\boldsymbol{x}}^2 g_0(\boldsymbol{y}, \boldsymbol{x}) = M_n(g_0)(\boldsymbol{y}, \boldsymbol{x}) \,.$$

Die Grundlösungen g_i haben die Eigenschaften

$$\lim_{\varepsilon \to 0} \int_{\Gamma_{N\varepsilon}(\boldsymbol{x})} \partial^{2m-1-i} g_i(\boldsymbol{y}, \boldsymbol{x}) \, \partial^i u \, ds_{\boldsymbol{y}} = c_i(\boldsymbol{x}) \, \partial^i u(\boldsymbol{x}) \,,$$

(keine Summe über i)

d.h. der Grenzwert der Arbeit, die geleistet wird, ist immer der Wert des zur Singularität konjugierten $(2m - 1 - i + i = 2m - 1)$ Terms der virtuellen Verrückung an der Stelle $\boldsymbol{x}$. (Für Punkte $\boldsymbol{x}$ innerhalb des Gebiets Ω haben die Funktionen c_i den Wert 1).

Greift eine Einzelkraft an, dann ist der Grenzwert $w(\boldsymbol{x})$, greift ein Moment an, dann ist er $\partial w / \partial n(\boldsymbol{x})$. Hat sich ein Knick gebildet, dann ist der Grenzwert $M_n(w)(\boldsymbol{x})$ und springt gar die Durchbiegung, dann ist der Grenzwert $V_n(w)(\boldsymbol{x})$.

Die charakteristische Funktion, die $\partial^i u$ begleitet,

$$c_i(\boldsymbol{x}) = \int_{S_1(\boldsymbol{x},\Omega)} k_i(\varphi, \vartheta) \, dS_1 \,,$$

ist — in einfachen Fällen — das Integral der Charakteristik des Kerns

$$\partial^{2m-1-i} g_i(\boldsymbol{y}, \boldsymbol{x}) = \frac{k_i(\varphi, \vartheta)}{r^{n-1}}$$

über die Einheitssphäre S_1, oder, wenn $\boldsymbol{x}$ ein Randpunkt ist, den Ausschnitt $S_1(\boldsymbol{x}, \Omega)$ der Einheitssphäre.

Der Name *charakteristische Funktion* kommt aus der Topologie. Dort bezeichnet man als charakteristische Funktion eines Gebiets Ω die Funktion, die in Ω den Wert 1 hat und außerhalb den Wert Null.

Im Fall des Laplace Operators ist z.B. c_0 die Funktion

$$c_0(\boldsymbol{x}) = \begin{cases} 1, & \boldsymbol{x} \in \Omega \,, \\ \Delta\varphi/2\pi, & \boldsymbol{x} \in \Gamma \,, \\ 0, & \boldsymbol{x} \in \Omega^c \,, \quad \text{(Komplement)} \,. \end{cases}$$

Sie hat die folgende Bedeutung: Wenn man eine unendlich ausgedehnte Membran mit einer Einzelkraft $\hat{P} = 1$ belastet, dann einen Teilbereich Ω aus der Membran herausschneidet und diesen um den Weg $u = 1$ virtuell verrückt, dann leistet die Einzelkraft $\hat{P} = 1$ eine Arbeit $\delta A = 1$, s. Abb. 1.5. Steht die Einzelkraft $\hat{P} = 1$ außerhalb des Bereichs Ω, dann leistet sie keine Arbeit $\delta A = 0$. Steht sie genau auf der Schnittkante Γ, dem Rand von Ω, dann beträgt ihre Arbeit, wenn sie mit der einen Hälfte in Ω steht und mit der anderen Hälfte im Komplement Ω^c, gerade $\delta A = 1/2$. Steht sie in einer Ecke mit einem Eckenwinkel $\Delta\varphi = 90°$, dann ist ihre Arbeit $\delta A = 1/4$. Man kann also $c_0(x)$ als die Arbeit auffassen, die die Einzelkraft $\hat{P} = 1$ auf dem Weg $u = 1$ leistet. Das u, das die Funktion $c_0(x)$ begleitet,

$$c_0(x)u(x) = \int_\Gamma \cdots ,$$

ist, so gesehen, ein dimensionsloser Skalierungsfaktor.

Symbolisch werden die Grundlösungen oft auch als Lösungen der Differentialgleichungen

$$Dg_i(y, x) = \delta_i(y - x) \tag{1.2}$$

charakterisiert. Wobei die Dirac-Deltas die Eigenschaften

$$\int_\Omega \delta_i(y - x)u(y)\, d\Omega_y = \partial^i u(x) , \qquad x \text{ innerer Punkt,}$$

haben sollen. Dies ist aber genau dieselbe Definition wie oben, denn (1.2) besagt nicht, daß D angewandt auf g_0 eine Kraft ergeben soll, sondern sie besagt, daß D angewandt auf g_0 gleich dem Dirac-Delta, gleich einem *Funktional* sein soll.

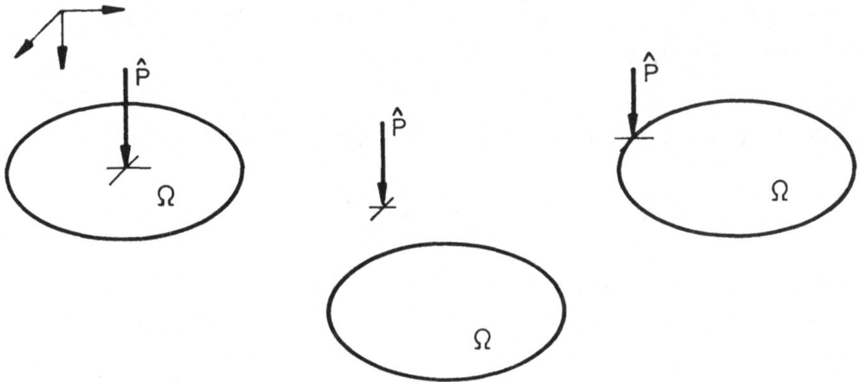

Abb. 1.5 a-c. Die drei möglichen Positionen von $\hat{P}$

Unter einem Funktional versteht man einen Ausdruck, der einer Funktion eine Zahl zuordnet. Die Arbeitsintegrale

$$\int_0^l p\,u\,dx$$

sind z.B. Funktionale. Die Arbeit, die die Kraft p auf den Wegen u leistet, ist der Wert des Funktionals an der Stelle u. Es ist der Wert, den das Funktional der Funktion u zuweist.

Die Grundlösungen sind außerhalb des Aufpunkts analytische Funktionen, im Aufpunkt x dagegen sind sie selbst oder ihre Ableitungen singulär. Daher lassen sich Integralsätze, wie das Prinzip der virtuellen Kräfte oder der Satz von Betti, nicht so ohne weiteres auf Einzelkräfte übertragen. Das Problem umgeht man, indem man die Identitäten erst im gelochten Gebiet formuliert, die Singularität erst ausspart, und dann den Radius ε gegen Null gehen läßt

$$\lim_{\varepsilon \to 0} G(g_0, u)_{\Omega_\varepsilon} =: G(g_0, u) = 0 ,$$

$$\lim_{\varepsilon \to 0} B(g_0, u)_{\Omega_\varepsilon} =: B(g_0, u) = 0 .$$

Aus den so entstehenden Grenzwerten erhält man durch einfaches Umordnen zwei Integraldarstellungen der Funktion u

$$c_0(x)u(x) = \sum_{i=1}^{m} (-1)^i \int_\Gamma \partial^{2m-i} g_0\, \partial^{i-1} u\, ds_y + E(g_0, u) ,$$

$1 \times$ Weg $= -$ Randarbeiten $(A_{1,2})$ + innere virt. Energie (δA_i)

$$c_0(x)u(x) = \sum_{i=1}^{2m} (-1)^i \int_\Gamma \partial^{2m-i} g_0\, \partial^{i-1} u\, ds_y + \int_\Omega g_0\, Du\, d\Omega_y ,$$

$1 \times$ Weg $= -$ Randarbeiten $(A_{1,2})$ + Randarbeiten $(A_{2,1})$

$+$ Arbeit im Gebiet $(A_{2,1})$.

Die erste Integraldarstellung wird in der Statik beim Kraftgrößenverfahren verwendet. Allerdings benutzt man dort statt der Grundlösung g_0 eine Greensche Funktion G_0, so daß die Randintegrale entfallen (starre Lager vorausgesetzt), und man die Durchbiegung $w(x)$ eines Balkens allein durch 'Überlagern' der Momente,

$$w(x) = \int_0^l \frac{M_0 M}{EI}\, dy = E(G_0, w)\,,$$

erhält. Die erste Darstellung wird auch noch bei nichtlinearen Problemen angewandt, s. Kap. 5. Allerdings ist sie dort nur eine Ergänzung zur zweiten Darstellung. Diese bildet die eigentliche Grundlage der Methode der Randelemente.

1.4 Kopplung auf dem Rand

Im folgenden konzentrieren wir uns auf den Laplace Operator, weil dieser der einfachste Operator ist. Die Überlegungen gelten sinngemäß aber auch für die anderen Differentialgleichungen.

Das Modellproblem ist eine mit einer Kraft N vorgespannte Membran, bei der längs eines Teils Γ_1 des Rands Durchbiegungen $\bar{u}$ vorgeschrieben sind und längs eines Teils Γ_2 des Rands Kräfte $\bar{t}$

$$-N\Delta u = 0\,, \qquad u = \bar{u} \quad \text{auf } \Gamma_1\,, \qquad t = \bar{t} \quad \text{auf } \Gamma_2\,.$$

Das t steht für die N-fache Normalableitung

$$t = N\frac{\partial u}{\partial n}\,,$$

der bei der Membran die Bedeutung einer Aufhängekraft zukommt. Formuliert man den Satz von Betti mit der 0. Grundlösung g_0 und der Durchbiegung u, dann erhält man eine Einflußfunktion für u

$$c_0(x)u(x) = \int_\Gamma [g_0(y,x)\,t(y) - N\frac{\partial}{\partial\nu}g_0(y,x)\,u(y)]\, ds_y$$

$$+ \int_\Omega g_0(y,x)\,p(y)\,d\Omega_y\,, \tag{1.3}$$

und formuliert man den Satz mit der 1. Grundlösung g_1 und der Durchbiegung u, dann erhält man eine Einflußfunktion für die Schnittkraft $t = N\partial u/\partial n$

$$c_1(x)t(x) = \int_\Gamma [g_1(y,x)\,t(y) - N\frac{\partial}{\partial\nu}g_1(y,x)u(y)]\, ds_y$$

$$+ \int_\Omega g_1(y,x)\,p(y)\,d\Omega_y\,. \tag{1.4}$$

Liegt der Aufpunkt x auf dem Rand, dann sind die Funktionen u und t auf der linken Seite dieselben Funktionen wie rechts unter dem Integralzeichen. Sie sind dann also gleichzeitig abhängige wie unabhängige Variable, und daher formulieren in diesem Fall die beiden Gleichungen

$$\frac{1}{2} \begin{bmatrix} u \\ t \end{bmatrix} = \int_{\Gamma} \begin{bmatrix} g_0 & -N\frac{\partial}{\partial\nu}g_0 \\ g_1 & -N\frac{\partial}{\partial\nu}g_1 \end{bmatrix} \begin{bmatrix} t \\ u \end{bmatrix} ds_y + \int_{\Omega} \begin{bmatrix} g_0 \\ g_1 \end{bmatrix} p\, d\Omega_y \qquad (1.5)$$

$(c_i(x) = 1/2$ in glatten Punkten$)$

zwei *Kopplungsbedingungen* zwischen u und t: Zwei Randfunktionen u und t sind dann und nur dann die Randwerte der Membran, wenn sie diesen Integralgleichungen genügen. Da von den beiden Randwerten abschnittsweise immer schon eine vorgeschrieben ist, darf man annehmen, daß dieses System den Rangabfall 1 hat, d.h. ist die erste Integralgleichung erfüllt, dann ist es auch die zweite und umgekehrt.

Den zu dem bekannten Randwert konjugierten, unbekannten Randwert kann man nun aus einer der beiden Kopplungsbedingungen durch Lösen der Integralgleichung ermitteln. Anschließend setzt man die Randdaten in die Einflußfunktion (1.3) für $u(x)$ ein, und das Problem der Membran ist gelöst.

1.5 Randelemente

Die Randfunktionen u und t werden durch stückweise Polynome interpoliert, die man in Analogie zur Technik der finiten Elemente mittels Randelementen konstruiert. Man macht also mit Randfunktionen φ_i bzw. ψ_i für die Betti-Daten den Ansatz

$$u = u_i\varphi_i(x)\,, \qquad t = t_i\psi_i(x)\,, \qquad (1.6)$$

und bestimmt die unbekannten Knotenwerte u_i und t_i z.B. so, daß die 1. Integralgleichung (1.3) in K Kollokationspunkten x^k erfüllt ist. Dies führt auf das Gleichungssystem

$$H_{ki}\, u_i = G_{ki}\, t_i$$

mit den Koeffizienten

$$H_{ki} = \frac{\Delta\varphi}{2\pi}\varphi_i(x^k) + \int_{\Gamma} N\,\frac{\partial}{\partial\nu}g_0(y,x^k)\,\varphi_i(y)\,ds_y\,,$$

$$G_{ki} = \int_{\Gamma} g_0(y,x^k)\,\psi_i(y)\,ds_y\,.$$

Denkbar wäre aber auch, daß man die 2. Integralgleichung (1.4) benutzt, oder auf Γ_1 die erste Integralgleichung und auf Γ_2 die zweite.

Der Koeffizient H_{ki} ist die Arbeit, die die Aufhängekraft

$$T = N \frac{\partial}{\partial \nu} g_0(\boldsymbol{y}, \boldsymbol{x}^k)$$

des Teilstücks Ω der unendlich ausgedehnten Membran auf dem Weg φ_i leistet, wenn die Kraft $\hat{P} = 1$ im Knoten $\boldsymbol{x}^k$ steht (die Position von $\hat{P}$ bestimmt den Verlauf von T). Der Koeffizient G_{ki} ist die Arbeit, die die Kraft ψ_i auf den Wegen der Randdurchbiegung

$$U = g_0(\boldsymbol{y}, \boldsymbol{x}^k)$$

des Teilstücks Ω leistet, wenn die Kraft $\hat{P} = 1$ im Knoten $\boldsymbol{x}^k$ steht (U hängt von der Position von P ab). Allgemeiner formuliert: Der Koeffizient G_{ki} bzw. H_{ki} stellt den Einfluß dar, den die Belegung ψ_i bzw. φ_i nach Maßgabe des Kerns $g_0(\boldsymbol{y}, \boldsymbol{x}^k)$ bzw. des Kerns $N \partial g_0(\boldsymbol{y}, \boldsymbol{x})/\partial \nu$ auf den k-ten Kollokationspunkt hat.

Da nun *jede* Belegung (gleichgültig wo sie konzentriert ist) *jeden* Kollokationspunkt beeinflußt, ist — anders als bei finiten Elementen — jede Zeile der Matrizen G und H voll besetzt. Zudem sind die Matrizen G und H unsymmetrisch. Dies versteht man, wenn man sich die Randkurve Γ als Drahtschlaufe denkt, s. Abb. 1.6, und sich vorstellt, welche Anziehungskraft der Kollokationspunkt $\boldsymbol{x}^k$ durch das Drahtstück $\Gamma_l \cup \Gamma_{l+1}$ mit der 'Masse' φ_l erfährt, und umgekehrt $\boldsymbol{x}^l$ durch das Drahtstück $\Gamma_k \cup \Gamma_{k+1}$. Weil Form, Länge und damit auch Belegung (= Masse) der Elemente nicht gleich sind, sind es auch ihre Wirkungen nicht.

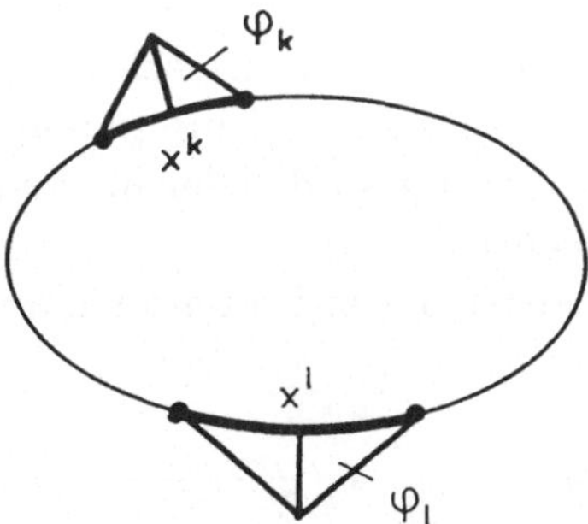

Abb. 1.6 Die gegenseitige Anziehung zweier Drahtstücke mit unterschiedlicher 'Masse'

Nur im Grenzfall, wenn die Elemente zu Punkten zusammenschrumpfen, wird die Matrix G symmetrisch, weil die Funktion $g_0(\boldsymbol{y}, \boldsymbol{x})$ symmetrisch ist

$$g_0(\boldsymbol{x}^k, \boldsymbol{x}^l) = g_0(\boldsymbol{x}^l, \boldsymbol{x}^k) \,.$$

Die Matrix H ist aber auch dann noch unsymmetrisch, weil der zugehörige Kern $N\,\partial g_0(\boldsymbol{y},\boldsymbol{x})/\partial\nu$ von der Randnormalen im Integrationspunkt (= Aufpunkt im Fall $K = \infty$) abhängt

$$N\frac{\partial}{\partial\nu}g_0(\boldsymbol{x}^k,\boldsymbol{x}^l) = -\frac{1}{2\pi r}\nabla_{\boldsymbol{y}}r\cdot\nu(\boldsymbol{x}^k)$$

$$\neq -\frac{1}{2\pi r}\nabla_{\boldsymbol{y}}r\cdot\nu(\boldsymbol{x}^l) = N\frac{\partial}{\partial\nu}g_0(\boldsymbol{x}^l,\boldsymbol{x}^k)\,,$$

und die Stellung der beiden Randnormalen in $\boldsymbol{x}^l$ und $\boldsymbol{x}^k$ i.allg. nicht entgegengesetzt gleich ist.

Die rechte Seite einer Steifigkeitsmatrix $\boldsymbol{Ku} = \boldsymbol{f}$ bilden (äquivalente Knoten-) Kräfte. Die rechten Seiten der Einflußmatrizen G und H sind dagegen Weggrößen. Die Matrix H berechnet Weggrößen aus Weggrößen,

$$\boldsymbol{Hu} = \text{Weggrößen}\,,$$

und die Matrix G Weggrößen aus Kräften

$$\boldsymbol{Gt} = \text{Weggrößen}\,.$$

Dementsprechend ist die Matrix G mit dem Faktor $(Steifigkeit)^{-1}$ behaftet. Um dieser unterschiedlichen Konditionierung vorzubeugen, empfiehlt es sich, wie beim Kraftgrößenverfahren, mit den '*EI-fachen Verschiebungen*' zu rechnen. Im Falle der Membran ist die 'Steifigkeit' die Vorspannung N.

1.6 Konforme und nichtkonforme Lösungen

Bei finiten Elementen unterscheidet man zwischen konformen und nichtkonformen Elementen (genauer: Funktionen). Eine globale Ansatzfunktion ist konform, wenn ihre Weggrößen stetig sind. Gleichbedeutend hiermit ist, daß die Energie der Funktion endlich ist.

Diese Klassifizierung überträgt sich nun auch auf Randelemente. Die RE-Lösung

$$u_h(\boldsymbol{x}) = \int\limits_{\Gamma} [g_0(\boldsymbol{y},\boldsymbol{x})\,t_{\mathrm{RE}}(\boldsymbol{y}) - N\frac{\partial}{\partial\nu}g_0(\boldsymbol{y},\boldsymbol{x})\,u_{\mathrm{RE}}(\boldsymbol{y})]\,ds_{\boldsymbol{y}} + \int\limits_{\Omega} g_0(\boldsymbol{y},\boldsymbol{x})\,p(\boldsymbol{y})\,d\Omega_{\boldsymbol{y}}$$

hat genau dann eine endliche Energie, wenn die Randverschiebung $u_{\mathrm{RE}}(\boldsymbol{y})$ auf ganz Γ stetig ist bzw. die Aufhängekräfte $t_{\mathrm{RE}}(\boldsymbol{y})$ dort mindestens stückweise stetig sind. Die Funktionen u_{RE} und t_{RE} sind die Ansätze, die der diskreten Kopplungsbedingung genügen. (In der Regel bezeichnen wir diese Ansätze mit denselben Buchstaben u und t wie die wahren Betti-Daten, da jeweils aus dem Zusammenhang hervorgeht, welche Daten gemeint sind).

Allgemeiner gefaßt heißt dies: Die Approximation der 'höchsten' Weggröße $\partial^{m-1}u$, d.h. der Weggröße mit der höchsten Ableitung, muß mindestens noch stetig sein, und die Approximation der 'niederen' Weggrößen entsprechend dem Differentiationsgrad besser. Bei der Approximation der Kraftgrößen andererseits dürfen keine höheren Singularitäten auftreten, als bei endlicher Energie noch zulässig, d.h. Einzelkräfte (bei Scheiben und Körpern) und Einzelmomente (bei Platten) sind nicht mehr erlaubt.

Ist die Ansatzfunktion im Kollokationspunkt nicht konform, dann existieren die singulären Integrale nicht. Die Approximation von Randverschiebungen mit konstanten, nichtkonformen Randelementen geht nur deswegen gut, weil man den Kollokationspunkt in die Mitte des Elements legt, dort, wo die Funktion nicht springt.

1.7 Die Interpretation der Lösung

Die RE-Lösung

$$u_h(x) = \int\limits_\Gamma [g_0(y,x)\, t_{\mathrm{RE}}(y) - N\frac{\partial}{\partial\nu}g_0(y,x)\, u_{\mathrm{RE}}(y)]\, ds_y + \int\limits_\Omega g_0(y,x)\, p(y)\, d\Omega_y$$

basiert auf der Einflußfunktion für $u(x)$ und so könnte man meinen, daß die $u_{\mathrm{RE}}(x)$ und $t_{\mathrm{RE}}(x)$ unter dem Integralzeichen (dies sind die Ansatzfunktionen, die der diskreten Kopplungsbedingung genügen) auch genau die Randwerte der RE-Lösung sind

$$\lim_{x\to\Gamma} u_h(x) = u_{\mathrm{RE}}(x) \quad ?\,, \qquad \lim_{x\to\Gamma} t_h(x) = t_{\mathrm{RE}}(x) \quad ?\,,$$

daß also die RE-Lösung die Durchbiegung der Membran ist, wenn sie unter dem Druck p steht, sich ihr Rand um die Strecke u_{RE} absenkt und dort Kräfte t_{RE} ziehen. Bezüglich p ist dies richtig, nicht jedoch bezüglich der Randkräfte t_{RE} und der Randverformungen u_{RE}. Der Grund hierfür ist die mangelhafte Kompatibilität zwischen den Funktionen u_{RE} und t_{RE}. Die Funktionen u_{RE} und t_{RE} erfüllen die Kopplungsbedingungen ja nur in den Kollokationspunkten, und daher stimmen die Grenzwerte der Potentiale, aus denen die Einflußfunktion besteht, s. Abschn. 1.11, nicht mit den Belegungen überein. Die Randverschiebungen u und Randkräfte t der RE-Lösung weichen vielmehr geringfügig um Werte ε und η von den Funktionen u_{RE} und t_{RE} ab,

$$\lim_{x\to\Gamma} u_h(x) = u_{\mathrm{RE}}(x) + \varepsilon(x)\,, \qquad \lim_{x\to\Gamma} t_h(x) = t_{\mathrm{RE}}(x) + \eta(x)\,.$$

Nur in den Kollokationspunkten x^k sind die Kopplungsbedingungen ja erfüllt. Die Funktion $\varepsilon(x)$ ist dort Null, nicht aber die Funktion $\eta(x)$. Sie wird im Falle nichtkonformer, stückweiser konstanter Ansätze in den Sprungstellen sogar unendlich groß. Dort, wo die Randverschiebung der Membran springt, wirken unendlich große Kräfte

$$\lim_{\boldsymbol{x}\to\Gamma} t_h(\boldsymbol{x}) = \infty\,.$$

Dies ist der Preis dafür, daß man die Verschiebungen so schlecht approximiert. Unstetige Verschiebungen heißt mechanisch eben unendlich große Einzelkräfte und damit unendlich große Energie.

1.8 Symmetrische Formulierungen

Symmetrische und positiv definite Matrizen erhält man, wenn man die beiden Integralgleichungen (1.5) geeignet kombiniert und sie nach dem Verfahren von Galerkin löst.

Auf Γ_1, dort ist t unbekannt, wird die 1. Integralgleichung formuliert und auf Γ_2, dort ist u unbekannt, die 2. Integralgleichung. Es wird also immer auf dem Rand Γ die Integralgleichung genommen, deren freier Term zu dem unbekannten Term konjugiert ist. Es entsteht so das folgende System

$$\int_{\Gamma_1} g_0 t\, ds_{\boldsymbol{y}} - \int_{\Gamma_2} N\frac{\partial}{\partial\nu} g_0 u\, ds_{\boldsymbol{y}} = \frac{1}{2}\bar{u} - \int_{\Gamma_2} g_0 \bar{t}\, ds_{\boldsymbol{y}} + \int_{\Gamma_1} N\frac{\partial}{\partial\nu} g_0 \bar{u}\, ds_{\boldsymbol{y}}\quad (\Gamma_1)\,,$$

$$\int_{\Gamma_1} g_1 t\, ds_{\boldsymbol{y}} - \int_{\Gamma_2} N\frac{\partial}{\partial\nu} g_1 u\, ds_{\boldsymbol{y}} = \frac{1}{2}\bar{t} - \int_{\Gamma_2} g_1 \bar{t}\, ds_{\boldsymbol{y}} + \int_{\Gamma_1} N\frac{\partial}{\partial\nu} g_1 \bar{u}\, ds_{\boldsymbol{y}}\quad (\Gamma_2)\,.$$

Macht man die üblichen Ansätze (1.6) und löst dieses System von Integralgleichungen im Sinne von Galerkin, dann führt dies auf das symmetrische Gleichungssystem

$$\begin{bmatrix} \boldsymbol{A} & \boldsymbol{B} \\ \boldsymbol{B}^T & \boldsymbol{C} \end{bmatrix} \begin{bmatrix} \boldsymbol{t} \\ \boldsymbol{u} \end{bmatrix} = \begin{bmatrix} \boldsymbol{r}_1 \\ \boldsymbol{r}_2 \end{bmatrix}$$

mit den Koeffizienten

$$a_{ij} = \int_{\Gamma_1}\int_{\Gamma_1} g_0\, \psi_i\, \psi_j\, ds_{\boldsymbol{y}}\, ds_{\boldsymbol{x}} = a_{ji}\,,$$

$$b_{ij} = -\int_{\Gamma_1}\int_{\Gamma_2} N\frac{\partial}{\partial\nu} g_0\, \varphi_i\psi_j\, ds_{\boldsymbol{y}}\, ds_{\boldsymbol{x}} = \int_{\Gamma_2}\int_{\Gamma_1} N\frac{\partial}{\partial n} g_0\, \psi_j\varphi_i\, ds_{\boldsymbol{y}}\, ds_{\boldsymbol{x}}\,,$$

$$c_{ij} = \int\limits_{\Gamma_2} \int\limits_{\Gamma_2} N \frac{\partial}{\partial \nu} g_1 \, \varphi_i \varphi_j \, ds_{\boldsymbol{y}} \, ds_{\boldsymbol{x}} = c_{ji} \, .$$

Um nachzuweisen, daß das System positiv definit ist,

$$[t, u] \begin{bmatrix} A & B \\ B^T & C \end{bmatrix} \begin{bmatrix} t \\ u \end{bmatrix} > 0 \qquad \text{für alle } u, t \neq o \, ,$$

muß man zeigen, daß für beliebige Funktionen φ und ψ ungleich Null das Integral

$$\int\limits_{\Gamma_1} \Phi[\psi, \varphi](\boldsymbol{x}) \, \psi(\boldsymbol{x}) \, ds + \int\limits_{\Gamma_2} \Phi'[\psi, \varphi](\boldsymbol{x}) \, \varphi(\boldsymbol{x}) \, ds$$

positiv ist. Hierbei bedeutet

$$\Phi[\psi, \varphi](\boldsymbol{x}) = \Phi_1[\psi](\boldsymbol{x}) - \Phi_2[\varphi](\boldsymbol{x}) = \int\limits_{\Gamma_1} g_0 \, \psi \, ds_{\boldsymbol{y}} - \int\limits_{\Gamma_2} N \frac{\partial}{\partial \nu} g_0 \, \varphi \, ds_{\boldsymbol{y}} \, ,$$

$$\Phi'[\psi, \varphi](\boldsymbol{x}) = \Phi_1'[\psi](\boldsymbol{x}) - \Phi_2'[\varphi](\boldsymbol{x}) = \int\limits_{\Gamma_1} g_1 \, \psi \, ds_{\boldsymbol{y}} - \int\limits_{\Gamma_2} N \frac{\partial}{\partial \nu} g_1 \, \varphi \, ds_{\boldsymbol{y}} \, .$$

Das Potential Φ hat die Eigenschaften, s. Abschn. 1.11,

$$\lim_{\boldsymbol{x}_i \to \Gamma_1} \Phi = \Phi = \lim_{\boldsymbol{x}_a \to \Gamma_1} \Phi \, , \qquad \lim_{\boldsymbol{x}_i \to \Gamma_2} \Phi = \frac{1}{2} \varphi + \Phi \, ,$$

$$\lim_{\boldsymbol{x}_a \to \Gamma_2} \Phi = -\frac{1}{2} \varphi + \Phi \, , \qquad \lim_{\boldsymbol{x}_i \to \Gamma_1} N \frac{\partial \Phi}{\partial n_a} = \frac{1}{2} \psi + N \frac{\partial \Phi}{\partial n_a} \, ,$$

$$\lim_{\boldsymbol{x}_i \to \Gamma_2} N \frac{\partial \Phi}{\partial n_a} = N \frac{\partial \Phi}{\partial n_a} \, , \qquad \lim_{\boldsymbol{x}_a \to \Gamma_1} N \frac{\partial \Phi}{\partial n_a} = -\frac{1}{2} \psi + N \frac{\partial \Phi}{\partial n_a} \, ,$$

$$\lim_{\boldsymbol{x}_a \to \Gamma_2} N \frac{\partial \Phi}{\partial n_a} = N \frac{\partial \Phi}{\partial n_a} \, , \qquad \Delta \Phi = 0 \qquad \boldsymbol{x} \notin \Gamma \, ,$$

wobei $\boldsymbol{x}_i$ bzw. $\boldsymbol{x}_a$ bedeutet, daß der Punkt $\boldsymbol{x}$ aus dem Innern Ω_i, bzw. dem Äußeren Ω_a, gegen den Rand Γ strebt. Das a an der Normalen zeigt an, daß die Normale ins Äußere weist.

46

Die 1. Identität für Φ im Innengebiet (die Normale weist ins Äußere) lautet

$$G(\Phi,\Phi)_{\Omega_i} = \int_{\Gamma_1} (\frac{1}{2}\psi + N\frac{\partial\Phi}{\partial n_a})\Phi\, ds_{\boldsymbol{y}} + \int_{\Gamma_2} N\frac{\partial\Phi}{\partial n_a}(\frac{1}{2}\varphi + \Phi)\, ds_{\boldsymbol{y}}$$

$$- E(\Phi,\Phi)_{\Omega_i} = 0$$

und im Außengebiet (die Normale weist ins Innere)

$$G(\Phi,\Phi)_{\Omega_a} = \int_{\Gamma_1} (\frac{1}{2}\psi - N\frac{\partial\Phi}{\partial n_a})\Phi\, ds_{\boldsymbol{y}} + \int_{\Gamma_2} -N\frac{\partial\Phi}{\partial n_a}(-\frac{1}{2}\varphi + \Phi)\, ds_{\boldsymbol{y}}$$

$$- E(\Phi,\Phi)_{\Omega_a} = 0\,.$$

In der Summe gilt also

$$G(\Phi,\Phi)_{\Omega_i} + G(\Phi,\Phi)_{\Omega_a} = \int_{\Gamma_1} \Phi\,\psi\, ds_{\boldsymbol{y}} + \int_{\Gamma_2} N\frac{\partial\Phi}{\partial n_a}\varphi\, ds_{\boldsymbol{y}} - E(\Phi,\Phi)_{R^n} = 0\,,$$

oder

$$\int_{\Gamma_1} \Phi\,\psi\, ds_{\boldsymbol{y}} + \int_{\Gamma_2} \Phi'\,\varphi\, ds_{\boldsymbol{y}} = E(\Phi,\Phi)_{R^n} > 0\,.$$

Da das Potential Φ genau dann Null ist, wenn die Belegungen φ und ψ Null sind und die Energie positiv definit ist, ist damit die Behauptung bewiesen. Diese Schlußweise läßt sich natürlich auf die anderen Probleme übertragen, und daher ist es auch möglich, Scheiben- und Plattenprobleme mit Randelementen so zu formulieren, daß dabei symmetrische und positiv definite Matrizen entstehen. Vollbesetzt bleiben die Matrizen allerdings weiterhin.

1.9 Die Integraloperatoren und ihre shifts

Die beiden Kopplungsbedingungen (1.5) zwischen den Betti-Daten der Membran lauten etwas abstrakter geschrieben

$$\frac{1}{2}\begin{bmatrix}\partial^0 u \\ \partial^1 u\end{bmatrix} = \int_{\Gamma} \begin{bmatrix}\partial_{\boldsymbol{y}}^0\partial_{\boldsymbol{x}}^0 g_0 & \partial_{\boldsymbol{y}}^1\partial_{\boldsymbol{x}}^0 g_0 \\ \partial_{\boldsymbol{y}}^0\partial_{\boldsymbol{x}}^1 g_0 & \partial_{\boldsymbol{y}}^1\partial_{\boldsymbol{x}}^1 g_0\end{bmatrix} \begin{bmatrix}+\partial^1 u \\ -\partial^0 u\end{bmatrix} ds_{\boldsymbol{y}} + \int_{\Omega} \begin{bmatrix}\partial_{\boldsymbol{x}}^0 g_0 \\ \partial_{\boldsymbol{x}}^1 g_0\end{bmatrix} p\, d\Omega_{\boldsymbol{y}}\,.$$

Die aus der Grundlösung g_0 durch 'Multiplikation' mit den Operatoren ∂_y^i und ∂_x^j gebildeten Integraloperatoren kann man nun als Operatoren auffassen, die Randfunktionen aus dem Sobolevraum $H^r(\Gamma)$ in den Sobolevraum $H^{r-2\alpha}(\Gamma)$ abbilden, s. [3].

Ist 2α positiv, dann differenziert der Operator die Funktion, die Regularität der Funktion nimmt um 2α ab. Ist 2α negativ, dann integriert der Operator, die Regularität nimmt um 2α zu. Ordnet man nun jedem Operator den entsprechenden Index 2α zu und den Randwerten, entsprechend der Differentiationsstufe, den Index i, dann nehmen die Kopplungsbedingungen zwischen den Betti-Daten der Membran die folgende Gestalt an

$$\begin{bmatrix} 0 \\ 1 \end{bmatrix} = \begin{bmatrix} -1 & 0 \\ 0 & 1 \end{bmatrix} \begin{bmatrix} 1 \\ 0 \end{bmatrix} + \begin{bmatrix} -2 \\ -1 \end{bmatrix} [2] .$$

Im Falle einer Kirchhoffplatte lauten die Kopplungsbedingungen zwischen den Betti-Daten

$$\frac{1}{2} \begin{bmatrix} \partial^0 w \\ \partial^1 w \\ \partial^2 w \\ \partial^3 w \end{bmatrix} = \int_\Gamma \begin{bmatrix} \partial_y^0 \partial_x^0 g_0 & \partial_y^1 \partial_x^0 g_0 & \partial_y^2 \partial_x^0 g_0 & \partial_y^3 \partial_x^0 g_0 \\ \partial_y^0 \partial_x^1 g_0 & \partial_y^1 \partial_x^1 g_0 & \partial_y^2 \partial_x^1 g_0 & \partial_y^3 \partial_x^1 g_0 \\ \partial_y^0 \partial_x^2 g_0 & \partial_y^1 \partial_x^2 g_0 & \partial_y^2 \partial_x^2 g_0 & \partial_y^3 \partial_x^2 g_0 \\ \partial_y^0 \partial_x^3 g_0 & \partial_y^1 \partial_x^3 g_0 & \partial_y^2 \partial_x^3 g_0 & \partial_y^3 \partial_x^3 g_0 \end{bmatrix} \begin{bmatrix} +\partial^3 w \\ -\partial^2 w \\ +\partial^1 w \\ -\partial^0 w \end{bmatrix} ds_y$$

$$+ \int_\Omega \begin{bmatrix} \partial_x^0 g_0 \\ \partial_x^1 g_0 \\ \partial_x^2 g_0 \\ \partial_x^3 g_0 \end{bmatrix} p\, d\Omega_y ,$$

und das Schema der shifts dementsprechend

$$\begin{bmatrix} 0 \\ 1 \\ 2 \\ 3 \end{bmatrix} = \begin{bmatrix} -3 & -2 & -1 & 0 \\ -2 & -1 & 0 & 1 \\ -1 & 0 & 1 & 2 \\ 0 & 1 & 2 & 3 \end{bmatrix} \begin{bmatrix} 3 \\ 2 \\ 1 \\ 0 \end{bmatrix} + \begin{bmatrix} -4 \\ -3 \\ -2 \\ -1 \end{bmatrix} [4] .$$

Je größer der Index 2α, um so größer ist die Singularität des Integraloperators. Der glatteste Operator steht oben links, $2\alpha = -3$, und der singulärste Operator unten rechts, $2\alpha = 3$. Der Kern dieses Operators ist von der Ordnung $O(r^{-4})$. Wenn oben davon gesprochen wurde, daß bei der REM auch symmetrische und positiv definite Formulierungen möglich sind, so muß man diesen Hinweis angesichts dieser starken Singularität, zu mindestens bei der Platte, cum grano

48

salis nehmen. Wie erinnerlich erhält man symmetrische und positiv definite
Matrizen, wenn man die Integralgleichungen mit dem Verfahren von Galerkin
löst und dabei die Gleichungen immer so auswählt, daß der integralfreie Term
der Gleichung zu dem unbekannten Term konjugiert ist.

Randbedingung	Integralgleichungen
eingespannt	1. + 2.
gelenkig	1. + 3.
frei	3. + 4.

Auf einem freien Rand, dort ist w unbekannt, muß man also genau diese vierte
Integralgleichung wählen, denn deren freier Term ist der Kirchhoffschub $V_n =
\partial^3 w$. Die Symmetrie und die positive Definitheit werden also — wenn man
keine Modefikationen vornimmt — relativ teuer erkauft. Es empfiehlt sich daher
die hypersingulären Kerne mittels partieller Integration umzuformen, d.h. die
Differentiation auf die Belegungen überzuwälzen.

In einer Dimension kann man die Integraloperatoren bildlich darstellen,
s. Abb. 1.7. Der Kern $2\alpha = -2$ kann als die horizontale Verschiebung $\hat{u}(y, x)$
eines Stabs unter einer Einzelkraft $\hat{P} = 1$ gedacht werden. Der Kern $2\alpha = -1$
ist die zugehörige Normalkraft und der Kern $2\alpha = 0$ ist die Einzelkraft selbst.
Nun erinnere man sich an die Gesetze der Mechanik: Gemäß dem Satz von
Betti gilt

$$A_{1,2} = \int_0^l \hat{u}(y, x)\, p(y)\, dy = \int_0^l \hat{u}(y, x)\, (-EAu''(y))\, dy = 1 \times u(x) = A_{2,1}\,,$$

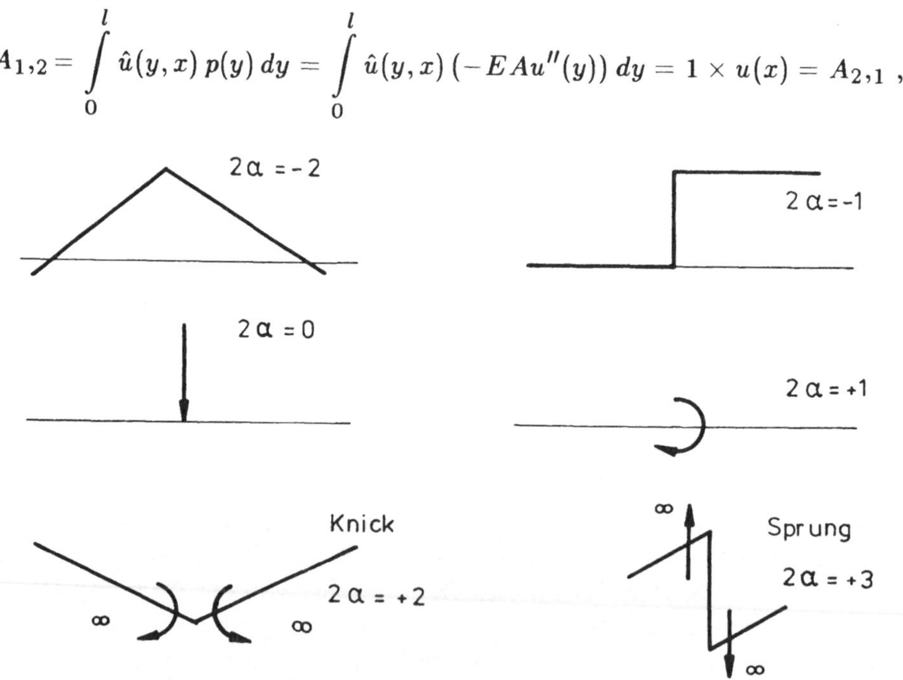

Abb. 1.7 Bildliche Darstellung der Integraloperatoren

und gemäß dem Prinzip der virtuellen Kräfte

$$\delta A_i^c = \int\limits_0^l \hat{N}(y,x)\, N(y)\, dy = \int\limits_0^l \hat{N}(y,x)\, (EAu'(y))\, dy = 1 \times u(x) = \delta A_a^c ,$$

und schließlich ist die Arbeit, die $\hat{P}$ auf dem virtuellen Weg u leistet, gleich

$$\int\limits_0^l \hat{P}\, u(y)\, dy \equiv \int\limits_0^l \delta_0(y-x)\, u(x)\, dy = 1 \times u(x) .$$

Die Funktion u wird also nacheinander *zweimal, einmal, nullmal* integriert.

Die positiven Operatoren lassen sich nur noch symbolisch darstellen. Während die negativen Operatoren alle die klassische Form

$$\int\limits_0^l k(y,x)u(y)\, dy$$

haben, setzen sich die positiven Operatoren, die Operatoren, die differenzieren, aus *Punktoperatoren* und klassischen (negativen) Operatoren zusammen. So lautet die Integraldarstellung der 1.Ableitung einer Funktion

$$u'(x) = u(l) - u(0) + (1-l)u'(l) + \int\limits_0^l g_1(y,x)u''(y)\, dy .$$

Der angehängte klassische Integraloperator integriert die 2. Ableitungen, hebt sie also um eine Stufe an. Ist die Funktion linear, dann ist $u'' = 0$ und es wirken nur die Punktoperatoren, die den Differenzenquotienten bilden.

1.10 Galerkin, Kollokation und least square

Die Ergebnisse in diesem Abschnitt setzen voraus, daß der Ansatz

$$f(y) = f_j\, \varphi_j(y)$$

für die unbekannte Belegung f,

$$\int\limits_0^l g(y,x)f(y)\, ds_y = r(x) ,$$

sich aus splines vom Grade $k - 1$ zusammensetzt, die zu $C^{m-1} \subset H^s(\Gamma), s \leq m + 1/2 \leq k$, gehören. Bei mehrdimensionalen Integralgleichungen sei angenommen, daß die φ_j eine $S_h^{k,m}$-*Familie* von regulären Ansätzen bilden, s. [4]. Die Dachfunktionen sind z.B. splines vom Grade $k - 1 = 1$, nicht jedoch die quadratischen Ansätze. Dazu müßten in den Knoten auch die 1. Ableitungen stetig sein.

Beim Kollokationsverfahren wird der Rand in n Kollokationspunkte $\boldsymbol{x}^i$ unterteilt und die Koeffizienten f_j aus den n Gleichungen

$$\int_0^l g(\boldsymbol{y},\boldsymbol{x}^i)\varphi_j(\boldsymbol{y})\, ds\boldsymbol{y}\, f_j = r(\boldsymbol{x}^i)\,, \qquad i = 1,2\ldots,n,$$

bestimmt. Beim Verfahren von Galerkin werden die Koeffizienten f_j so bestimmt, daß der Defekt im L_2-Sinne orthogonal zu den n Ansatzfunktionen ist

$$\int_\Gamma [\int_\Gamma g(\boldsymbol{y},\boldsymbol{x})\varphi_j(\boldsymbol{y})\, ds_y\, f_j - r(\boldsymbol{x})]\varphi_i(\boldsymbol{x})\, ds_{\boldsymbol{x}} = 0\,, \qquad i = 1,2\ldots,n.$$

Bei der Fehlerquadratmethode (*least square*) schließlich werden die Koeffizienten f_j so bestimmt, daß das Fehlerquadrat zum Minimum wird

$$\int_\Gamma [\int_\Gamma g(\boldsymbol{y},\boldsymbol{x})\,\varphi_j(\boldsymbol{y})\, ds\boldsymbol{y}\, f_j - r(\boldsymbol{x})]^2\, ds_{\boldsymbol{x}} \qquad \longrightarrow \qquad \text{Minimum.}$$

Unter 'regulären' Voraussetzungen gilt nun, wie Wendland gezeigt hat, für die Verfahrensfehler die Abschätzung, [3],

$$\|u - u_h\|_\sigma \leq ch^{s-\sigma}\|u\|_s\,.$$

Hierbei ist u_h die mit einem der drei Verfahren bestimmte Näherungslösung. In welchen Normen diese Abschätzungen gültig sind, hängt von der Dimension der Integralgleichung (ist Γ eine Kurve oder eine Fläche ?) und den Indices α, k und m ab.

Für eine eindimensionale Integralgleichung und den Fall $k = m + 1, \alpha \leq 0$, (2α ist der shift des Integraloperators) sind in Abb. 1.8 einmal die Bereiche angegeben, aus denen die Indices σ und s genommen werden dürfen.

Die höchstmögliche Konvergenzrate beträgt danach:

Kollokation	$O(h^{k-2\alpha})$	in $H^{2\alpha}$,
Galerkin	$O(h^{2k-2\alpha})$	in $H^{2\alpha-k}$,
least square	$O(h^{2k-4\alpha})$	in $H^{4\alpha-k}$.

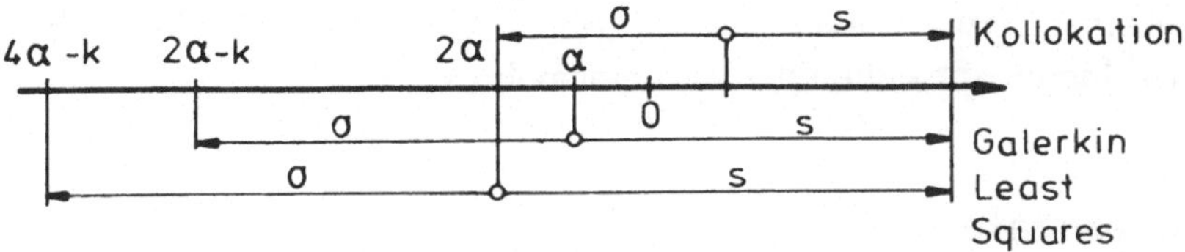

Abb. 1.8 Zulässige Sobolev-Indices

Diese maximalen Raten bestimmen die Ordnung der Konvergenz im Innern, denn der Fehler im Innern

$$|u - u_h| = |\int_\Gamma g(\boldsymbol{y}, \boldsymbol{x})(f(\boldsymbol{y}) - f_h(\boldsymbol{y}))\, ds\boldsymbol{y}|$$

$$\leq c\| g[\boldsymbol{x}]\|_{-2\alpha}\, \|f - f_h\|_{2\alpha},$$

(Beispiel Kollokation)

läßt sich durch die Norm des Fehlers auf dem Rand und die dazu duale Norm des Kerns abschätzen. Da der Kern glatt ist, kann diese Norm beliebig streng sein, d.h. umgekehrt die Fehlernorm beliebig schwach. Je weiter also die Pfeilspitze nach links rückt, um so besser für die Konvergenz. Die Fehlerquadratmethode und das Galerkinverfahren sind demnach dem Kollokationsverfahren — bei gleicher Wahl der Ansatzfunktionen — überlegen. Anders gesagt: Will man gleiche Konvergenzraten, dann muß man jeweils Ansatzfunktionen vom Grade

$$m_K = 2m_G + 1 = 2m_{LS} + 1 - 2\alpha$$

wählen. Der Grad m_K der Ansatzfunktionen beim Kollokationsverfahren muß also mehr als doppelt so groß sein, wie bei den beiden anderen Verfahren. Die höchste Konvergenzrate weist die Fehlerquadratmethode auf, aber sie hat dafür auch die schlechteste Kondition. Löst man eine Differentialgleichung 2. Ordnung mit dem Differenzenverfahren, dann hat die Matrix die Kondition $O(h^{-2})$, bei einer Differentialgleichung 4. Ordnung die Kondition $O(h^{-4})$, etc. Bei den Integralgleichungen hängt die Kondition vom shift 2α ab. Und zwar gilt: Das Gleichungssystem des Kollokationsverfahrens und des Verfahrens von Galerkin besitzt die Kondition $O(h^{-2|\alpha|})$, das Gleichungssystem der Fehlerquadratmethode jedoch eine doppelt so schlechte Kondition $O(h^{-4|\alpha|})$, s. [3].

Der Nachteil beim Verfahren von Galerkin in etwa ist natürlich die zweimalige Integration. Formuliert man seine Integralgleichung aber so, daß die Matrix symmetrisch wird, s. Abschn. 1.8, dann braucht man nur die halbe Matrix berechnen, und dann ist der Rechenaufwand der beiden Verfahren, Kollokation und Galerkin in etwa wieder gleich. Andere Möglichkeiten die Rechenzeit zu verringern, bieten spezielle Quadraturformeln, s. [5].

1.11 Potentiale

Ein kleiner Massepunkt m an einer Stelle x des Raums erfährt unter der Anziehung eines massiven Rings eine Anziehungskraft P, die gleich dem Gradienten

$$P = \nabla u$$

des Gravitationsfelds u ist (Gravitationskonstante $\gamma = 1$)

$$u(x) = \frac{1}{4\pi} \int_\Gamma \frac{1}{r} f(y)\, ds_y, \tag{1.7}$$

das von dem Ring mit der Achse Γ und der örtlich schwankenden Masse $f(y)$ erzeugt wird, s. Abb. 1.9.

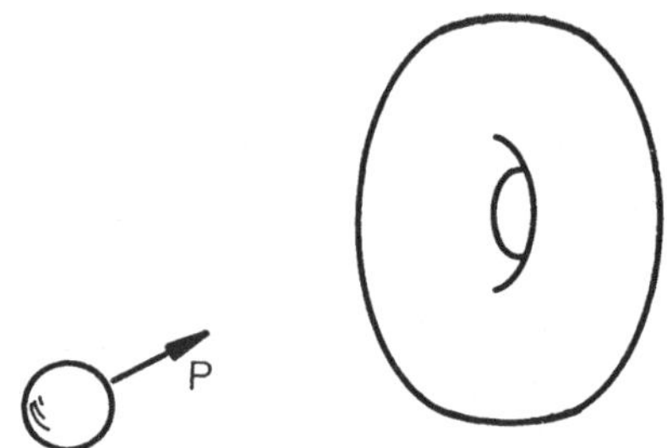

Abb. 1.9 Ein Massepunkt im Potentialfeld eines massiven Rings erfährt eine Anziehungskraft

Bewegt man den Massepunkt m auf einer geschlossenen Bahn, dann ist die dabei geleistete Arbeit gleich Null. Felder mit diesen Eigenschaften nennt man Potentialfelder und die sie erzeugenden Funktionen *Potentiale*. Ist die Masse über die Oberfläche Γ einer Kugel verteilt, dann ist das zugehörige Potential formal mit (1.7) identisch, nur daß über die Oberfläche integriert wird, statt längs der Achse.

Ein Gravitationspotential ist eine homogene Lösung der Laplace Gleichung, denn der Kern des Integrals, die Funktion $(4\pi r)^{-1}$, ist die Grundlösung des dreidimensionalen Laplace-Operators,

$$\Delta u(x) = \frac{1}{4\pi} \int_\Gamma \Delta_x \frac{1}{r} f(y)\, ds_y = \int_\Gamma 0 f(y)\, ds_y = 0, \qquad x \notin \Gamma.$$

Diese Eigenschaft, unabhängig von dem physikalischen Hintergrund, ist es, die Potentiale so interessant macht. Will man etwa ein Randwertproblem wie

$$\Delta u = 0 \qquad \text{in } \Omega, \qquad u = \bar{u} \qquad \text{auf } \Gamma,$$

in einem dreidimensionalen Gebiet lösen, so setzt man einfach

$$u(\boldsymbol{x}) = \int\limits_{\Gamma} \frac{1}{r} f(\boldsymbol{y})\, ds_{\boldsymbol{y}}$$

und hat damit schon die Differentialgleichung erfüllt. Die Belegung $f(\boldsymbol{y})$ bestimmt man anschließend so, daß die Randbedingungen in K Kollokationspunkten der Oberfläche,

$$\int\limits_{\Gamma} \frac{1}{r} f(\boldsymbol{y})\, ds_{\boldsymbol{y}} = u(\boldsymbol{x}^k)\,, \qquad r = |\boldsymbol{y} - \boldsymbol{x}^k|\,, \qquad k = 1, 2 \ldots, K,$$

erfüllt sind.

Ein Gravitationspotential ist also ein von einem Parameter $\boldsymbol{x}$ abhängiges Integral, das den Einfluß einer mit Masse f belegten Fläche Γ auf die Punkte $\boldsymbol{x}$ des Raums beschreibt. Das Potential ist harmonisch, d.h. es ist eine homogene Lösung der Differentialgleichung $\Delta u = 0$.

Solche Potentiale gibt es in vielen Gebieten der Mechanik. Wendet man auf die 0. Grundlösung $g_0(\boldsymbol{y}, \boldsymbol{x})$ eines Operators D die Operatoren ∂^i an und differenziert dabei nach $\boldsymbol{y}$, dann erhält man insgesamt $2m$ Kerne

$$\partial_{\boldsymbol{y}}^0 g_0 = g_0\,, \qquad \partial_{\boldsymbol{y}}^1 g_0\,, \qquad \partial_{\boldsymbol{y}}^2 g_0\,, \qquad \cdots \quad \partial_{\boldsymbol{y}}^{2m-1} g_0\,,$$

die $2m$ Potentiale

$$u_i(\boldsymbol{x}) = \int\limits_{\Gamma} \partial_{\boldsymbol{y}}^i g_0(\boldsymbol{y}, \boldsymbol{x}) f(\boldsymbol{y})\, ds_{\boldsymbol{y}} \qquad i = 0, 1, \ldots, 2m - 1$$

bilden.

Daß hier nach $\boldsymbol{y}$ differenziert wird statt nach $\boldsymbol{x}$, wie in Abschn. 1.3.3, bedeutet keinen Unterschied. Es wurden nur die Namen vertauscht, damit nicht über $\boldsymbol{x}$ integriert werden mußte, denn dann hätte die freie Variable $\boldsymbol{y}$ geheißen.

Jedes dieser Potentiale ist eine homogene Lösung der betreffenden Differentialgleichung

$$Du = \int\limits_{\Gamma} D_{\boldsymbol{x}} \partial_{\boldsymbol{y}}^i g_0(\boldsymbol{y}, \boldsymbol{x}) f(\boldsymbol{y})\, ds_{\boldsymbol{y}} = \int\limits_{\Gamma} \partial_{\boldsymbol{y}}^i D_{\boldsymbol{x}} g_0(\boldsymbol{y}, \boldsymbol{x}) f(\boldsymbol{y})\, ds_{\boldsymbol{y}}$$

$$= \int_{\Gamma} 0 f(\boldsymbol{y}) \, ds_{\boldsymbol{y}} = 0 \, .$$

Die Funktionen $f(\boldsymbol{y})$ heißen Belegungen. In der Physik sind diese Belegungen elektrische Ladungen oder verteilte Massen, in der Mechanik dagegen Weggrößen $\partial^0, \partial^1, \cdots, \partial^{m-1}$ oder Kraftgrößen $\partial^m, \partial^{m+1}, \cdots, \partial^{2m-1}$. Dies sei am Beispiel der Membran erläutert.

Greift im Punkt $\boldsymbol{y}$ einer unendlich ausgedehnten Membran eine Kraft $\hat{P} = 1$ an, dann senkt sich ein abliegender Punkt $\boldsymbol{x}$ um die Strecke

$$g_0(\boldsymbol{y}, \boldsymbol{x}) = -\frac{1}{2\pi N} \ln r \, , \qquad r = |\boldsymbol{y} - \boldsymbol{x}| \, , \qquad \left(-\ln r = \ln \frac{1}{r} \right) .$$

Je näher man dem Aufpunkt $\boldsymbol{y}$ kommt, um so größer ist die Durchbiegung. Im Aufpunkt $\boldsymbol{y}$ selbst ist sie unendlich. Dies muß man erwarten, wenn man mit einer unendlich dünnen Nadel in eine Membran sticht. Das N im Nenner ist die Vorspannung in der Membran. Je straffer die Membran gespannt ist, desto geringer ist die Durchbiegung. Die Vorspannung N setzen wir im folgenden gleich 1.

Sind nun längs einer Linie Γ Kräfte $f(\boldsymbol{y})$ verteilt, dann summieren sich deren Einflüsse, und die Durchbiegung in einem Punkt $\boldsymbol{x}$ lautet

$$u(\boldsymbol{x}) = -\frac{1}{2\pi} \int_{\Gamma} \ln r \, f(\boldsymbol{y}) \, ds_{\boldsymbol{y}} \, .$$

Die Durchbiegung ist nun auch in den Punkten $\boldsymbol{x}$ der Kurve endlich, denn das Integral des Logarithmus ist endlich.

Das Integral $u(\boldsymbol{x})$ ist ein Potential. Es genügt in allen Punkten $\boldsymbol{x}$, die nicht auf der Kurve Γ liegen, der Differentialgleichung $\Delta u = 0$, denn der Kern des Integrals ist die Grundlösung des ebenen Laplace-Operators. Mechanisch ist klar warum dies so ist: Die Bereiche außerhalb der Kurve Γ sind lastfrei, $p = 0$, also muß dort die rechte Seite der Differentialgleichung Null sein.

Oder es sei angenommen, daß die Kurve Γ der Ort von Versetzungen $d(\boldsymbol{y})$ ist — die Membran links von der Kurve eine andere Durchbiegung hat, als rechts von der Kurve. Solche Versetzungen sind mechanisch durchaus sinnvoll. Die Einflußfunktion für die Querkraft eines Balkens ist z.B. gleich der Durchbiegung des Balkens, wenn im Aufpunkt eine Versetzung der Größe 1 auftritt.

Wirken also längs der Kurve Γ solche Versetzungen $d(\boldsymbol{y})$, dann verursachen diese in abliegenden Punkten die Durchbiegung

$$u(\boldsymbol{x}) = \frac{1}{2\pi} \int_{\Gamma} \partial_{\boldsymbol{y}}^1 g_0(\boldsymbol{y}, \boldsymbol{x}) d(\boldsymbol{y}) \, ds_{\boldsymbol{y}} \, .$$

Auch dieses Integral ist ein Potential. Der Kern

$$\partial_{\boldsymbol{y}}^{1} g_0(\boldsymbol{y}, \boldsymbol{x}) = \frac{\partial}{\partial \nu} g_0(\boldsymbol{y}, \boldsymbol{x}) = -\frac{r_\nu}{2\pi r} = -\frac{1}{2\pi r}\left[r_{,1}\,\nu_1(\boldsymbol{y}) + r_{,2}\,\nu_2(\boldsymbol{y})\right]$$

ist die Ableitung des Grundlösung g_0 in Richtung der Normalen $\boldsymbol{\nu}\,(\boldsymbol{y})$ im Integrationspunkt $\boldsymbol{y}$.

Man erwartet nun beim Durchgang durch die Kurve Γ, daß die Durchbiegung u im Punkt $\boldsymbol{x}$ genau um den Betrag $d(\boldsymbol{x})$, den Betrag der Versetzung an dieser Stelle, springt

$$\lim_{\varepsilon \to 0}\left\{u(\boldsymbol{x} + \varepsilon\boldsymbol{n}) - u(\boldsymbol{x} - \varepsilon\boldsymbol{n})\right\} = d(\boldsymbol{x})\,.$$

Das $\boldsymbol{n}$ ist der Vektor der Normalen im Punkt $\boldsymbol{x}$ längs deren man sich gleichmäßig von links und rechts dem Punkt nähert.

Ganz analog erwartet man im Fall von Kräften $f(\boldsymbol{y})$, die längs Γ wirken, daß die Normalableitung der Biegefläche beim Durchgang durch Γ springt,

$$\lim_{\varepsilon \to 0}\left\{N\frac{\partial u}{\partial n}(\boldsymbol{x} + \varepsilon\boldsymbol{n}) + N\frac{\partial u}{\partial n}(\boldsymbol{x} - \varepsilon\boldsymbol{n})\right\} = f(\boldsymbol{x})\,,$$

und zwar genau um das Maß $f(\boldsymbol{x})$. Zur Erinnerung oder im Vorgriff auf Kap. 3: Die Schnittgröße in einer Membran ist die Normalableitung $\partial u/\partial n$ multipliziert mit der Vorspannung N. (Diese war gleich 1 gesetzt worden). Wird eine Membran längs einer Linie Γ mit Kräften belastet, dann muß beim Durchgang durch diese Linie die Schnittkraft um den Betrag der Kraft springen. Nun ist aber die Schnittkraft gleich der Normalableitung, also muß sich in der Biegefläche unter der Kurve ein entsprechend großer Knick (= Sprung in der Normalableitung) ausbilden, s. Abb. 1.10.

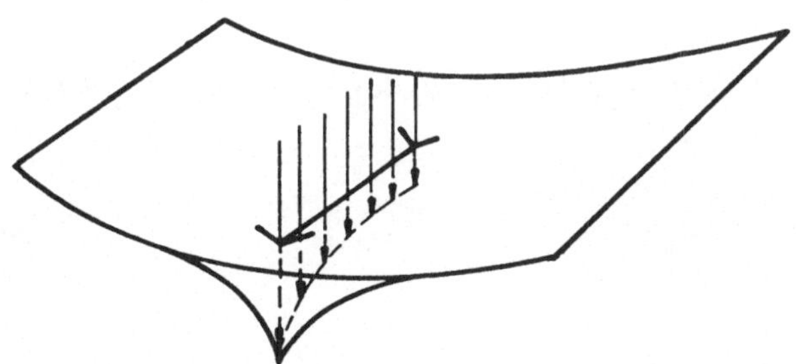

Abb. 1.10 Membran unter dem Angriff von Linienlasten

Solche Sprünge treten bei allen Potentialen auf und zwar gilt die Regel: Die Weg- bzw. Kraftgröße ∂^j eines Potentials u_i

$$\partial^j \int_{\Gamma} \partial_{\boldsymbol{y}}^{i} g_0(\boldsymbol{y}, \boldsymbol{x}) f(\boldsymbol{y})\, ds_{\boldsymbol{y}}\,, \qquad (\partial^j \text{ wirkt auf das } \boldsymbol{x})\,,$$

springt genau dann um den Betrag $f(x)$, wenn die Indizes konjugiert sind, wenn also $i + j = 2m - 1$ ist. Ist dies nicht der Fall, dann ist das Potential beim Durchgang durch Γ stetig.

Die Zahl $2m$ ist die Ordnung des Differentialoperators, also

$$2m = 2 \qquad \text{Membran, Scheibe, elastischer Körper}$$
$$2m = 4 \qquad \text{Platte}$$

So gilt für das sogenannte *Einfachschichtpotential* $(i = 0)$ der Membran,

$$u_0(x) = \int_\Gamma g_0(y, x) f(y) \, ds_y = -\frac{1}{2\pi} \int_\Gamma \ln r \, f(y) \, ds_y \,,$$

daß die 0. Ableitung ∂^0 stetig ist, $j + i = 0 + 0 \neq 1$, aber daß die Normalableitung ∂^1 springt, $j + i = 1 + 0 = 1 = 2m - 1$, s. Abb. 1.11. Der Grenzwert der Normalableitung bei Annäherung von Innen, aus Ω_i, lautet in einem glatten Randpunkt (nur dort ist die Normale ja eindeutig definiert),

$$\lim_{x_i \to \Gamma} \frac{\partial}{\partial n} u_0(x) = \frac{1}{2} f(x) - \frac{1}{2\pi} \int_\Gamma \frac{\partial}{\partial n} \ln r \, f(y) \, ds_y \,,$$

und bei Annäherung von Außen, aus Ω_a,

$$\lim_{x_a \to \Gamma} \frac{\partial}{\partial n} u_0(x) = -\frac{1}{2} f(x) - \frac{1}{2\pi} \int_\Gamma \frac{\partial}{\partial n} \ln r \, f(y) \, ds_y \,.$$

Umgekehrt folgt für das sogenannte *Doppelschichtpotential* $(i = 1)$,

$$u_1(x) = \int_\Gamma \partial^1_y g_0(y, x) f(y) \, ds_y = -\frac{1}{2\pi} \int_\Gamma \frac{r_\nu}{r} f(y) \, ds_y \,,$$

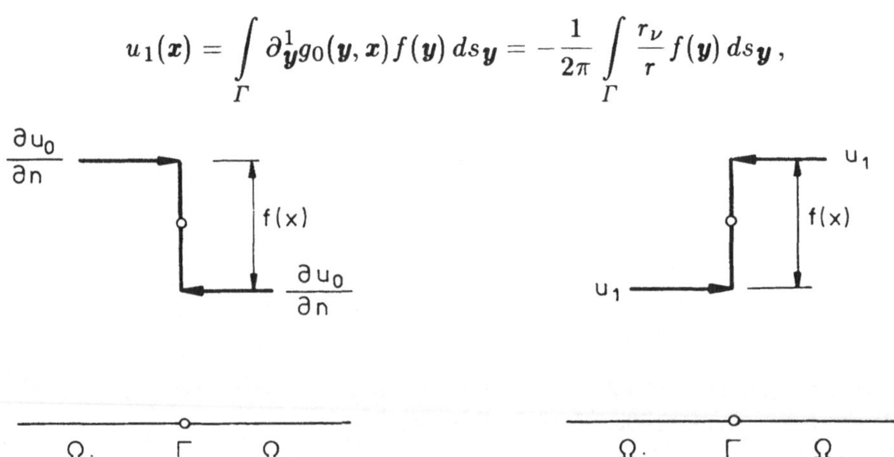

Abb. 1.11 Das Sprungverhalten der Potentiale beim Durchgang durch den Rand Γ

daß die 0. Ableitung ∂^0 springt, $j + i = 0 + 1 = 1 = 2m - 1$,

$$\lim_{x_i \to \Gamma} u_1(x) = -\frac{\Delta\varphi_a}{2\pi} f(x) - \frac{1}{2\pi} \int_\Gamma \frac{r_\nu}{r} f(y)\, ds_y\,,$$

$$\lim_{x_a \to \Gamma} u_1(x) = +\frac{\Delta\varphi_i}{2\pi} f(x) - \frac{1}{2\pi} \int_\Gamma \frac{r_\nu}{r} f(y)\, ds_y\,,$$

aber nicht die Normalableitung ∂^1 denn $j + i = 1 + 1 \neq 2m - 1 = 1$. Die Terme $\Delta\varphi_a$ und $\Delta\varphi_i$ sind die Eckenwinkel des Randpunkts, s. Abb. 1.12.

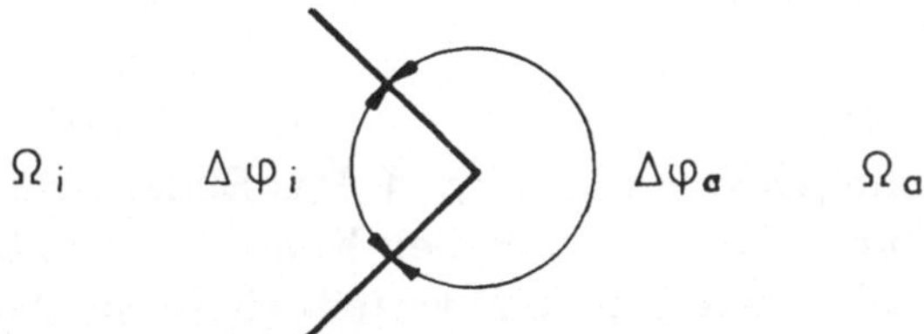

Abb. 1.12 Der innere und äußere Eckenwinkel eines Randpunkts

Anzumerken wäre noch, daß die Normalableitung des Einfachschichtpotentials in Eckpunkten des Rands nicht existiert. Dies gilt auch für andere Potentiale. Wendet man von außen auf die Potentiale einen Operator an, der eine Richtungsableitung bildet, und geht dann auf eine Ecke zu, so existiert kein Grenzwert.

Zusammenfassend läßt sich also sagen: Zu einer Membran gehören zwei Kerne

$$g_0 = -\frac{1}{2\pi} \ln r\,, \qquad \partial^1_y g_0 = -\frac{r_\nu}{2\pi r}\,.$$

Der erste Kern beschreibt die Durchbiegung, die eine Einzelkraft verursacht, der zweite die Durchbiegung, die eine punktförmige Versetzung erzeugt. Mit diesen Kernen lassen sich zwei Potentiale bilden

$$u_0 = -\frac{1}{2\pi} \int_\Gamma \ln r\, f(y)\, ds_y\,, \qquad u_1 = -\frac{1}{2\pi} \int_\Gamma \frac{r_\nu}{r} f(y)\, ds_y\,.$$

In u_0 hat die Belegung f die Bedeutung von *Kräften* und in u_1 die Bedeutung von *Versetzungen*. Entsprechend springt beim Durchgang durch Γ die Normalableitung (= Schnittkraft) von u_0, und die 0. Ableitung (= Durchbiegung) von u_1.

All dies gilt natürlich auch sinngemäß für die Potentiale von Scheiben und elastischen Körpern, nur daß die Kerne hier ganze Matrizen sind und die Potentiale, wie die Belegungen, vektorwertige Funktionen.

Das *Einfachschichtpotential* (u_0) hat die Komponenten

$$u_{0i}(x) = \int_{\Gamma} U_{ij}(y, x) f_j(y)\, ds_y, \qquad i = 1, 2, 3$$

und das *Doppelschichtpotential* (u_1) die Komponenten

$$u_{1i}(x) = \int_{\Gamma} T_{ij}(y, x) f_j(y)\, ds_y, \qquad i = 1, 2, 3.$$

Die Matrix U_{ij} ist die *Somigliana-Matrix* und die Matrix T_{ij} die Matrix der zugehörigen Spannungsvektoren, s. Kap. 4. Das Einfachschichtpotential formuliert das Verschiebungsfeld des elastischen Kontinuums unter dem Angriff von Kräften $f_j(y)$, die über eine Fläche Γ verteilt sind, und das Doppelschichtpotential das Verschiebungsfeld, das Versetzungen f_j verursachen.

Dem Operator $\partial^1 = N\partial/\partial n$ der Membran entspricht bei Scheiben und Körpern der Operator $\partial^1 = \tau(\ )$, der aus dem Verschiebungsfeld und einer gegebenen Schnittnormalen den Spannungsvektor in diesem Schnitt berechnet,

$$\tau(u) = t = S\,n.$$

Mit $\tau(u)_i$ wird die i-te Komponente des Spannungsvektors bezeichnet.

Die Sprungrelationen für den Spannungsvektor des Potentials u_0 lauten

$$\lim_{x_i \to \Gamma} \tau(u_0)_i = +\frac{1}{2} f_i(x) + \int_{\Gamma} T_{ij}^*(y, x) f_j(y)\, ds_y,$$

$$\lim_{x_a \to \Gamma} \tau(u_0)_i = -\frac{1}{2} f_i(x) + \int_{\Gamma} T_{ij}^*(y, x) f_j(y)\, ds_y.$$

Die Matrix T_{ij}^* erhält man, wenn man in der Matrix T_{ij} die Punkte y und x vertauscht und die Normale ν durch die Normale n ersetzt. Die Elemente T_{ij}^* bilden also den Kern des adjungierten Integraloperators.

Die Sprungrelationen für das Potential u_1 lauten, s. [6],

$$\lim_{x_i \to \Gamma} u_{1i}(x) = -C_{ij}^a(x) f_j(x) + \int_{\Gamma} U_{ij}(y, x) f_j(y)\, ds_y,$$

$$\lim_{\boldsymbol{x}_a \to \Gamma} u_{1i}(\boldsymbol{x}) = +C^{i}_{ij}(\boldsymbol{x}) f_j(\boldsymbol{x}) + \int_{\Gamma} U_{ij}(\boldsymbol{y}, \boldsymbol{x}) f_j(\boldsymbol{y}) \, ds\boldsymbol{y} \, .$$

Hierbei berechnen sich die Matrizen $\boldsymbol{C}^a$ und $\boldsymbol{C}^i$ gemäß (4.9). Zwischen der Matrix $\boldsymbol{C}^i$ des Innenwinkels und der Matrix $\boldsymbol{C}^a$ des Außenwinkels besteht die Beziehung

$$\boldsymbol{C}^i(\boldsymbol{x}) + \boldsymbol{C}^a(\boldsymbol{x}) = \boldsymbol{I} \,, \qquad \text{(Einheitsmatrix)}.$$

Bei einer Differentialgleichung vierter Ordnung, also bei der Kirchhoffplatte, gibt es vier Kerne, s. Kap. 6,

$$g_0 \,, \qquad \partial^1_{\boldsymbol{y}} g_0 = \frac{\partial}{\partial \nu} g_0 \,, \qquad \partial^2_{\boldsymbol{y}} g_0 = M_\nu(g_0) \,, \qquad \partial^3_{\boldsymbol{y}} g_0 = V_\nu(g_0) \,,$$

die Durchbiegungen einer unendlich ausgedehnten Platte unter einer(m)

$$\begin{aligned}
\textit{Einzelkraft} \quad & g_0(\boldsymbol{y}, \boldsymbol{x}) \,, \\
\textit{Einzelmoment} \quad & \partial^1_{\boldsymbol{y}} g_0(\boldsymbol{y}, \boldsymbol{x}) \,, \\
\textit{Knick} \quad & \partial^2_{\boldsymbol{y}} g_0(\boldsymbol{y}, \boldsymbol{x}) \,, \\
\textit{Verschiebungssprung} \quad & \partial^3_{\boldsymbol{y}} g_0(\boldsymbol{y}, \boldsymbol{x}) \,.
\end{aligned}$$

Mit diesen vier Kernen lassen sich vier Potentiale bilden

$$u_0 = \int_{\Gamma} g_0 f \, ds\boldsymbol{y} \,, \qquad u_1 = \int_{\Gamma} \partial^1_{\boldsymbol{y}} g_0 f \, ds\boldsymbol{y} \,,$$

$$u_2 = \int_{\Gamma} \partial^2_{\boldsymbol{y}} g_0 f \, ds\boldsymbol{y} \,, \qquad u_3 = \int_{\Gamma} \partial^3_{\boldsymbol{y}} g_0 f \, ds\boldsymbol{y} \,,$$

in denen die f's der Reihe nach die Bedeutung: *Kräfte, Momente, Knicke, Versetzungen* haben. Das Sprungverhalten ist dieser Bedeutung entsprechend. Bei u_0 springt der Kirchhoffschub, bei u_1 das Moment, bei u_2 die Neigung und bei u_3 die Durchbiegung.

Neben all diesen Potentialen, die durch Integration über einen Rand Γ gebildet werden, gehören nun auch noch zu jedem Operator D eine Reihe von *Volumenpotentialen* oder *Flächenpotentialen*

$$v_i(\boldsymbol{x}) = \int_{\Omega} \partial^i_{\boldsymbol{y}} g_0(\boldsymbol{y}, \boldsymbol{x}) p(\boldsymbol{y}) \, d\Omega\boldsymbol{y} \,.$$

Diese Volumenpotentiale sind keine homogenen Lösungen mehr, statt dessen *reproduzieren* sie die Volumenbelegung p, d.h. D angewandt auf v_i in einem inneren Punkt ergibt

$$Dv_i(x) = D \int_\Omega \partial^i_y g_0(y, x) p(y)\, d\Omega_y = \partial^i p(x)\,.$$

Wirkt z.B. auf eine unendlich ausgedehnte Membran in einem Teilgebiet Ω ein Druck p, dann lautet die Durchbiegung

$$u(x) = -\frac{1}{2\pi} \int_\Omega \ln r\, p(y)\, d\Omega_y\,,$$

und da die Gleichgewichtsbedingung verlangt, daß

$$-\Delta u = p \qquad \text{im Bereich der Last}\,,$$

muß also der Kern $g_0(y, x) = -(2\pi)^{-1} \ln r$ so ein reproduzierender Kern sein.

Die Potentialtheorie bildet den mathematischen Hintergrund der Methode der Randelemente, denn die Einflußfunktionen der Mechanik sind Potentiale. So ist die Einflußfunktion einer Membran, $(N = 1)$,

$$u(x) = -\frac{1}{2\pi} \int_\Gamma \ln r\, \frac{\partial u}{\partial \nu}(y)\, ds_y + \frac{1}{2\pi} \int_\Gamma \frac{r_\nu}{r} u(y)\, ds_y$$

$$-\frac{1}{2\pi} \int_\Omega \ln r\, p(y)\, d\Omega_y\,, \tag{1.8}$$

die Summe aus einem Einfachschichtpotential, einem Doppelschichtpotential und einem Flächenpotential.

Mit der Kenntnis des Sprungverhaltens der Potentiale kann man nun aus der Einflußfunktion (1.8) auch leicht die *Kopplungsbedingungen* zwischen den Randdaten einer Membran ableiten. Hierzu läßt man den Punkt x gegen den Rand streben. Da die rechte Seite für alle x den Wert $u(x)$ hat, ist der Grenzwert der linken Seite $u(x)$. Die Grenzwerte der einzelnen Potentiale auf der rechten Seite sind oben angegeben. Nachzutragen ist nur noch, daß das Flächenpotential nicht springt. Somit gilt, wenn man die Grenzwerte der beiden Seiten vergleicht

$$u(x) = -\frac{1}{2\pi} \int_\Gamma \ln r\, \frac{\partial u}{\partial \nu}(y)\, ds_y + \frac{\Delta \varphi_a}{2\pi} u(x) + \frac{1}{2\pi} \int_\Gamma \frac{r_\nu}{r} u(y)\, ds_y$$

$$- \frac{1}{2\pi} \int\limits_{\Omega} \ln r \, p(\boldsymbol{y}) \, d\Omega_{\boldsymbol{y}} \, .$$

Bringt man den Term $\Delta\varphi_a / 2\pi \, u(\boldsymbol{x})$ auf die linke Seite und beachtet, daß

$$\frac{\Delta\varphi_a}{2\pi} + \frac{\Delta\varphi_i}{2\pi} = 1 \, , \qquad \text{also} \qquad 1 - \frac{\Delta\varphi_a}{2\pi} = \frac{\Delta\varphi_i}{2\pi} \, ,$$

dann folgt

$$\frac{\Delta\varphi_i}{2\pi} u(\boldsymbol{x}) = - \frac{1}{2\pi} \int\limits_{\Gamma} \ln r \frac{\partial u}{\partial \nu}(\boldsymbol{y}) \, ds_{\boldsymbol{y}} + \frac{1}{2\pi} \int\limits_{\Gamma} \frac{r_\nu}{r} u(\boldsymbol{y}) \, ds_{\boldsymbol{y}} - \frac{1}{2\pi} \int\limits_{\Omega} \ln r \, p(\boldsymbol{y}) \, d\Omega_{\boldsymbol{y}} \, ,$$

und dies ist genau die Kopplungsbedingung (1.3) zwischen den Randdaten der Membran.

1.12 Die indirekte Methode

Benutzt man statt der vollständigen Einflußfunktion, $(N = 1)$,

$$u(\boldsymbol{x}) = - \frac{1}{2\pi} \int\limits_{\Gamma} \ln r \frac{\partial u}{\partial \nu}(\boldsymbol{y}) \, ds_{\boldsymbol{y}} + \frac{1}{2\pi} \int\limits_{\Gamma} \frac{r_\nu}{r} u(\boldsymbol{y}) \, ds_{\boldsymbol{y}}$$

$$- \frac{1}{2\pi} \int\limits_{\Omega} \ln r \, p(\boldsymbol{y}) \, d\Omega_{\boldsymbol{y}} \, , \tag{1.9}$$

nur Teile davon, entweder das Einfachschichtpotential oder das Doppelschichtpotential, dann spricht man von der *indirekten Methode*. Die indirekte Methode ist also, vereinfacht gesagt, eine verkürzte *direkte Methode*. Dies ist die Methode, die bisher angewandt wurde.

Die direkte Methode macht für ein Randwertproblem wie

$$\Delta u = 0 \qquad \text{in } \Omega \, , \qquad u = \bar{u} \qquad \text{auf } \Gamma$$

den Ansatz (1.9) und muß hierzu die Integralgleichung

$$- \frac{1}{2\pi} \int\limits_{\Gamma} \ln r \, t(\boldsymbol{y}) \, ds_{\boldsymbol{y}} = \frac{\Delta\varphi}{2\pi} \bar{u}(\boldsymbol{x}) - \frac{1}{2\pi} \int\limits_{\Gamma} \frac{r_\nu}{r} \bar{u}(\boldsymbol{y}) \, ds_{\boldsymbol{y}}$$

für die unbekannte Funktion $t = \partial u / \partial \nu$ lösen.

Die indirekte Methode macht dagegen entweder einen Ansatz mit einem Einfachschichtpotential,

$$u_0(x) = -\frac{1}{2\pi} \int\limits_\Gamma \ln r \, f(y) \, ds_y$$

— dies führt auf die Integralgleichung

$$-\frac{1}{2\pi} \int\limits_\Gamma \ln r \, f(y) \, ds_y = \bar{u}(x) \,,$$

oder einen Ansatz mit einem Doppelschichtpotential,

$$u_1(x) = -\frac{1}{2\pi} \int\limits_\Gamma \frac{r_\nu}{r} f(y) \, ds_y \,,$$

— dies führt auf die Integralgleichung

$$-\frac{\Delta\varphi_a}{2\pi} f(x) - \frac{1}{2\pi} \int\limits_\Gamma \frac{r_\nu}{r} f(y) \, ds_y = \bar{u}(x) \,.$$

Während die Belegungen u und t der direkten Methode die Randwerte der Lösung sind, sind die Belegungen $f(y)$ Hilfsgrößen, die keine direkte Beziehung zu dem Problem haben, daher auch der Name indirekte Methode. Man kann jedoch zeigen, daß diese fiktiven Belegungen eine physikalische Bedeutung für das sogenannte *komplementäre Problem* haben, s. [7].

Das Modellproblem sei die Scheibe in Abb. 1.13, an der längs der Schmalseiten gezogen wird. Das gesuchte Verschiebungsfeld u genügt den Gleichungen

$$-L_{ij}u_j = 0 \quad \text{in } \Omega\,, \qquad \tau(u)_i = \bar{t}_i \quad \text{auf } \Gamma\,.$$

Hierbei sind $\bar{t}_i$ die Komponenten des vorgeschriebenen Spannungsvektors auf dem Rand.

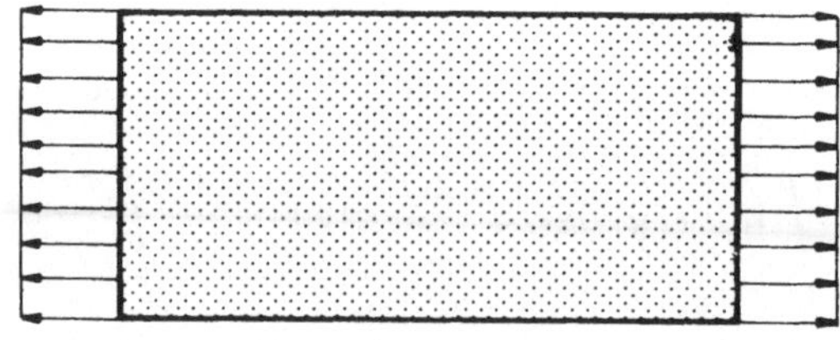

Abb. 1.13 Ein Zugstab, der als Scheibe gerechnet wird

Macht man nun einen Ansatz mit einem Potential 1. Art

$$u_{0i}(\boldsymbol{x}) = \int\limits_{\Gamma} U_{ij}(\boldsymbol{y},\boldsymbol{x}) f_j(\boldsymbol{y})\, ds\boldsymbol{y}\,,$$

dann führt die Randbedingung

$$\lim_{\boldsymbol{x}_i \to \Gamma} \tau(\boldsymbol{u}_0)_i = \bar{t}_i$$

auf die Integralgleichungen

$$\frac{1}{2} f_i(\boldsymbol{x}) + \int\limits_{\Gamma} T_{ij}^*(\boldsymbol{y},\boldsymbol{x}) f_j(\boldsymbol{y})\, ds\boldsymbol{y} = \bar{t}_i(\boldsymbol{x}), \qquad i = 1, 2\,.$$

Man kann nun zeigen: Die vorgeschriebenen Spannungen $\bar{t}_i$ minus der Lösung $f_i(\boldsymbol{y})$ dieser Integralgleichung sind die Komponenten

$$s_i = \bar{t}_i - f_i$$

des Spannungsvektors, den man auf dem Rand des Komplements aufbringen muß, wenn dort dieselben Verschiebungen entstehen sollen, wie auf dem Rand der Scheibe, s. Abb. 1.14, wenn man also sozusagen die beiden Teile passend ineinander legen will.

Es ist nun klar, daß in den nahezu starren Ecken des Komplements die Spannungen s_i unendlich groß werden müssen, damit sich dort überhaupt etwas bewegt. Nun sind die $\bar{t}_i$ als vorgeschriebene Größen beschränkt, und so müssen die f_i das Nötige leisten, d.h. in den Ecken singulär werden.

Würde man das Problem der Scheibe mit der direkten Methode lösen, dann wären die unbekannten Belegungen die Verschiebungen u_i, und da diese, anders als die f_i, beschränkt sind, entfielen all diese Schwierigkeiten. Das Problem des Zugstabs löst man also besser mit der direkten als mit der indirekten Methode.

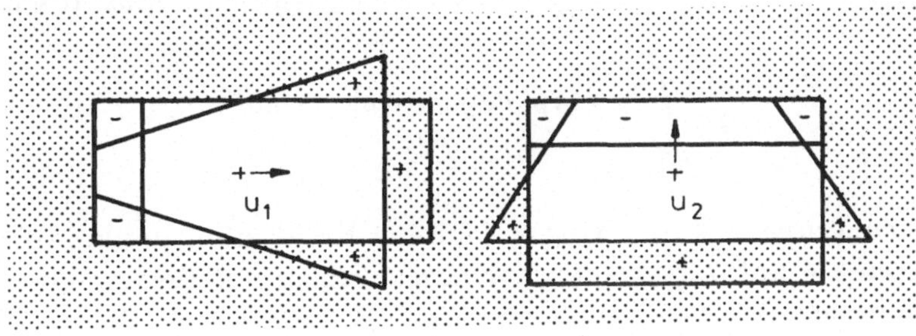

Abb. 1.14 Dem Rand des Komplements werden die Randverschiebungen des Zugstabs aufgezwungen

Eng verwandt mit der indirekten Methode ist die Idee, die unbekannte Belegung nicht auf dem eigentlichen Rand anzubringen, sondern auf einer außerhalb gelegenen Hilfskurve, s. Abb. 1.15.

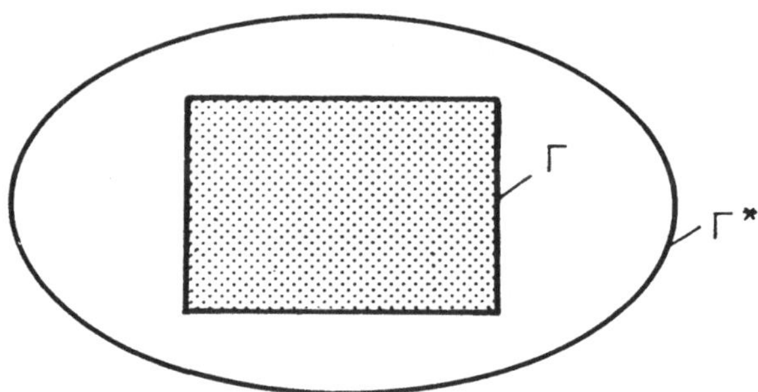

Abb. 1.15 Die außerhalb gelegene Hilfskurve Γ^*

Löst man z.B. das Randwertproblem einer Membran

$$\Delta u = 0 \quad \text{in } \Omega, \qquad u = \bar{u} \qquad \text{auf } \Gamma,$$

mit einem Einfachschichtpotential u_0, dann bedeutet dies ja, daß man die Membran Ω als Teilstück einer unendlichen Membran betrachtet, und man auf der Randkurve Γ Kräfte $f(y)$ so verteilt, daß sich dort die unendlich ausgedehnte Membran punktweise um den gewünschten Betrag $\bar{u}$ absenkt. Nun kann man die Kräfte auch auf einer weiter außen liegenden Kurve Γ^* angreifen lassen, das Potential also durch Integration über Γ^* erzeugen

$$u_0(x) = -\frac{1}{2\pi} \int\limits_{\Gamma^*} \ln r\, f(y)\, ds_y .$$

Dann muß man nur die Kräfte $f(y)$ so bestimmen, daß sich die Punkte der weiter innen liegenden Kurve Γ genau um das gewünschte Maß absenken

$$-\frac{1}{2\pi} \int\limits_{\Gamma^*} \ln r\, f(y)\, ds_y = \bar{u}(x) \qquad \text{auf } \Gamma .$$

Diese Formulierung hat den Vorteil, daß die Kollokationspunkte und die Integrationspunkte auf verschiedenen Kurven liegen und die Integralgleichung somit regulär ist.

Friemann und Freitag haben mit der Airyschen Spannungsfunktion Scheiben- und Plattenprobleme gelöst, [8, 9], und dabei diese Methode angewandt.

Die Kernfrage ist hierbei: Wie groß soll der Abstand zwischen innerer und äußerer Kurve sein? Hiervon hängt ganz entscheidend die Kondition des Gleichungssystems ab.

1.13 Einflußfunktionen und finite Elemente

Die Bedeutung der Einflußfunktionen geht weit über den Rahmen der Randelemente hinaus, denn die Einflußfunktionen sind der mathematische Ausdruck dessen, was der Ingenieur sein 'statisches Gefühl' nennt. Sie gehören eigentlich in jedes Statik- und Mechanikbuch.

Wenn der Ingenieur bei der Biegebemessung eines Balkens eine verteilte Last durch eine Einzelkraft ersetzt, und sich fragt, ob das zulässig ist, dann versucht er im Grunde die Kondition der Einflußfunktion abzuschätzen: Welchen Unterschied macht es, wenn in der Einflußfunktion für das Biegemoment das Gebietsintegral

$$\int_0^l g_2(y,x)\,p(y)\,dy$$

durch den Term

$$g_2(x^P,x)P\,, \qquad (x^P = \text{Schwerpunkt von } p)\,, \qquad P = \int_0^l p(y)\,dy\,,$$

den Einfluß der statisch äquivalenten Einzelkraft P, ersetzt wird ? (Mathematisch entspricht dies übrigens einer angenäherten Berechnung des Integrals). Oder welchen Unterschied macht es, wenn bei einem Stahlbetonrahmen mit Zustand I gerechnet wird, obwohl der Beton in der Zugzone gerissen ist? Oder welchen Einfluß hat eine Lagersenkung auf die Schnittkräfte? All diese Fragen sind Fragen nach der Kondition der Einflußfunktion.

Die *zentrale Rolle*, die den Einflußfunktionen zukommt, beruht darauf, daß man die Näherungsverfahren der Statik und Mechanik in der Regel als Verfahren deuten kann, die statt des wahren Problems ein Ersatzproblem *exakt* lösen.

Wird eine Struktur mit finiten Elementen berechnet, dann heißt dies, daß die wahren äußeren Kräfte durch Kräfte ersetzt werden, die die wahren Kräfte approximieren. *Die FE-Lösung ist die zu diesen Ersatzkräften gehörige exakte Gleichgewichtslage.*

Die Frage nach den Fehlern in den Schnittkräften ist daher sinngemäß die Frage nach der Kondition der Einflußfunktionen: Wie ändern sich die Schnittkräfte, wenn statt mit flächenhaft verteilten Kräften mit Kräften gerechnet wird, die auf den Netzlinien konzentriert sind? Wie empfindlich ist die Einflußfunktion gegenüber solchen Auswechslungen ?

Am Beispiel der Membran soll im folgenden dieser Zusammenhang zwischen finiten Elementen und Einflußfunktionen näher erläutert werden.

Die Durchbiegung einer Membran

$$u(\boldsymbol{x}) = \int\limits_\Gamma g_0\, t(\boldsymbol{y})\, ds_{\boldsymbol{y}} - \int\limits_\Gamma N \frac{\partial}{\partial \nu} g_0 u(\boldsymbol{y})\, ds_{\boldsymbol{y}} + \int\limits_\Omega g_0 p\, d\Omega_{\boldsymbol{y}}\,,$$

hängt von drei Einflüssen ab: Den Aufhängekräften $t(\boldsymbol{y})$ auf dem Rand, den 'Versetzungen' $u(\boldsymbol{y})$ auf dem Rand und dem Druck p. Die $u(\boldsymbol{y})$ sind natürlich die Durchbiegungen der Membran auf dem Rand. Sie kann man aber auch Versetzungen nennen. Denn wäre die Membran in eine unendlich ausgedehnte Membran eingebettet, und würde man durch Γ hindurch gehen, dann würde das zweite Potential um $u(\boldsymbol{x})$ springen.

Würden zusätzlich im Innern, etwa längs Linien l_m, Linienkräfte t_Δ angreifen und Versetzungen u_Δ auftreten, dann müßte man die Einflußfunktion entsprechend erweitern

$$u(\boldsymbol{x}) = \int\limits_\Gamma g_0\, t(\boldsymbol{y})\, ds_{\boldsymbol{y}} - \int\limits_\Gamma N \frac{\partial}{\partial \nu} g_0 u(\boldsymbol{y})\, ds_{\boldsymbol{y}} + \int\limits_\Omega g_0 p(\boldsymbol{y})\, d\Omega_{\boldsymbol{y}}$$

$$+ \sum_m \int\limits_{l_m} \left(g_0\, t_\Delta(\boldsymbol{y}) - N \frac{\partial}{\partial \nu} g_0 u_\Delta(\boldsymbol{y}) \right) ds_{\boldsymbol{y}}\,.$$

Dies ist, wie im folgenden gezeigt werden soll, die allgemeine Darstellung einer FE-Lösung.

Die Durchbiegung u einer Membran mit finiten Elementen approximieren heißt einen Ansatz

$$u_h = u_i \varphi_i(\boldsymbol{x})$$

machen. Dabei sind die globalen Ansatzfunktionen φ_i zwar elementweise glatt, aber beim Übergang von Element zu Element können Knicke oder gar Sprünge vorkommen. Nun ist aber die Normalableitung der Durchbiegung u_h bis auf den Faktor N die Normalkraft in der Membran. Wenn daher beim Übergang von einem Element zum andern die Normalableitung springt, weil dort u_h einen Knick hat, so bedeutet dies, daß längs der Elementkante Linienkräfte t_Δ angreifen. Springt gar die Durchbiegung u_h, weil die Elemente nicht stetig aneinander schließen, dann bedeutet dies, daß dort Versetzungen u_Δ vorkommen. Die obige Einflußfunktion ist daher genau die Integraldarstellung der FE-Lösung. *Ob man* *die FE-Lösung als die Summe der Ansatzfunktionen φ_i begreift, oder sie durch ihre Wirkungen charakterisiert, ist dasselbe*

$$u_h(x) = u_i\varphi_i(x) = \int\limits_\Gamma \left(g_0\, t_h - N\frac{\partial}{\partial\nu}g_0 u_h\right) ds_y + \sum_e \int\limits_{\Omega_e} g_0 p_h^e\, d\Omega_y$$

$$+ \sum_m \int\limits_{l_m} \left(g_0\, t_\Delta - N\frac{\partial}{\partial\nu}g_0 u_\Delta\right) ds_y\,. \tag{1.10}$$

In diesem Ausdruck sind die Linien l_m die inneren Linien des FE-Netzes und die Terme

$$t_\Delta = N\frac{\partial u_h}{\partial n}\bigg|_{\text{links}} + N\frac{\partial u_h}{\partial n}\bigg|_{\text{rechts}}\,, \qquad u_\Delta = u_h|_{\text{links}} - u_h|_{\text{rechts}}\,,$$

die Sprungterme auf den Elementkanten. Ist der Ansatz konform, dann sind natürlich die Sprünge u_Δ in der Durchbiegung Null. Der Term

$$p_h^e = -N\Delta u_h^e$$

ist der Druck, der auf dem Element Ω_e lastet. Ihn berechnet man, indem man die Restriktion u_h^e der FE-Lösung auf das Element in die Membrangleichung einsetzt.

Die in Abb. 1.16a dargestellte Membran wurde z.B. mit linearen Elementen approximiert. Dies entspricht einer Belastung der Membran mit Kräften,

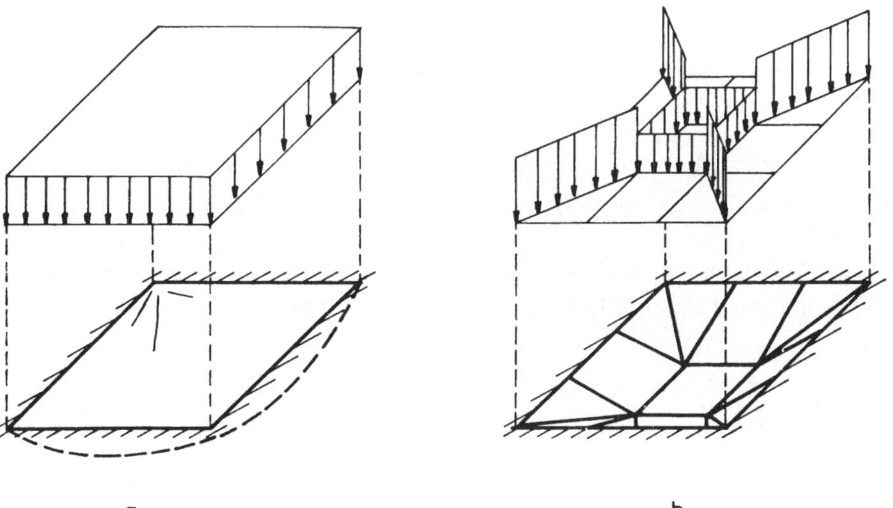

Abb. 1.16 a-b. Membran unter Druck: **a** der eigentliche Lastfall; **b** der mit finiten Elementen wirklich gerechnete Lastfall

die längs der Elementränder verteilt sind. Die Größe dieser Kräfte ist gleich der N-fachen Größe des Knicks (des Sprungs in der Normalableitung) in der Biegefläche. Wären die Ansatzfunktionen quadratisch, dann würden sich auch die Elemente selbst durchbiegen, weil auf ihnen dann ein Druck $-N\Delta u_h^e = p_h^e$ lasten würde. Bei linearen Ansätzen ist der Druck Null.

Den zu einer FE-Lösung gehörigen Verlauf der Schnittkraft t $(= N$-fache Normalableitung) erhält man, wenn man die Einflußfunktion (1.10) differenziert. (Wegen der genauen Herleitung s. Abschn. 3.11). Mit der Bezeichnung

$$g_1 = N\frac{\partial}{\partial n}g_0$$

folgt

$$t_h(\boldsymbol{x}) = N\frac{\partial}{\partial n}u_h(\boldsymbol{x}) = Nu_i\frac{\partial}{\partial n}\varphi_i = \int\limits_\Gamma (g_1 t_h - N\frac{\partial}{\partial\nu}g_1 u_h)\,ds_{\boldsymbol{y}}$$

$$+ \sum_e \int\limits_{\Omega_e} g_1 p_h^e\,d\Omega_{\boldsymbol{y}} + \sum_m \int\limits_{l_m} (g_1 t_\Delta - N\frac{\partial}{\partial\nu}g_1 u_\Delta)\,ds_{\boldsymbol{y}}.$$

So wie man die FE-Lösung durch eine Einflußfunktion darstellen kann, so natürlich auch, wie wir wissen, die wahre Lösung

$$u(\boldsymbol{x}) = \int\limits_\Gamma (g_0\,t - N\frac{\partial}{\partial\nu}g_0 u)\,ds_{\boldsymbol{y}} + \int\limits_\Omega g_0 p\,d\Omega_{\boldsymbol{y}}$$

und ebenso ihre Schnittkraft

$$t(\boldsymbol{x}) = N\frac{\partial u}{\partial n}(\boldsymbol{x}) = \int\limits_\Gamma (g_1 t - N\frac{\partial}{\partial\nu}g_1 u)\,ds_{\boldsymbol{y}} + \int\limits_\Omega g_1 p\,d\Omega_{\boldsymbol{y}}.$$

Will man den Fehler in den Schnittkräften wissen, dann hat man jetzt nur noch die Differenz der beiden Einflußfunktionen zu bilden,

$$t - t_h = \int\limits_\Gamma [g_1(t - t_h) - N\frac{\partial}{\partial\nu}g_1(u - u_h)]\,ds_{\boldsymbol{y}} + \sum_e \int\limits_{\Omega_e} g_1(p - p_h^e)\,d\Omega_{\boldsymbol{y}}$$

$$- \sum_m \int\limits_{l_m} (g_1 t_\Delta - N\frac{\partial}{\partial\nu}g_1 u_\Delta)\,ds_{\boldsymbol{y}},$$

und man erkennt, daß der Fehler seine Ursache in der Differenz der Belegungen hat: Der Differenz in den Aufhängekräften $t - t_h$ und der Differenz in den Verschiebungen $u - u_h$ auf Γ, den geometrischen und statischen Inkompatibilitäten u_Δ und t_Δ auf den inneren Rändern l_m und der Differenz zwischen den Drücken p und p_h^e im Element.

Berechnen kann man den Fehler trotz der hier gegebenen Formel nicht, weil man von den Randwerten u und t der wahren Lösung abschnittsweise immer nur eine kennt. Aber die Formel zeigt doch, welche Einflüsse eine Rolle spielen und welche Kerne maßgebend sind. Die Kerne sind ja die eigentlich interessierenden Größen. Sie sind die 'Multiplikatoren', die einen Fehler vergrößern oder verkleinern können, je nachdem, ob ihr shift positiv oder negativ ist, s. Abschn. 1.9.

Die typischen FE-Fehlerabschätzungen,

$$\|u - u_h\|_s \leq ch^{p-s}\|u\|_p \,,$$

beruhen im Grunde auf den obigen Gleichungen, denn die Konstante c und die Exponenten hängen eng mit der Kondition der Kerne zusammen.

Die Einflußfunktionen der FE-Lösungen von Scheiben und Platten erhält man natürlich ganz analog. Im Falle einer konformen Scheibenlösung erweitert man einfach die Einflußfunktion (4.8) um die Sprünge des Spannungsvektors

$$t_{\Delta j} = t_j\big|_{\text{links}} + t_j\big|_{\text{rechts}} \,,$$

längs der Elementränder und erhält so für den Fehler die Darstellung

$$u_i(x) - u_{hi}(x) = \int\limits_\Gamma [U_{ij}(t_j - t_{hj}) - T_{ij}(u_j - u_{hj})]\, ds_y$$

$$+ \sum_e \int\limits_{\Omega_e} U_{ij}(p_j - p_{hj}^e)\, d\Omega_y - \sum_m \int\limits_{l_m} U_{ij} t_{\Delta j}\, ds_y.$$

Bei Platten kann, wenn man nichtkonforme Elemente benutzt, auch die Normalableitung springen, und daher lautet hier der Fehler

$$w(x) - w_h(x) = \int\limits_\Gamma [g_0(V - V_h) - \frac{\partial}{\partial\nu} g_0(M - M_h) - V_\nu(g_0)(w - w_h)$$

$$+ M_\nu(g_0)(\frac{\partial w}{\partial \nu} - \frac{\partial w_h}{\partial \nu})]\, ds_y$$

$$+ \sum_m \int_{l_m} \left[-M_\nu(g_0) \frac{\partial w_\Delta}{\partial \nu} - g_0 V_\Delta + \frac{\partial}{\partial \nu} g_0 M_\Delta \right] ds\,\boldsymbol{y}$$

$$+ \sum_e \int_{\Omega_e} g_0(\boldsymbol{y}, \boldsymbol{x}) [p(\boldsymbol{y}) - p_h^e(\boldsymbol{y})]\, d\Omega\boldsymbol{y} - \sum_k F_k\, g_0(\boldsymbol{y}^k, \boldsymbol{x})$$

$$+ \sum_c [g_0 \{F(w) - F(w_h)\}(\boldsymbol{y}^c) - \{w - w_h\}(\boldsymbol{y}^c) F(g_0)] \,.$$

Hierbei sind

$$\frac{\partial w_\Delta}{\partial \nu}, \quad M_\Delta, \quad V_\Delta$$

die Sprünge beim Übergang von Element zu Element. Die F_k sind die im Knoten $\boldsymbol{y}^k$ des FE-Netzes aufsummierten Eckkräfte der anschließenden Elemente und

$$p_h^e = K \Delta \Delta w_h^e$$

ist die verteilte Belastung, die zur FE-Lösung gehört. Sie erhält man, wenn man die FE-Lösung elementweise in die Plattendifferentialgleichung einsetzt. Der letzte Summand — die Summe über die Ecken $\boldsymbol{y}^c$ der Platte — berücksichtigt den Einfluß der Differenz der Eckkräfte und der Differenz der Eckdurchbiegungen.

In Abb. 1.17 und 1.18 sind die äußeren Kräfte, die zu einer FE-Lösung gehören, dargestellt. Es handelt sich dabei um die konforme FE-Lösung einer

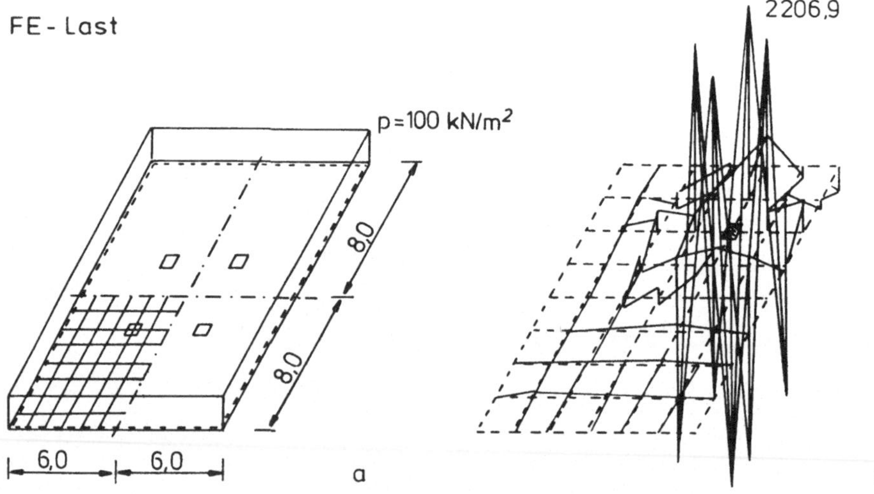

Abb. 1.17 a-b. Platte unter Gleichlast: **a** der eigentliche Lastfall; **b** die äußeren Kräfte, wie sie wirklich wirken; (dargestellt ist nur der untere linke Quadrant)

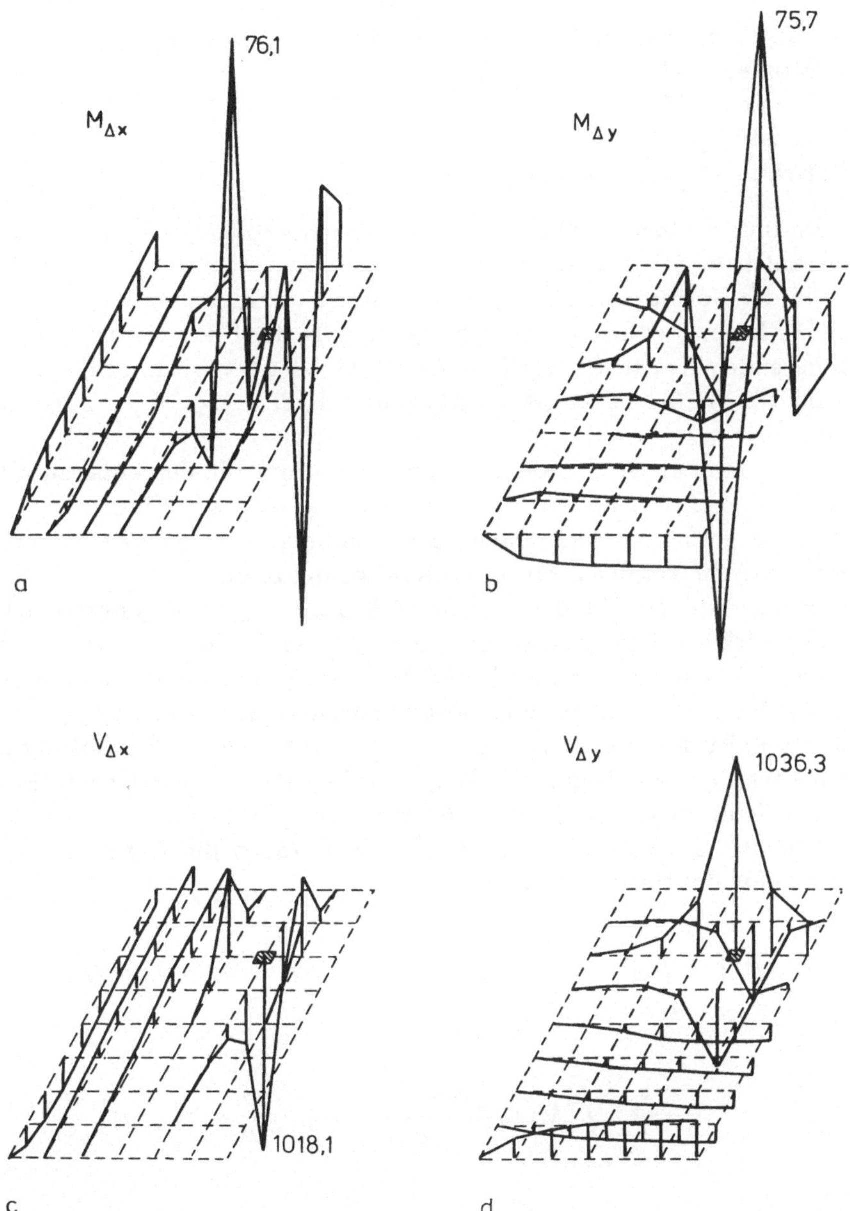

Abb. 1.18 a-d. Längs der Netzlinien wirken zusätzlich Momente und Kräfte: **a** Momente $M_{\Delta x}$; **b** Momente $M_{\Delta y}$; **c** Kräfte $V_{\Delta x}$; **d** Kräfte $V_{\Delta y}$; (dargestellt ist nur der untere linke Quadrant).

doppelsymmetrischen, gelenkig gelagerten Platte, die in ihrer Mitte zusätzlich auf vier Stützen ruht. Gerechnet wurde der Lastfall Eigengewicht. Auf Grund der Symmetrie mußte nur ein Viertel der Platte diskretisiert werden.

Angetragen sind in Abb. 1.17 und 1.18

die zur FE-Lösung gehörige verteilte Belastung $K\Delta\Delta w_h^e$
die Momente $M_{\Delta x}$
die Momente $M_{\Delta y}$
die Kräfte $V_{\Delta x}$
die Kräfte $V_{\Delta y}$, jeweils auf den Netzlinien l_m

Der untere Index x bzw. y gibt an, ob die Momente bzw. Kräfte auf Netzlinien $x =$ konstant bzw. $y =$ konstant wirken.
Sprünge in der Normalableitung gab es nicht, da die Elemente konform waren.

Die FE-Lösung ist also die Gleichgewichtslage der Platte, wenn diese durch die oszillierenden Kräfte $K\Delta\Delta w_h^e$ in Abb. 1.17 belastet wird, und wenn längs der Elementlinien Momente $M_{\Delta x}$, $M_{\Delta y}$ und Kräfte $V_{\Delta x}$, $V_{\Delta y}$ angreifen, s. Abb. 1.18.

Nun mag man angesichts der starken Oszillationen in den äußeren Kräften kaum glauben, daß die Momente, die zu dieser Belastung gehören, noch irgend etwas mit den gesuchten Momenten zu tun haben. Diese Skepsis ist aber unbegründet, wie ein Vergleich mit einer RE-Lösung zeigt.

Die RE-Lösung genügt der Gleichung $K\Delta\Delta w = g$ ($=$ Eigengewicht), entspricht also wirklich dem Lastfall Eigengewicht. Auch die Singularität, die die Stützen verursachen, kann man mit der RE-Lösung sehr genau modellieren, so daß man die RE-Lösung als Referenzlösung ansehen kann. Abbildung 1.19 zeigt einen Querschnitt durch die Plattenmitte. Die Momente der FE-Lösung folgen den Momenten der RE-Lösung relativ genau. Von den starken Oszillationen in den äußeren Kräften $K\Delta\Delta w_h^e$ ist nichts mehr zu spüren.

Die 'Schuld' an diesem geglätteten Verlauf tragen die Kerne in der Einflußfunktion für die Biegemomente,

$$M_n(w_h)(\boldsymbol{x}) = \int_\Gamma [g_2 V_h - \frac{\partial}{\partial\nu} g_2 M_h - V_\nu(g_2) w_h + M_\nu(g_2)\frac{\partial}{\partial\nu} w_h]\, ds_{\boldsymbol{y}}$$

$$+ \sum_m \int_{l_m} [M_\nu(g_2)\frac{\partial w_\Delta}{\partial\nu} + g_2 V_\Delta - \frac{\partial}{\partial\nu} g_2 M_\Delta]\, ds_{\boldsymbol{y}}$$

$$+ \sum_e \int_{\Omega_e} g_2(\boldsymbol{y},\boldsymbol{x}) p_h^e\, d\Omega_{\boldsymbol{y}} + \sum_k F_k\, g_2(\boldsymbol{y}^k,\boldsymbol{x})$$

$$+ \sum_c [g_2(\boldsymbol{y}^c,\boldsymbol{x}) F(w_h)(\boldsymbol{y}^c) - w_h(\boldsymbol{y}^c) F(g_2)(\boldsymbol{y}^c,\boldsymbol{x})]. \qquad (1.11)$$

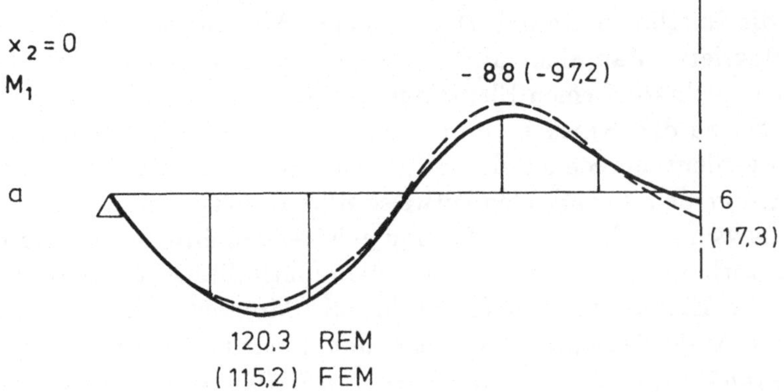

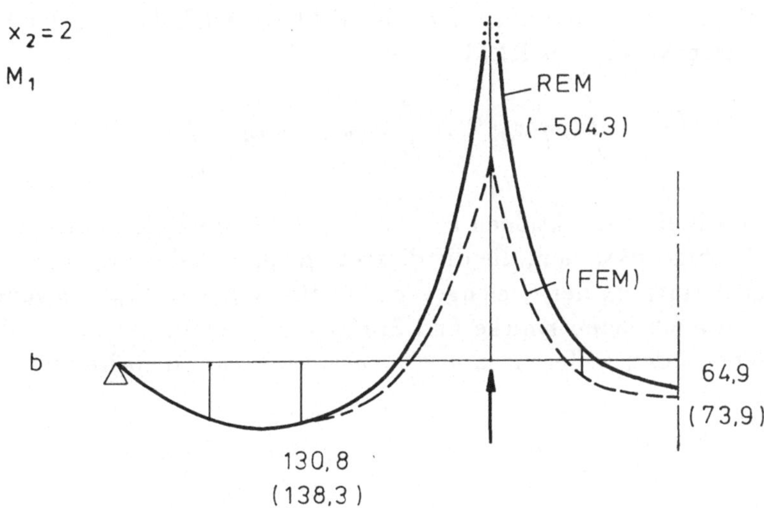

Abb. 1.19 a-b. Der Vergleich der Biegemomente in zwei horizontalen Schnitten : **a** in Plattenmitte; **b** im Stützenbereich; (dargestellt ist nur der Verlauf vom Rand bis zur Plattenmitte)

Diese Kerne bewirken — je nach Integration über Γ oder Ω — die folgenden shifts

Kern	shift (Γ)	shift (Ω)
g_2	-1	-2
$\partial g_2/\partial \nu$	0	
$M_\nu(g_2)$	1	
$V_\nu(g_2)$	2	

Die gröbsten Defekte, die oszillierenden Kräfte p_h^e werden also vom Kern g_2 bei Integration über Ω zweimal integriert und die Linienkräfte V_Δ bei Integration über die Netzlinien einmal. Die Momente M_Δ auf den Netzlinien werden nullmal integriert. Man sieht auch, welchen ungünstigen Einfluß die Knicke $\partial w_\Delta/\partial\nu$ von nichtkonformen Elementen auf die Genauigkeit der Momente haben, denn der zu den Knicken konjugierte Kern $M_\nu(g_2)$ differenziert einmal.

Der Ingenieur berechnet die Biegemomente einer FE-Lösung normalerweise, indem er den Ansatz elementweise differenziert. Praktisch ist das aber dasselbe, als wenn er die zur FE-Lösung gehörenden äußeren Kräfte und möglicherweise vorhandenen geometrischen Inkompatibilitäten (nichtkonforme Elemente) in die Einflußfunktion (1.11) für die Momente einsetzt. Das Resultat ist beide Male dasselbe. *Also auch dann, wenn der Ingenieur gar nicht an Einflußfunktionen denkt, benutzt er Einflußfunktionen und damit deren Glättungseffekt.* Nur so ist es zu erklären, warum man mit so 'groben Mitteln', wie es finite Elemente nun einmal sind, so gute Resultate erhält.

Zum Vergleich sei nun auch noch der Fehler der RE-Lösung der Membran betrachtet. Der Ansatz der REM lautet

$$u_h(\boldsymbol{x}) = \int_\Gamma \left(g_0\, t_{\mathrm{RE}} - N\frac{\partial}{\partial\nu}g_0\, u_{\mathrm{RE}}\right) ds_{\boldsymbol{y}} - \int_\Omega g_0 p\, d\Omega_{\boldsymbol{y}}.$$

Hierbei sind die Randfunktionen u_{RE} und t_{RE} die aus Polynomen zusammengesetzten Ansatzfunktionen, die die diskrete Kopplungsbedingung erfüllen.

Da der Ansatz u_h der Gleichgewichtsbedingung $-N\Delta u_h = p$ genügt, und da im Innern auch keine Knicke und Sprünge auftreten, hat der Fehler allein seine Ursache in den Differenzen $u - u_h$ und $t - t_h$ auf dem Rande,

$$u - u_h = \int_\Gamma \left[g_0(t - t_{\mathrm{RE}}) - N\frac{\partial}{\partial\nu}g_0(u - u_{\mathrm{RE}})\right] ds_{\boldsymbol{y}}.$$

Dies ist der Grund, warum eine RE-Lösung in der Regel genauere Resultate als eine FE-Lösung liefert.

Auf den ersten Blick haben finite Elemente und Randelemente nichts miteinander zu tun. Aber wenn man genauer hinschaut, dann erkennt man, daß FE-Lösungen wie RE-Lösungen Potentiale sind. Einfach, weil FE-Lösungen die Gleichgewichtslagen benachbarter Lastfälle beschreiben. Sie lassen sich daher durch die zugehörigen Einflußfunktionen, d.h. durch Potentiale, darstellen. Zusätzlich zu den Belegungen auf dem Rand, sind es Kräftebelegungen längs der Netzlinien und (bei höheren Ansätzen) Flächenbelegungen in den Elementen, die die Potentiale erzeugen. Die Kräftebelegungen werden so bestimmt, daß ihre Arbeit gleich der Arbeit der wahren äußeren Kräfte ist.

Finite Elemente = Randpotentiale, Linienpotentiale und

Flächenpotentiale, Kontrollgleichung:

Prinzip der virtuellen Verrückungen

Randelemente = Randpotentiale

Kontrollgleichung: Satz von Betti

1.14 Der Maßstab

Der Maßstab ist (scheinbar) relativ. Jede quadratische Membran kann man durch eine Ähnlichkeitstransformation auf eine Membran mit der Seitenlänge 1 abbilden. Die Kopplungsbedingung zwischen den Randdaten der Membran

$$\frac{\Delta\varphi}{2\pi}u(\boldsymbol{x}) = -\frac{1}{2\pi N}\int_{\Gamma}[\ln r\,t(\boldsymbol{y}) - N\frac{r_\nu}{r}u(\boldsymbol{y})]\,ds_{\boldsymbol{y}},$$

geht durch solch eine Streckung

$$r \longrightarrow \lambda r, \qquad 0 < \lambda,$$

wegen

$$\ln(\lambda r) = \ln r + \ln \lambda$$

in die Bedingung

$$\frac{\Delta\varphi}{2\pi}u(\boldsymbol{x}) = -\frac{1}{2\pi N}\left\{\int_{\Gamma}[\ln r\,t(\boldsymbol{y}) - N\frac{r_\nu}{r}u(\boldsymbol{y})]\,ds_{\boldsymbol{y}} + \ln \lambda \int_{\Gamma} t(\boldsymbol{y})\,ds_{\boldsymbol{y}}\right\}$$

über. (Es wurde darauf verzichtet, die transformierten Größen unterschiedlich zu kennzeichnen). Durch die Streckung wird also zu der Kopplungsbedingung die Gleichgewichtsbedingung

$$\int_{\Gamma} t(\boldsymbol{y})\,ds_{\boldsymbol{y}}$$

addiert. Wenn t die korrekte Aufhängekraft ist, dann ist dieses Integral Null.

In der Praxis hat es sich nun herausgestellt, daß der Maßstab doch nicht ohne Einfluß auf die Ergebnisse ist. Und zwar gilt es bei ebenen Problemen die Abmessung 1 zu vermeiden. Dies hat etwas mit der Tatsache zu tun, daß der natürliche Logarithmus bei 1 durch Null geht, so daß sich die Einflüsse wegen des Vorzeichenwechsels auslöschen [10].

1.15 Die Methode von Trefftz

Die Methode von Trefftz ist das Gegenstück zur Methode von Ritz. Bei der Ritzschen Methode verwendet man Ansatzfunktionen, die die geometrischen

Randbedingungen erfüllen, aber nicht die Differentialgleichung. Bei der Methode von Trefftz verwendet man dagegen Ansatzfunktionen, die die Differentialgleichung erfüllen, aber nicht die Randbedingungen. Die Auswahl der Koeffizienten geschieht dabei — dies war die ursprüngliche Idee von Trefftz — wie bei der Methode von Ritz. Zu lösen sei z.B. das Randwertproblem

$$\Delta u = 0 \quad \text{in } \Omega, \quad u = \bar{u} \quad \text{auf } \Gamma.$$

Da die rechte Seite der Differentialgleichung Null ist, und auch auf dem Rand nur die Weggröße vorgeschrieben ist, besteht die potentielle Energie nur aus dem Integral der inneren Energie

$$\Pi_1(u) = \frac{1}{2} E(u, u) = \frac{1}{2} \int_{\Omega} \nabla u \cdot \nabla u \, d\Omega_y.$$

Gemäß der Idee von Ritz setzt man nun

$$u_h = u_0 + u_i \Phi_i(x), \quad u_0 = \bar{u}, \quad \Phi_i = 0 \quad \text{auf } \Gamma.$$

und bestimmt die Koeffizienten der Näherung so, daß die Energie zum Minimum wird. Dies ist äquivalent mit der Forderung

$$E(u - u_h, \Phi_i) = 0, \quad \text{für } i = 1, 2, \ldots, n.$$

Trefftz, [11], nimmt nun an, daß die Φ_i harmonisch sind, also der Differentialgleichung genügen, aber nicht den Randbedingungen. Dann folgt mittels partieller Integration (1. Identität)

$$E(u - u_h, \Phi_i) = \int_{\Gamma} \frac{\partial \Phi_i}{\partial n} (\bar{u} - u_h) \, ds = 0, \quad i = 1, 2 \ldots n.$$

Die Koeffizienten u_i sind also die Lösungen des Gleichungssystems

$$\boldsymbol{Ku = b}$$

mit den Elementen

$$K_{ij} = \int_{\Gamma} \frac{\partial \Phi_i}{\partial n} \Phi_j \, ds, \quad b_i = \int_{\Gamma} \frac{\partial \Phi_i}{\partial n} \bar{u} \, ds.$$

Heute spricht man auch dann von einem Trefftzschen Verfahren, wenn die Auswahl der Koeffizienten nicht auf einem Energieprinzip beruht, sondern z.B. die Fehlerquadratmethode benutzt wird, wie etwa in [12]. Man kann dann auch die Methode der Randelemente als ein Trefftzsches Verfahren ansehen, denn die einzelnen Ansätze der REM — dies sind die Funktionen Φ_i, die man erhält, wenn man die Belegungen φ_i in die Einflußfunktion einsetzt — sind homogene Lösungen der Differentialgleichung, und der Auswahl der Koeffizienten liegen Kontrollgleichungen auf dem Rande (Kollokation) zu Grunde.

Wichtiger aber als all diese Klassifizierungen ist, daß mit dem Verfahren von Trefftz eine Alternative zu den Grundlösungen greifbar wird, nämlich das Konzept des vollständigen Funktionensystems, mit dem man (theoretisch) den Raum der Lösung nach und nach ausschöpft und so, gesteuert durch Fehlerfunktionale auf dem Rand, die wahre Lösung besser und besser approximiert. Stein und Ruoff haben das Verfahren bei flachen Schalen angewandt, [13, 14].

1.16 Konstruktion von Grundlösungen

Die Methode steht und fällt mit der Kenntnis der Grundlösungen. Bei gewöhnlichen Differentialgleichungen wird zur Konstruktion der Grundlösungen ein vollständiges System von linear unabhängigen, homogenen Lösungen benötigt, s. [15]. Für partielle Differentialgleichungen mit konstanten Koeffizienten hat Hörmander eine Konstruktionsvorschrift angegeben, [16]. Illustrative Beispiele für die Anwendung dieser Methode findet man in dem Buch von Kitahara, [17, S.17]. Eine umfangreiche Liste von Grundlösungen, mit vielen Quellenangaben, enthalten die Arbeiten von Ortner, [18, 19].

1.17 Schalen

Wie man bei Schalen vorzugehen hat, ist zwar theoretisch geklärt, s. [20], aber das Problem ist, daß für allgemeine Schalen keine geschlossenen, analytischen Ausdrücke für die Grundlösungen mehr existieren.

Für schwach gekrümmte Schalen, 'shallow shells', kann man noch Grundlösungen in geschlossener Form angeben. Mit solchen Problemen haben sich Newton und Tottenham, [21], beschäftigt, ferner Simmonds und Bradley, [22], Tepavitcharov, [23] und Matsui und Matsuoka, [24]. In dem letztgenannten Artikel findet man auch einen guten Überblick über das Thema. Am weitesten gekommen ist Hein, [25], der mit seinem Programm Probleme wie in Abb. 1.20 lösen kann.

Tosaka und Miyake haben sich überlegt, wie man die REM auf nichtlineare Schalenprobleme erweitern kann, [26]. Lazarenko und Tarakanov, [27], haben die Grundlösungen von Zylinderschalen in Form von Doppel-Fourierreihen angegeben. Hadjikov, Marginov und Bekyarova haben dazu den Algorithmus formuliert, [28], aber durchgerechnete Beispiele fehlen noch.

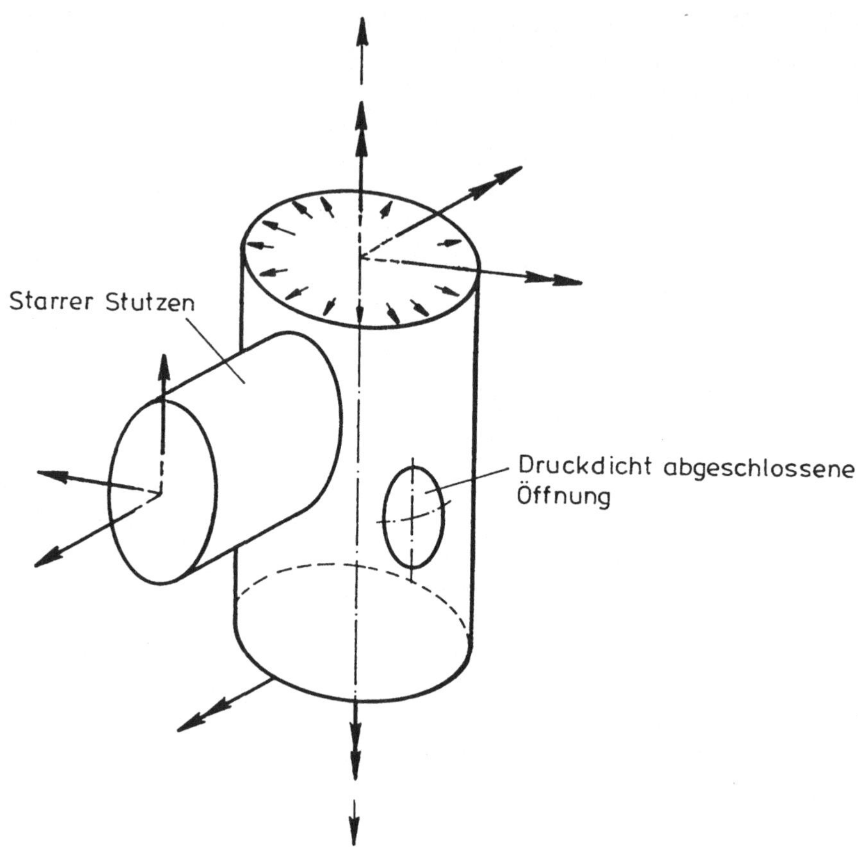

Abb. 1.20 Anschluß eines starren Stutzens an ein elastisches Rohr (Hein [25])

2 Eindimensionale Probleme

Dieses Kapitel ist eine Einführung in die Methode der Randelemente an Hand der Stabstatik.

2.1 Der Stab

Wir beginnen mit einer kurzen Wiederholung der mathematischen Grundlagen der Stabstatik. Sie richtet sich an Mathematiker und solche Leser, die mit der Mechanik nicht vertraut sind.

Die Längsverschiebung $u(x)$ eines Stabs genügt der Differentialgleichung $-EAu'' = p$. Zu dieser Differentialgleichung gehören die Identitäten

$$\text{p:}\ \hat{u}, u \in C^2[0,l] \times C^1[0,l],$$

$$\text{q:}\ G(\hat{u}, u) = \int_0^l -EA\hat{u}''u\,dx + [\hat{N}u]_0^l - \int_0^l \frac{\hat{N}N}{EA}dx = 0 \qquad (2.1)$$

und

$$\text{p:}\ \hat{u}, u \in C^2[0,l],$$

$$\text{q:}\ B(\hat{u}, u) = \int_0^l -EA\hat{u}''u\,dx + [\hat{N}u - \hat{u}N]_0^l - \int_0^l \hat{u}(-EAu'')\,dx = 0. \quad (2.2)$$

Die 1. Identität formuliert das Prinzip der virtuellen Kräfte und das Prinzip der virtuellen Verrückungen, die 2. Identität den Satz von Betti.

Wir sagen $g_0(y, x)$ ist eine Lösung der Differentialgleichung

$$-EAg_0''(y, x) = \delta_0(y - x),$$

wenn die Normalkraft

$$N(y, x) = EA\frac{d}{dy}g_0$$

an der Stelle x um den Wert 1 springt

$$\lim_{\varepsilon \to 0}\{N(x + \varepsilon, x) - N(x - \varepsilon, x)\} = 1\,.$$

Ist $u = g_0$ eine solche Grundlösung und der Aufpunkt x ein innerer Punkt, $0 < x < l$, dann lauten die Identitäten,

$$G(g_0, u) = u(x) + [N_0 u]_0^l - \int_0^l \frac{N_0 N}{EA}\, dy = 0\,, \tag{2.3}$$

$$B(g_0, u) = u(x) + [N_0 u - g_0 N]_0^l - \int_0^l g_0(-EAu'')\, dy = 0\,. \tag{2.4}$$

Damit ist die Einführung schon beendet, und die Umsetzung dieser Resultate in nützliche Rechenvorschriften soll nun in der Sprache der Mechanik formuliert werden.

Gesucht sei die Verschiebung $u(x)$ des Stabs in Abb. 2.1b. In der Statik wird dieses Problem mit Hilfe des *Prinzips der virtuellen Kräfte* gelöst, d.h. im Punkt x wird eine Kraft $\hat{P} = 1$ angebracht, s. Abb. 2.1a, und die zugehörige Normalkraft $N_0(y, x)$ mit der Normalkraft $N(y)$ der verteilten Belastung über-

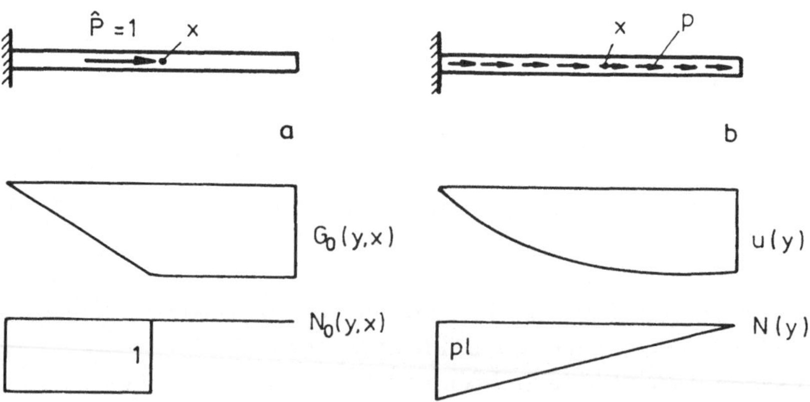

Abb. 2.1 Gesucht ist die Verschiebung u des rechten Stabs im Punkt x

lagert

$$u(x) = \int_0^l \frac{N_0(y,x)N(y)}{EA}\, dy\,. \tag{2.5}$$

Die Lauf- und Integrationsvariable bezeichnen wir hierbei mit y und den festen Aufpunkt mit x.

Nun kann man die Verschiebung aber auch mit dem *Satz von Betti* berechnen, indem man die Linienlast p mit der *Greenschen Funktion*

$$G_0(y,x) = \frac{1}{EA} \begin{cases} y\,, & y \le x\,, \\ x\,, & x \le y\,, \end{cases} \tag{2.6}$$

der Längsverschiebung des linken Stabs unter der Einzelkraft $\hat{P} = 1$ überlagert, denn nach dem Satz von Betti muß die Arbeit der Linienlast $p(y)$ auf den Wegen $G_0(y,x)$ gleich der Arbeit der Einzelkraft $\hat{P} = 1$ auf dem Weg $u(x)$ sein, d.h. es muß gelten

$$A_{1,2} = 1 \times u(x) = \frac{p_0}{EA}\{\int_0^x y\,dy + \int_x^l x\,dy\} = \frac{p_0}{EA}\{lx - \frac{x^2}{2}\} = A_{2,1}\,.$$

Nun könnte man sich auch vorstellen, daß die Einzelkraft $\hat{P} = 1$ nicht an demselben Stab angreift, sondern — etwa — an einem unendlich langen Stab, dessen Punkte y sich dabei gemäß der Formel

$$g_0(y,x) = \frac{1}{EA} \begin{cases} (1-x)y + 1\,, & y \le x\,, \\ (1-y)x + 1\,, & x \le y\,, \end{cases}$$

verschieben, s. Abb. 2.2. Für Punkte y, die links vom Aufpunkt x liegen, gilt die obere Formel, für Punkte y rechts vom Aufpunkt x die untere Formel. Die Funktion $g_0(y,x)$ heißt eine *Grundlösung*.

Bevor nun der Satz von Betti formuliert wird, muß allerdings erst das Teilstück des unendlich langen Stabs, das nach Größe und Lage mit dem realen Stab übereinstimmt, aus dem unendlich langen Stab herausgetrennt werden.

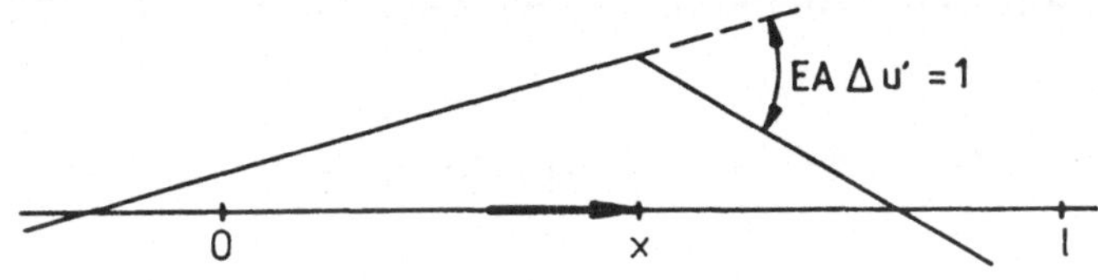

Abb. 2.2 Die Normalkraft springt im Aufpunkt x um den Betrag 1

Dabei werden an den Schnittkanten, also in den Punkten $y = 0$ und $y = l$, Verschiebungen

$$u_1[x] = 1\,, \qquad u_2[x] = (1-l)x + 1\,,$$

beobachtet und Schnittkräfte

$$f_1[x] = x - 1\,, \qquad f_2[x] = -x\,,$$

gemessen. Letztere sind einfach die EA-fachen 1. Ableitungen der Grundlösung g_0,

$$N_0(y,x) = \begin{cases} 1 - x\,, & y \le x\,, & \text{(links vom Aufpunkt } x)\,, \\ -x\,, & x \le y\,, & \text{(rechts vom Aufpunkt } x)\,. \end{cases}$$

Um später symmetrische Steifigkeitsmatrizen zu erhalten, haben wir eine einheitliche Vorzeichenregelung für die Weg- und Kraftgrößen eingeführt, s. Abb. 2.3. Man beachte, daß f_1 ein anderes Vorzeichen hat als $N(0)$, weil f_1 und $N(0)$ entgegengesetzt orientiert sind. Die nachgestellte eckige Klammer $[x]$ soll daran erinnern, daß die Werte in der Schnittfuge von der Lage des Aufpunkts x abhängen.

Genauso trennt man nun den realen Stab von seinen Lagern und beobachtet dabei Verschiebungen

$$u_1 \qquad \text{und} \qquad u_2$$

und mißt Normalkräfte

$$f_1 \qquad \text{und} \qquad f_2\,.$$

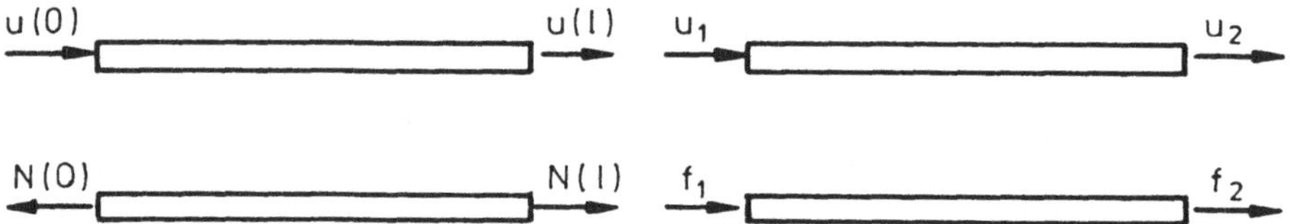

Abb. **2.3** Links die alte Vorzeichenregelung und rechts die neue Vorzeichenregelung

Die beiden Stäbe in Abb. 2.4 sind im Gleichgewicht, und daher müssen die gegenseitigen äußeren Arbeiten nach dem Satz von Betti gleich groß sein

$$A_{1,2} = 1 \times u(x) + f[x]^T u = \int_0^l p(y)u(y,x)\,dy + f^T u[x] = A_{2,1}\,. \qquad (2.7)$$

Links steht die Arbeit der äußeren Kräfte des Teilstücks des unendlich langen

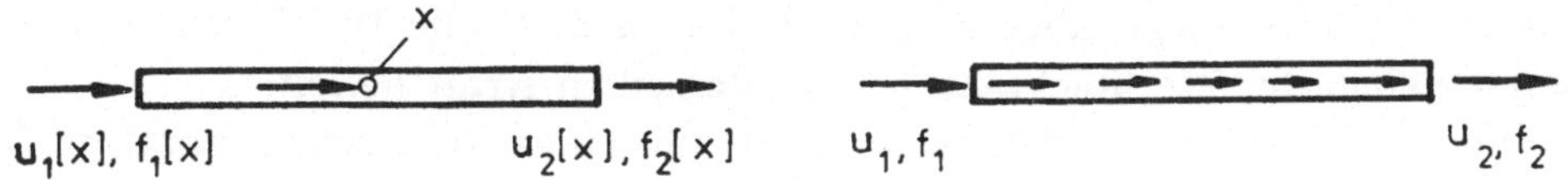

Abb. 2.4 Links der Stab unter dem Angriff der Einzelkraft; rechts unter dem Angriff der verteilten Kräfte

Stabs auf den Wegen des realen Stabs, und rechts steht die Arbeit der äußeren Kräfte des realen Stabs auf den Wegen des Teilstücks.

Löst man diese Gleichung nach $u(x)$ auf,

$$
u(x) = -\,f[x]^T\,\boldsymbol{u} + \boldsymbol{u}[x]^T\,f + \int\limits_0^l p(y)u(y,x)\,dy = (1-x)u_1 + x\,u_2
$$

$$
+\,1/EA\{1f_1 + [(1-l)x + 1]f_2 + \int\limits_0^x p(y)[(1-x)y + 1]\,dy
$$

$$
+ \int\limits_x^l p(y)[(1-y)x + 1]\,dy\}\,,
\tag{2.8}
$$

erhält man wieder eine Einflußfunktion für $u(x)$. Sie ist allerdings wesentlich länger als (2.5), und zudem müssen außer der Linienlast $p(y)$ auch noch *sämtliche* Randdaten

$$
u_1,\quad u_2,\quad f_1,\quad f_2
$$

des Stabs bekannt sein, soll $u(x)$ berechnet werden. Dies ist immer so, wenn statt der Greenschen Funktion nur eine Grundlösung benutzt wird, d.h. Systeme überlagert werden, die verschiedene Randbedingungen aufweisen.

Eine *Greensche Funktion* ist die Längsverschiebung eines endlich langen Stabs unter dem Angriff einer Einzelkraft. Eine *Grundlösung* dagegen ist die Längsverschiebung eines unendlich langen Stabs unter dem Angriff einer Einzelkraft. Der Unterschied zwischen beiden ist, daß die Greensche Funktion Rücksicht auf die Lagerbedingungen nimmt — die Grundlösung dagegen nicht. Gemeinsam ist beiden Lösungen, daß ihre Normalkraft N im Aufpunkt um den Wert 1 springt. Aus jeder Greenschen Funktion kann man daher eine Grundlösung machen, man braucht ja nur die Funktion über die Stabenden beidseitig ins Unendliche hinaus zu verlängern. Umgekehrt geht dies allerdings nicht so leicht. Bei mehrdimensionalen Bauteilen ist es sogar praktisch unmöglich. So weiß man zwar, wie sich eine unendlich große Platte unter einer

84

Kraft $\hat{P} = 1$ durchbiegt, aber man kann daraus nicht die Durchbiegung einer gelenkig gelagerten Rechteckplatte unter derselben Kraft herleiten.

Die Formulierung des Satzes von Betti mit einer Greenschen Funktion G_0 ergibt

$$1 \times \text{Verschiebung} = \int\limits_0^l G_0 p \, dy$$

und die Formulierung mit einer Grundlösung g_0

$$1 \times \text{Verschiebung} + \text{Randarbeiten } (A_{1,2})$$

$$= \int\limits_0^l g_0 p \, dy + \text{Randarbeiten } (A_{2,1}) \, .$$

Im zweiten Fall treten also noch *Zusatzterme* auf, die von den Arbeiten der nicht verschwindenden konjugierten Größen auf dem Rande herrühren. Zur Berechnung dieser Arbeiten muß man alle Randdaten eines Bauteils kennen.

Im Prinzip ist es daher besser, Einflußfunktionen mit der Greenschen Funktion zu konstruieren, weil dann weniger Informationen über u benötigt werden (die Kenntnis der Last $p(x)$ ist ausreichend). Aber leider sind bei mehrdimensionalen Bauteilen wie Scheiben, Körpern und Platten, in der Regel die Greenschen Funktionen nicht bekannt, und daher ist man dort gezwungen, mit Grundlösungen zu arbeiten, also mit Darstellungen wie

$$1 \times \text{Verschiebung} = \int\limits_\Omega g_0 p \, d\Omega + \text{Randarbeiten } (A_{2,1})$$

$$- \text{Randarbeiten } (A_{1,2}) \, .$$

Damit stellt sich die Frage: Wie erhält man die Randdaten, die zur Berechnung der Randarbeiten benötigt werden? Die Antwort hierauf lautet: Mittels der Kopplungsbedingungen zwischen den Randdaten.

Mit der Einflußfunktion (2.8) können ja auch die Randverschiebungen $u(0) = u_1$ und $u(4) = u_2$ berechnet werden. Wird in (2.8) erst $x = 0$ und dann $x = 4$ gesetzt, so folgt

$$\begin{bmatrix} u_1 \\ u_2 \end{bmatrix} = \begin{bmatrix} 1 & 0 \\ -3 & 4 \end{bmatrix} \begin{bmatrix} u_1 \\ u_2 \end{bmatrix} + \frac{1}{EA} \begin{bmatrix} 1 & 1 \\ 1 & -11 \end{bmatrix} \begin{bmatrix} f_1 \\ f_2 \end{bmatrix} + \begin{bmatrix} d_1 \\ d_2 \end{bmatrix}, \qquad (2.9)$$

wobei die d_i die Arbeiten der verteilten Last p auf den Wegen der Grundlösungen sind,

$$d_1 = \int_0^l g_0(y,0)p(y)\,dy = \frac{p_0}{EA} \int_0^4 1\,dy = \frac{4}{EA}p_0\,,$$

$$d_2 = \int_0^l g_0(y,4)p(y)\,dy = \frac{p_0}{EA} \int_0^4 [(1-4)y + 1]\,dy = -\frac{20}{EA}p_0\,,$$

wenn die Kraft $\hat{P} = 1$ im Punkt $x = 0$ bzw. im Punkt $x = 4$ steht.

Nun sind die Randverschiebungen u_i auf der linken Seite von (2.9) dieselben wie auf der rechten Seite — sie sind gleichzeitig abhängige und unabhängige Größen — also formulieren diese beiden Gleichungen zwei Kopplungsbedingungen zwischen den Randdaten u_i und f_i des Stabs.

Kopplung auf dem Rand

Zwei Vektoren $\boldsymbol{u} = \{u_1, u_2\}^T$ und $\boldsymbol{f} = \{f_1, f_2\}^T$ sind bei gegebener äußerer Belastung p dann und nur dann die zugehörigen Endverformungen bzw. Endkräfte des Stabs, wenn sie (2.9) genügen.

Diese Kopplung zwischen den Randdaten ist im Prinzip nicht neu, denn werden alle Verschiebungen u_i auf eine Seite gebracht,

$$\begin{bmatrix} 0 & 0 \\ 3 & -3 \end{bmatrix} \begin{bmatrix} u_1 \\ u_2 \end{bmatrix} = \frac{1}{EA} \begin{bmatrix} 1 & 1 \\ 1 & -11 \end{bmatrix} \begin{bmatrix} f_1 \\ f_2 \end{bmatrix} + \frac{p_0}{EA} \begin{bmatrix} 4 \\ -20 \end{bmatrix}, \qquad (2.10)$$

und die ganze Gleichung von links mit der Inversen der rechten Matrix multipliziert, dann folgt

$$EA \begin{bmatrix} 0,25 & -0,25 \\ -0,25 & 0,25 \end{bmatrix} \begin{bmatrix} u_1 \\ u_2 \end{bmatrix} = \begin{bmatrix} f_1 \\ f_2 \end{bmatrix} + p_0 \begin{bmatrix} 2 \\ 2 \end{bmatrix}, \qquad (2.11)$$

oder kürzer

$$\boldsymbol{K}\boldsymbol{u} = \boldsymbol{f} + \boldsymbol{p}\,.$$

Die Komponenten des Vektors $\boldsymbol{p}$ sind die Auflagerdrücke, die die äußere Last verursacht, wenn der Stab beidseitig festgehalten wird ($u_i = 0$), und die Matrix $\boldsymbol{K}$ ist die Steifigkeitsmatrix des Stabs

$$\boldsymbol{K} = \frac{EA}{l} \begin{bmatrix} 1 & -1 \\ -1 & 1 \end{bmatrix}, \qquad (l = 4)\,,$$

die der Ingenieur gemeinhin nur aus dem Sonderfall $p(x) = 0$, dem Fall, daß keine Kräfte längs des Stabs wirken, kennt

$$\boldsymbol{K}\boldsymbol{u} = \boldsymbol{f}\,.$$

Eine Steifigkeitsmatrix formuliert also eine Kopplungsbedingung zwischen den Randgrößen u_i und f_i eines Stabs.

Ein einfaches Beispiel soll dies erläutern: An dem Zugstab in Abb. 2.5 wurde bei einer Kraft von $P = 50$ kN eine Verlängerung u_2 von $0,18$ m gemessen. Wenn diese Messung korrekt wäre, dann müßten die Endverschiebungen

$$u_1 = 0\,, \qquad u_2 = 0,18 \quad \text{m}$$

und die Endkräfte

$$f_1 = -50 \quad \text{kN}\,, \qquad f_2 = 50 \quad \text{kN}$$

der Kopplungsbedingung (2.11),

$$\begin{bmatrix} 250 & -250 \\ -250 & 250 \end{bmatrix} \begin{bmatrix} 0 \\ 0,18 \end{bmatrix} = \begin{bmatrix} -50 \\ 50 \end{bmatrix},$$

genügen. Da aber offenbar $250 \cdot 0,18 = 45$ und nicht gleich 50 ist, passen die Daten u_i und f_i nicht zusammen. Aus der verletzten Kopplungsbedingung folgt: Die Messung muß falsch sein.

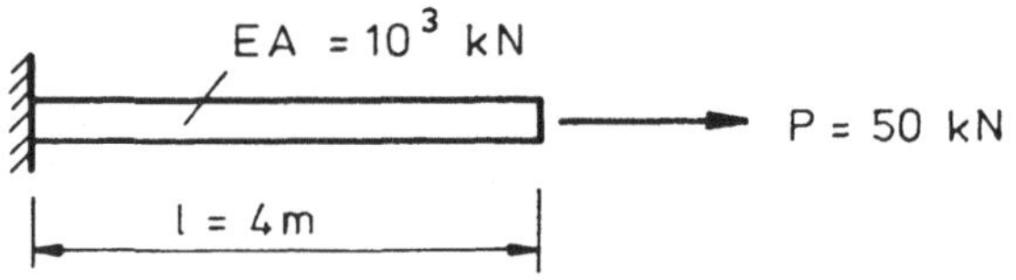

EA = 10³ kN
P = 50 kN
l = 4 m

Abb. 2.5 Der Zugstab, dessen Verlängerung nicht richtig gemessen wurde

Das ganze gilt aber auch umgekehrt: Ein kühner Ingenieur könnte vielleicht der Meinung sein, er müßte nur irgendwelche Randdaten u_i und f_i in die Einflußfunktion (2.8) für $u(x)$ einsetzen, und dann hätte er eine Funktion konstruiert, die genau diese Randdaten als Werte hat, die also die Gleichgewichtslage eines Stabs beschreibt, dessen Enden sich genau um die Strecken u_1 und u_2 verschieben und an dessen Enden Normalkräfte f_1 und f_2 wirken. Das kann natürlich nicht so sein. Die Daten müssen kompatibel sein, d.h. sie müssen der Gleichung $\boldsymbol{Ku} = \boldsymbol{f} + \boldsymbol{p}$ genügen. Nur dann kann man sicher sein, daß die mit diesen Daten konstruierte Funktion auch die u_i und f_i als Randwerte hat.

Das oben gesagte gilt nicht nur für den Stab, sondern für alle Bauteile, denn in der Regel lassen sich immer Formeln der Art

$$1 \times \text{Verschiebung} = \int_\Omega g_0 p \, d\Omega + \text{Randarbeit} - \text{Randarbeit}$$

aufstellen.

Die äußere Belastung p ist immer bekannt, und von den Randverformungen und Randkräften ist ein Teil schon auf Grund der Lagerbedingungen und Lastannahmen bestimmt. So verbleibt nur die Aufgabe, die noch fehlenden unbekannten Randdaten aus den Kopplungsbedingungen zu ermitteln. Bei regulären Problemen sind dies immer die zu den bekannten Randwerten konjugierten Randgrößen. Hat man so alle Daten ermittelt, dann muß man nur noch den kompletten Satz von kompatiblen Randdaten in diese Einflußfunktion einsetzen, und das statische Problem ist gelöst.

Stichwortartig läßt sich also die Methode der Randelemente wie folgt charakterisieren:

REM = *Kopplungsbedingungen + Einflußfunktionen* .

Ein einfaches Beispiel soll das Vorgehen erläutern. Gesucht sei die Verschiebungsfunktion $u(x)$ des Stabs in Abb. 2.6. Von den Randdaten u_i und f_i sind $u_1 = 0$ und $f_2 = 10$ bekannt,

$$u_1 = 0, \qquad u_2 = ?,$$

$$f_1 = ?, \qquad f_2 = 10.$$

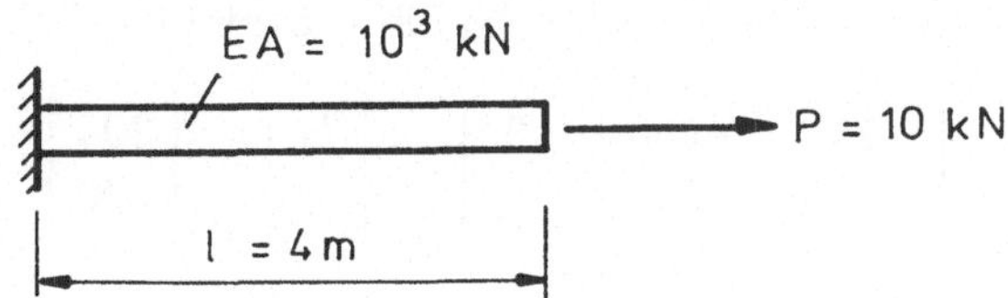

Abb. 2.6 Ein Stab unter dem Angriff einer Zugkraft

Die dazu konjugierten, unbekannten Randdaten u_2 und f_1 ergeben sich mit Hilfe der Kopplungsbedingungen (2.11)

$$\begin{bmatrix} 250 & -250 \\ -250 & 250 \end{bmatrix} \begin{bmatrix} 0 \\ u_2 \end{bmatrix} = \begin{bmatrix} f_1 \\ 10 \end{bmatrix}$$

zu

$$u_2 = 0,04 \quad \text{m}, \qquad f_1 = -10 \quad \text{kN}.$$

Damit sind alle Randdaten bestimmt, und es verbleibt nur die Aufgabe, diese Daten in die Einflußfunktion (2.8) für $u(x)$ einzusetzen

$$u(x) = (1 - x)\,0 + x\,0,04 + 1/EA\{1(-10) + [(1 - l)x + 1]10\}$$
$$= 10^{-2}x \quad \text{m}.$$

Das Problem ist gelöst.

Sind längs des Stabs Linienkräfte $p(x)$ verteilt, wie etwa in Abb. 2.7, dann tritt zu den Kopplungsbedingungen des homogenen Falls ($p = 0$) noch ein Vektor p, dessen Komponenten die (negativen) Festhaltekräfte sind,

$$\frac{EA}{l}\begin{bmatrix} 1 & -1 \\ -1 & 1 \end{bmatrix}\begin{bmatrix} u_1 \\ u_2 \end{bmatrix} = \begin{bmatrix} f_1 \\ f_2 \end{bmatrix} + \begin{bmatrix} p_1 \\ p_2 \end{bmatrix}.$$

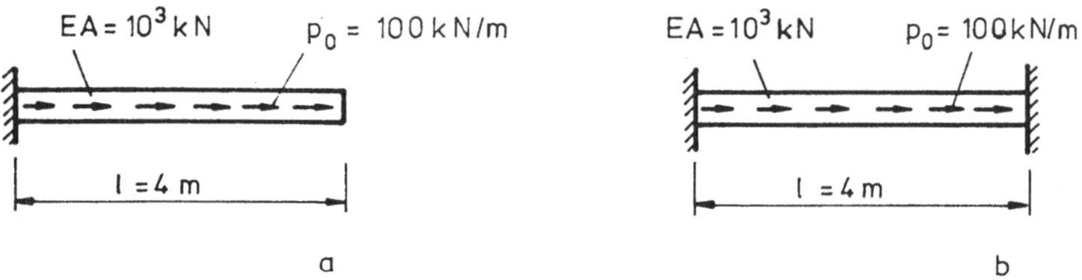

Abb. 2.7 a-b. Mögliche Lastfälle: **a** Verteilte Kräfte am einseitig eingespannten Stab; **b** dieselben Kräfte am beidseitig eingespannten Stab

Ansonsten ist das Vorgehen dasselbe. Um die Verschiebung $u(x)$ des Stabs in Abb. 2.7a zu berechnen, löst man die Kopplungsbedingungen

$$\begin{bmatrix} 250 & -250 \\ -250 & 250 \end{bmatrix}\begin{bmatrix} 0 \\ u_2 \end{bmatrix} = \begin{bmatrix} f_1 \\ 0 \end{bmatrix} + \begin{bmatrix} 200 \\ 200 \end{bmatrix}$$

nach den unbekannten Randdaten u_2 und f_1 auf

$$u_2 = 0{,}8 \quad \text{m}, \qquad f_1 = -400 \quad \text{kN},$$

und setzt dann den kompletten Satz von kompatiblen Randdaten in die Einflußfunktion (2.8) ein

$$u(x) = (1 - x)\,0 + x\,0{,}8 + 1/EA\Big\{-400 + [(1 - 4)x + 1]0$$

$$+ 100\Big\{\int_0^x [(1 - x)y + 1]\,dy + \int_x^4 [(1 - y)x + 1]\,dy\Big\}\Big\}$$

$$= 0{,}4x - 0{,}05x^2 \quad \text{m}.$$

Beim zweiten Beispiel, dem Stab in Abb. 2.7b, sind die Endverschiebungen $u_1 = u_2 = 0$ und damit die ganze linke Seite der Kopplungsbedingung Null. Der Vektor f ist in diesem Falle daher gleich dem Vektor $-p$

$$f_1 = -200, \qquad f_2 = -200.$$

Werden diese Daten in die Einflußfunktion (2.8) eingesetzt, so ergibt sich die Verschiebungsfunktion u zu $u(x) = 0,2x - 0,05x^2$.

2.2 Der Balken

All dies gilt natürlich auch sinngemäß für Balken, wie in diesem Abschnitt gezeigt werden soll. Zuvor bringen wir jedoch erst wieder eine kurze Einführung für Mathematiker.

Die Durchbiegung $w(x)$ eines Balkens mit konstanter Biegesteifigkeit EI genügt der Differentialgleichung

$$EIw^{IV}(x) = p\,.$$

Zu dieser Differentialgleichung gehören die beiden Identitäten

$$\text{p:}\ \hat{w}, w \in C^4[0,l] \times C^2[0,l]\,,$$

$$\text{q:}\ G(\hat{w}, w) = \int_0^l EI\hat{w}^{IV} w\, dx + [\hat{Q}w - \hat{M}w']_0^l - \int_0^l \frac{\hat{M}M}{EI} dx = 0 \quad (2.12)$$

und

$$\text{p:}\ \hat{w}, w \in C^4[0,l]\,,$$

$$\text{q:}\ B(\hat{w}, w) = \int_0^l EI\hat{w}^{IV} w\, dx + [\hat{Q}w - \hat{M}w' + \hat{w}'M - \hat{w}Q]_0^l$$

$$- \int_0^l \hat{w} EI w^{IV}\, dx = 0\,. \quad (2.13)$$

Wir sagen $g_0(y,x)$ bzw. $g_1(y,x)$ ist eine Lösung der Differentialgleichung

$$EIg_0^{IV}(y,x) = \delta_0(y-x) \qquad \text{bzw.} \qquad EIg_1^{IV}(y,x) = \delta_1(y-x)\,,$$

wenn die Querkraft bzw. das Moment

$$Q = -EI\frac{d^3}{dy^3}g_0(y,x)\,, \qquad M = -EI\frac{d^2}{dy^2}g_1(y,x)$$

im Aufpunkt x um den Wert 1 springt

$$\lim_{\varepsilon \to 0} \{Q(x + \varepsilon, x) - Q(x - \varepsilon, x)\} = 1 \,,$$

$$\lim_{\varepsilon \to 0} \{M(x + \varepsilon, x) - M(x - \varepsilon, x)\} = 1 \,.$$

Ist nun g_0 solch eine Grundlösung und x ein innerer Punkt, dann lauten die Identitäten

$$G(g_0, w) = w(x) + [Q_0 w - M_0 w']_0^l - \int_0^l \frac{M_0 M}{EI}\, dy = 0 \,. \qquad (2.14)$$

$$B(g_0, w) = w(x) + [Q_0 w - M_0 w' + g_0' M - g_0 Q]_0^l$$

$$- \int_0^l g_0 EI w^{IV}\, dy = 0 \,. \qquad (2.15)$$

Im Falle der zweiten Grundlösung g_1 muß man nur $w(x)$ durch $w'(x)$ ersetzen. Wie diese Resultate in praktische Rechenverfahren umgesetzt werden, soll nun wieder in der Sprache der Mechanik beschrieben werden.

Die Durchbiegung des rechten Balkens in Abb. 2.8 kann einmal so berechnet werden, daß die Momentenflächen $M_0(y, x)$ und $M(y)$ überlagert werden

$$1 \times w(x) = \int_0^l \frac{M_0(y, x) M(y)}{EI}\, dy \qquad (2.16)$$

oder so, daß die Durchbiegung $G_0(y, x)$, die die Einzelkraft $\hat{P} = 1$ verursacht, mit der konstanten Last p überlagert wird

$$1 \times w(x) = \int_0^l G_0(y, x) p(y)\, dy \,. \qquad (2.17)$$

Gleichung (2.16) beruht auf dem *Prinzip der virtuellen Kräfte*: Die äußere Arbeit $1 \times w(x)$ ist gleich der virtuellen inneren Energie, und (2.17) auf dem *Prinzip von Betti*: Die gegenseitigen äußeren Arbeiten zweier Gleichgewichtszustände sind gleich groß.

Der Satz von Betti setzt nur voraus, daß die beiden Systeme, deren wechselseitige äußere Arbeiten man berechnet, im Gleichgewicht sind, nicht aber, daß sie die gleichen Lagerbedingungen aufweisen. Es ist daher durchaus zulässig, die Einzelkraft $\hat{P} = 1$ auf einen unendlich langen Balken aufzubringen. Die

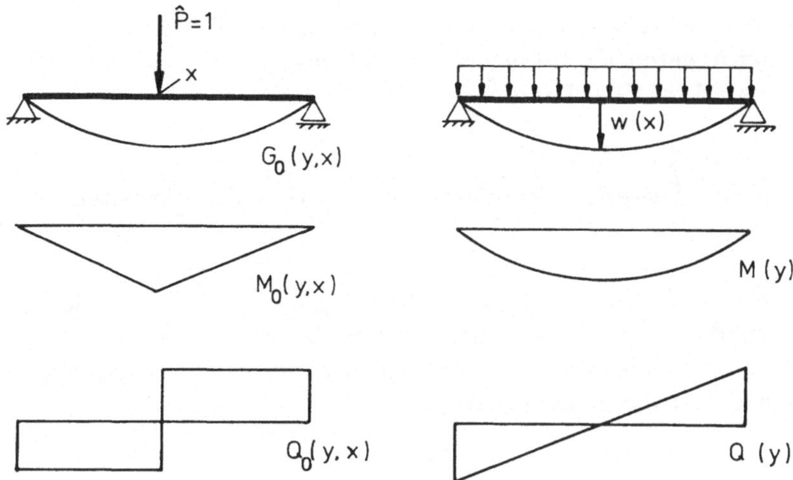

Abb. 2.8 Gesucht ist die Durchbiegung $w(x)$ des rechten Balkens in Balkenmitte

Punkte y des Balkens biegen sich dabei gemäß der Formel

$$g_0(y,x) = \frac{1}{6EI} \times \begin{cases} \alpha(x)y - (1-x)y^3 + 1, & y \le x, \\ (y-x)^3 + \alpha(x)y - (1-x)y^3 + 1, & x \le y, \end{cases}$$

$$\alpha(x) = x(1-x)(2-x)$$

durch. Die obere Zeile gilt für die Punkte y links vom Aufpunkt und die untere Zeile für die Punkte y rechts davon.

Das Teilstück, das nach Lage und Größe mit dem realen Balken übereinstimmt, wird dann aus dem unendlich langen Balken herausgetrennt, und die Schnittkräfte als äußere Kräfte angebracht. Genauso trennt man den realen Balken von seinen Lagern und bringt auch dort die Lagerkräfte als äußere Kräfte an. Man hat es so mit zwei Gleichgewichtszuständen zweier gleich langer Balken zu tun, und daher müssen die gegenseitigen äußeren Arbeiten gleich groß sein, d.h. es muß gelten

$$A_{1,2} = 1 \times w(x) - Q_0(0,x)w(0) + M_0(0,x)w'(0) + Q_0(l,x)w(l)$$

$$- M_0(l,x)w'(l) = \int\limits_0^l g_0(y,x)p(y)\,dy - Q(0)g_0(0,x)$$

$$+ M(0)g_0'(0,x) + Q(l)g_0(l,x) - M(l)g_0'(l,x) = A_{2,1}\,.$$

Links stehen die Arbeiten der äußeren Kräfte des Teilstücks und rechts die Arbeiten der äußeren Kräfte des realen Balkens.

Löst man diese Gleichung nach $1 \times w(x)$ auf,

$$1 \times w(x) = \int_0^l g_0 p\, dy + \text{Randarbeiten } (A_{2,1}) - \text{Randarbeiten } (A_{1,2}),$$

so hat man eine Formel für die Durchbiegung $w(x)$. Will man die Verdrehung $w'(x)$ wissen, dann bringt man statt der Einzelkraft ein Moment $\hat{M} = 1$ auf den unendlich langen Balken auf — hierzu gehört die Biegelinie $g_1(y, x) = dg_0/dx$ — und wiederholt die ganze Prozedur

$$1 \times w'(x) = \int_0^l g_1 p\, dy + \text{Randarbeiten } (A_{2,1}) - \text{Randarbeiten } (A_{1,2}).$$

Zusammenfassung: Die gesuchte Weggröße $w(x)$ oder $w'(x)$ ist gleich der Arbeit der verteilten Last p auf den Wegen g_0 bzw. g_1 plus der Arbeit der konjugierten Größen auf dem Rand. Zur Berechnung der letzteren muß man die Weg- und Kraftgrößen auf dem Rand des Teilstücks, wie dem Rand des realen Balkens kennen. Die Randdaten des Teilstücks sind alle bekannt, nicht aber die Randdaten des realen Balkens, wie z.B. des Balkens in Abb. 2.9, denn von zwei konjugierten Größen ist jeweils nur eine vorgegeben.

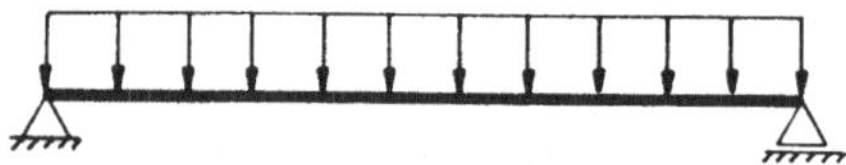

Abb. 2.9 Gelenkig gelagerter Balken

$$w(0) = 0, \qquad w'(0) = ?, \qquad w(l) = 0, \qquad w'(l) = ?,$$

$$Q(0) = ?, \qquad M(0) = 0, \qquad Q(l) = ?, \qquad M(l) = 0.$$

Um die fehlenden Daten zu berechnen, werden wieder Kopplungsbedingungen benutzt, die man wie folgt erhält: Mit den beiden Formeln für w und w' können ja auch die Weggrößen am linken Rand $x = 0$ und am rechten Rand $x = l$ berechnet werden,

$$w(0) = \int_0^l g_0[0] p\, dy + \text{Randarbeiten} - \text{Randarbeiten},$$

$$w(l) = \int_0^l g_0[l]\, p\, dy + \qquad " \qquad - \qquad " \quad ,$$

$$w'(0) = \int_0^l g_1[0]\, p\, dy + \text{Randarbeiten} - \text{Randarbeiten}\,,$$

$$w'(l) = \int_0^l g_1[l]\, p\, dy + \qquad " \qquad - \qquad " \quad .$$

Nun kommen aber die Größen auf der linken Seite auch noch auf der rechten Seite in den Randarbeiten vor. So leistet zum Beispiel die Querkraft $Q_0(0)$ des Teilstücks eine Arbeit auf dem Weg $w(0)$, etc.. Die Weggrößen berechnen sich also sozusagen aus sich selbst. Sie sind gleichzeitig abhängige, wie unabhängige Variable, d.h. zwischen ihnen (und den Kraftgrößen) besteht eine Kopplung.

Um diesen Zusammenhang deutlicher zu fassen, führen wir zuerst eine einheitliche Vorzeichenregelung für die Weg- und Kraftgrößen ein, s. Abb. 2.10, und bringen dann alle Weggrößen

$$u_1 = w(0)\,, \qquad u_2 = -w'(0)\,, \qquad u_3 = w(l)\,, \qquad u_4 = -w'(l)\,,$$

auf die linke Seite und alle Kraftgrößen

$$f_1 = -Q(0)\,, \qquad f_2 = -M(0)\,, \qquad f_3 = Q(l)\,, \qquad f_4 = M(l)\,,$$

auf die rechte Seite. Aus den vier Gleichungen wird so das folgende System

$$H_{ij}\, u_j = G_{ij}\, f_j + d_i\,. \tag{2.18}$$

Die Koeffizienten H_{ij} und G_{ij} sind Arbeiten konjugierter Größen. Der Koeffizient H_{ij} ist die Arbeit, die die zu u_j konjugierte Kraftgröße des Teilstücks auf

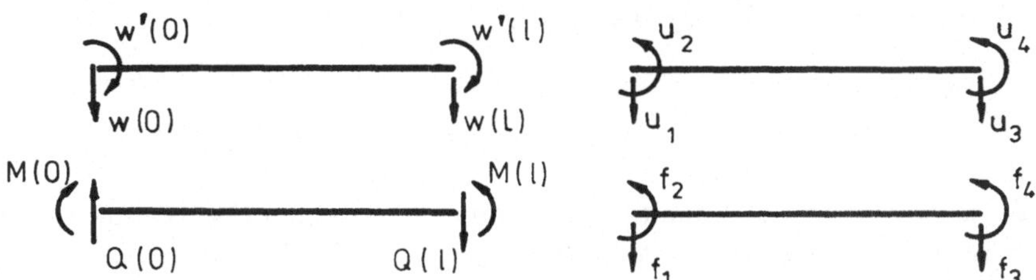

Abb. 2.10 Links die alte Vorzeichenregelung und rechts die neue Vorzeichenregelung

dem Weg $u_j = 1$ leistet, und der Term G_{ij} ist die Arbeit, die die Kraftgröße $f_j = 1$ auf der zu f_j konjugierten Weggröße des Teilstücks leistet. Der erste Index i zeigt an, wie das Teilstück des unendlich langen Balkens belastet wird, s. Abb. 2.11 :

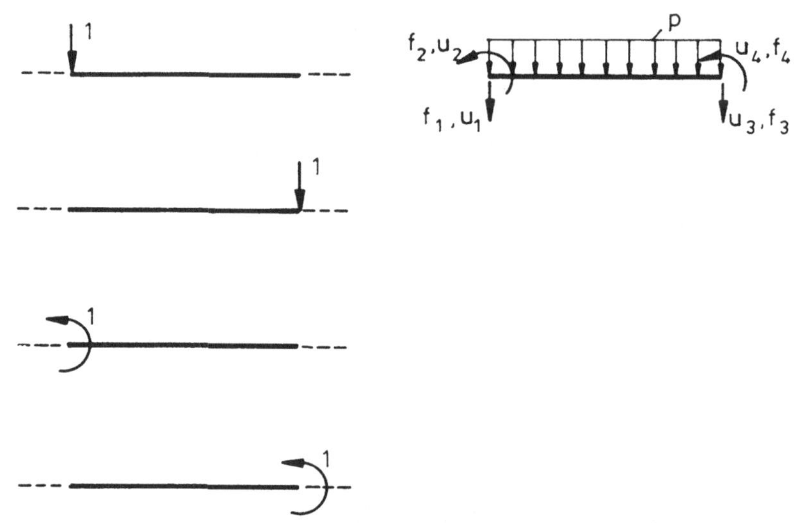

Abb. 2.11 Die vier Kopplungsbedingungen zwischen den Randdaten des rechten Balkens erhält man, wenn man den Satz von Betti $A_{1,2} = A_{2,1}$ abwechselnd mit den vier Gleichgewichtszuständen links und dem Gleichgewichtszustand rechts formuliert

$$i = 1 \qquad \text{die Kraft } \hat{P} = 1 \text{ steht im Punkt } x = 0\,,$$

$$i = 2 \qquad \text{die Kraft } \hat{P} = 1 \text{ steht im Punkt } x = l\,,$$

$$i = 3 \qquad \text{das Moment } \hat{M} = 1 \text{ wirkt im Punkt } x = 0\,,$$

$$i = 4 \qquad \text{das Moment } \hat{M} = 1 \text{ wirkt im Punkt } x = l\,.$$

Wird (2.18) von links mit der Inversen G^{-1} multipliziert, dann folgt

$$G^{-1}Hu = f + G^{-1}d$$

oder

$$Ku = f + p\,, \tag{2.19}$$

wobei K die bekannte Steifigkeitsmatrix des Balkens ist. Die Komponenten p_i des Vektors $p = G^{-1}d$ sind die Auflagerdrücke, die die Belastung p verursacht, wenn der Balken beidseitig eingespannt ist. Sie sind also gleich den negativen Festhaltekräften.

Für einen Balken der Länge $l = 4$, der mit einer konstanten Kraft p belastet ist, lauten diese Kopplungsbedingungen z.B.

$$\begin{bmatrix} 0 & 0 & 0 & 0 \\ 1 & -1 & -1 & -3 \\ 3 & 0 & -3 & -12 \\ 1 & 0 & -1 & -4 \end{bmatrix} \begin{bmatrix} u_1 \\ u_2 \\ u_3 \\ u_4 \end{bmatrix} = \frac{1}{6EI} \begin{bmatrix} 1 & 0 & 1 & 0 \\ 0 & -2 & 24 & -26 \\ 1 & -24 & 289 & -168 \\ 1 & -26 & 168 & -74 \end{bmatrix} \begin{bmatrix} f_1 \\ f_2 \\ f_3 \\ f_4 \end{bmatrix}$$

$$+ \frac{p}{6EI} \begin{bmatrix} 4 \\ 16 \\ 388 \\ 272 \end{bmatrix} .$$

Die Multiplikation von links mit der Inversen der rechten Matrix liefert die Steifigkeitsmatrix des Balkens

$$EI \begin{bmatrix} 0,1875 & -0,3750 & -0,1875 & -0,3750 \\ & 1,0000 & 0,3750 & 0,5000 \\ & & 0,1875 & 0,3750 \\ \text{sym.} & & & 1,0000 \end{bmatrix} \begin{bmatrix} u_1 \\ u_2 \\ u_3 \\ u_4 \end{bmatrix} = \begin{bmatrix} f_1 \\ f_2 \\ f_3 \\ f_4 \end{bmatrix} + p \begin{bmatrix} 2,00 \\ -1,33 \\ 2,00 \\ 1,33 \end{bmatrix} ,$$

und der Vektor $\boldsymbol{p}$ ist in der Tat der Vektor der (negativen) Festhaltekräfte.

Die Steifigkeitsmatrix eines Balkens formuliert also eine Kopplungsbedingung zwischen den Balkenendverformungen und Balkenendkräften. Zusammen mit der Einflußfunktion für die Durchbiegung

$$w(x) = x\,w(l) + (1 - x)w(0) + x(1 - l)w'(l) + (1/6EI)\{[-3(l - x)^2$$

$$- \alpha(x) + 3l^2(1 - x)]M(l) + \alpha(x)M(0) + Q(0) + [(l - x)^3 + \alpha(x)l$$

$$- (1 - x)l^3 + 1]Q(l) + \int_0^x [\alpha(x)y - (1 - x)y^3 + 1]p(y)\,dy$$

$$+ \int_x^l [(y - x)^3 + \alpha(x)y - (1 - x)y^3 + 1]p(y)\,dy\} , \qquad (2.20)$$

$$\alpha(x) = x(1 - x)(2 - x) ,$$

kann man damit alle Balkenprobleme lösen. Ein kleines Beispiel soll dies erläutern.

Gesucht sei die Biegelinie des Balkens in Abb. 2.12. Von den Weg- und Kraftgrößen auf dem Rand sind vier Größen bekannt und die dazu konjugierten Größen unbekannt

$$w(0) = 0\,, \qquad w'(0) = 0\,, \qquad M(l) = 0\,, \qquad Q(l) = 0\,,$$

$$Q(0) = ?\,, \qquad M(0) = ?\,, \qquad w'(l) = ?\,, \qquad w(l) = ?\,.$$

Diese werden aus der Kopplungsbedingung

$$\frac{EI}{l^3} \begin{bmatrix} 12 & -6l & -12 & -6l \\ & 4l^2 & 6l & 2l^2 \\ & & 12 & 6l \\ \text{sym.} & & & 4l^2 \end{bmatrix} \begin{bmatrix} 0 \\ 0 \\ w(l) \\ -w'(l) \end{bmatrix} = \begin{bmatrix} -Q(0) \\ -M(0) \\ 0 \\ 0 \end{bmatrix} + p \begin{bmatrix} 2,00 \\ -1,33 \\ 2,00 \\ 1,33 \end{bmatrix}$$

ermittelt, indem erst die unteren beiden Gleichungen nach den unbekannten Weggrößen aufgelöst werden und dann die oberen beiden nach den unbekannten Lagerkräften

$$w(l) = \frac{32}{EI}p\,, \qquad w'(l) = \frac{10,67}{EI}p\,, \qquad M(0) = -8p\,, \qquad Q(0) = 4p\,.$$

Der vollständige Satz von Randdaten muß nun nur noch in die Einflußfunktion (2.20) eingesetzt werden, und das Problem ist gelöst:

$$w(x) = \frac{p}{24EI}\left(96x^2 - 16x^3 + x^4\right)\,.$$

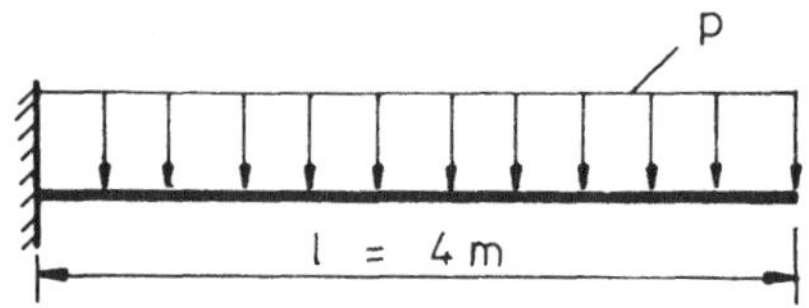

Abb. 2.12 Ein Kragträger

2.3 Übertragungsmatrizen

Statt für jede Weg- und Kraftgröße eine eigene Einflußfunktion vorzuhalten, arbeitet man in der Balkenstatik oft einfacher mit Übertragungsmatrizen. Ordnet man die Kopplungsbedingung zwischen den Randgrößen eines Stabs

$$\frac{EA}{l} \begin{bmatrix} 1 & -1 \\ -1 & 1 \end{bmatrix} \begin{bmatrix} u_1 \\ u_2 \end{bmatrix} = \begin{bmatrix} f_1 \\ f_2 \end{bmatrix} + \begin{bmatrix} p_1 \\ p_2 \end{bmatrix}\,,$$

z.B. so um, daß links die Weg- und Kraftgrößen am linken Stabende stehen und rechts, die am rechten Stabende, so erhält man die Beziehung

$$\begin{bmatrix} 1 & -l/EA \\ 0 & -1 \end{bmatrix} \begin{bmatrix} u_1 \\ f_1 \end{bmatrix} + \begin{bmatrix} -l/EA & 0 \\ -1 & -1 \end{bmatrix} \begin{bmatrix} p_1 \\ p_2 \end{bmatrix} = \begin{bmatrix} u_2 \\ f_2 \end{bmatrix} .$$

Die erste Matrix ist die *Übertragungsmatrix* des Stabs. Mit dieser Formel kann man aus den Randwerten links und den beidseitigen Auflagerdrücken p_i die Weg- und Kraftgrößen am rechten Rand eines Stabs berechnen. Da die Länge l ja beliebig ist, gilt diese Formel nicht nur für das rechte Ende, sondern auch für alle dazwischen liegende Punkte $x = l$.

Ganz analog wird aus der Kopplungsbedingung (2.18) die Übertragungsmatrix eines Balkens abgeleitet

$$\begin{bmatrix} 1 & -l & l^3/6EI & l^2/2EI \\ 0 & 1 & -l^2/2EI & -l/EI \\ 0 & 0 & -1 & 0 \\ 0 & 0 & -l & -1 \end{bmatrix} \begin{bmatrix} w(0) \\ -w'(0) \\ -Q(0) \\ -M(0) \end{bmatrix}$$

$$- \begin{bmatrix} l^3/6EI & l^2/2EI & 0 & 0 \\ -l^2/2EI & -l/EI & 0 & 0 \\ 1 & 0 & 1 & 0 \\ l & 1 & 0 & 1 \end{bmatrix} \begin{bmatrix} p_1 \\ p_2 \\ p_3 \\ p_4 \end{bmatrix} = \begin{bmatrix} w(l) \\ -w'(l) \\ Q(l) \\ M(l) \end{bmatrix} .$$

2.4 Die Matrizenverschiebungsmethode

Die Matrizenverschiebungsmethode ist die Anwendung des obigen Lösungsprinzips auf Rahmentragwerke, also Strukturen, die sich aus mehreren Stäben und Balken zusammensetzen. Dabei werden die Elementmatrizen der einzelnen Stäbe und Balken entsprechend den geometrischen Übergangsbedingungen in den Knoten zu einer Gesamtsteifigkeitsmatrix zusammengesetzt

$$\begin{bmatrix} K_{11} & K_{12} \\ K_{21} & K_{22} \end{bmatrix} \begin{bmatrix} \bar{u}_1 \\ u_2 \end{bmatrix} = \begin{bmatrix} f_1 \\ \bar{f}_2 \end{bmatrix} + \begin{bmatrix} p_1 \\ p_2 \end{bmatrix} , \tag{2.21}$$

die wir uns so angeordnet denken, daß oben der Vektor der bekannten Knotenverschiebungen $\bar{u}_1$ steht und unten der Vektor u_2 der gesuchten Knotenverschiebungen. Die Vektoren f_1 bzw. $\bar{f}_2$ listen die dazu konjugierten Knotenkräfte auf. Der Vektor f_1 ist gesucht, der Vektor $\bar{f}_2$ ist bekannt. Die Vektoren p_i sind die Auflagerdrücke bei festgehaltenen Knoten.

Dieses Gleichungssystem wird nun so gelöst, daß erst aus der unteren Gleichung der Vektor u_2 berechnet wird

$$K_{22}\, u_2 = \bar{f}_2 + p_2 - K_{21}\, \bar{u}_1 \, ,$$

und dann aus der oberen Gleichung der Vektor der Knotenkräfte f_1,

$$f_1 = K_{11}\, \bar{u}_1 + K_{12}\, u_2 - p_1 \, .$$

Oft sind alle Lager des Rahmens starre Lager — Gelenke oder Einspannungen — , so daß $\bar{u}_1$ der Nullvektor ist, und die Gleichungen sich damit weiter vereinfachen. Aus der ersten Gleichung wird dann

$$K_{22}\, u_2 = \bar{f}_2 + p_2 \, .$$

Die Matrix K_{22} wird die *reduzierte Steifigkeitsmatrix* genannt, weil man sie aus der großen Steifigkeitsmatrix erhält, wenn alle Zeilen und Spalten gestrichen werden, die gesperrten Freiheitsgraden (starre Lager) entsprechen. In manchen Lehrbüchern versteht man unter der Steifigkeitsmatrix eines Tragwerks nur diese Matrix K_{22}.

Hat man so die unbekannten Knotenverschiebungen u_2 und Knotenkräfte f_1 bestimmt, dann können mittels Einflußfunktionen oder Übertragungsmatrizen alle Werte im Innern zwischen den Knoten berechnet werden.

Die Matrizenverschiebungsmethode (MV) — oder wie man diese Methode früher nannte: das Drehwinkelverfahren — ist also die Anwendung der Methode der Randelemente auf eindimensionale Probleme. Dem Begriffspaar

$$\text{REM} = \textit{Kopplungsbedingungen} + \textit{Einflußfunktionen}$$

entspricht das Paar

$$\text{MV} = \textit{Steifigkeitsmatrizen} + \textit{Übertragungsmatrizen}$$

und damit wird deutlich: Die Computerprogramme für allgemeine Rahmentragwerke basieren auf der Methode der Randelemente, s. z.B. [29].

2.5 Das allgemeine Prinzip

Die Methode ist natürlich nicht auf die klassischen Probleme der Balkenstatik beschränkt. Elastisch gebettete Träger, Träger nach Theorie II. Ordnung, harmonisch schwingende Balken — sie alle unterliegen derselben Logik: Ihre

Gleichgewichtslage wird von einem linearen, selbstadjungierten Differentialoperator D gesteuert, zu dem eine Integralidentität der Gestalt

$$G(u,\hat{u}) = \int_0^l Du\,\hat{u}\,dx + \sum_{i=1}^m (-1)^i [\partial^{2m-i} u\, \partial^{i-1}\hat{u}]_0^l - E(u,\hat{u}) = 0$$

gehört. Diese Identität bildet die Grundlage des *Prinzips der virtuellen Verrückungen*,

$$G(u,\hat{u}) = 0, \qquad \text{für alle } \hat{u}$$

des *Prinzips der virtuellen Kräfte*

$$G(\hat{u},u) = 0, \qquad \text{für alle } \hat{u}$$

und des *Satzes von Betti*

$$B(\hat{u},u) = G(\hat{u},u) - G(u,\hat{u}) = 0, \qquad \text{für alle } \hat{u},u\,.$$

Zu einem solchen Operator gehört ferner ein Satz von $2m$ linear unabhängigen, homogenen Lösungen φ_i, die man sich so normiert denken kann, daß sie Einheitsverformungen an den Intervallenden entsprechen. Ist nun $u(x)$ eine Lösung der Differentialgleichung $Du = p$ und sind u_i und f_i die zugehörigen Weg- und Kraftgrößen auf dem Rand, dann besteht zwischen diesen die Kopplung

$$\boldsymbol{K\,u} = \boldsymbol{f} + \boldsymbol{p}\,, \tag{2.22}$$

wobei

$$K_{ij} = E(\varphi_i,\varphi_j)$$

die symmetrische Steifigkeitsmatrix ist und

$$p_i = \int_0^l p\,\varphi_i\,dx$$

die Auflagerdrücke. Durch Umordnen der Beziehung (2.22) läßt sich, wie oben demonstriert, eine Übertragungsmatrix herleiten, und damit sind alle Voraussetzungen für die Matrizenverschiebungsmethode gegeben.

Diese ist im übrigen natürlich nicht auf Probleme der Statik beschränkt, sondern sie läßt sich bei allen Differentialgleichungen mit ähnlicher Struktur anwenden.

Wir hoffen, mit diesem Kapitel nicht nur eine anschauliche Einführung in die Methode der Randelemente gegeben zu haben, sondern auch gezeigt zu haben, daß man schon im elementaren Mechanikunterricht auf das Konzept der Randelemente eingehen kann. In dem letzten Abschnitt haben wir zudem in wenigen Zeilen aus *einer* Integralidentität, der 1. Greenschen Identität, das *Prinzip der virtuellen Verrückungen*, das *Prinzip der virtuellen Kräfte* und den *Satz von Betti* hergeleitet und darüber hinaus mit Hilfe der $2m$ homogenen Lösungen φ_i die *Steifigkeitsmatrix*, die *Übertragungsmatrix* und die Formel für die *Festhaltekräfte* abgeleitet.

Die Dinge müssen also nicht disparat nebeneinander liegen. Die Statik hat *eine* Wurzel. Kraftgrößenverfahren, Weggrößenverfahren, finite Elemente, Randelemente — sie alle sind im Grunde nur Variationen ein und derselben Gleichung: *der 1. Greenschen Identität.*

3 Die Membran

Eine Membran ist ein elastisches Gewebe, das mit einer Kraft N vorgespannt wird und das unter Druck p nachgibt. Die Durchbiegung u $(= u_3)$ genügt der Differentialgleichung

$$-N(u_{,11}+u_{,22}) = -N\Delta u = p.$$

Die Schnittkraft ist das Produkt aus Vorspannung und Ableitung in Richtung der Schnittnormalen $n = \{n_1, n_2\}^T$

$$t = N\frac{\partial u}{\partial n} = N(u_{,1}\,n_1 + u_{,2}\,n_2),$$

also die N-fache Normalableitung. Die Normalableitung übernimmt bei Flächentragwerken die Rolle des w' bei Balken, sie gibt die Neigung der Fläche in Richtung der Normalen an. Den engen Zusammenhang zwischen Normalableitung und Schnittkraft erkennt man deutlich in Abb. 3.1. Je stärker die

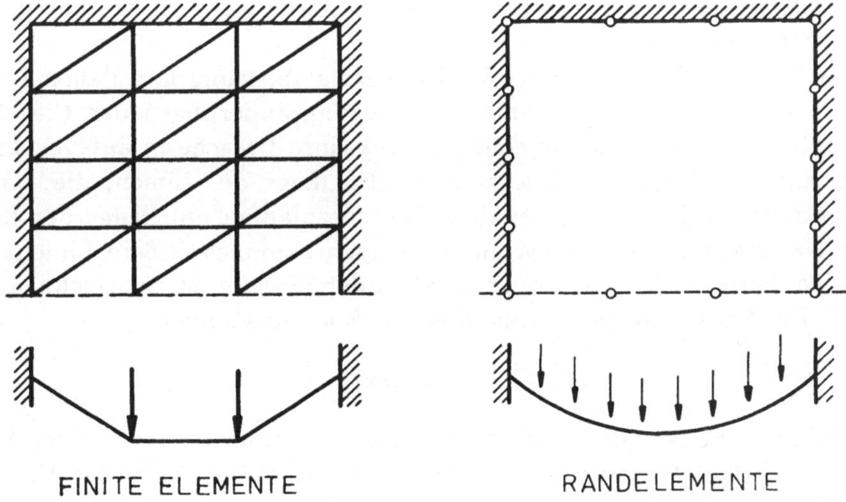

Abb. 3.1 Die Diskretisierung einer Membran mit finiten Elementen und mit Randelementen

Membran angeblasen wird, um so stärker hängt sie durch, um so größer ist die Normalableitung am Rande, und desto größer sind damit die Aufhängekräfte t am Rande.

Um die Durchbiegung der Membran in Abb. 3.1 mit finiten Elementen zu berechnen, überzieht man sie mit einem Netz von (z.B.) linearen finiten Elementen. Auf jedem der finiten Elemente sind lokal lineare Ansatzfunktionen φ_i^e definiert, die man mit den Ansatzfunktionen der Nachbarelemente zu einer Schar von n Dachfunktionen φ_i zusammensetzt. So eine Dachfunktion hat in dem Knoten x^i den Wert 1 und in allen anderen Knoten den Wert Null, s. Abb. 3.2.

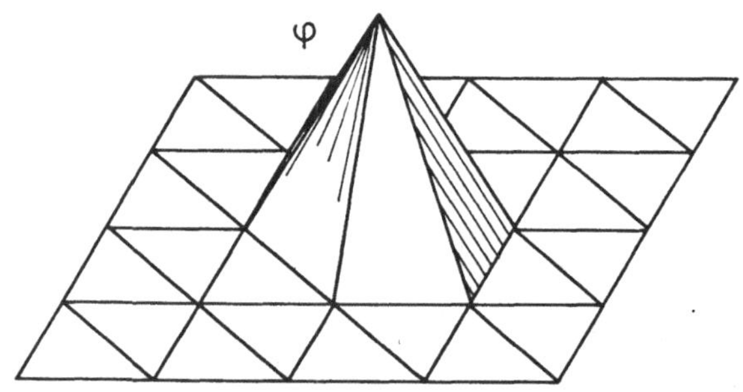

Abb. 3.2 Dachfunktion

Sie gleicht damit der Durchbiegung der Membran, wenn der Knoten x^i um die Strecke 1 ausgelenkt wird, und die benachbarten Punkte diese Bewegung, entsprechend ihrem Abstand vom Punkt x^i, mitmachen. Dabei bewegen sich nur die Elemente, die den Knoten x^i als Eckknoten haben. Der überwiegende Teil der Membran bleibt also in Ruhe.

Nun sind ja Knicke Sprünge in der Normalableitung und daher Sprünge in der Schnittkraft t. Solche abrupten Neigungsänderungen der Biegefläche müssen somit, ähnlich wie bei einem Seileck, ihre Ursache in äußeren Linienkräften haben. Längs der Knickkanten, also längs der Linien, die von den Nachbarknoten auf den ausgelenkten Knoten zulaufen und längs der Linien, die die Nachbarpunkte quer verbinden, wirken demnach äußere Linienkräfte. Die Größe dieser Kräfte ist proportional zu dem Sprung in der Dachneigung.

Der FE-Ansatz ist die Summe dieser n Dachfunktionen,

$$u_h = u_i \varphi_i(x) \, ,$$

dieser n finiten Funktionen. Eigentlich sollte man daher besser von der *Methode der finiten Funktionen* sprechen, als von der Methode der finiten Elemente, denn die Elemente sind ja nur ein Hilfsmittel, um die finiten Ansatzfunktionen zu konstruieren. Dieser Begriff würde auch besser zum Ausdruck bringen, daß der eigentliche Vorteil der FEM gegenüber anderen Ansätzen, wie etwa trigonometrischen Funktionen, darin besteht, daß die einzelnen Funktionen φ_i nur einen beschränkten Träger haben, sie nur in einem kleinen Bereich ungleich Null sind. Ähnlich wie bei der Dreimomentengleichung muß man nur unmittelbar benachbarte Funktionen überlagern, und die Steifigkeitsmatrix ist daher nur schwach besetzt.

Die potentielle Energie der Membran ist der Ausdruck

$$\Pi_1(u) = \frac{1}{2}E(u,u) - \int\limits_{\Omega} p\,u\,d\Omega\,.$$

Hierbei bezeichnet

$$E(u,\hat{u}) = N\int\limits_{\Omega} \nabla u \cdot \nabla\hat{u}\,d\Omega = N\int\limits_{\Omega} (u_{,1}\,\hat{u}_{,1} + u_{,2}\,\hat{u}_{,2})\,d\Omega$$

die *Wechselwirkungsenergie* (= virtuelle innere Energie) zweier Durchbiegungen u und $\hat{u}$. Die Schreibweise $E(u,\hat{u})$ soll daran erinnern, daß die Energie eine *Bilinearform* ist, d.h. sie a) von zwei Funktionen abhängt und sie b) in beiden Argumenten linear ist,

$$E(a_1 u_1 + a_2 u_2, \hat{a}_1\hat{u}_1 + \hat{a}_2\hat{u}_2) = a_1 E(u_1,\hat{u}_1)\hat{a}_1 + a_1 E(u_1,\hat{u}_2)\hat{a}_2$$

$$+ a_2 E(u_2,\hat{u}_1)\hat{a}_1 + a_2 E(u_2,\hat{u}_2)\hat{a}_2 = a_i E(u_i,\hat{u}_j)\hat{a}_j\,,$$

denn auf Grund dieser Tatsache kann man die innere Energie des FE-Ansatzes nach den Wechselwirkungsenergien der Ansatzfunktionen entwickeln

$$\frac{1}{2}E(u_h,u_h) = \frac{1}{2}E(u_i\varphi_i, u_j\varphi_j) = \frac{1}{2}u_i E(\varphi_i,\varphi_j)u_j$$

$$= \frac{1}{2}\{u_1 E(\varphi_1,\varphi_1)u_1 + u_1 E(\varphi_1,\varphi_2)u_2$$

$$+ u_1 E(\varphi_1,\varphi_3)u_3 + \cdots + u_n E(\varphi_n,\varphi_n)u_n\}\,.$$

Die innere Energie des FE-Ansatzes ist also eine quadratische Form in den Knotenverschiebungen u_i,

$$\frac{1}{2}E(u_h,u_h) = \frac{1}{2}E(u_i\varphi_i, u_j\varphi_j) = \frac{1}{2}\boldsymbol{u}^T\boldsymbol{K}\boldsymbol{u}\,,$$

d.h. die Elemente der Steifigkeitsmatrix $\boldsymbol{K}$ sind die Wechselwirkungsenergien der Ansatzfunktionen

$$K_{ij} = E(\varphi_i,\varphi_j)\,.$$

Des weiteren ist die äußere Arbeit eine lineare Form in den Knotenverschiebungen,

$$\int\limits_{\Omega} p\, u_h \, d\Omega = \int\limits_{\Omega} p\, u_i \varphi_i \, d\Omega = \boldsymbol{f}^T \boldsymbol{u}\,,$$

mit den Komponenten

$$f_i = \int\limits_{\Omega} p\,\varphi_i \, d\Omega\,, \tag{3.1}$$

so daß für die potentielle Energie des FE-Ansatzes insgesamt folgt

$$\Pi_1(u_h) = \frac{1}{2}\boldsymbol{u}^T \boldsymbol{K} \boldsymbol{u} - \boldsymbol{f}^T \boldsymbol{u}\,.$$

Die Knotenverschiebungen u_i werden nun so bestimmt, daß die potentielle Energie zum Minimum wird, daß also gilt

$$\frac{\partial}{\partial u_i}\Pi_1(u_h) = 0\,, \qquad \text{für } i = 1, 2, \ldots, n\,.$$

Mit der Kettenregel folgt

$$\frac{\partial}{\partial u_i}\Pi_1(u_h) = \frac{\partial}{\partial u_i}\left(\frac{1}{2}\boldsymbol{u}^T \boldsymbol{K} \boldsymbol{u} - \boldsymbol{f}^T \boldsymbol{u}\right) = \frac{\partial}{\partial u_i}\left(\frac{1}{2}u_k K_{kj} u_j - f_j u_j\right)$$

$$= \frac{1}{2}(K_{ij}u_j + u_k K_{ki}) - f_i$$

$$= \frac{1}{2}(K_{ij}u_j + u_j K_{ji}) - f_i = 0\,.$$

Da die Steifigkeitsmatrix $\boldsymbol{K}$ symmetrisch ist, $K_{ij} = K_{ji}$, vereinfacht sich dies weiter zu der bekannten Forderung

$$K_{ij}u_j = f_i \qquad \text{für } i = 1, 2, \ldots, n\,.$$

Nun gilt:

a) Die *linke* Seite der i-ten Gleichung ist gleich der Wechselwirkungsenergie zwischen der FE-Lösung u_h und der Ansatzfunktion φ_i,

$$K_{ij}u_j = E(\varphi_i, \varphi_1)u_1 + E(\varphi_i, \varphi_2)u_2 + \cdots + E(\varphi_i, \varphi_n)u_n$$

$$= E(\varphi_i, \varphi_1 u_1 + \varphi_2 u_2 + \cdots + \varphi_n u_n)$$

$$= E(\varphi_i, u_h)\,.$$

b) Da die FE-Lösung, wie jede konforme FE-Lösung, eine Gleichgewichtslösung ist, ist diese virtuelle innere Energie $E(\varphi_i, u_h) = \delta A_i$ gleich der virtuellen äußeren Arbeit δA_a, die die zur FE-Lösung gehörenden äußeren Kräfte auf dem Weg φ_i leisten,

$$K_{ij} u_j = E(\varphi_i, u_h) = \delta A_a \, .$$

c) Die *rechte* Seite der i-ten Gleichung, der Skalar f_i, ist die Arbeit, die die wahren äußeren Kräfte p auf dem Weg φ_i leisten, s. (3.1).

Insgesamt gilt somit:

$$K_{ij} u_j = E(\varphi_i, u_h) = \delta A_a = f_i \, ,$$

d.h. die FE-Lösung stellt sich so ein, daß die virtuelle Arbeit δA_a *ihrer* äußeren Kräfte auf den Wegen φ_i gleich der Arbeit der wahren äußeren Kräfte auf denselben Wegen ist. Wenn man die FE-Kräfte virtuell verrückt, dann wird dabei dieselbe Arbeit geleistet, wie wenn man die wahren Kräfte verrückt,

$$\delta A_a(u_h, \varphi_i) = \delta A_a(u, \varphi_i).$$

Die äußeren Kräfte, die zur FE-Lösung gehören, sind die vertikalen Kräfte t_Δ, die längs der Elementkanten l_m wirken, und die in ihrer Größe proportional dem Knick sind, mit dem zwei Elemente aneinander schließen. Bezeichne t_l bzw. t_r die Schnittkräfte links und rechts, so gilt

$$t_\Delta = t_l + t_r \, .$$

Hier steht ein Plus, denn das Minus steckt schon in t_r. Weil die Normalen auf den beiden Schnittkanten entgegengesetzt gerichtet sind, wechselt das Vorzeichen. Die Schnittkräfte sind also genau dann im Gleichgewicht, wenn ihre Summe Null ergibt.

Die Gleichheit der virtuellen äußeren Arbeiten

$$\delta A_a(u_h, \varphi_i) = \sum_m \int_{l_m} t_\Delta \varphi_i \, ds = \int_\Omega p \varphi_i \, d\Omega = \delta A_a(u, \varphi) \qquad \text{für alle } \varphi_i,$$

bedeutet also: Die virtuelle Arbeit, die die Differenzkräfte t_Δ leisten, ist gleich der virtuellen Arbeit der wahren Kräfte p.

Um Mißverständnissen vorzubeugen sei betont, daß die äußeren Kräfte der FE-Lösung *nicht* die äquivalenten Knotenkräfte f_i sind. Die Gleichung $K_{ij} u_j = f_i$ erfüllen heißt nicht, wie manchmal gesagt wird, das Gleichgewicht in den Knoten erfüllen, sondern eben die FE-Kräfte so einstellen, daß ihre virtuelle Arbeit gleich der Arbeit der wahren Kräfte p ist. Die f_i sind keine echten

Knotenkräfte, sie haben auch nicht die Dimension einer Kraft, sondern die Dimension einer Arbeit.

Bei eindimensionalen Problemen wie Stäben und Balken hat es sich eingebürgert, die Gleichungen $K_{ij}u_j = f_i$ als Gleichgewichtsbedingung aufzufassen. Ähnlich wie beim Kraftgrößenverfahren, wo man die Kraft 1 vor der Verschiebung $1 \times \delta$ auch immer vernachlässigt, läßt man die Weggröße 1, die die Kraft f_i eigentlich begleitet, $1 \times f_i$, stillschweigend fallen. Würde man aber z.B. eine Balkensteifigkeitsmatrix statt mit den korrekten Hermite-Polynomen mit den Ansätzen $w_1 = \sin x$, $w_2 = \cos x$, etc. ableiten, dann wären die Balkenendverformungen ungleich eins, damit die f_i nicht von der einfachen Bauart $1 \times$ Kraft, und die f_i würden so wieder das signalisieren, was sie wirklich sind: *Arbeiten*.

In höheren Dimensionen wie im Fall von Scheiben, Platten und elastischen Körpern sind die f_i nun definitiv keine Knotenkräfte mehr sondern Arbeiten. Wäre die FE-Lösung wirklich die zu den 'Knotenkräften' f_i gehörige Gleichgewichtslage der Membran, dann müßte die FE-Lösung in den Knoten unendlich große Durchbiegungen besitzen, weil die Durchbiegung einer Membran unter einer Einzelkraft unendlich groß ist.

Wie wird dasselbe Problem nun mit Randelementen gelöst? Der Ansatz der REM ist, wie in der Einleitung gezeigt wurde, die Einflußfunktion der Membran,

$$u(x) = \int\limits_{\Gamma} [g_0(y, x)t(y) - N \frac{\partial}{\partial \nu} g_0(y, x)u(y)] \, ds_y + \int\limits_{\Omega} g_0(y, x)p(y) \, d\Omega_y, \quad (3.2)$$

mit der theoretisch die Durchbiegung in jedem gewünschten Punkt berechnet werden kann. Praktisch scheitert dies jedoch daran, daß abschnittsweise von zwei konjugierten Randgrößen immer nur eine vorgeschrieben und die andere unbekannt ist. So ist zwar längs des freien Rands die Aufhängekraft $t = 0$, aber es ist nicht bekannt, wie groß dort die Durchbiegung u ist. Umgekehrt ist die Durchbiegung der Membran längs des festen Rands Null, aber dafür fehlt jede Information über den Verlauf der Aufhängekräfte t.

Um diese unbekannten Funktionen zu bestimmen, werden sie in einem 1. Schritt z.B. durch quadratische Funktionen ersetzt, deren Knotenwerte in einem 2. Schritt so bestimmt werden, daß der Satz von Betti gilt. Die Gleichgewichtszustände, mit denen die Einhaltung des Satzes kontrolliert wird, sind die Gleichgewichtszustände einer unendlich ausgedehnten Membran, die in einem der n Knoten mit einer Einzelkraft $\hat{P} = 1$ belastet wird.

Hat man so n-mal den Satz von Betti formuliert und damit alle n Knotenwerte bestimmt, dann kann mittels der Einflußfunktion (3.2) die Durchbiegung in jedem gewünschten Punkt berechnet werden.

Zusammenfassung: Das Membranproblem mit linearen finiten Elementen lösen heißt, die stetig gekrümmte Fläche der durchgebogenen Membran durch eine Schar von ebenen Dreiecken anzunähern. Mechanisch entspricht dies dem Übergang vom Lastfall gleichmäßig verteilter Druck p zu einem Lastfall, bei dem längs den Netzlinien Linienkräfte angreifen, und sich ein 'mehrdimensionales Seileck' ausbildet. *Man bemißt die Membran also auf die Wirkung von konzentrierten Kräften längs der Netzlinien.* Die geometrischen Randbedingung $u = 0$ auf dem festen Rand erfüllt die FE-Lösung exakt, die statische Randbedingung $t = 0$ längs des freien Rands jedoch nur näherungsweise. Dies ist generell so bei finiten Elementen: Geometrische Randbedingungen werden exakt erfüllt, statische Randbedingungen nur approximativ. Im Falle der Membran äußert sich dies darin, daß die Elemente am freien Rand nicht genau plan liegen, sondern leicht gekippt sind, ihre Neigung also nicht Null ist. Dies bedeutet, daß am eigentlich kräftefreien Rand der Membran Randkräfte t wirken.

Im Gegensatz zu dem 'eckigen' Verlauf der FE-Lösung ist die Fläche, die die RE-Lösung darstellt, stetig gekrümmt. Der Druck p, der auf der Fläche lastet, ist derselbe Druck p, der auf der Membran lastet, denn die Einflußfunk-

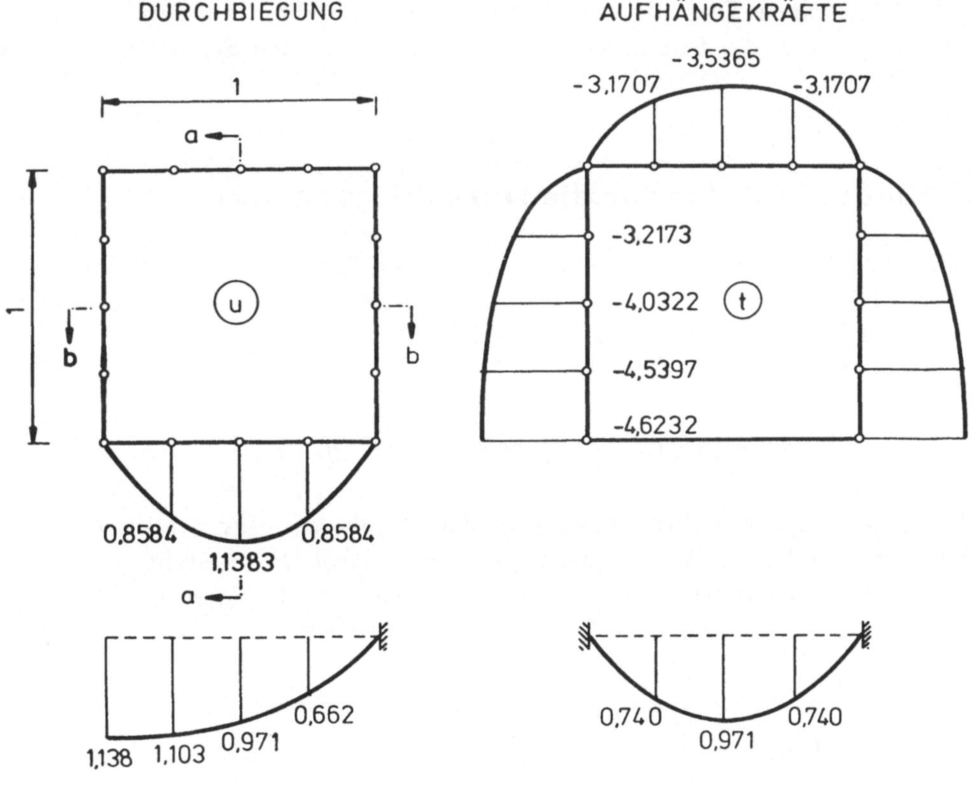

Abb. 3.3 Die RE-Lösung des Membranproblems, $p = 10$, Vorspannung $N = 1$

tion (3.2) genügt der Membrangleichung $-N\,\Delta u = p$. Abweichungen gegenüber der wahren Lösung gibt es nur auf dem Rand. Diese Differenzen betreffen nun aber, im Unterschied zu den finiten Elementen, Weg- und Kraftgrößen gleichermaßen. So weichen auf dem gelagerten Rand die Aufhängekräfte mehr oder weniger von den wahren Kräften ab. Aber auch die Durchbiegung der RE-Lösung ist dort nicht überall genau Null obwohl sie mit $u = 0$ in die Integralgleichung eingeführt wird. Warum dies so ist, wurde in Abschn. 1.7 erklärt. Ähnliches gilt für den freien Rand. Die RE-Lösung (3.2) ist also die Gleichgewichtslage einer Membran, die, wie die richtige Membran, unter dem Druck p steht, deren Randwerte u und t jedoch geringfügig gegenüber den wahren Werten differieren. Nach dem Prinzip von St.Venant darf aber damit gerechnet werden, daß sich solche Abweichungen je weniger bemerkbar machen, je weiter man vom Rand entfernt ist. Dies erklärt, warum eine RE-Lösung i.allg. genauer ist als eine FE-Lösung.

In Abb. 3.3. ist der mit dem Programm *BE-LAPLACE* berechnete Verlauf der Randwerte u und t (quadratischer Ansatz, 2 Elemente pro Seite, $p = 10$, $N = 1$) angetragen. Diese Randwerte wurden dann in die Einflußfunktion (3.2) eingesetzt und so die Durchbiegung der Membran in den Schnitten a–a und b–b berechnet.

3.1 Einflußfunktion für die Durchbiegung $u(x)$

In diesem Abschnitt soll — stellvertretend auch für die anderen Bauteile — einmal ausführlich gezeigt werden, wie man mittels einer Grundlösung und des Satzes von Betti eine Einflußfunktion ableitet.

Die Grundlösung der Membran

$$g_0(\boldsymbol{y}, \boldsymbol{x}) = -\frac{1}{2\pi N}\ln r, \qquad r = |\boldsymbol{y} - \boldsymbol{x}|,$$

gibt an, wie groß die Durchbiegung in dem Punkt $\boldsymbol{y} = (y_1, y_2)$ ist, wenn in einem abliegenden Punkt $\boldsymbol{x} = (x_1, x_2)$ eine Einzelkraft $\hat{P} = 1$ steht.

Der Satz von Betti beruht auf der 2. Identität des Laplace-Operators

$$\text{p:} \quad \hat{u}, u \in C^2(\bar{\Omega}),$$

$$\text{q:} \quad B(\hat{u}, u) = \int\limits_{\Omega} -N\,\Delta\hat{u}\,u\,d\Omega + \int\limits_{\Gamma} N\frac{\partial\hat{u}}{\partial n}u\,ds - \int\limits_{\Gamma} \hat{u}N\frac{\partial u}{\partial n}\,ds$$

$$-\int\limits_{\Omega} \hat{u}(-N\,\Delta u)\,d\Omega = 0, \tag{3.3}$$

und besagt, daß die Arbeit der Gebietskräfte $-N\Delta\hat{u}$ und der Randkräfte $N\partial\hat{u}/\partial n$ auf den Wegen u gleich der Arbeit der Gebietskräfte $-N\Delta u$ und der Randkräfte $N\partial u/\partial n$ auf den Wegen $\hat{u}$ ist.

Wir sprechen von einer Identität, weil der Satz von Betti nur auf einer Kette von identischen Umformungen mittels partieller Integration beruht. Da partielle Integration nur dann zulässig ist, wenn die Funktionen hinreichend oft stetig differenzierbar sind, wird am Anfang eine entsprechende Forderung an die Funktionen gestellt. Eine Funktion ist dann aus $C^2(\bar{\Omega})$, wenn sie und ihre partiellen Ableitungen bis zur Ordnung 2 einschließlich in dem abgeschlossenen Gebiet $\bar{\Omega}$ stetig sind. Abgeschlossenes Gebiet meint dasselbe, wie abgeschlossenes Intervall $[a,b]$. Der Rand wird also mit dazu gezählt; dies wird durch den aufgesetzten Strich angedeutet. Eine FE-Dachfunktion ist z.B. nicht aus $C^2(\bar{\Omega})$. In so einem Fall wird der Satz von Betti elementweise angewandt, und am Schluß werden die einzelnen Beiträge addiert.

Im Aufpunkt einer Einzelkraft ist die Durchsenkung unendlich groß, und auch die Normalkraft geht dort gegen Unendlich, denn das Integral der Normalkraft t $(= \text{Normalableitung} \times \text{Vorspannung } N)$ über immer enger gezogene Kreise um den Aufpunkt muß ja gegen 1 konvergieren,

$$\lim_{\varepsilon \to 0} \int_{\Gamma_{N\varepsilon}(x)} N\frac{\partial u}{\partial \nu}\, ds_{y} = 1\,.$$

In dem Maße, wie der Umfang $U = 2\pi\varepsilon$ der Kreise $\Gamma_{N\varepsilon}(x)$ abnimmt, muß daher die Normalkraft $t = 1/2\pi\varepsilon$ wachsen. Im Aufpunkt wird sie also unendlich groß. Daraus folgt, daß die Grundlösung $g_0(y, x)$ nicht zu $C^2(\bar{\Omega})$ gehört — sie nicht zweimal stetig differenzierbar ist — und der Satz von Betti auf Einzelkräfte somit eigentlich gar nicht anwendbar ist.

Dies wird nun wie folgt umgangen: Man spart eine kleine, kreisförmige Umgebung

$$N_\varepsilon(x) = \{y \in \Omega \mid |y - x| \leq \varepsilon\}$$

des Aufpunkts der Einzelkraft aus, s. Abb. 3.4, trennt sozusagen das 'singuläre' Teilstück der Membran heraus und bringt, damit alles im Gleichgewicht bleibt, die Schnittkräfte als äußere Kräfte an. Der Gleichgewichtszustand der gelochten

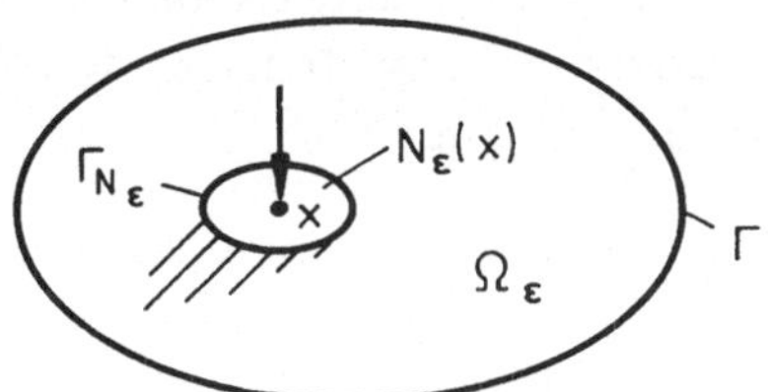

Abb. 3.4 Die gelochte Membran

Membran

$$\Omega_\varepsilon(\boldsymbol{x}) = \Omega - N_\varepsilon(\boldsymbol{x})\,,$$

ist nun ein regulärer Gleichgewichtszustand, die Spannungen werden nicht singulär, und auch die Durchbiegungen, die ja immer noch von der Grundlösung $g_0(\boldsymbol{y}, \boldsymbol{x})$ beschrieben werden, sind endlich. Nun darf wieder — sofern auch der andere Gleichgewichtszustand, der von der Durchbiegung u beschrieben wird, regulär ist — der Satz von Betti formuliert werden

$$B(g_0[\boldsymbol{x}], u)_{\Omega_\varepsilon} = \int\limits_{\Omega_\varepsilon} -N\Delta g_0 u\, d\Omega_{\boldsymbol{y}} + \int\limits_{\Gamma_\varepsilon} N\frac{\partial}{\partial\nu}g_0 u\, ds_{\boldsymbol{y}}$$

$$-\int\limits_{\Gamma_\varepsilon} g_0 N\frac{\partial u}{\partial\nu}\, ds_{\boldsymbol{y}} - \int\limits_{\Omega_\varepsilon} g_0(-N\Delta u)\, d\Omega_{\boldsymbol{y}} = 0\,. \tag{3.4}$$

Die Integrale sind dabei über das Gebiet Ω_ε der gelochten Membran und deren Rand Γ_ε zu nehmen.

Nun schließt man wie folgt: Da die linke Seite dieser Gleichung für alle $\varepsilon > 0$ Null ist, muß auch der Grenzwert Null sein, es muß also gelten

$$\lim_{\varepsilon\to 0} B(g_0[\boldsymbol{x}], u)_{\Omega_\varepsilon} = \lim_{\varepsilon\to 0}\Big\{ \int\limits_{\Omega_\varepsilon} -N\Delta g_0 u\, d\Omega_{\boldsymbol{y}} + \int\limits_{\Gamma_\varepsilon} N\frac{\partial}{\partial\nu}g_0 u\, ds_{\boldsymbol{y}}$$

$$-\int\limits_{\Gamma_\varepsilon} g_0 N\frac{\partial u}{\partial\nu}\, ds_{\boldsymbol{y}} - \int\limits_{\Omega_\varepsilon} g_0(-N\Delta u)\, d\Omega_{\boldsymbol{y}}\Big\} = 0\,. \tag{3.5}$$

Diesen Grenzwert verstehen wir als die Erweiterung des Satzes von Betti auf singuläre Gleichgewichtszustände.

Damit sind wir aber noch nicht am Ziel, denn noch ist zu klären, wie die einzelnen Grenzwerte in (3.5) lauten. Bis jetzt ist ja nur klar, daß ihre Summe Null sein muß. Betrachten wir hierzu den Ausdruck (3.5) näher.

a) Die Gebietsintegrale

Bevor die Grenzwerte der Integrale berechnet werden, wird zweckmäßigerweise der Ursprung des Koordinatensystems in den Aufpunkt, $\boldsymbol{x} = \mathbf{o}$, gelegt und es werden Polarkoordinaten eingeführt

$$y_1 = r\cos\varphi\,, \qquad y_2 = r\sin\varphi\,.$$

Das erste Gebietsintegral ist wegen

$$-N\Delta g_0 = 0 \qquad \text{in } \Omega_\varepsilon$$

Null. Wegen

$$g_0(\boldsymbol{y}, \boldsymbol{x}) = -\frac{1}{2\pi N} \ln r\,, \quad |N\Delta u| < \infty \quad \text{in } \Omega\,, \quad d\Omega = r\,dr\,d\varphi\,,$$

und

$$\lim_{r\to 0} r \ln r = 0\,, \tag{3.6}$$

folgt für den Grenzwert des zweiten Gebietsintegrals

$$\lim_{\varepsilon\to 0} \int\limits_{\Omega_\varepsilon} g_0(-N\Delta u)\,d\Omega_{\boldsymbol{y}} = \int\limits_{\Omega} g_0(-N\Delta u)\,d\Omega_{\boldsymbol{y}}\,,$$

d.h. der Grenzwert ist das Integral über das ganze ungelochte Gebiet.

b) Randintegrale

Der Rand Γ_ε des gelochten Gebiets setzt sich aus dem äußeren Rand Γ der Membran und dem Rand $\Gamma_{N\varepsilon}(\boldsymbol{x})$ des Lochs zusammen. Jedes Randintegral in der Betti-Identität ist also die Summe aus zwei Integralen

$$\int\limits_{\Gamma_\varepsilon} \cdots\,ds_{\boldsymbol{y}} = \int\limits_{\Gamma} \cdots\,ds_{\boldsymbol{y}} + \int\limits_{\Gamma_{N\varepsilon}(\boldsymbol{x})} \cdots\,ds_{\boldsymbol{y}}\,.$$

Die Integrale über den äußeren Rand Γ hängen nicht von ε ab, so daß wir uns auf das Studium der beiden Randintegrale

$$\int\limits_{\Gamma_{N\varepsilon}} g_0 N \frac{\partial u}{\partial \nu}\,ds_{\boldsymbol{y}}\,, \qquad \int\limits_{\Gamma_{N\varepsilon}} N \frac{\partial}{\partial \nu} g_0\, u\,ds_{\boldsymbol{y}} \tag{3.7}$$

über den inneren Rand $\Gamma_{N\varepsilon}(\boldsymbol{x})$ beschränken können. Schließt sich das Loch, dann strebt der Integrand in dem ersten Integral wegen

$$g_0(\boldsymbol{y}, \boldsymbol{x}) = -\frac{1}{2\pi N} \ln r\,, \quad \left|\frac{\partial u}{\partial \nu}\right| < \infty\,, \quad ds = r\,d\varphi\,,$$

und (3.6) gegen Null und daher auch das Integral selbst

$$\lim_{\varepsilon\to 0} \int\limits_{\Gamma_{N\varepsilon}} g_0 N \frac{\partial u}{\partial \nu}\,ds_{\boldsymbol{y}} = \lim_{\varepsilon\to 0} \frac{-1}{2\pi N} \varepsilon \ln \varepsilon \int\limits_{0}^{2\pi} \frac{\partial u}{\partial \nu}\,d\varphi = 0\,.$$

In dem zweiten Integral steht die Normalableitung der Grundlösung

$$N \frac{\partial}{\partial \nu} g_0(\boldsymbol{y}, \boldsymbol{x}) = -\frac{1}{2\pi r}\left(r_{,y_1}\,\nu_1(\boldsymbol{y}) + r_{,y_2}\,\nu_2(\boldsymbol{y})\right)\,,$$

112

die wegen

$$r_{,y_1} = \frac{y_1 - x_1}{r} = \frac{y_1}{\varepsilon} = \cos\varphi\,, \qquad r_{,y_2} = \frac{y_2 - x_2}{r} = \frac{y_2}{\varepsilon} = \sin\varphi\,,$$

und

$$\nu_1 = -\cos\varphi\,, \quad \nu_2 = -\sin\varphi\,, \quad y_1 = \varepsilon\cos\varphi\,, \quad y_2 = \varepsilon\sin\varphi\,,$$

auf $\Gamma_{N\varepsilon}(\boldsymbol{x})$ konstant ist,

$$N\frac{\partial}{\partial\nu}g_0 = \frac{1}{2\pi\varepsilon}(\cos\varphi\cos\varphi + \sin\varphi\sin\varphi) = \frac{1}{2\pi\varepsilon}\,.$$

Die Ortsvektoren der Punkte $\boldsymbol{y}$ auf dem Kreis $\Gamma_{N\varepsilon}(\boldsymbol{x})$ besitzen die Darstellung

$$\boldsymbol{y} = \boldsymbol{x} + \varepsilon\nabla_{\boldsymbol{y}}r\,, \quad \nabla_{\boldsymbol{y}}r = \{r_{,y_1}, r_{,y_2}\}^T = \{\cos\varphi, \sin\varphi\}^T\,,$$

(der Vektor $\nabla_{\boldsymbol{y}}r$ ist der Einheitsvektor, der von $\boldsymbol{x}$ auf $\boldsymbol{y}$ zeigt) und daher folgt leicht

$$\lim_{\varepsilon\to 0}\int\limits_{\Gamma_{N\varepsilon}} N\frac{\partial}{\partial\nu}g_0\, u(\boldsymbol{y})\, ds_{\boldsymbol{y}} = \lim_{\varepsilon\to 0}\left\{\frac{1}{2\pi\varepsilon}\int\limits_0^{2\pi} u(\boldsymbol{x} + \varepsilon\nabla_{\boldsymbol{y}}r)\varepsilon\, d\varphi\right\} = u(\boldsymbol{x})\,.$$

Insgesamt haben wir somit

$$\lim_{\varepsilon\to 0} B(g_0[\boldsymbol{x}], u)_{\Omega_\varepsilon} = u(\boldsymbol{x}) + \int\limits_\Gamma \left(N\frac{\partial}{\partial\nu}g_0[\boldsymbol{x}]u - g_0[\boldsymbol{x}]N\frac{\partial u}{\partial\nu}\right) ds_{\boldsymbol{y}}$$

$$- \int\limits_\Omega g_0[\boldsymbol{x}](-N\Delta u)\, d\Omega_{\boldsymbol{y}} = 0\,,$$

oder nach $u(\boldsymbol{x})$ aufgelöst

$$u(\boldsymbol{x}) = \int\limits_\Gamma \left(g_0[\boldsymbol{x}]N\frac{\partial u}{\partial\nu} - N\frac{\partial}{\partial\nu}g_0[\boldsymbol{x}]u\right) ds_{\boldsymbol{y}} + \int\limits_\Omega g_0[\boldsymbol{x}](-N\Delta u)\, d\Omega_{\boldsymbol{y}} \qquad (3.8)$$

Dies ist die Einflußfunktion für Innenpunkte. Nun ist noch zu klären, wie die Formel aussieht, wenn der Punkt $\boldsymbol{x}$ auf dem Rand liegt.

In so einem Fall, s. Abb. 3.5, besteht der Rand

$$\Gamma_\varepsilon = \Gamma_\varepsilon' \cup \Gamma_{N_\varepsilon}(\boldsymbol{x})$$

aus dem Stück Γ_ε', dem ursprünglichen Rand Γ minus dem abgetrennten Teil, und dem Kreissegment $\Gamma_{N_\varepsilon}(\boldsymbol{x})$. Für die beiden Integrale (3.7) über das Kreis-

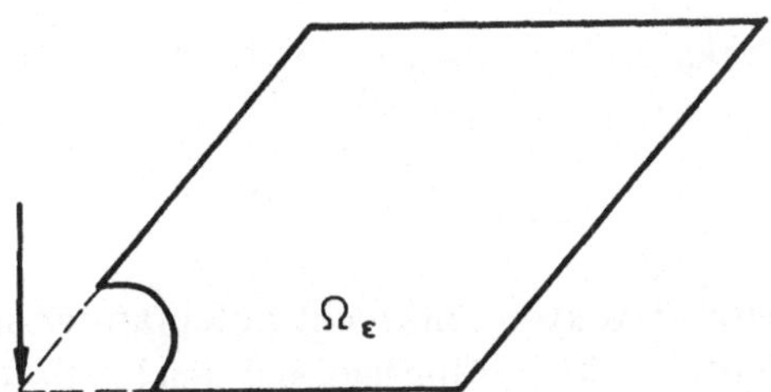

Abb. 3.5 Die Gestalt der gelochten Membran, wenn der Aufpunkt in einer Ecke liegt

segment gilt sinngemäß dasselbe wie zuvor. Das erste Integral strebt gegen Null, und das zweite Integral hat nun, da nicht mehr über einen vollen Kreis, sondern nur über ein Segment integriert wird, den Grenzwert

$$\lim_{\varepsilon \to 0} \int_{\Gamma_{N\varepsilon}} N \frac{\partial}{\partial \nu} g_0\, u(\boldsymbol{y})\, ds_{\boldsymbol{y}} = \lim_{\varepsilon \to 0} \left\{ \frac{1}{2\pi\varepsilon} \int_{\varphi_1}^{\varphi_2} u(\boldsymbol{x} + \varepsilon \nabla_{\boldsymbol{y}} r)\varepsilon\, d\varphi \right\} = \frac{\Delta\varphi}{2\pi} u(\boldsymbol{x}),$$

der von dem Eckenwinkel $\Delta\varphi = \varphi_1 - \varphi_2$ abhängt, den die beiden Tangenten an den Randpunkt einschließen, s. Abb. 3.6.

Die Grenzwerte der beiden Integrale über den gelochten äußeren Rand

$$\lim_{\varepsilon \to 0} \int_{\Gamma'_\varepsilon} g_0 N \frac{\partial u}{\partial \nu}(\boldsymbol{y})\, ds_{\boldsymbol{y}} = \int_{\Gamma} g_0 N \frac{\partial u}{\partial \nu}(\boldsymbol{y})\, ds_{\boldsymbol{y}},$$

$$\lim_{\varepsilon \to 0} \int_{\Gamma'_\varepsilon} N \frac{\partial}{\partial \nu} g_0\, u(\boldsymbol{y})\, ds_{\boldsymbol{y}} = \int_{\Gamma} N \frac{\partial}{\partial \nu} g_0\, u(\boldsymbol{y})\, ds_{\boldsymbol{y}},$$

(3.9)

sind beschränkt, denn der Integrand in dem ersten Integral ist nur schwach singulär ($\ln r$) und der Integrand in dem zweiten Integral ist, wenn der Rand

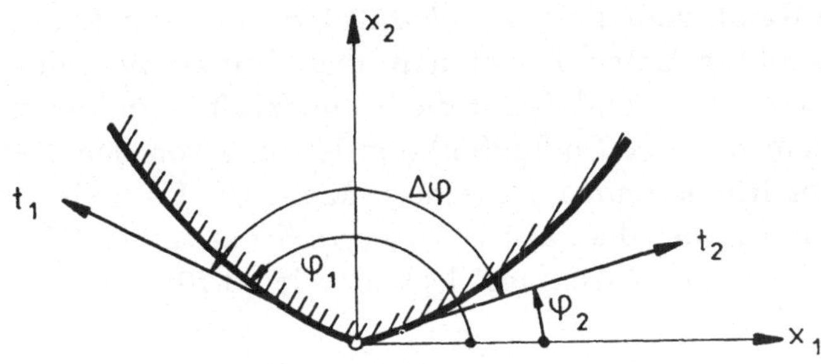

Abb. 3.6 Die Bezeichnungen in einem Eckpunkt

114

nicht gekrümmt ist, links und rechts vom Aufpunkt Null,

$$N \frac{\partial}{\partial \nu} g_0(\boldsymbol{y}, \boldsymbol{x}) = -\frac{r_\nu}{2\pi r}, \qquad r_\nu = \nabla_{\boldsymbol{y}} r \cdot \boldsymbol{\nu} = r_{,1}\, \nu_1 + r_{,2}\, \nu_2,$$

weil Normale und Abstandsvektor senkrecht aufeinander stehen, und daher die Normalableitung r_ν Null ist. Man überlegt sich leicht, daß der Grenzwert auch dann existiert, wenn der Rand gekrümmt ist, denn die Krümmung liefert einen 'positiven' Beitrag $O(r^\alpha)$, $\alpha > 0$, zum Integranden.

Steht die Einzelkraft außerhalb der Membran, dann leistet sie keine Arbeit (der Satz von Betti wird ja nur für das Gebiet der realen Membran formuliert), und daher entfällt in einem solchen Fall auch der Einzelterm $u(\boldsymbol{x})$.

Insgesamt lautet somit das Resultat:

$$c(\boldsymbol{x})u(\boldsymbol{x}) = \int\limits_\Gamma \left[g_0(\boldsymbol{y}, \boldsymbol{x}) N \frac{\partial u}{\partial \nu}(\boldsymbol{y}) - N \frac{\partial}{\partial \nu} g_0(\boldsymbol{y}, \boldsymbol{x}) u(\boldsymbol{y}) \right] ds_{\boldsymbol{y}}$$

$$+ \int\limits_\Omega g_0(\boldsymbol{y}, \boldsymbol{x})(-N \Delta u) \, d\Omega_{\boldsymbol{y}}. \qquad (3.10)$$

Die Funktion, die $u(\boldsymbol{x})$ begleitet, die charakteristische Funktion

$$c(\boldsymbol{x}) = \begin{cases} 1, & \boldsymbol{x} \in \Omega, \\ \Delta\varphi/2\pi, & \boldsymbol{x} \in \Gamma, \\ 0, & \boldsymbol{x} \in \Omega^c, \quad \text{(das Komplement),} \end{cases} \qquad (3.11)$$

ist die Arbeit, die die Einzelkraft $\hat{P} = 1$ auf dem Weg $u = 1$ leistet. Liegt der Aufpunkt $\boldsymbol{x}$ im Gebiet der Membran, dann ist $c(\boldsymbol{x}) = 1$, liegt der Aufpunkt auf dem Rand, dann leistet nur der Teil von $\hat{P}$ eine Arbeit, der innerhalb von Ω steht, $c(\boldsymbol{x}) = \Delta\varphi/2\pi$, und liegt der Aufpunkt außerhalb der Membran, im Komplement, dann leistet $\hat{P}$ keine Arbeit, $c(\boldsymbol{x}) = 0$.

Gleichung (3.10) ist die gesuchte Einflußfunktion für die Durchbiegung einer Membran. Die Größen, von denen $u(\boldsymbol{x})$ abhängt, sind die Randdurchbiegung $u(\boldsymbol{y})$, die Randschnittkraft $t = N \partial u(\boldsymbol{y})/\partial \nu$ und der Druck $-N \Delta u = p$, der auf der Membran lastet. Kennt man diese Funktionen, dann kennt man auch die Durchbiegung u und damit die Schnittkraft $N \partial u/\partial n$ im Innern.

Das Problem mit der Einflußfunktion ist, daß von den Randwerten auf jedem Stück des Rands immer nur eine bekannt ist. Entweder ist die Durchsenkung u bekannt, oder die dazu konjugierte Schnittkraft $N \partial u/\partial \nu$. Um den fehlenden Randwert zu bestimmen, legt man in (3.10) den Punkt $\boldsymbol{x}$ auf den Rand

$$\frac{\Delta\varphi}{2\pi} u(\boldsymbol{x}) = \int\limits_\Gamma \left[g_0(\boldsymbol{y}, \boldsymbol{x}) N \frac{\partial u}{\partial \nu}(\boldsymbol{y}) - N \frac{\partial}{\partial \nu} g_0(\boldsymbol{y}, \boldsymbol{x}) u(\boldsymbol{y}) \right] ds_{\boldsymbol{y}} + \int\limits_\Omega g_0(\boldsymbol{y}, \boldsymbol{x}) p \, d\Omega_{\boldsymbol{y}},$$

denn dann ist die Funktion u auf der linken Seite dieselbe Funktion wie auf der rechten Seite. Die Funktion u ist jetzt also gleichzeitig abhängige wie unabhängige Variable. Nach Weg- und Kraftgrößen geordnet lautet diese Integralgleichung

$$\frac{\Delta\varphi}{2\pi}u(\boldsymbol{x}) + \int_{\Gamma} N\frac{\partial}{\partial\nu}g_0(\boldsymbol{y},\boldsymbol{x})u(\boldsymbol{y})\,ds_{\boldsymbol{y}} = \int_{\Gamma} g_0(\boldsymbol{y},\boldsymbol{x})N\frac{\partial u}{\partial\nu}(\boldsymbol{y})\,ds_{\boldsymbol{y}}$$

$$+ \int_{\Omega} g_0(\boldsymbol{y},\boldsymbol{x})p\,d\Omega_{\boldsymbol{y}}\,. \tag{3.12}$$

Sie formuliert eine Kopplungsbedingung zwischen der Randverschiebung u und der Aufhängekraft $N\partial u/\partial\nu$ einer Membran. Zwei Funktionen u und $N\partial u/\partial\nu$ sind dann und nur dann die Randwerte einer Membran, wenn sie dieser Integralgleichung genügen. Dies gibt nun umgekehrt die Möglichkeit, den unbekannten Randwert aus dem bekannten Randwert zu bestimmen, indem diese Integralgleichung nach dem unbekannten Randwert aufgelöst wird. Danach braucht man nur noch die Randdaten in die Einflußfunktion (3.10) einsetzen und das Problem ist gelöst.

3.2 Diskretisierung

Die Kopplungsbedingung (3.12) stellt im Grunde ein System von unendlich vielen linearen Gleichungen dar. Um dieses näherungsweise zu lösen, werden die Durchsenkung u und die Aufhängekraft t auf dem Rand durch stückweise konstante, lineare oder quadratische Funktionen interpoliert und deren n Knotenwerte so bestimmt, daß die Kopplungsbedingung in K Kollokationspunkten erfüllt ist, s. Abb. 3.7.

Die globalen Ansatzfunktionen φ_i und ψ_i, mit denen die Randfunktionen u und t interpoliert werden,

$$u(\boldsymbol{x}) = u_i\varphi_i(\boldsymbol{x})\,, \qquad t(\boldsymbol{x}) = t_i\psi_i(\boldsymbol{x})\,,$$

haben, wie man das von den finiten Elementen her kennt, nur einen beschränkten Träger; sie sind nur in einem kleinen Bereich des Rands von Null verschieden. Die Funktion $\varphi_i(\boldsymbol{x})$ hat im Knoten $\boldsymbol{x}^i$ den Wert 1 und in allen anderen Knoten den Wert Null,

$$\varphi_i(\boldsymbol{x}^j) = \delta_{ij}\,.$$

Sie repräsentiert sozusagen die zum Knoten $\boldsymbol{x}^i$ gehörige Einheitsdurchbiegung:

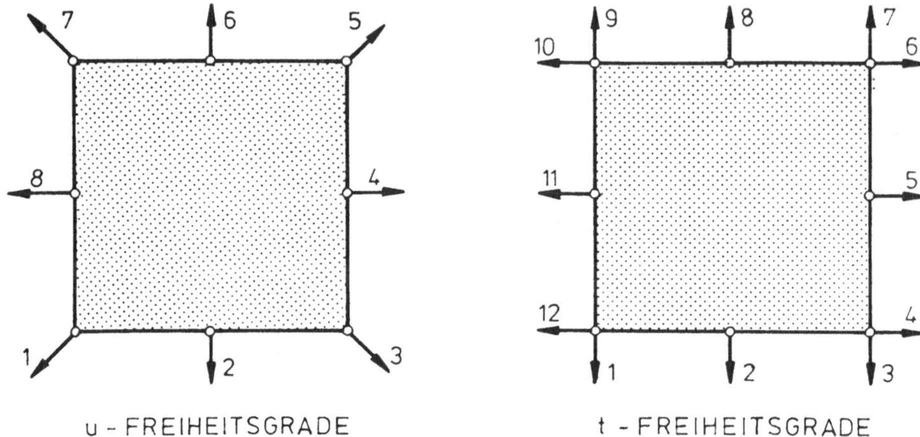

Abb. 3.7 Die Freiheitsgrade der Weg- und Kraftgrößen einer Membran bei relativ grober Diskretisierung des Rands

Der Knoten x^i wird um die Strecke $u_i = 1$ ausgelenkt, und alle anderen Knoten werden dabei festgehalten.

Ganz analog repräsentieren die Funktionen ψ_i Einheitsbelegungen von Kräften. Im Unterschied zu der Durchbiegung u wird aber die Aufhängekraft t in Eckpunkten von zwei Funktionen, ψ_j und ψ_{j+1}, interpoliert, weil sie dort ja auch zwei Freiheitsgrad t_j und t_{j+1} hat. Die beiden Interpolierenden sind die zwei Hälften einer (im linearen Fall) Dachfunktion, s. Abb. 3.8.

Die globalen Ansatzfunktionen φ_i und ψ_i wiederum muß man sich aus *lokalen* Ansatzfunktionen φ_i^e zusammengesetzt denken, die entsprechend der Stetigkeit in den Knoten zu den globalen Ansatzfunktionen aneinander gefügt werden. Dabei benutzt man in der Regel für u und t lokal dieselben Ansätze.

Wurde durch Interpolation die Dimension des Problems erfolgreich reduziert, werden anschließend die übrig gebliebenen Freiheitsgrade u_i bzw. t_i — soweit sie unbekannt sind — so bestimmt, daß die Integralgleichung (3.12) in K Kollokationspunkten erfüllt wird. Dabei muß natürlich K gleich der Anzahl der unbekannten Knotenwerte sein. Aus der Kopplungsbedingung (3.12) wird

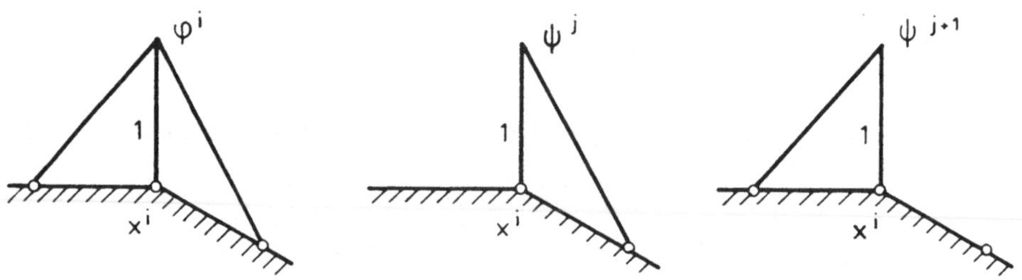

Abb. 3.8 Stetige und unstetige Interpolation in einem Eckpunkt

so das lineare Gleichungssystem

$$H\,u = G\,t + p$$

mit den Koeffizienten

$$H_{kj} = c(\boldsymbol{x}^k)\delta_{kj} + \int_{\Gamma} N\frac{\partial}{\partial\nu}g_0(\boldsymbol{y},\boldsymbol{x}^k)\varphi_j(\boldsymbol{y})\,ds_{\boldsymbol{y}},$$

$$G_{kj} = \int_{\Gamma} g_0(\boldsymbol{y},\boldsymbol{x}^k)\psi_j(\boldsymbol{y})\,ds_{\boldsymbol{y}},$$

und dem Vektor

$$p_k = \int_{\Omega} g_0(\boldsymbol{y},\boldsymbol{x}^k)p(\boldsymbol{y})\,d\Omega_{\boldsymbol{y}}.$$

Der Koeffizient H_{kj} ist die Randarbeit, die die Schnittkraft

$$T = N\frac{\partial}{\partial\nu}g_0(\boldsymbol{y},\boldsymbol{x}^k)$$

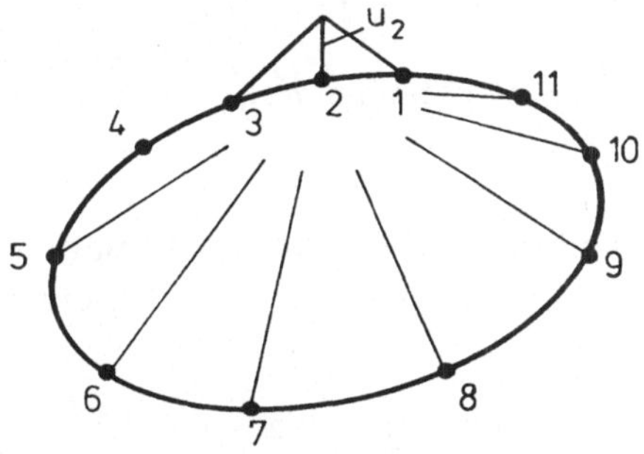

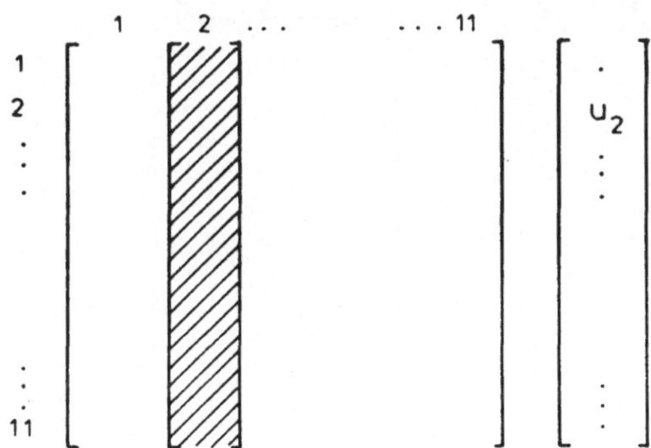

Abb. 3.9 Der Einfluß der Belegung u_2 auf die einzelnen Kollokationspunkte wird durch einen Vektor repräsentiert

der unendlichen Membran auf den Wegen der Einheitsdurchbiegung φ_j leistet. Auf der Diagonalen addiert sich dazu noch die Arbeit $c(\boldsymbol{x}^k)$ der Einzelkraft $\hat{P} = 1$.

Der Term G_{kj} ist die Randarbeit, die die Kräfte der Einheitsbelegung ψ_j auf den Wegen

$$U = g_0(\boldsymbol{y}, \boldsymbol{x}^k)$$

der unendlichen Membran leisten.

Nach ihrer Herkunft sind die Terme H_{kj} und G_{kj} also Arbeitsterme, nach ihrer Bedeutung jedoch Einflußkoeffizienten. Die Spalte j der Matrix $\boldsymbol{H}$ bzw. $\boldsymbol{G}$ listet den Einfluß auf, den die Belegung φ_j bzw. ψ_j nach Maßgabe der Kerne $N \partial g_0(\boldsymbol{y}, \boldsymbol{x}^k)/\partial \nu$ bzw. $g_0(\boldsymbol{y}, \boldsymbol{x}^k)$ auf die Kollokationspunkte $\boldsymbol{x}^k$ hat, s. Abb. 3.9.

3.3 Elementmatrizen

So wie sich eine Steifigkeitsmatrix $\boldsymbol{K}$ aus Elementmatrizen $\boldsymbol{K}^e$ zusammensetzt, so ähnlich setzen sich die beiden Matrizen $\boldsymbol{H}$ und $\boldsymbol{G}$ aus Elementmatrizen $\boldsymbol{H}^e$ und $\boldsymbol{G}^e$ zusammen, s. Abb. 3.10.

$$H_{kj}^e = \bar{c}(\boldsymbol{x}^k)\varphi_j^e(\boldsymbol{x}^k) + \int\limits_{\Gamma_e} N \frac{\partial}{\partial \nu} g_0(\boldsymbol{y}, \boldsymbol{x}^k)\varphi_j^e(\boldsymbol{y})\, ds_{\boldsymbol{y}},$$

$$G_{kj}^e = \int\limits_{\Gamma_e} g_0(\boldsymbol{y}, \boldsymbol{x}^k)\varphi_j^e(\boldsymbol{y})\, ds_{\boldsymbol{y}}, \quad j = 1,\ldots,A, \quad k = 1,\ldots,K,$$

Eine solche Elementmatrix besteht aus A Spalten und K Zeilen. Die Zahl A ist gleich der Zahl der Ansatzfunktionen pro Element, und K ist gleich der Zahl

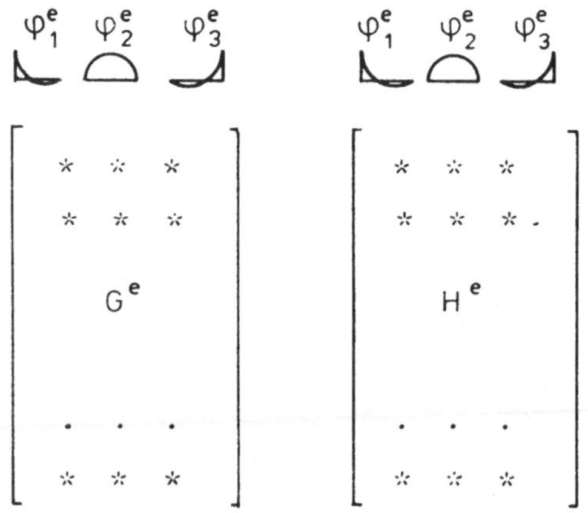

Abb. 3.10 Die Elementmatrizen $\boldsymbol{H}^e$ und $\boldsymbol{G}^e$

der Knoten auf dem ganzen Rand. Eine Elementmatrix ist also ein schlankes Rechteck, das die Höhe der Matrizen G bzw. H hat. Die Zahlen in der ersten Spalte der Matrix G^e stellen den Einfluß dar, den die 1. Belegung des Elements, die Funktion φ_1^e, nach Maßgabe des Kerns $g_0[x^k]$ auf die K Kollokationspunkte x^k hat. Die zweite Spalte ist der Einflußvektor der 2. Belegung etc.

Der Zusammenbau der Elementmatrizen G^e und H^e zu den Gesamtmatrizen G und H geschieht entsprechend der Stetigkeit der Funktionen u bzw. t an den Elementgrenzen, s. Abb. 3.11a und b. Die Elementmatrizen H^e überlappen sich, weil u stetig ist. Daher auch die Modifikation

$$\bar{c}(x^k) = \begin{cases} \dot{c}(x^k) & x^k = \text{Mittelpunkt}, \\ \frac{1}{2}\dot{c}(x^k) & x^k = \text{Anfangs- oder Endpunkt}, \end{cases}$$

die berücksichtigt, daß der c-Term der Anfangs- und Endpunkte halbiert werden muß, damit nach dem Zusammensetzen der korrekte Wert auf der Hauptdiagonalen von H steht,

$$\dot{c}(x^k) = \frac{1}{2}\dot{c}(x^k) + \frac{1}{2}\dot{c}(x^k)$$

Die Elementmatrizen G^e liegen nebeneinander, wenn zwischen den Elementen ein Eckpunkt liegt, s. Abb. 3.11b.

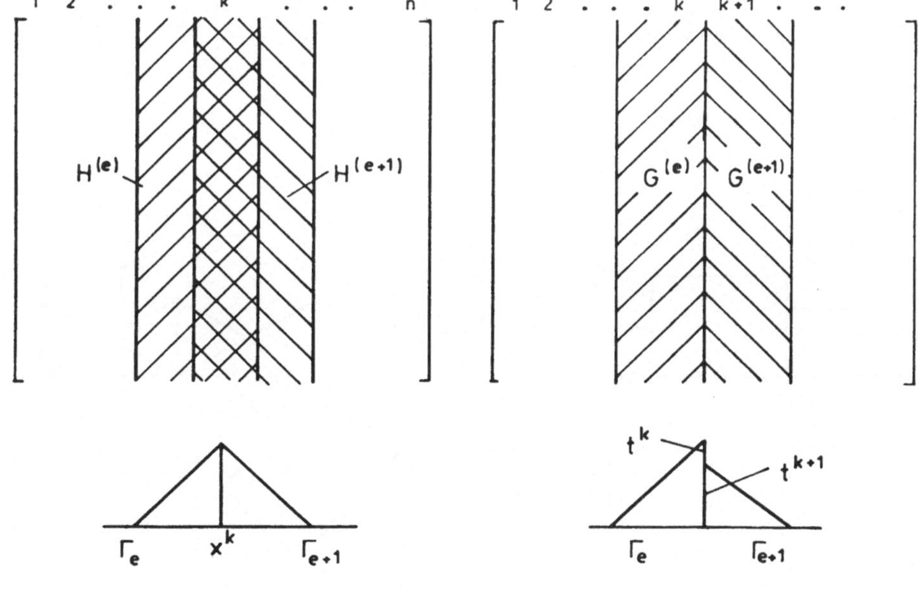

Abb. 3.11 Der Einbau der Elementmatrizen in die globalen Matrizen H und G

Im übrigen ist zu beachten, daß man am Schluß die letzte Spalte der letzten Elementmatrix H^e zur ersten Spalte der globalen Matrix H addieren muß, damit sich der Kreis schließt. Im Fall von G und der letzten Matrix G^e gilt dies nur, wenn der erste Knoten ein glatter Knoten ist.

3.4 Das Masterelement

Für das praktische Rechnen erweist es sich als sinnvoll, ein Masterelement $[0,1]$ einzuführen, s. Abb. 3.12, und alle Rechnungen auf diesem Element auszuführen.

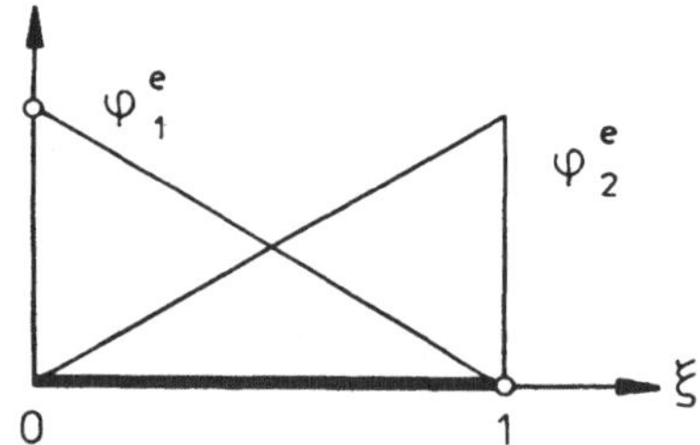

Abb. 3.12 Das Masterelement mit zwei Ansatzfunktionen

In dessen normierter lokaler Koordinate ξ lauten die Gleichungen der Ansatzfunktionen, s. Abb. 3.13:

Konstante Ansatzfunktion

$$\varphi^e = 1\,.$$

Lineare Ansatzfunktionen

$$\varphi_1^e = 1 - \xi\,, \qquad \varphi_2^e = \xi\,.$$

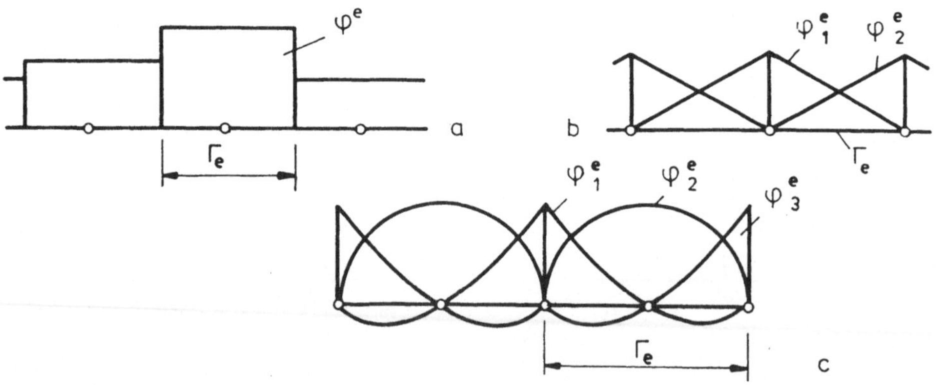

Abb. 3.13 a-c. Ansatzfunktionen: **a** konstante; **b** lineare; **c** quadratische Ansatzfunktionen

Quadratische Ansatzfunktionen

$$\varphi_1^e = (1 - \xi)(1 - 2\xi), \quad \varphi_2^e = 4\xi(1 - \xi), \quad \varphi_3^e = 2\xi(\xi - 0,5)\,.$$

Die Ortsfunktion eines geraden Elements mit dem Anfangspunkt (y_1^a, y_2^a) und dem Endpunkt (y_1^b, y_2^b) lautet

$$y_1^e = y_1^a \varphi_1^e(\xi) + y_1^b \varphi_2^e(\xi) = y_1^a(1 - \xi) + y_1^b \xi\,,$$

$$y_2^e = y_2^a \varphi_1^e(\xi) + y_2^b \varphi_2^e(\xi) = y_2^a(1 - \xi) + y_2^b \xi\,,$$

und damit das Bogenelement

$$ds = ((y_{1,\xi}^e)^2 + (y_{2,\xi}^e)^2)^{1/2}\, d\xi = l_e\, d\xi\,, \quad l_e = \text{ Länge des Elements}\,.$$

Betrachten wir z.B. das Integral

$$\int_\Gamma \ln r\, t(\boldsymbol{y})\, ds_{\boldsymbol{y}} = \sum_e \int_{\Gamma_e} \ln r\, t(\boldsymbol{y})\, ds_{\boldsymbol{y}}\,.$$

Die Funktion

$$r = \left[(y_1 - x_1)^2 + (y_2 - x_2)^2\right]^{1/2}$$

ist der Abstand zwischen dem Integrationspunkt $\boldsymbol{y} = (y_1, y_2)$ und dem Aufpunkt $\boldsymbol{x} = (x_1, x_2)$. Ist z.B. t eine elementweise lineare Funktion mit den Knotenwerten t_1^e und t_2^e, dann gilt für das Integral über ein Element

$$\int_{\Gamma_e} \ln r\, t(\boldsymbol{y})\, ds_{\boldsymbol{y}} = \int_0^1 \ln r\, (t_1^e \varphi_1^e(\xi) + t_2^e \varphi_2^e(\xi)) l_e\, d\xi\,,$$

mit

$$r = r(\xi) = \left[(y_1^e(\xi) - x_1)^2 + (y_2^e(\xi) - x_2)^2\right]^{1/2}$$

und

$$\varphi_1^e(\xi) = 1 - \xi\,, \qquad \varphi_2^e(\xi) = \xi\,.$$

Die Funktionen $y_i^e(\xi)$ sind die obigen Ortsfunktionen des Elements.

Liegt der Aufpunkt $\boldsymbol{x}$ auf einem anderen Element, s. Abb. 3.14, dann bleibt der Integrand

$$f(\xi) = \ln r(\xi)\, (t_1^e \varphi_1^e(\xi) + t_2^e \varphi_2^e(\xi)) l_e$$

regulär, so daß das Integral durch Gauß-Quadratur berechnet werden kann,

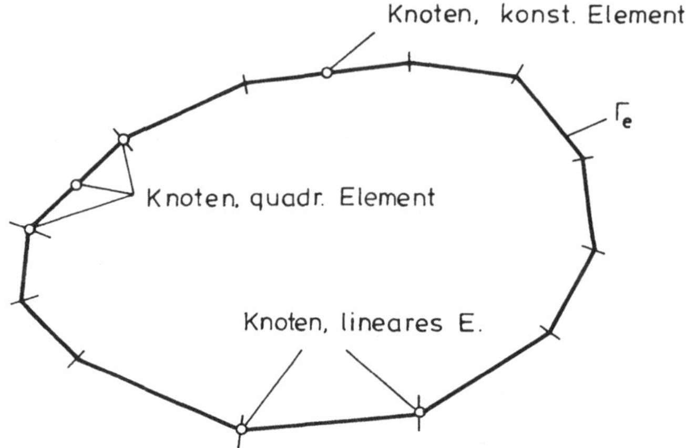

Abb. 3.14 Lage der Knoten

$$\int\limits_0^1 f(\xi)\,d\xi = \sum_i f(\xi_i)w_i\,.$$

Die Anzahl der Gewichte w_i und Stützstellen ξ_i wird man dabei in Abhängigkeit von dem Abstand des Aufpunkts x vom Element Γ_e wählen. In den Programmen werden je nach Abstand 10, 8, 6 bzw. 4 Stützstellen gewählt.

3.5 Singuläre Integrale

Liegt der Aufpunkt x auf dem Element Γ_e selbst, dann wird analytisch integriert.

Im Falle des Integrals

$$H^e_{kj} = \bar{c}(x^k)\varphi^e_j(x^k) + \int\limits_{\Gamma_e} N\frac{\partial}{\partial\nu}g_0(y,x^k)\varphi^e_j(y)\,ds_y, \quad N\frac{\partial}{\partial\nu}g_0 = -\frac{1}{2\pi}\frac{r_\nu}{r}\,,$$

ist die Sache sehr einfach. Weil der Vektor $\nabla_y r$ und die Normale $\nu = \nu(y)$ senkrecht aufeinander stehen wenn y und x auf demselben Element liegen (was bei einem geraden Element immer der Fall ist), ist die Funktion

$$r_\nu = \nabla_y r \cdot \nu$$

Null, so daß nur bleibt

$$H^e_{kj} = \bar{c}(x^k)\varphi^e_j(x^k)\,.$$

Der Integrand in dem Integral

$$G_{kj}^e = \int\limits_{\Gamma} g_0(\boldsymbol{y}, \boldsymbol{x}^k)\varphi_j^e(\boldsymbol{y})\, ds_{\boldsymbol{y}}\,, \quad g_0 = -\frac{1}{2\pi N}\ln r\,,$$

verschwindet zwar nicht, aber dafür ist er nur schwach singulär, so daß man leicht die folgenden Resultate erhält:

a) Konstanter Ansatz

$\boldsymbol{x} = \boldsymbol{x}^m$ (der Kollokationspunkt ist der Mittelpunkt)

$$\int\limits_{\Gamma_e} \ln r\, \varphi^e\, ds_{\boldsymbol{y}} = l_e(\lambda_e - \ln 2 - 1)\,,$$

$$l_e = \text{Länge des Elements}, \quad \lambda_e = \ln l_e\,.$$

b) Lineare Ansätze

$\boldsymbol{x} = \boldsymbol{x}^a$ (der Kollokationspunkt ist der Anfangspunkt des Elements)

$$\int\limits_{\Gamma_e} \ln r\, \varphi_1^e\, ds_{\boldsymbol{y}} = \frac{l_e}{4}(2\lambda_e - 3)\,,$$

$$\int\limits_{\Gamma_e} \ln r\, \varphi_2^e\, ds_{\boldsymbol{y}} = \frac{l_e}{4}(2\lambda_e - 1)\,.$$

c) Quadratische Ansätze

$\boldsymbol{x} = \boldsymbol{x}^a$

$$\int\limits_{\Gamma_e} \ln r\, \varphi_1^e\, ds_{\boldsymbol{y}} = \frac{l_e}{36}(6\lambda_e - 17)\,,$$

$$\int\limits_{\Gamma_e} \ln r\, \varphi_2^e\, ds_{\boldsymbol{y}} = \frac{l_e}{9}(6\lambda_e - 5)\,,$$

$$\int\limits_{\Gamma_e} \ln r\, \varphi_3^e\, ds_{\boldsymbol{y}} = \frac{l_e}{36}(6\lambda_e + 1)\,.$$

$$x = x^m$$

$$\int_{\Gamma_e} \ln r \, \varphi_1^e \, ds_y = l_e\left(\frac{\lambda_e}{6} - 0,17108\right),$$

$$\int_{\Gamma_e} \ln r \, \varphi_2^e \, ds_y = 8l_e\left(\frac{\lambda_e}{12} - 0,1688733\right).$$

Der Fall, daß der Kollokationspunkt am Ende des Elements liegt, ergibt sich durch einfache Symmetrieüberlegungen aus den obigen Resultaten.

3.6 Die Behandlung des Gleichungssystems

Nach dem Zusammenbau bietet sich das folgende Bild

$$\begin{bmatrix} & & \\ & H & \\ & & \end{bmatrix}\begin{bmatrix} \\ u \\ \\ \end{bmatrix} = \begin{bmatrix} & & \\ & G & \\ & & \end{bmatrix}\begin{bmatrix} \\ \\ t \\ \\ \end{bmatrix} + \begin{bmatrix} \\ p \\ \\ \end{bmatrix}.$$

Die quadratische H-Matrix enthält K (= Anzahl der Kollokationspunkte) Spalten, und die rechteckige G-Matrix T Spalten, wobei $T > K$ die Zahl der t-Freiheitsgrade ist.

Die nächste Aufgabe besteht darin, dieses System so umzuordnen, daß ein Gleichungssystem der Gestalt

$$\begin{bmatrix} & \\ A & \\ & \end{bmatrix}\begin{bmatrix} \\ x \\ \end{bmatrix} = \begin{bmatrix} \\ b \\ \end{bmatrix}$$

entsteht, wobei der Vektor x die unbekannten Freiheitsgrade enthält, die Matrix A die zugehörigen Einflußvektoren und b die summierten Einflußvektoren der bekannten Freiheitsgrade. Bei diesem Umordnen kann nun scheinbar das Problem auftreten, daß die Zahl der Unbekannten größer ist als die Zahl der Gleichungen, denn in Eckpunkten gibt es drei Freiheitsgrade

$$u_i, \quad t_j, \quad t_{j+1},$$

und dies scheint einer zuviel. Aber das Gegenteil ist richtig. Eckpunkte sind Punkte, in denen die Lösung im Prinzip überbestimmt ist. Ist etwa u links und rechts vom Knoten vorgeschrieben, dann kann man die Tangentialableitungen links, u_t^l, und rechts, u_t^r, näherungsweise mit finiten Differenzen berechnen, damit auch den Gradienten

$$u_{,1} = \frac{1}{D}(t_2^r u_t^l - t_2^l u_t^r)\,, \qquad D = t_1^l t_2^r - t_1^r t_2^l\,,$$

$$u_{,2} = \frac{1}{D}(-t_1^r u_t^l + t_1^l u_t^r)\,,$$

und somit auch die Normalableitungen

$$t^l = N(u_{,1}\, n_1^l + u_{,2}\, n_2^l)\,,$$

$$t^r = N(u_{,1}\, n_1^r + u_{,2}\, n_2^r)\,.$$

Im Grunde wäre es daher gar nicht nötig, in eine solche Ecke einen Kollokationspunkt zu legen. Aus programmtechnischen Gründen wird man so etwas jedoch trotzdem tun und einen der drei Freiheitsgrade als 'unbekannten' Freiheitsgrad behandeln. Vor dem Lösen des Gleichungssystems werden dann in der zum Knoten gehörigen Zeile die Nebenelemente Null gesetzt, das Hauptdiagonalelement eins und auf die rechte Seite wird der tatsächliche Wert des Freiheitsgrads geschrieben. Das so modifizierte System liefert für den 'unbekannten' Freiheitsgrad prompt das korrekte Ergebnis.

Auch bei anderen Kombinationen von Randbedingungen gelingt es immer, in einem Eckknoten die Zahl der wesentlichen Freiheitsgrade auf zwei zu reduzieren. Davon ist einer vorgeschrieben, und der zweite ist unbekannt. Der dritte eliminierte Freiheitsgrad bestimmt sich dann aus den beiden unabhängigen Freiheitsgraden.

Anmerkung: Bei der Programmierung wird natürlich der Zwischenschritt

$$H^e,\, G^e \quad \longrightarrow \quad H u = G t \quad \longrightarrow \quad A x = b$$

übergangen und die Elementmatrizen H^e und G^e werden direkt in der Matrix A abgespeichert, um Speicherplatz zu sparen. Macht man jedoch den Zwischenschritt, z.B. beim Austesten eines Programms, dann sollte man darauf achten, daß man die Matrix A nicht so aufbaut, daß erst alle Spalten von H und dann alle Spalten von G in A stehen, sondern, daß die Spalten ihre 'natürliche' Reihenfolge beibehalten, d.h. die Abfolge der Spalten sollte mit der Abfolge der Unbekannten auf dem Rand übereinstimmen. Andernfalls wird die Kondition der Matrix A unnötig verschlechtert.

3.7 Das Gebietsintegral

Das Gebietsintegral in (3.10), das den Einfluß des Drucks p auf einen Punkt x beschreibt, kann, falls der Druck p harmonisch ist, $\Delta p = 0$, wie folgt in ein Randintegral umgeformt werden:

Die Funktion

$$U = -\frac{1}{8\pi N^2} r^2 (\ln r - 1)$$

ist die 'Stammfunktion' der Grundlösung bezüglich des Laplace Operators

$$-N \Delta U = -\frac{1}{2\pi N} \ln r .$$

Setzt man in der 2. Greenschen Identität (3.3) $\hat{u} = U$ und $u = p$, dann folgt nach dem üblichen Grenzübergang $B_\varepsilon \to B$,

$$-\frac{1}{2\pi N} \int_\Omega \ln r\, p\, d\Omega_y = -\int_\Gamma (N \frac{\partial U}{\partial \nu} p - U N \frac{\partial p}{\partial \nu})\, ds_y ,$$

was sich, wenn der Druck p konstant ist, weiter vereinfacht zu

$$-\frac{1}{2\pi N} \int_\Omega \ln r\, p\, d\Omega_y = -\int_\Gamma N \frac{\partial U}{\partial \nu} p\, ds_y = \frac{p}{8\pi N} \int_\Gamma r(2\ln r - 1) r_\nu\, ds_y .$$

$$(3.13)$$

Greift eine Einzelkraft P in einem inneren Punkt ξ der Membran an, dann ist das Gebietsintegral in (3.10) zu ersetzen durch

$$g_0(\xi, x)P ,$$

und wirken längs einer Kurve γ Linienkräfte p, dann ist das Gebietsintegral zu ersetzen durch

$$\int_\gamma g_0(y, x)p(y)\, ds_y \equiv \sum_e \int_{\Gamma_e} g_0(y, x)(p_1^e \varphi_1^e(y) + p_2^e \varphi_2^e(y))\, ds_y .$$

Zur Berechnung dieses Integrals wird man, wie angedeutet, näherungsweise die Kurve γ durch eine Schar von linearen Elementen Γ_e ersetzen und p auf diesen Elementen durch lokale Ansatzfunktionen φ_i^e interpolieren.

3.8 Schnittkräfte

Die Einflußfunktionen für die beiden Ableitungen lauten, s. Abschn. 3.11,

$$
u_{,x_i}(x) = \int\limits_{\Gamma} [\frac{\partial}{\partial x_i} g_0(y,x) t(y) - \frac{\partial}{\partial x_i} N \frac{\partial}{\partial \nu} g_0(y,x) u(y)]\, ds_y
$$

$$
+ \int\limits_{\Omega} \frac{\partial}{\partial x_i} g_0(y,x)(-N\,\Delta u)\, d\Omega_y\,.
$$

Hierbei ist

$$
\frac{\partial}{\partial x_i} g_0(y,x) = -\frac{1}{2\pi N} \frac{1}{r} r_{,x_i}\,,
$$

$$
\frac{\partial}{\partial x_1} N \frac{\partial}{\partial \nu} g_0(y,x) = \frac{1}{2\pi} \frac{1}{r^2} (r_{,x_1} r_\nu - r_\tau r_{,x_2})\,,
$$

$$
\frac{\partial}{\partial x_2} N \frac{\partial}{\partial \nu} g_0(y,x) = \frac{1}{2\pi} \frac{1}{r^2} (r_{,x_2} r_\nu + r_\tau r_{,x_1})\,.
$$

Wurde das Gebietsintegral durch ein Randintegral ersetzt, dann werden noch die Ableitungen des Kerns in (3.13) benötigt

$$
\frac{\partial}{\partial x_1} \{ \frac{1}{8\pi N} [r(2\ln r - 1)r_\nu] \} = \frac{1}{8\pi N} \{ 2\ln r(r_{,x_1} r_\nu + r_{,x_2} r_\tau)
$$

$$
+ r_{,x_1} r_\nu - r_{,x_2} r_\tau \}\,,
$$

$$
\frac{\partial}{\partial x_2} \{ \frac{1}{8\pi N} [r(2\ln r - 1)r_\nu] \} = \frac{1}{8\pi N} \{ 2\ln r(r_{,x_2} r_\nu - r_{,x_1} r_\tau)
$$

$$
+ r_{,x_1} r_\tau + r_{,x_2} r_\nu \}\,.
$$

3.9 Beispiele

3.9.1 Schub und Torsion

Die Bestimmung der Schubspannungen aus Biegung und Torsion bei dickwandigen Voll- und Hohlquerschnitten hängt eng mit der Membrantheorie zusammen. So führt die Bestimmung der Schubspannungen in einem tordierten Querschnitt auf die *Prandtlsche Spannungsfunktion Φ*. Sie gleicht nach der Seifenhautanalogie der Durchbiegung einer Membran unter dem Druck $p = 2$

$$-\Delta\Phi = 2 \quad \text{in } \Omega, \quad \Phi = 0 \quad \text{auf } \Gamma.$$

Die Schubspannungen sind proportional den Gradienten an diesen Spannungshügel, s. Abb. 3.15,

$$\tau_{xy} = -G\frac{\vartheta}{l}\Phi_{,z} , \qquad \tau_{xz} = G\frac{\vartheta}{l}\Phi_{,y} ,$$

$$G = \text{Schubmodul}, \quad l = \text{Länge}, \quad \vartheta = \text{Verwindung},$$

und das mit 2 multiplizierte Volumen des Spannungshügels ist gleich dem Torsionsträgheitsmoment J_T des Querschnitts

$$J_T = 2 \int_{\Omega} \Phi \, d\Omega .$$

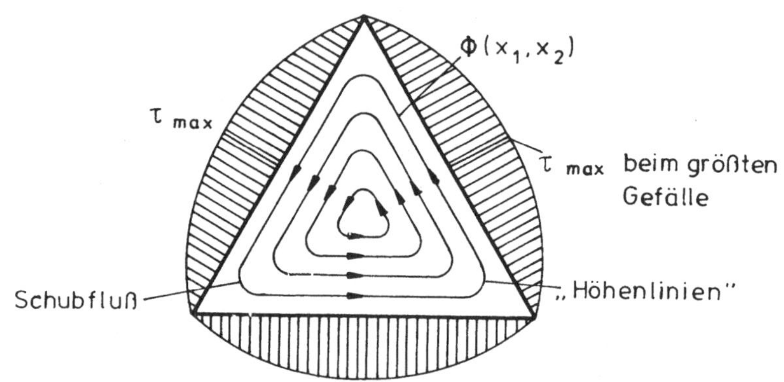

Abb. 3.15 Die Schubspannungsverteilung in einem dreiecksförmigen Profil

In Tabelle 3.1 sind für einige Querschnitte die mit dem Programm *BELAPLACE* berechneten Trägheitsmomente J_T angegeben.

Weist der Querschnitt n Löcher auf, dann sind auf den Innenrändern Γ_i zusätzlich n Verschiebungsrandbedingungen

$$\Phi = \bar{\Phi}_i ,$$

zu stellen, wobei die $\bar{\Phi}_i$ zunächst unbestimmte konstante Funktionen sind, zu deren Bestimmung man n Zusatzbedingungen formuliert, die sich aus den *Zusammenhangsbedingungen der Innenränder* ergeben,

Tabelle 3.1

Profil	J_T exakt	J_T REM	Zahl der Elemente
(Rechteck: 2 × 1)	0,458	0,456	18
(Dreieck: 60 / 60 / 60)	280 519	280 576	18
(T-Profil: 50, 15, 35, 15)	?	96 114	60

$$\int\limits_{\Gamma_i} \frac{\partial \Phi}{\partial n}\, ds = -2A_i\,, \quad \text{('Bredtsche Formel')}$$

A_i = Fläche, die von der Randkurve Γ_i eingefaßt wird.

Die in der Festigkeitslehre üblicherweise verwendete Formel

$$\tau = \frac{QS}{Ib}$$

für die Schubspannungen ist bei dickwandigen Querschnitten zu ungenau. Im Falle des Kragträgers in Abb. 3.16 führt eine genauere Theorie z.B. auf die Beziehung

$$\tau_{zx} = B_{,y}\,, \quad \tau_{zy} = -B_{,x} - \frac{P}{2I}y^2\,,$$

wobei die sogenannte *Biegungs-Spannungsfunktion* B die Membrangleichung

$$-\Delta B = \frac{\nu}{1+\nu}\frac{P}{I}(x - x_0)$$

löst.

Sauer, [30], hat diese Schub- und Torsionsprobleme mit der indirekten Methode gelöst. Seine Arbeit enthält eine ausführliche Darstellung der mathematischen und mechanischen Grundlagen.

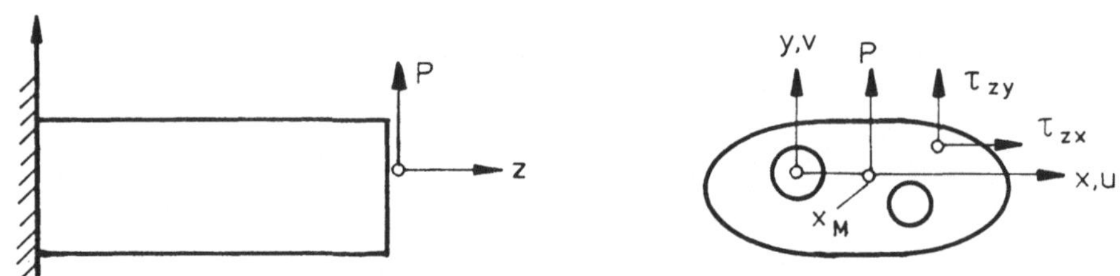

Abb. 3.16 Gedrungener Kragträger (Sauer[30])

3.9.2 Temperaturverteilung

Das zweite Beispiel ist die Temperaturverteilung in einem Wohnzimmer mit L-förmigem Grundriß, s. Abb. 3.17. Die Wände sind so isoliert, daß dort keine Wärme abfließen kann. Der Temperaturgradient ist dort Null, $\partial T/\partial n = 0$. Die Fensterscheiben haben eine Temperatur von $10°$ und der Kamin an der oberen Stirnwand eine Temperatur von $50°$.

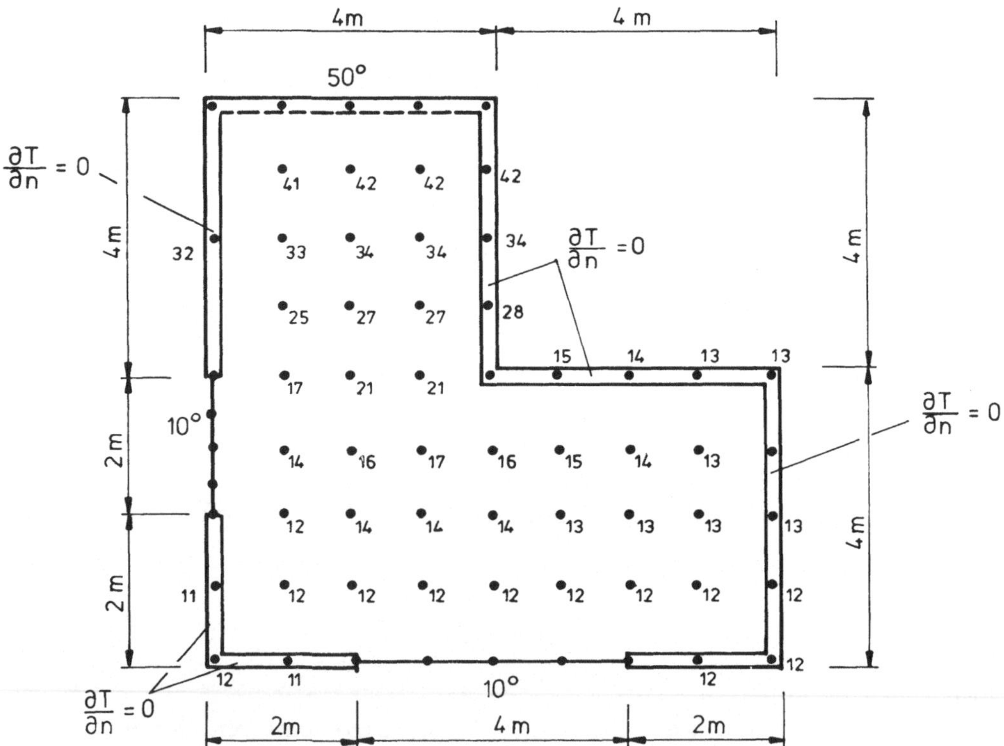

Abb. 3.17 Temperaturverteilung im Wohnzimmer

Die Temperatur stellt sich nun so ein, daß sie diesen Randbedingungen und der Differentialgleichung

$$\Delta T = 0$$

genügt. Die Lösung einer solchen Gleichung nennt man eine *harmonische Funktion*, denn schlägt man um einen Punkt x einen Kreis $\Gamma_{N\varepsilon}(x)$, so ist der Mittelwert der Temperatur auf diesem Kreis gerade die Temperatur im Mittelpunkt des Kreises

$$T(x) = \frac{1}{2\pi\varepsilon} \int\limits_{\Gamma_{N\varepsilon}} T(y)\, ds_y \,.$$

Abbildung 3.17 zeigt die mit dem Programm *BE-LAPLACE* berechnete Temperaturverteilung im Zimmer. Der Rand wurde dabei in 16 unterschiedlich lange quadratische Elemente eingeteilt. Die Punkte auf dem Rand sind die Knoten.

3.9.3 Brownsche Bewegungen

Auch die Wahrscheinlichkeitsrechnung ist eng mit der Potentialtheorie verknüpft, s. [31].

Die Moleküle innerhalb eines ebenen Gebiets Ω, das von zwei Kurven Γ_i und Γ_a begrenzt sei, mögen erratische (Brownsche) Bewegungen ausführen, s. Abb. 3.18a. Frage: Wie groß ist die Wahrscheinlichkeit $w(x)$, daß ein Molekül, das in dem Punkt x startet, im Verlaufe seiner Wanderung gegen die innere Begrenzung Γ_i stößt, bevor es gegen die äußere Berandung Γ_a stößt?

Für Moleküle, die sich auf Γ_i befinden, ist die Wahrscheinlichkeit 1. Für Moleküle, die sich auf der äußeren Berandung Γ_a befinden, ist sie 0. Für alle anderen Startorte x ist die Wahrscheinlichkeit $w(x)$ identisch mit der Lösung des Randwertproblems

$$\Delta w = 0, \quad w = 1 \quad \text{auf } \Gamma_i, \quad w = 0 \quad \text{auf } \Gamma_a,$$

also identisch mit der Membran, die sich von der um $w = 1$ angehobenen Innenkurve zur Außenkurve spannt.

Ist das Gebiet durch zwei konzentrische Kreise begrenzt, s. Abb. 3.18b, R = großer Radius, ε = kleiner Radius, dann lautet die Lösung

$$w(r) = \frac{\ln R}{\ln R - \ln \varepsilon} - \frac{\ln r}{\ln R - \ln \varepsilon}\,.$$

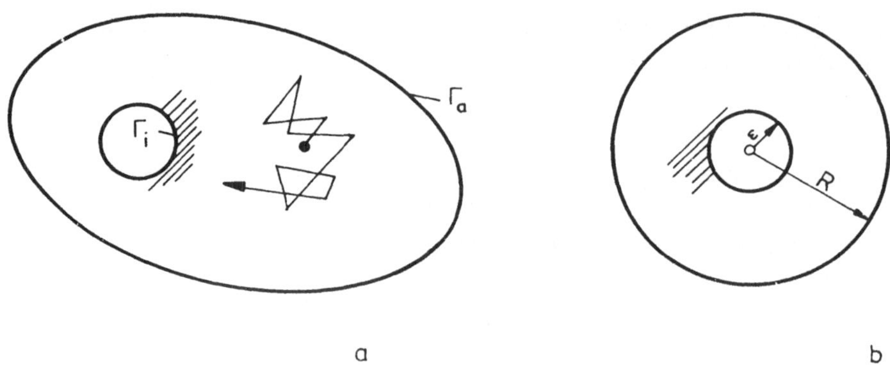

Abb. 3.18 a-b. Brownsche Bewegungen: **a** Weg eines Moleküls; **b** das Modellgebiet

Hat der innere Kreis den Radius $\varepsilon = 1$, dann vereinfacht sich dies zu

$$w(r) = 1 - \frac{\ln r}{\ln R}\,.$$

Wenn der Radius R des äußeren Kreises gegen Unendlich strebt, so strebt also die Wahrscheinlichkeit gegen 1. Wo immer auch ein Molekül startet, es wird immer gegen die innere Berandung stoßen, nie gegen die äußere.

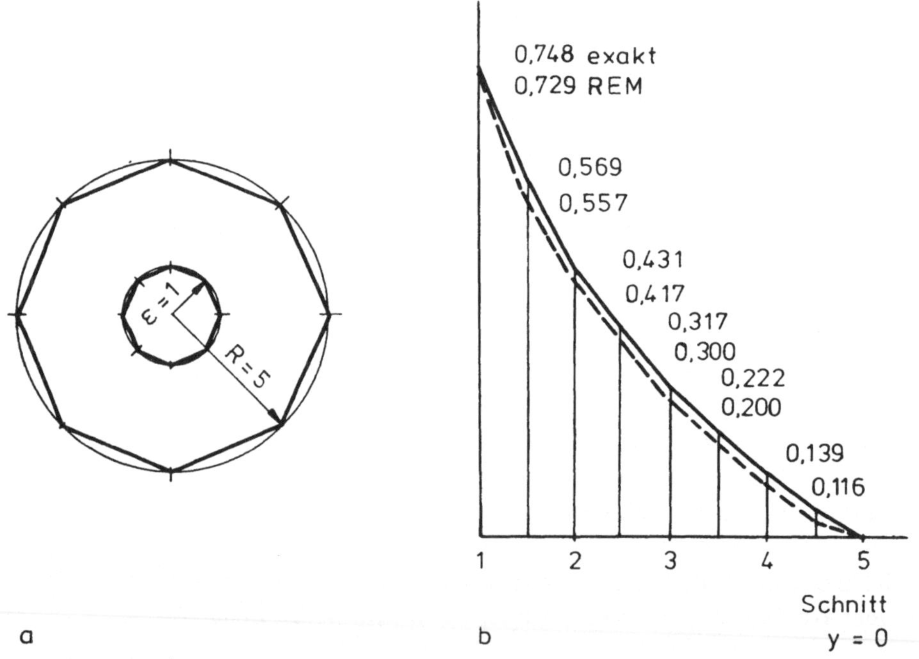

Abb. 3.19 a-b. Lösung des Modellproblems: **a** die RE-Approximation des Gebiets; **b** Vergleich der Wahrscheinlichkeitsverteilungen

In drei Dimensionen hat dasselbe Problem die Lösung

$$w(r) = (\frac{1}{R} - \frac{1}{r})/(\frac{1}{R} - \frac{1}{\varepsilon}) \, .$$

Im Spezialfall $\varepsilon = 1$ und $R \to \infty$ wird daraus

$$w(r) = \frac{1}{r} \, .$$

Nun nimmt die Wahrscheinlichkeit mit wachsendem Abstand ab: *'Obviously there is more room to escape in 3-D than in 2-D'*.

Um das ebene Problem zu lösen, wurden näherungsweise die beiden konzentrischen Kreise durch Vielecke approximiert, s. Abb. 3.19a.

3.10 Das Maximumprinzip

Nach dem Maximumprinzip nimmt eine harmonische Funktion $\Delta u = 0$ ihr Maximum auf dem Rande an. Daraus folgt sofort, daß der Fehler $u - u_h$ einer RE-Lösung auf dem Rande am größten ist, denn löst man das Problem

$$-N\Delta u = p \quad \text{in } \Omega \, , \quad u = \bar{u} \quad \text{auf } \Gamma_1 \, , \quad t = \bar{t} \quad \text{auf } \Gamma_2$$

mit dem Ansatz (3.10), dann genügt u_h der Differentialgleichung

$$-N\Delta u_h = p \, ,$$

(wenn einmal von Quadraturfehlern bei der Berechnung des Gebietsintegrals oder des äquivalenten Randintegrals abgesehen wird), und daher ist der Fehler harmonisch,

$$-N\Delta(u - u_h) = p - p = 0 \, ,$$

hat also sein Maximum auf dem Rand.

Abbildung 3.20 demonstriert dies an einem kleinen eindimensionalen Beispiel. Die Differentialgleichung $u'' = 0$ ist das eindimensionale Analogon der Differentialgleichung $\Delta u = 0$ und das Randwertproblem

$$u'' = 0 \, , \quad u(0) = u_0 \, , \quad u(1) = u_1$$

im Sinne der Randelementmethode lösen heißt, die beiden Punkte $u_0 + \varepsilon_0$ und $u_1 + \varepsilon_1$ mit dem Lineal zu verbinden. Die Terme ε_0 und ε_1 mögen die Fehler darstellen, die man sich bei mehrdimensionalen Problemen durch das nur näherungsweise Lösen der Kopplungsbedingung einhandelt. Es ist anschaulich klar, daß der Fehler auf dem Rand am größten ist.

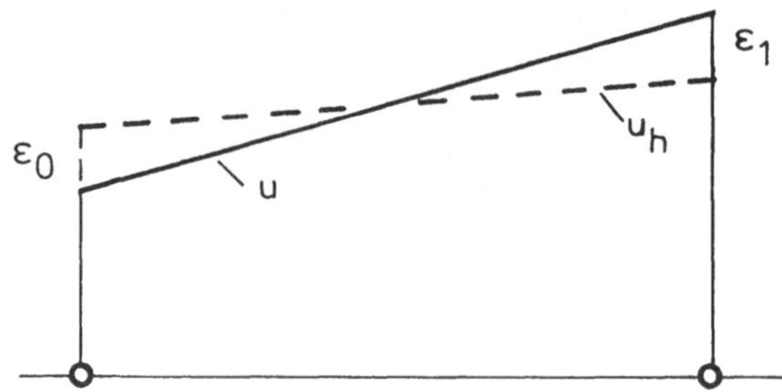

Abb. 3.20 Der Fehler $u - u_h$ der RE-Lösung ist auf dem Rand am größten

Für die Kirchhoffplatte haben Schulze und Wildenhain, [32], korrespondierende Abschätzungen in der Maximumnorm gegeben. Maz'ja und Plamenevskij, [33], haben Abschätzungen für Platten mit stückweise glatten Rändern gegeben.

Bezüglich Scheiben und elastischen Körpern sei auf die Arbeiten von Fichera, [34], und Adler, [35], verwiesen.

3.11 Die Einflußfunktion für die Normalableitung

In Abschn. 3.8 wurde schon im Zusammenhang mit den Schnittkräften von den Einflußfunktionen für die 1. Ableitungen Gebrauch gemacht. In diesem Abschnitt sollen nun die vollständigen Formeln — diese berücksichtigen jetzt auch den Fall, daß der Punkt x auf dem Rand liegt — gegeben werden.

Formuliert man den Satz von Betti mit der Grundlösung

$$g_1(\boldsymbol{y}, \boldsymbol{x}) = N \frac{\partial}{\partial n_{\boldsymbol{x}}} g_0(\boldsymbol{y}, \boldsymbol{x}) = -\frac{1}{2\pi r}(r_{,x_1} n_1 + r_{,x_2} n_2)$$

und der Funktion $u(\boldsymbol{y}) - u(\boldsymbol{x})$, dann erhält man nach dem üblichen Grenzübergang

$$\lim_{\varepsilon \to 0} B(g_1[\boldsymbol{x}], u(\boldsymbol{y}) - u(\boldsymbol{x}))_{\Omega_\varepsilon} = 0$$

den Ausdruck

$$c_1(\boldsymbol{x})u_{,1}(\boldsymbol{x}) + c_2(\boldsymbol{x})u_{,2}(\boldsymbol{x}) = \int_\Gamma [g_1(\boldsymbol{y}, \boldsymbol{x}) N \frac{\partial u}{\partial \nu}(\boldsymbol{y})$$

$$- N \frac{\partial}{\partial \nu} g_1(\boldsymbol{y}, \boldsymbol{x})(u(\boldsymbol{y}) - u(\boldsymbol{x}))]\, ds_{\boldsymbol{y}} + \int_\Omega g_1(\boldsymbol{y}, \boldsymbol{x}) p(\boldsymbol{y})\, d\Omega_{\boldsymbol{y}}. \qquad (3.14)$$

Wobei die c_i die charakteristischen Funktionen

$$c_i(x) = \begin{cases} n_i, & x \in \Omega, \\ \dot{c}_i(x), & x \in \Gamma, \\ 0, & x \in \Omega^c, \end{cases}$$

mit den Randwerten

$$\dot{c}_1(x) = \frac{1}{2\pi}[(\varphi + \frac{1}{2}\sin 2\varphi)n_1 + \sin^2\varphi\, n_2]_{\varphi_2}^{\varphi_1},$$

$$\dot{c}_2(x) = \frac{1}{2\pi}[\sin^2\varphi\, n_1 + (\varphi - \frac{1}{2}\sin 2\varphi)n_2]_{\varphi_2}^{\varphi_1},$$

sind. In einem Randpunkt kann mit der Einheitsmatrix I und der Matrix

$$J(\varphi) = \begin{bmatrix} 1/2\sin 2\varphi & \sin^2\varphi \\ \sin^2\varphi & -1/2\sin 2\varphi \end{bmatrix}$$

für die linke Seite von (3.14) auch geschrieben werden

$$\dot{c}_1(x)u_{,1}(x) + \dot{c}_2(x)u_{,2}(x) = \nabla u(x)^T \left\{ \frac{\Delta\varphi}{2\pi}I + \frac{1}{2\pi}(J(\varphi_1) - J(\varphi_2)) \right\} n.$$

Die Matrix $J(\varphi)$ wird uns — überraschenderweise — auch wieder bei den Einflußfunktionen von Platten und Scheiben begegnen.

Bei der Herleitung der Formel (3.14) wurde im übrigen von der Tatsache Gebrauch gemacht, daß von u eine Konstante $u(x)$ abgezogen werden kann, ohne den Verlauf der Normalableitung zu ändern. Dies hat den Vorteil, daß die starke Singularität $O(r^{-2})$ des Kerns $\partial g_1/\partial\nu$ durch die künstlich eingeführte Nullstelle der Belegung $f(y) = u(y) - u(x)$ gedämpft wird.

3.12 Substrukturtechnik

Ist der Faktor N vor der Differentialgleichung $-N\Delta u = p$ nur abschnittsweise konstant, wie es etwa bei dem Studium des Wärmeflusses in einem Querschnitt vorkommen kann, der aus zwei unterschiedlichen Materialien zusammengesetzt ist, s. Abb. 3.21, dann verfährt man wie folgt:

Man formuliert die Kopplungsbedingungen für beide Gebiete erst getrennt

$$\begin{bmatrix} H_{11} & H_{12} & 0 & 0 \\ H_{21} & H_{22} & 0 & 0 \\ 0 & 0 & H_{33} & H_{34} \\ 0 & 0 & H_{43} & H_{44} \end{bmatrix} \begin{bmatrix} u_1 \\ u_2 \\ u_3 \\ u_4 \end{bmatrix} = \begin{bmatrix} G_{11} & G_{12} & 0 & 0 \\ G_{21} & G_{22} & 0 & 0 \\ 0 & 0 & G_{33} & G_{34} \\ 0 & 0 & G_{43} & G_{44} \end{bmatrix} \begin{bmatrix} t_1 \\ t_2 \\ t_3 \\ t_4 \end{bmatrix}$$

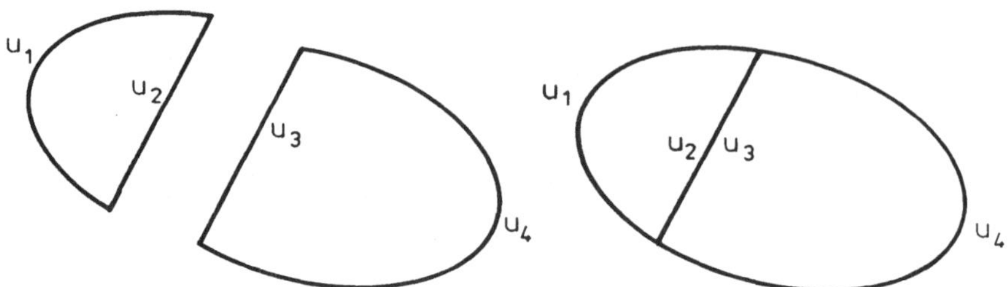

Abb. 3.21 Zwei Gebiete mit unterschiedlichen Materialeigenschaften

und fügt sie dann unter Beachtung der Übergangsbedingungen

$$u_2 - u_3 = o, \qquad t_2 + t_3 = o$$

zu dem System

$$\begin{bmatrix} H_{11} & H_{12} & o \\ H_{21} & H_{22} & o \\ o & H_{33} & H_{34} \\ o & H_{43} & H_{44} \end{bmatrix} \begin{bmatrix} u_1 \\ u_2 \\ u_4 \end{bmatrix} = \begin{bmatrix} G_{11} & G_{12} & o \\ G_{21} & G_{22} & o \\ o & -G_{33} & G_{34} \\ o & -G_{43} & G_{44} \end{bmatrix} \begin{bmatrix} t_1 \\ t_2 \\ t_4 \end{bmatrix}$$

zusammen. Man beachte, daß sich — anders als bei den finiten Elementen — die Blöcke nicht überlappen, sondern nur untereinanderschieben. Die Zahl der zu lösenden Gleichungen verringert sich durch den Einbau der Übergangsbedingungen also nicht. Von den sechs Vektoren u_i und t_i sind nun zwei durch die Randbedingungen vorgegeben (etwa u_1 und t_4), so daß genau vier Vektoren aus vier Matrizen-Gleichungen zu bestimmen sind. Im Falle eines Gebiets, wie in Abb. 3.22, lautet das Gleichungssystem z.B.

$$\begin{bmatrix} H_{12} & -G_{12} & o & -G_{11} \\ H_{22} & -G_{22} & o & -G_{21} \\ H_{33} & G_{33} & H_{34} & o \\ H_{43} & G_{43} & H_{44} & o \end{bmatrix} \begin{bmatrix} u_2 \\ t_2 \\ u_4 \\ t_1 \end{bmatrix} = \begin{bmatrix} o \\ o \\ G_{34} \\ G_{44} \end{bmatrix} [\bar{t}] \, .$$

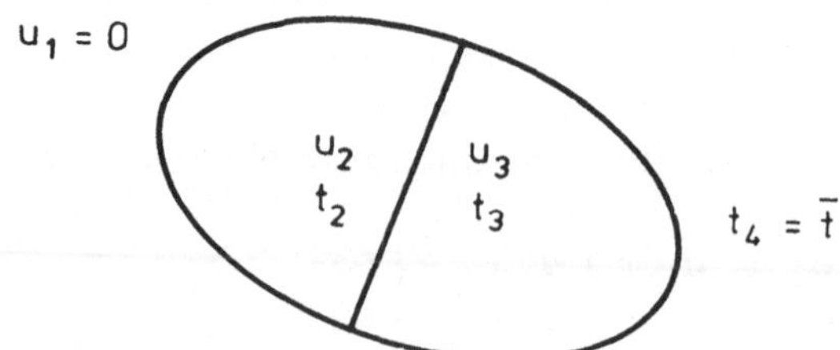

Abb. 3.22 Randwertproblem für ein zusammengesetztes Gebiet

Die Zerlegung eines Gebiets in Teilstrukturen kann auch dann sinnvoll sein, wenn gar keine Unstetigkeit in dem Koeffizienten N der Differentialgleichung vorhanden ist. Ist man an dem Verlauf der Lösung im Innern nur längs einer Linie interessiert, dann kann man die Struktur längs dieser Linie in zwei Teilbereiche einteilen und die ganze Struktur als eine zusammengesetzte Struktur berechnen. Der Verlauf der Lösung längs der Linie fällt dann direkt bei der Lösung der Kopplungsbedingungen mit ab. Eine Nachlaufrechnung zur Bestimmung der inneren Größen ist also nicht mehr erforderlich. Des weiteren erhält das zu lösende Gleichungssystem durch diese Substrukturtechnik eine gewisse Bandstruktur, was sich wiederum vorteilhaft auf die Rechenzeit auswirkt, [36].

Treffen in einem inneren Punkt mehrere Gebiete zusammen, wie in Abb. 3.23, dann ist zu berücksichtigen, daß die Zahl der Unbekannten in einem solchen Fall größer ist als die Zahl der Gleichungen. (Bei den obigen Beispielen lagen die Punkte auf dem Rand, und dort erledigt sich die Unbestimmtheit durch die Beachtung der Randbedingungen).

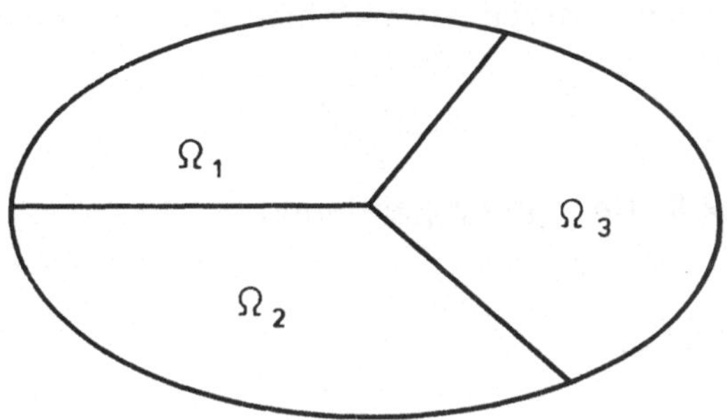

Abb. 3.23 Zusammengesetztes Gebiet

In dem 'Drei-Länder-Eck' treffen drei Kollokationspunkte zusammen. Unbekannt sind in jedem Punkt 1 Verschiebung und 2 Normalableitungen. Diesen $(1 + 2) \times 3 = 9$ Unbekannten stehen zunächst einmal die 3 Integralgleichungen gegenüber, die in den 3 Ecken formuliert worden sind. Da aber auch die Knotenverschiebungen in den Ecken

$$u_{\Omega_2} = u_{\Omega_1}, \quad u_{\Omega_3} = u_{\Omega_1},$$

und auch die Normalableitungen auf gegenüberliegenden Seiten

$$t_{12} + t_{21} = 0, \quad t_{13} + t_{31} = 0, \quad t_{23} + t_{32} = 0,$$

$$(t_{ij} = \text{Normalableitung von } \Omega_i \text{ nach } \Omega_j)$$

gleich sein müßen, erhöht sich die Zahl der Bedingungsgleichungen auf 8. Die noch fehlende 9. Gleichung liefert die Kopplung zwischen den Normalableitungen. Für die Normalableitungen t_{12} und t_{13} gilt

$$\begin{bmatrix} t_{12} \\ t_{13} \end{bmatrix} = \begin{bmatrix} n.. & n.. \\ n.. & n.. \end{bmatrix} \begin{bmatrix} u_{,1} \\ u_{,2} \end{bmatrix},$$

oder kürzer

$$t = A\nabla u,$$

wobei die Matrix A die Komponenten der entsprechenden Normalen enthält. Da die Matrix A invertierbar ist (solange das 'Drei-Ländereck' nicht entartet), ist mit ∇u auch der Vektor t gegeben — und umgekehrt. Die Normalableitung über die dritte Kante hinweg (n sei der Vektor der Kante 23)

$$t_{23} = n^T \nabla u,$$

ist also durch die beiden anderen Normalableitungen schon eindeutig bestimmt

$$t_{23} = n^T A^{-1} t.$$

Dies ist die gesuchte 9. Bedingungsgleichung.

3.13 Singularitäten

Die Funktion

$$u = r^{1/q} \sin\left(\frac{\varphi}{q}\right)$$

ist in dem Keilgebiet

$$\Omega = \left\{ (r,\varphi) \mid 0 < r < \infty, 0 < \varphi < q\pi = \text{Öffnungswinkel} \right\}$$

eine homogene Lösung der Differentialgleichung $\Delta u = 0$, und sie hat auf den Flanken des Keils die Randwerte $u = 0$. Ihre Ableitungen

$$u_{,i} = \frac{1}{q} r^{1/q-1} \left[\sin\left(\frac{\varphi}{q}\right) \mp \cos\left(\frac{\varphi}{q}\right) \frac{x_i}{r} \right]$$

sind von der Ordnung $O(r^{1/q-1})$. Die Regularität dieser Funktion hängt also von dem Parameter q und damit dem Öffnungswinkel $q\pi$ des Keils ab. Ist der Öffnungswinkel kleiner als $180°$ ($q < 1$), dann ist die Tangente an u horizontal (Rand einer Badewanne), ist der Winkel größer als $180°$ ($q > 1$), dann ist die Tangente vertikal (Rand eines Canyons), s. Abb. 3.24. Bei einem Öffnungswinkel von 2π, dies entspricht einem Schlitz, ist die Singularität von der Ordnung $O(r^{-0,5})$.

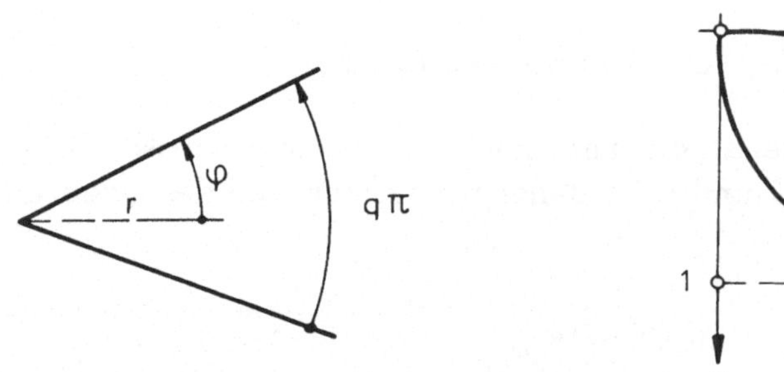

Abb. 3.24 Die Regularität bzw. Singularität hängt davon ab, wie die Funktion in den Nullpunkt hineinläuft

Diese Abhängigkeit vom Winkel ist typisch für die Lösungen elliptischer Probleme, also für die Verformungsfiguren von Scheiben, Platten und elastischen Körpern. Um dem Genauigkeitsverlust vorzubeugen, den solche Singularitäten nach sich ziehen, gibt es mehrere Strategien:

a) *Verfeinerung der Elementteilung,*
b) *Einbau singulärer Elemente,* s. [37, 38]
c) *Subtraktion der Singularität,*
d) *Verwendung spezieller Grundlösungen.*

Als Testbeispiel für die Strategien a,b und c soll eine geschlitzte Membran dienen, s. Abb. 3.25. Gesucht ist die Funktion u mit den Eigenschaften

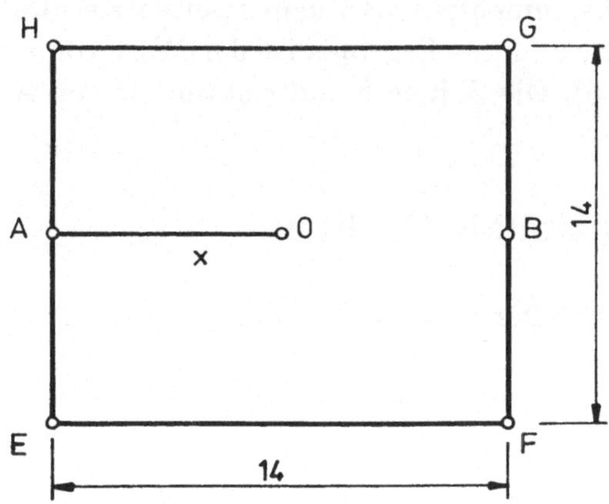

Abb. 3.25 Eine geschlitzte Membran

$$\Delta u = 0 \qquad \text{in } \Omega,$$

$$u = 0 \qquad \text{längs HA (linke Kante oben)},$$

$$u = 1000 \qquad \text{längs AE (linke Kante unten)},$$

$$t = 0 \qquad \text{auf dem übrigen Rand.}$$

Auf Grund der Symmetrie ist die Funktion $u - 500$ antimetrisch bezüglich der horizontalen Achse AB und u ist daher im unteren Teil des Quadrats die Lösung des Problems

$$\Delta u = 0 \qquad \text{in EFBOA}$$

$$u = 1000 \qquad \text{längs AE (linke Kanten unten)},$$

$$u = 500 \qquad \text{längs BO (rechts vom Riß)},$$

$$t = 0 \qquad \text{auf dem übrigen Rand.}$$

In dem Punkt x auf der unteren Rißkante mit dem Abstand $r = 0,75$ Einheiten von der Rißspitze hat die 'exakte' Lösung den Wert $u = 634,45$. Bei einer Einteilung der einzelnen Segmente in je 5 Elemente — die untere lange Kante wird in 10 Elemente unterteilt — liefern die verschiedenen Methoden die folgenden Ergebnisse

a_0	a_1	b	c	'exakt'
618,62	632,02	634,85	634,45	634,45

Die Resultate a_0 und a_1 wurden mit dem Programm *BE-LAPLACE* berechnet. Der erste Wert a_0 (5 Elemente auf der Rißkante) ist gemittelt, da kein Knoten mit dem Punkt x zusammenfällt. Bei dem zweiten Resultat a_1 wurde der Riß in 9 Elemente geteilt, und das Ergebnis ist der Wert von u im Punkt $r = 0,77$ Einheiten (statt $0,75$). Die Zahlen b und c stammen von Atkinson, [39].

3.14 Dreidimensionale Probleme

Die Integraldarstellung der Lösung der Differentialgleichung

$$-\Delta u = -(u_{,11} + u_{,22} + u_{,33}) = p$$

lautet

$$c(x)u(x) = \int_\Gamma \left[g_0(y,x)\frac{\partial u}{\partial \nu}(y) - \frac{\partial}{\partial \nu}g_0(y,x)u(y)\right] ds_y + \int_\Omega g_0(y,x)p(y)\,d\Omega_y,$$

wobei

$$g_0(\boldsymbol{y},\boldsymbol{x}) = \frac{1}{4\pi r}, \qquad \frac{\partial}{\partial \nu} g_0(\boldsymbol{y},\boldsymbol{x}) = -\frac{1}{4\pi r^2} r_\nu,$$

und

$$c(\boldsymbol{x}) = \begin{cases} 1, & \boldsymbol{x} \in \Omega, \\ \Delta\varphi(\boldsymbol{x})/4\pi, & \boldsymbol{x} \in \Gamma, \\ 0, & \boldsymbol{x} \in \Omega^c. \end{cases}$$

Der Term $\Delta\varphi(\boldsymbol{x})$ ist der Eckenwinkel des Randpunkts.
Die Integraldarstellung des Gradienten lautet

$$c_{ij}(\boldsymbol{x})u_{,j}(\boldsymbol{x}) = \int_\Gamma \left[\frac{1}{4\pi r^2} r_{,i}\, \frac{\partial u}{\partial \nu}(\boldsymbol{y}) + \frac{1}{4\pi r^3}(3\, r_{,i}\, r_{,j}\right.$$

$$\left. - \delta_{ij})\nu_j(u(\boldsymbol{y}) - u(\boldsymbol{x})) \right] ds\boldsymbol{y} + \int_\Omega \frac{1}{4\pi r^2} r_{,i}\, p(\boldsymbol{y})\, d\Omega\boldsymbol{y},$$

mit

$$c_{ij}(\boldsymbol{x}) = \begin{cases} \delta_{ij}, & \boldsymbol{x} \in \Omega, \\ \dot{c}_{ij}(\boldsymbol{x}), & \boldsymbol{x} \in \Gamma, \\ 0, & \boldsymbol{x} \in \Omega^c, \end{cases}$$

wobei der Randterm $\dot{c}_{ij}$ das Integral

$$\dot{c}_{ij}(\boldsymbol{x}) = \frac{1}{4\pi} \int_{S_1(\boldsymbol{x},\Omega)} 3\, r_{,i}\, r_{,j}\, dS_1$$

über die Fläche des Eckenwinkels ist.

Diskretisiert man die Oberfläche des zu betrachtenden Volumens facettenartig mit ebenen Dreiecken, dann bilden sich an den Kanten Unstetigkeitsstellen der Normalableitung. Da an jedem Knoten nur eine Integralgleichung zur Verfügung steht, muß man die Normalableitungen der Elemente 2, 3 etc. durch die Richtungsableitungen des Elements 1 ausdrücken. Jin und Tullberg, [40], haben hierfür die Formel

$$\frac{\partial u}{\partial n^i} = \frac{\partial u}{\partial n^1} \cos(\boldsymbol{n}^1, \boldsymbol{n}^i) + \frac{\partial u}{\partial t^{11}} \cos(\boldsymbol{t}^{11}, \boldsymbol{n}^i) + \frac{\partial u}{\partial t^{12}} \cos(\boldsymbol{t}^{12}, \boldsymbol{n}^i)$$

angegeben. Hierbei ist n^i der Normalenvektor des Elements i und t^{11} und t^{12} sind die beiden orthogonalen Tangentenvektoren des Elements 1. Die zitierte Arbeit enthält auch analytische Ausdrücke für die singulären Integrale.

3.15 Die Programme

Die folgenden Erklärungen gelten für alle drei Programme

    BE-LAPLACE,
    BE-PLATES,
    BE-PLATE-BENDING.

RÄNDER (EDGES)

Eine ungelochte Scheibe hat einen Rand. Eine gelochte Scheibe zwei Ränder, etc. Wenn also z.B. ein Programm drei Ränder zuläßt, dann dürfen zwei Löcher vorhanden sein.

MACROS

Der Rand einer Membran, einer Scheibe, einer Platte, läßt sich natürlicher Weise in Macro-Elemente aufteilen, s. Abb. 3.26. Ein Macro ist ein gerades Randstück längs dessen sich die Randbedingungen nicht ändern. Jedes Macro wird vom Programm gemäß den Wünschen des Benutzers in Randelemente unterteilt. Das einfachste Vieleck, das Dreieck, besteht aus drei Macros und daher muß die Zahl der Macros pro Rand mindestens gleich 3 sein. Andernfalls wiederholt das Programm die Frage nach der Anzahl. Eine weitere Plausibilitätskontrolle der Eingabe erfolgt hier nicht.

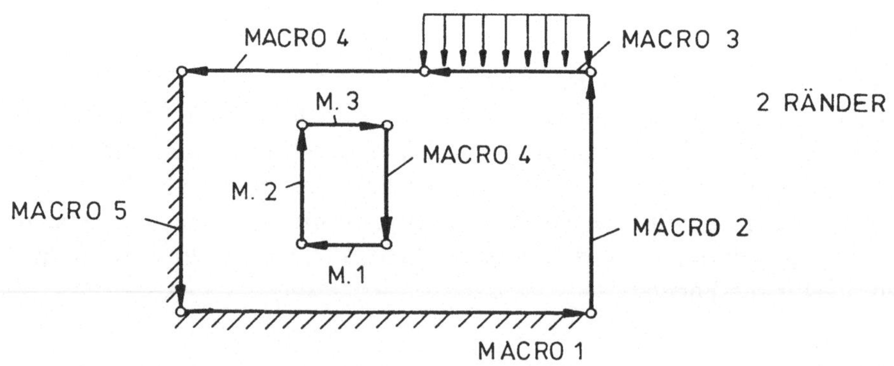

Abb. 3.26 Einteilung der Ränder einer Scheibe in Macros

ELEMENTE

Die eigentlichen Randelemente entstehen durch die Aufteilung der Macros in gleichlange Teilstücke.

UMLAUFSINN

Der Umlaufsinn verläuft auf dem äußeren Rand entgegengesetzt zum Uhrzeigersinn und auf allen inneren Rändern im Uhrzeigersinn. Dies entspricht der Regel, daß beim Umfahren das Gebiet immer linker Hand liegen muß.

RANDBEDINGUNGEN (BOUNDARY CONDITIONS)

Vorgeschriebene Randwerte werden längs der Macros linear interpoliert. Der Benutzer gibt also den Wert am Anfang und am Ende des Macros ein. Wird eine genauere Interpolation gewünscht, so muß die Strecke in mehrere Macros aufgeteilt werden.

GEKRÜMMTE RÄNDER

Solche Ränder werden durch Polygonzüge approximiert. Jedes Teilstück ist dann ein Macro, das aus (z.B.) einem Element besteht.

KOLLOKATIONSPUNKTE

Bei linearen Elementen (Plattenprogramm) sind die Kollokationspunkte die Anfangspunkte der Elemente. Bei quadratischen Elementen, die im Laplace- und Scheibenprogramm benutzt werden, sind es zusätzlich die Mittelpunkte.

EINZELKRÄFTE (QUELLEN = SOURCES)

Einzelkräfte, Einzelmomente, etc. dürfen in jedem beliebigen Innenpunkt angreifen. Wirken sie auf dem Rand, müssen sie ein Stück ins Innere verlegt werden.

WERTE IM INNERN

Der Benutzer hat die freie Wahl darüber, wo er im Innern Werte berechnen will. Er sollte dabei jedoch einige Regeln beachten:

a) Die Werte in einem Innenpunkt sind um so genauer, je weiter der Punkt vom Rand entfernt ist, und je niedriger die Ordnung der Ableitung des zu berechnenden Funktionswerts ist.

b) Der kritische Abstand liegt etwa bei 1/4 der Elementlänge. Unterschreitet der Abstand vom Rand diesen Wert, dann kann das Ergebnis unbrauchbar werden. Dieses gilt insbesondere für Ecken. Als Ausweg bietet es sich an, die Elementeinteilung dort zu verfeinern, wo man sehr dicht an den Rand herangeht.

c) Aus diesen Bemerkungen folgt, daß man keinen Spannungspunkt (*stresspoint*) auf den Rand legen sollte. Dies ist auch nicht nötig, denn die Randwerte erhält man i.allg. ja direkt aus der Lösung des Gleichungssystems.

d) Legt man trotzdem Spannungspunkte auf den Rand und damit möglicherweise genau in einen Integrationspunkt $r = 0$, dann setzt das Programm für r den Wert $r = 0,00001$, um dem zero-divide zu entgehen. Dies gilt auch für andere, ähnlich gelagerte Fälle, z.B., wenn man einen stresspoint genau in den Aufpunkt einer Einzelkraft legt.

STRESSPOINTS

Stresspoints, die auf einer Linie liegen und den gleichen Abstand voneinander haben, gibt man ein, in dem man den Anfangs- und Endpunkt der Linie eingibt und die Zahl der stresspoints auf dieser Linie. Der Anfangspunkt der Linie ist der erste und der Endpunkt der letzte stresspoint. Es besteht auch die Möglichkeit stresspoints einzeln einzugeben. Die stresspoints werden unter Angabe einer Nummer (von 1 bis 9) abgespeichert. Es kann so eine Bibliothek von stresspoints angelegt werden, aus der beim restart eines Programms der gewünschte Satz von stresspoints geladen werden kann.

BETTI-DATEN

Nur die Betti-Daten

$$
\begin{array}{lll}
u\,, & t = N\partial u/\partial n & \text{Membran}\,, \\
u_1\,, u_2\,, & t_1\,, t_2\,, & \text{Scheibe}\,, \\
w\,, \partial w/\partial n\,, & M_n\,, V_n\,, (\text{Eckkraft})F\,, & \text{Platten}\,,
\end{array}
$$

fallen bei der Lösung der Kopplungsbedingungen direkt an. Alle anderen sonst interessierenden Randwerte müssen extra bestimmt werden. Am einfachsten geschieht das so, daß man den interessierenden Randwert in zwei Innenpunkten berechnet und dann von Hand auf den Rand extrapoliert.

Bei dem Scheibenprogramm werden die Spannungen σ_{ij} auf dem Rand mit Hilfe finiter Differenzen aus den Randverschiebungen u_i und den Komponenten t_i des Spannungsvektors berechnet.

Bei Membranen, Scheiben und Platten gibt es oft randnahe Bereiche, in denen die Spannungen singulär werden oder die zu Grunde liegende Theorie das wirkliche Verhalten des Materials nur unzureichend beschreibt. Als Folge hiervon oszillieren die Betti-Daten. Dies muß nun aber nicht bedeuten, wie wir in Abschn. 6.13 zeigen, daß die Lösung unbrauchbar ist, sondern es ist wohl zu unterscheiden zwischen den *Randwerten* und den *Werten im Innern*. Die Werte im Innern werden erst durch eine Nachlaufrechnung, durch Integration über den Rand, aus den Betti-Daten berechnet. Bei dieser Integration werden die oszillierenden Daten automatisch gemittelt, so daß sich ihr Einfluß auf die Innenpunkte nicht mehr von dem Einfluß, den eine glatte, gleichmäßige Verteilung auf dem Rand auf die Innenpunkte hat, unterscheidet.

INTERNE RECHENGENAUIGKEIT

Je nach Abstand zwischen Aufpunkt und Element werden für die *Gauss-Quad-*

ratur 10, 8, 6 oder 4 Integrationspunkte benutzt:

$$
\begin{array}{llll}
0 & < & \text{Dist} & < 2\,l_e \quad & 10\ \text{Punkte} \quad & \text{Dist} = \text{Abstand} \\
2\,l_e & \leq & \text{Dist} & < 4\,l_e & 8\ \text{Punkte} & l_e = \text{Elementlänge} \\
4\,l_e & \leq & \text{Dist} & < 6\,l_e & 6\ \text{Punkte} \\
6\,l_e & \leq & \text{Dist} & < \infty & 4\ \text{Punkte}
\end{array}
$$

Die Programme rechnen intern mit 16 Stellen. Das Gleichungssystem wird vor der Lösung abgespeichert und nach der Lösung wieder eingelesen, um das Residuum berechnen zu können. Die Lösung wird iterativ verbessert, wenn der Betrag des Residuums in einer Komponente größer als 10^{-9} ist. Die Zahl der Iterationen und die Zeit, die zum Lösen des Gleichungssystems benötigt wurde, werden ausgedruckt.

Zur Darstellung einer REAL-Zahl werden 8 Byte benötigt. Der Platzbedarf eines Gleichungssystems der Größe (200×200) auf der Diskette beträgt daher

$$8 \times 200 \times 200 = 320\,000\,\text{Byte} = 312\,\text{K}\,.$$

EINGABE

Die Eingabe ist interaktiv. Optionen wählt man, indem man den Anfangsbuchstaben (groß oder klein) der gewünschten Option drückt. Danach braucht die RETURN-Taste nicht gedrückt zu werden. Zahleneingaben müssen dagegen mit der RETURN-Taste abgeschlossen werden.
Die Eingabe von Zahlen in PASCAL:

3.14	korrekt	3, 14	falsch
1.0	korrekt	1.	falsch
1 2 3	korrekt	1, 2, 3	falsch

Also: Keine Kommas, Punkt nicht als letztes Zeichen, mehrere Zahlen durch Blanks trennen. Ganzzahlige REAL-Größen wie 1.0, kann man wie INTEGER-Größen eingeben, $1 = 1.0$.

Eingaben, die gegen die obigen Konventionen verstoßen, melden die Programme durch ein Tonsignal und Blinken der Anzeige. Nach dem Drücken einer beliebigen Taste verschwindet die falsche Eingabe, und es kann die Eingabe wiederholt werden.

Auf Wunsch wird am Ende die Eingabe auf dem Bildschirm wiederholt und man hat so die Möglichkeit, Fehler zu korrigieren. Korrekte Eingaben bestätigt man mit der RETURN-Taste, falsche löscht man durch Drücken einer beliebigen Taste. Anschließend gibt man den richtigen Wert ein.

AUSGABE

Die Zwischendateien und die Ausgabedatei werden — je nachdem von welchem Laufwerk aus das Programm gestartet wurde — wie folgt gespeichert:

Programm in	Speicherung auf
A	B
B	A
C	C
D	D

Diese Voreinstellung kann geändert werden, indem der Name des gewünschten Laufwerks beim Programmaufruf mit eingegeben wird, wie z.B.

LAPLACE   B

EXTENSION

Die Dateien, die auf der Diskette gespeichert werden, werden mit einer extension .XYZ versehen. So wird z.B. das Gleichungssystem im file MATRIX.XYZ abgespeichert. Die extension wird vom Benutzer vergeben, z.B. .XYZ = .111. Der Punkt gehört mit zur extension und muß mit eingegeben werden. Die extension dient als Erkennungsmarke.

COMPUTER

Der Rechner muß IBM-kompatibel sein, über 640 KB Hauptspeicher verfügen, mit dem Numerikprozessor 8087 ausgestattet sein und über zwei Laufwerke oder eine Festplatte verfügen. In der CONFIG.SYS Datei ist die Zahl der files auf 20 zu setzen

files = 20

BETRIEB DER PROGRAMME

a) Computer mit 2 Laufwerken

Programmdiskette in Laufwerk A, leere formatierte Diskette in Laufwerk B. Auf die Diskette B schreibt das Programm die Ergebnisse und das Gleichungssystem. Die umgekehrte Anordnung ist aber auch möglich.

b) Computer mit Festplatte

Das Programm auf die Festplatte (Disk C) laden und von dort aus starten. Arbeitet man mit allen drei Programmen, dann sollten die Programme in unterschiedlichen subdirectories liegen, da sie zum Teil gleichnamige Datenfiles benutzen.

3.16 Das Programm BE-LAPLACE

Dieses Programm löst das Randwertproblem

$$-N\Delta u = p \quad \text{in } \Omega, \quad u = \bar{u} \quad \text{auf } \Gamma_1, \quad N\frac{\partial u}{\partial n} = \bar{t} \quad \text{auf } \Gamma_2$$

in Gebieten mit stückweise geraden Rändern. Der Modul N muß konstant sein. Die Randbedingungen können auch vom Typ

$$cu + N\frac{\partial u}{\partial n} = 0 \qquad \text{(Robin)}$$

sein.

Elemente:

quadratische Ansätze für u und t

Mögliche rechte Seiten:

Konstante Kräfte p ,
Einzelkräfte P ,
Linienkräfte .

In einem Punkt kann die Durchbiegung im Innern zu Null vorgeschrieben werden.

Ausgabe:

Durchsenkung u und Ableitungen $u_{,1}$ und $u_{,2}$

in beliebigen Innenpunkten. Ferner die Durchsenkung u und die N-fache Normalableitung $N\partial u/\partial n = t$ auf dem Rand.

Das Programm berechnet zur Kontrolle das Integral der N-fachen Normalableitung (= Aufhängekraft) längs des Rands. Dieses Integral muß gleich dem Integral des Drucks, der auf der Membran lastet, sein. Erfahrungsgemäß sind die Abweichungen kleiner als 1%. Bei größeren Abweichungen sollte man die Diskretisierung verfeinern.

Programmgrenzen

Maximal mögliche Anzahl:

Randelemente	:	80
Randelemente + Elemente		
für innere Linienlasten	:	100
Ränder	:	3
Macros pro Rand	:	30
Innere Linienlasten	:	12
Einzelkräfte	:	4
stresspoints	:	50

Gleichungssystem

Die Größe des Gleichungssystems wird durch die Anzahl der Elemente bestimmt. Da auf jedem Element zwei Kollokationspunkte liegen, Anfangspunkt und Mittelpunkt, und in jedem Knoten eine Größe unbekannt ist, gilt

$$\text{Größe des Gleichungssystems} = \text{Elemente} \times 2$$

Bei der maximal möglichen Zahl von 80 Randelementen beträgt die

$$\text{Größe des Gleichungssystems} = 80 \times 2 = 160 \quad \text{(Zeilen)}$$

Optionen

Der Benutzer hat beim Start des Programms vier Optionen

NEW PROBLEM ?
OTHER LOADCASE ?
ADDITIONAL STRESSPOINTS ?
CALCULATION OF THE VOLUME ?

N : Neues Problem.

O : Anderer Lastfall. Diese Option wählt man, wenn man einen weiteren Lastfall rechnen will. In diesem Modus kann man die Art der Belastung auf den freien Rändern und im Innern der Membran ändern. Elementeinteilung, sowie Art und Plazierung der Lager werden beibehalten.

A : Verschiebungen und Spannungen in weiteren Innenpunkten. Die Option A bietet die Möglichkeit Verschiebungen und Spannungen in zusätzlichen Punkten zu berechnen.

C : Berechnung des Volumens unter der Membran. Diese Option erlaubt die Berechnung des Torsionswiderstands von Querschnitten ohne Löcher. Hierzu löst man erst mit dem Programm das Randwertproblem

$$-\Delta u = 2 \quad \text{in } \Omega, \quad u = 0 \quad \text{auf } \Gamma,$$

und berechnet dann mit der Option C das Volumen. Das doppelte Volumen ist das Torsionsträgheitsmoment

$$J_T = 2 \int_\Omega u\, d\Omega.$$

Das Volumen wird mittels numerischer Integration, (Gauß-Quadratur mit sieben Punkten im Dreieck) berechnet. Hierzu hat der Benutzer die Membran in

Dreiecke zu zerlegen (für ein Rechteck reichen i.allg. zwei Dreiecke aus) und die Koordinaten der Eckpunkte der Dreiecke — Reihenfolge entgegen dem Uhrzeigersinn — einzugeben. Die maximal mögliche Zahl von Dreiecken beträgt zehn.

Programmgröße

Das Programm besteht aus den beiden files

    LAPLACE.COM
    LAPLACE.000

Programmaufruf

Das Programm wird mit dem Befehl

    LAPLACE

aufgerufen.

BESCHREIBUNG DES EINGABEPROTOKOLLS

Zuerst wird die Frage gestellt:

OUTPUT ON PRINTER, TERMINAL OR DISK ?

Je nach Wunsch den Anfangsbuchstaben der gewünschten Option eingeben.

NAME OUTPUT FILE :

Eingabe eines Dateinamens (z.B. RESULTS). In die Datei RESULTS werden die Ergebnisse geschrieben.

DO YOU WANT A LONG OR SHORT OUTPUT ?

In der Regel sollte man hier für *SHORT* optieren.

    NEW PROBLEM ?
    OTHER LOADCASE ?
    ADDITIONAL STRESSPOINTS ?
    CALCULATION OF THE VOLUME :

Antworten:

    N : Neues Problem,
    O : Zusätzlicher Lastfall,
    A : Durchbiegungen und Ableitungen in weiteren Innenpunkten,
    C : Berechnung des Volumens (nach einem vorherigen Rechenlauf).

Im Falle *O*, *A* und *C* fragt das Programm nach der extension (.XYZ) des Problems. Die extension wird bei der erstmaligen Bearbeitung eines Problems vom Benutzer vergeben, z.B. .XYZ = .111, s.u..

TYPE IN HEADING (ARBITRARY TEXT (ONE LINE))

Eingabe eines beliebigen einzeiligen Texts (Überschrift).

MODULUS =

Der Modul ist der Faktor N vor der Differentialgleichung.

NUMBER OF EDGES =

Zahl der Ränder.

Nun beginnt eine Schleife über die Ränder $i = 1, \ldots$

NUMBER OF MACROS ON EDGE I =

Zahl der Macros auf dem Rand i.

Nun beginnt eine Schleife über die Macros j auf dem Rand i

X AND Y COORDINATES OF THE FIRST POINT OF MACRO J =

Anfangskoordinaten des Macros j.

NUMBER OF ELEMENTS ON MACRO J =

Zahl der Elemente auf dem Macro j.

SPECIFY KIND OF BOUNDARY CONDITION : FREE
*   : RIGID*
*   : ROBIN*

Antworten :

F = freier Rand, R = starrer Rand, O = Robin Randbedingung.

Wurde F eingegeben, so folgt die Frage:

PRESCRIBED IS : U
PRESCRIBED IS : T
YOUR CHOICE :

Wurde ein Rand als frei deklariert, dann besteht also die Möglichkeit entweder die Verschiebung u oder die N-fache Normalableitung t vorzuschreiben.

Nach der Eingabe von (z.B.) U folgen die Fragen

AT THE BEGINNING OF THE MACRO THE VALUE OF U = :
AT THE   END OF THE MACRO THE VALUE OF U = :

Wurde oben O (Robin) eingegeben, so folgt die Frage nach dem Faktor c

*THE FACTOR C IN : C * U + N DU/DN = 0 IS :*

Dieser Faktor muß längs des Macros konstant sein.

Die Option R (Rigid) bedeutet, daß $u = 0$ gesetzt wird.

Manchmal ist es wünschenswert oder nötig, die Starrkörperbewegung $u = 1$ auszuschließen. Darauf zielt die nächste Frage:

IS THERE A FIXED POINT (Y/N)

Nach der Eingabe von Y folgt die Frage

COORDINATES X,Y :

Koordinaten des Punkts i.

Die zu dem festgehaltenen Punkt gehörige Einzelkraft wird vom Programm ausgegeben, so daß der Benutzer eine Kontrolle hat, ob wirklich nur eine Starrkörperbewegung ausgeschlossen wurde, oder nicht doch Zwangskräfte durch das Festhalten geweckt wurden.

Nun folgt die Frage nach der Nummer des Lastfalls

NUMBER (< 10) OF THE LOADCASE =

Zulässig sind die Nummern 1 bis 9.

IS THE CONTINUOUS LOAD CONSTANT ?
ZERO ?

Die Frage bezieht sich auf die gleichmäßig verteilte Belastung.
Antwort:

C : Konstante Last $p = p_0$,
Z : Keine Last vorhanden.

Falls mit C geantwortet wurde, so folgt die Frage:

MAGNITUDE OF THE LOAD:

Nun folgt die Frage nach Linienlasten im Innern der Membran:

ARE THERE ANY LINE-LOADS (Y/N)

Nach der Eingabe von Y folgt die Frage

HOW MANY :

Zahl der Linienlasten.

Nun folgt eine Schleife über die Linienlasten

LINE-LOAD I
STATE COORDINATES (X,Y) OF THE FIRST POINT :
LINE-LOAD VALUE AT THIS POINT :
STATE COORDINATES (X,Y) OF THE LAST POINT :
LINE-LOAD VALUE AT THIS POINT :
IN HOW MANY ELEMENTS SHOULD THE LINE BE DEVIDED :

Es werden also nacheinander eingegeben: Koordinaten des Anfangspunkts, der Anfangswert der Linienlast, Koordinaten des Endpunkts, der Endwert der Linienlast und die Anzahl der Elemente, in die die Linienlast unterteilt werden soll. Auf jedem Element wird die Linienlast linear interpoliert. Die Zahl der Elemente ist auf 10 beschränkt.

ARE THERE ANY CONCENTRATED FORCES (Y/N)

Nach der Eingabe von *Y* folgen die Fragen:

HOW MANY :

Zahl der Einzelkräfte.

Nun folgt eine Schleife über die Einzelkräfte

FORCE I
LOCATION (X,Y) :

Koordinaten des Aufpunkts.

MAGNITUDE OF THE FORCE :

Größe der Einzelkraft.

HOW MANY LINES OF STRESSPOINTS :

Zahl der Linien auf denen stresspoints liegen.

Wenn die Zahl größer als Null ist, so folgt eine Schleife über die Linien.

LINE I
COORDINATES (X,Y) OF THE FIRST POINT :
COORDINATES (X,Y) OF THE LAST POINT :

Koordinaten des Anfangs- und Endpunkts der Linie i.

HOW MANY POINTS DO LIE ON THIS LINE :

Zahl der stresspoints auf der Linie.

ARE THERE ANY SINGLE STRESSPOINTS (Y/N)

Nach der Eingabe von *Y* folgt die Frage:

HOW MANY :

Zahl der stresspoints.

Nun folgt eine Schleife über die einzelnen stresspoints

STATE COORDINATES X Y :
POINT I :

Koordinaten x, y des stresspoints i.

THIS SET OF STRESSPOINTS IS SET NUMBER :

Eingabe einer Nummer von 1 bis 9.

THE INPUT IS STORED IN FILES
NAME EXTENSION (.XYZ) OF THESE FILES :

Die Eingabedaten und die Ergebnisse werden in mehreren files auf der Platte gespeichert. Die extension, die diese files haben soll, kann der Benutzer hier bestimmen, z.B. .XYZ = .111 . Nach dieser extension wird beim restart eines Programms gefragt. Der Punkt vor den drei Buchstaben gehört mit zur extension, er muß mit eingegeben werden.

Letzte Frage:

DO YOU WANT TO CHECK THE INPUT ?

Nach der Eingabe von *Y* wird die Eingabe auf dem Bildschirm wiederholt, und es besteht die Möglichkeit Korrekturen anzubringen.

4 Scheiben und elastische Körper

In diesem Kapitel wird die Methode der Randelemente auf die klassischen Probleme der linearen Elastizitätstheorie, die Berechnung der Verformungen und Spannungen in Scheiben und elastischen Körpern, angewandt.

4.1 Einführung

Die Punkte $x = (x_1, x_2)$ einer Scheibe haben zwei Bewegungsmöglichkeiten, und so hat das Verschiebungsfeld einer Scheibe,

$$u(x) = \{u_1(x), u_2(x)\}^T \,,$$

eine horizontale Komponente u_1 und eine vertikale Komponente u_2. Die aus den Ableitungen der Verschiebungen berechneten Verzerrungen

$$\varepsilon_{11} = u_{1,1} \,, \qquad \varepsilon_{12} = \frac{1}{2}(u_{1,2} + u_{2,1}) \,, \qquad \varepsilon_{22} = u_{2,2}$$

sind ein Maß für die Anstrengung des Materials. Sie bestimmen die Spannungen

$$\sigma_{11} = 2\mu\,\varepsilon_{11} + \frac{2\mu\nu}{1 - 2\nu}(\varepsilon_{11} + \varepsilon_{22}) \,, \qquad \sigma_{12} = 2\mu\,\varepsilon_{12} \,,$$

$$\sigma_{22} = 2\mu\,\varepsilon_{22} + \frac{2\mu\nu}{1 - 2\nu}(\varepsilon_{11} + \varepsilon_{22}) \,.$$

Zwischen den elastischen Konstanten

$$\nu = \text{Poissonsche Konstante} \,,$$

$$\mu = G = \text{Schubmodul} \,,$$

und dem Elastizitätsmodul besteht die Beziehung

$$E = 2\mu(1 + \nu) \,.$$

Die zum Verschiebungsvektor u konjugierte Größe auf dem Rand einer Scheibe ist der Spannungsvektor $t(x) = \{t_1, t_2\}^T$. Dieser ist das Produkt des Spannungstensors S mit der Randnormalen $n = \{n_1, n_2\}^T$,

$$\sigma_{11} n_1 + \sigma_{12} n_2 = t_1 \,,$$

$$\sigma_{21} n_1 + \sigma_{22} n_2 = t_2 \,.$$

Der Spannungsvektor hat wie der Spannungstensor die Dimension Kraft/Länge.

Durch Vorgabe von Randverschiebungen u_i oder Randspannungen t_i beschreibt man die Randbedingungen einer Scheibe. Längs des freien Rands der Kragscheibe in Abb. 4.1a müssen z.B. die Komponenten t_i des Spannungsvektors Null sein, und dort, wo am Kragarmende die Scherkräfte angreifen, muß gelten

$$t_1 = 0 \,, \quad t_2 = -1000 \,.$$

Das negative Vorzeichen ergibt sich, weil die Scherkräfte entgegen der positiven Richtung der x_2-Achse weisen.

Zu diesen Spannungsrandbedingungen kommen nun noch die Verformungsrandbedingungen

$$u_1 = u_2 = 0$$

in der Einspannfuge.

Um die Spannungen in der Kragscheibe mit finiten Elementen zu berechnen, zerlegt man den Kragarm zunächst in eine Schar von z.B. linearen finiten Elementen. Auf jedem der finiten Elemente sind lokal lineare Ansatzfunktionen φ_i^e definiert, die zusammen mit den Ansatzfunktionen der Nachbarelemente zu einer Schar von n skalaren Dachfunktionen φ_i zusammengesetzt werden. So eine Dachfunktion hat in dem Knoten x^i den Wert 1 und in allen anderen Knoten den Wert Null, s. Abb. 3.2. Aus diesen n skalaren Dachfunktionen φ_i können nun leicht $2n$ vektorwertige Verschiebungsfelder konstruiert werden, indem abwechselnd die Funktionen φ_i an die erste oder zweite Stelle geschrieben werden,

$$\boldsymbol{\Phi}_1 = \begin{bmatrix} \varphi_1 \\ 0 \end{bmatrix}, \quad \boldsymbol{\Phi}_2 = \begin{bmatrix} 0 \\ \varphi_1 \end{bmatrix}, \quad \boldsymbol{\Phi}_3 = \begin{bmatrix} \varphi_2 \\ 0 \end{bmatrix}, \quad \boldsymbol{\Phi}_4 = \begin{bmatrix} 0 \\ \varphi_2 \end{bmatrix}, \;\ldots .$$

Macht man dann den Ansatz

$$u_h(x) = u_i \boldsymbol{\Phi}_i(x) \,,$$

so entsprechen alle ungeraden Koeffizienten horizontalen Verschiebungen und alle geraden Koeffizienten vertikalen Verschiebungen. Man setzt sozusagen das Verschiebungsfeld aus n rein horizontalen und n rein vertikalen Feldern zu-

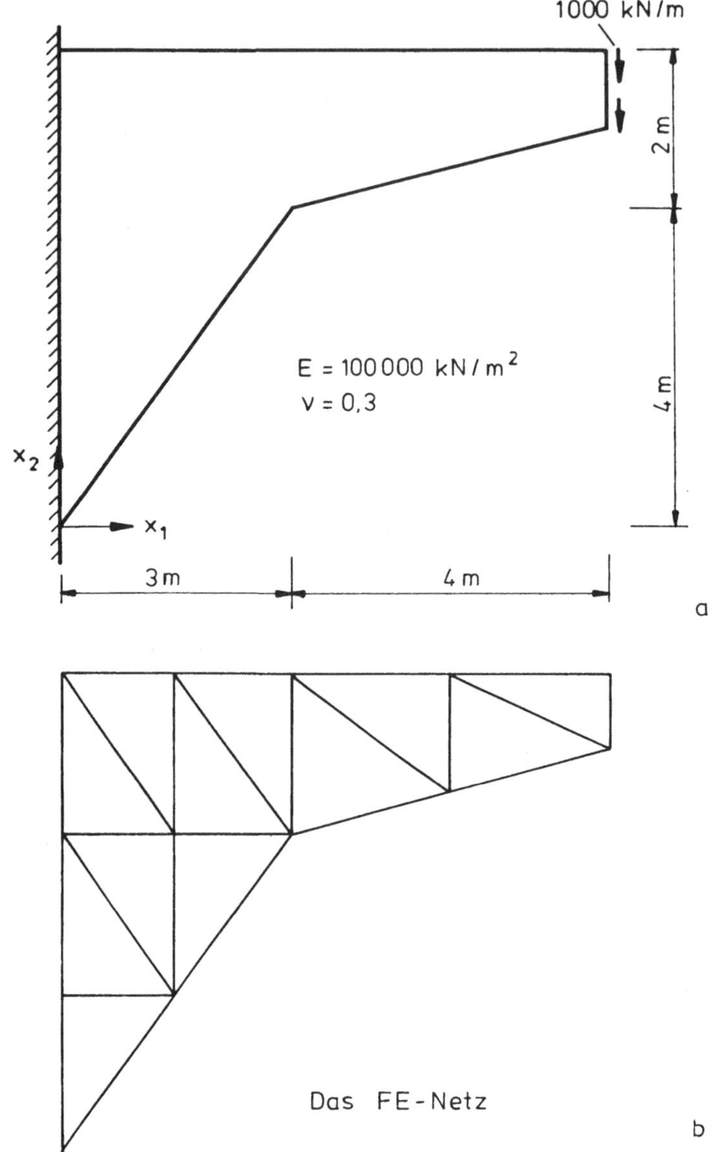

Abb. 4.1a Wandscheibe und FE-Netz

sammen. Auf ein horizontales Feld folgt ein vertikales Feld, darauf wieder ein horizontales Feld etc. Der ganze Ansatz besteht also insgesamt aus $2n$ vektorwertigen Funktionen.

Das einzelne Verschiebungsfeld $\boldsymbol{\Phi}_i$ gleicht der Verformungsfigur der Scheibe, wenn sich der Knoten $\boldsymbol{x}^j$

$$j = \begin{cases} (i+1)/2 & \text{wenn } i \text{ ungerade}, \\ i/2 & \text{wenn } i \text{ gerade} \end{cases}$$

in horizontaler oder vertikaler Richtung um die Strecke 1 verschiebt, und die benachbarten Punkte diese Bewegung, entsprechend ihrem Abstand vom Punkt $\boldsymbol{x}^j$, mitmachen. Dabei bewegen sich nur die Elemente, die den Knoten $\boldsymbol{x}^j$ als einen ihrer Eckknoten haben. Der überwiegende Teil der Scheibe bleibt in Ruhe. Die stetig gekrümmten Flächen der Verschiebungsfunktionen u_1 und u_2 werden also durch aneinandergehängte ebene Dreiecke approximiert.

Mechanisch bedeutet eine solche facettenartige Approximation, daß die Spannungen elementweise konstant sind, und die Elemente daher frei von Flächenkräften sind. Nur längs der Netzlinien wirken horizontale und vertikale Linienkräfte

$$t_{\Delta 1} = t_1^l + t_1^r, \qquad t_{\Delta 2} = t_2^l + t_2^r,$$

die aus den Sprüngen in den Spannungen, der Differenz zwischen dem Spannungsvektor des linken Elements $\boldsymbol{t}^l$ und dem Spannungsvektor $\boldsymbol{t}^r$ des rechten Elements herrühren. Da die Normalenvektoren auf den beiden Elementkanten entgegengesetzt gerichtet sind, sind die Spannungsvektoren dann im Gleichgewicht, wenn ihre *Summe* Null ist.

Die horizontalen und vertikalen Knotenverschiebungen u_i des FE-Ansatzes werden nun so bestimmt, daß die potentielle Energie der Scheibe

$$\Pi_1(\boldsymbol{u}_h) = \frac{1}{2} E(\boldsymbol{u}_h, \boldsymbol{u}_h) - \int_{\Gamma_L} \bar{\boldsymbol{t}} \cdot \boldsymbol{u}_h \, ds$$

zum Minimum wird. Das Randintegral in diesem Ausdruck ist die Arbeit der am Kragarmende vorgeschriebenen Kräfte

$$\bar{\boldsymbol{t}} = \{\bar{t}_1, \bar{t}_2\}^T = \{0, -1000\}^T$$

auf den Wegen $\boldsymbol{u}_h = \{u_{h1}, u_{h2}\}^T$.

Das erste Integral, die *Wechselwirkungsenergie*

$$E(\boldsymbol{u}, \hat{\boldsymbol{u}}) = \int_{\Omega} \boldsymbol{S} \cdot \hat{\boldsymbol{E}} \, d\Omega = \int_{\Omega} \sigma_{ij} \hat{\varepsilon}_{ij} \, d\Omega,$$

ist das Skalarprodukt zwischen dem Spannungstensor des Felds $\boldsymbol{u}$ und dem Verzerrungstensor des Felds $\hat{\boldsymbol{u}}$. Da das Skalarprodukt distributiv ist, und das Superpositionsprinzip gilt, ist die Wechselwirkungsenergie eine Bilinearform, s. Kap. 3. Man kann daher die innere Energie des FE-Ansatzes nach den Wechselwirkungsenergien der Ansatzfunktionen entwickeln

$$\frac{1}{2} E(\boldsymbol{u}_h, \boldsymbol{u}_h) = \frac{1}{2} E(u_i \boldsymbol{\Phi}_i, u_j \boldsymbol{\Phi}_j) = \frac{1}{2} u_i E(\boldsymbol{\Phi}_i, \boldsymbol{\Phi}_j) u_j = \frac{1}{2} \boldsymbol{u}^T \boldsymbol{K} \boldsymbol{u},$$

wobei

$$K_{ij} = E(\pmb{\Phi}_i, \pmb{\Phi}_j)\,.$$

Für die Randarbeiten gilt die Darstellung

$$\int\limits_{\Gamma_L} \bar{t} \cdot \pmb{u}_h\, ds = \int\limits_{\Gamma_L} \bar{t} \cdot u_i \pmb{\Phi}_i\, ds = \pmb{f}^T \pmb{u}$$

mit dem Vektor

$$f_i = \int\limits_{\Gamma_L} \bar{t} \cdot \pmb{\Phi}_i\, ds\,,$$

so daß der Ausdruck für die potentielle Energie des FE-Ansatzes insgesamt
lautet

$$\Pi_1(\pmb{u}_h) = \frac{1}{2}\pmb{u}^T \pmb{K}\pmb{u} - \pmb{f}^T\pmb{u}\,.$$

Die Forderung, daß die potentielle Energie zum Minimum wird, führt dann auf
das Gleichungssystem

$$K_{ij}u_j = f_i\,, \qquad i = 1, 2, \ldots, 2n\,.$$

Nun gilt: Die *linke Seite* der i-ten Gleichung in diesem System ist gleich der
Wechselwirkungsenergie (= virtuellen inneren Energie) $E(\pmb{\Phi}_i, \pmb{u}_h) = \delta A_i$ zwischen der FE-Lösung $\pmb{u}_h$ und der Verrückung $\pmb{\Phi}_i$. Die Wechselwirkungsenergie ist aber, da die FE-Lösung eine Gleichgewichtslösung ist, auch gleich der
virtuellen äußeren Arbeit δA_a der zu der FE-Lösung gehörenden äußeren Kräfte
auf den Wegen $\pmb{\Phi}_i$. Die linke Seite der i-ten Gleichung (nur über diese wurde bis
jetzt gesprochen) ist aber auch gleich der *rechten Seite*, der virtuellen Arbeit
f_i der Kräfte $\bar{t}$,

$$K_{ij}u_j = E(\pmb{\Phi}_i, \pmb{u}_h) = \delta A_a = f_i\,,$$

und somit gilt also: Die FE-Lösung stellt sich so ein, daß die Arbeit ihrer
äußeren Kräfte auf allen Wegen $\pmb{\Phi}_i$ gleich der Arbeit der wahren äußeren Kräfte
$\bar{t}$ auf denselben Wegen ist,

$$\delta A_a(\pmb{u}_h, \pmb{\Phi}_i) = \delta A_a(\pmb{u}, \pmb{\Phi}_i)\,.$$

Die äußeren Kräfte, die zur FE-Lösung gehören, sind natürlich nicht die
äquivalenten Knotenkräfte f_i, sondern die horizontalen und vertikalen Linienkräfte, $t_{\Delta 1}$ und $t_{\Delta 2}$, zwischen den Elementen. Würden in den Knoten wirklich
Einzelkräfte angreifen, dann müßten dort die Verschiebungen der FE-Lösung
unendlich groß sein.

Bemißt man also den Kragträger mit Hilfe der FE-Lösung, dann bemißt man ihn für einen Lastfall, bei dem zusätzlich zu den Scherkräften am rechten Ende noch längs der Elementkanten im Innern äußere Linienkräfte wirken. Diese Kräfte sind in Abb. 4.1b angetragen. Die Größe dieser Linienkräfte kann als *Fehlerindikator* genutzt werden, s. [41].

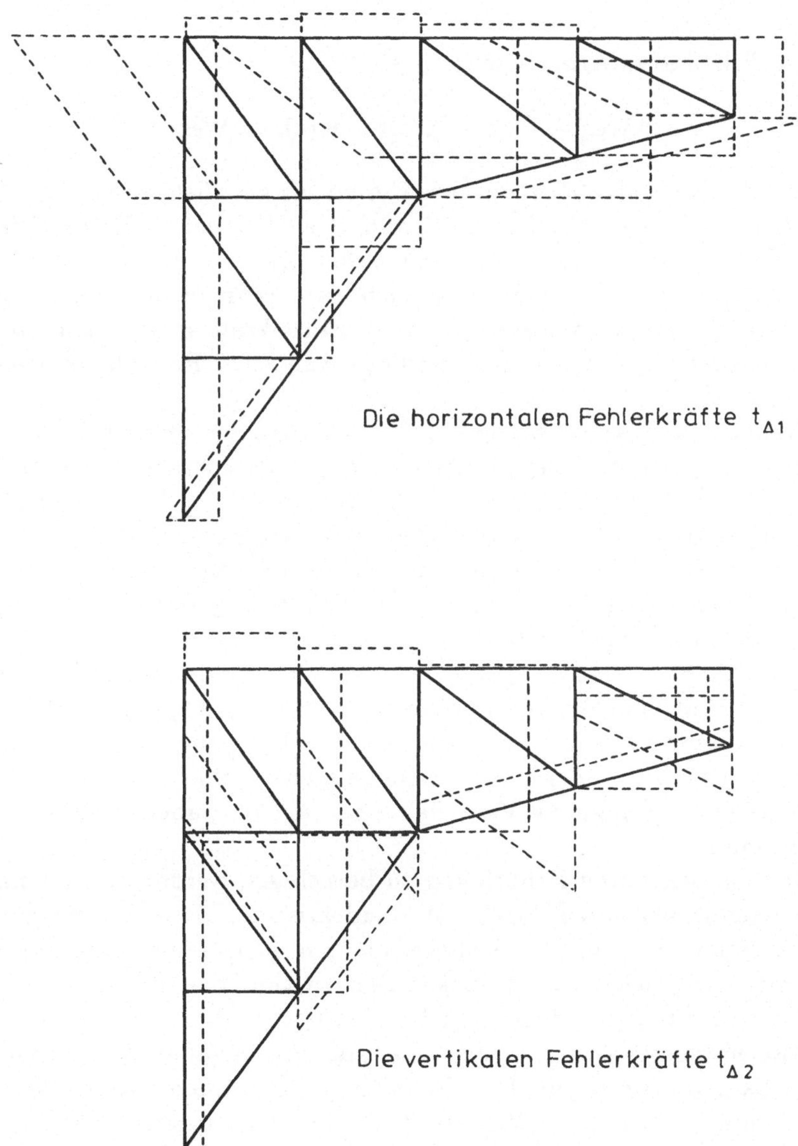

Abb. 4.1b Die (konstanten) Fehlerkräfte sind parallel zu den Netzlinien angetragen, auf die sie sich beziehen. Die Größe und die Verteilung dieser Kräfte gibt einen Eindruck von der Güte der FE-Lösung, denn korrekterweise sollten diese Kräfte Null sein. In der Einspannfuge sind die Fehlerkräfte gleich den Auflagerkräften

160

Wie wird dasselbe Problem nun mit Randelementen gelöst? Der Ansatz der REM sind die beiden Einflußfunktionen für die horizontale und die vertikale Verschiebung

$$u_i(\boldsymbol{x}) = \int\limits_{\Gamma} \left[U_{ij}(\boldsymbol{y}, \boldsymbol{x}) t_j(\boldsymbol{y}) - T_{ij}(\boldsymbol{y}, \boldsymbol{x}) u_j(\boldsymbol{y}) \right] ds_{\boldsymbol{y}}, \qquad (4.1)$$

die — eigentlich sind es Arbeitsgleichungen

$$1 \times \text{Weg} = \text{Weg} \times \text{Kraft} - \text{Kraft} \times \text{Weg},$$

— auf dem Satz von Betti beruhen. Ihre Herleitung geschieht wie bei der Membran. Die Verschiebungen U_{ij} und die Spannungen T_{ij} sind die Randgrößen auf dem gestrichelten Rand, die zu dem elastischen Zustand gehören, der sich in einer unendlich ausgedehnten Scheibe ausbildet, wenn in dem Punkt $\boldsymbol{x}$ eine horizontale ($i = 1$) bzw. vertikale ($i = 2$) Einzelkraft $\hat{P} = 1$ angreift. Die Größen u_j bzw. t_j sind die Randverschiebungen bzw. Randspannungen des Kragträgers.

Anschaulich gesprochen besagt (4.1), daß man die Verschiebung u_i im Punkt $\boldsymbol{x}$ durch Überlagern konjugierter Größen auf dem Rand, *singulärer Lastfall* × *realer Lastfall*, berechnen kann. Der Gedanke, der dahinter steckt, ist im Prinzip derselbe, wie beim Kraftgrößenverfahren, nur daß man a) die Einzelkraft nicht auf dieselbe Scheibe, sondern ein gleichgroßes Teilstück einer unendlichen Scheibe aufbringt, und b) nicht das Prinzip der virtuellen Kräfte benutzt, sondern den Satz von Betti.

Während die Betti-Daten U_{ij} und T_{ij} des Teilstücks der unendlichen Scheibe alle bekannt sind, sind von den vier Betti-Daten u_j und t_j der realen Scheibe abschnittsweise immer nur zwei Größen bekannt. Längs des freien Rands sind die Spannungen t_j Null, aber die Verschiebungen u_j sind unbekannt. Umgekehrt sind in der Lagerfuge die Verschiebungen u_j Null, aber die Spannungen t_j sind unbekannt.

Um diese unbekannten Funktionen zu berechnen, werden erst einmal alle Randfunktionen in n Knoten durch z.B. quadratische Funktionen interpoliert. So hat man es nur noch mit $2n$ Unbekannten, n horizontalen und n vertikalen, statt mit unendlich vielen Unbekannten zu tun. Die unbekannten Knotenwerte können dann mit dem Satz von Betti bestimmt werden, denn die Randfunktionen müssen sich ja so einstellen, daß die Scheibe im Gleichgewicht ist, daß der Satz von Betti gilt. Die Einhaltung dieses Satzes kontrolliert man $2n$-mal, indem man $2n$-mal die Weg- und Kraftgrößen des gesuchten Zustands mit den Weg- und Kraftgrößen bekannter Gleichgewichtszustände überlagert. Als Gleichgewichtszustände, mit denen man kontrolliert, wählt man den Angriff einer horizontalen bzw. vertikalen Kraft $\hat{P} = 1$ in den n Knoten des Teilstücks der unendlich ausgedehnten Scheibe.

Abbildung 4.2 illustriert die Situation, daß z.B. die horizontale Komponente t_1^2 des Spannungsvektors im Knoten 2 zu bestimmen ist.

Zuerst wird die unendliche Scheibe im Knoten 2 mit einer horizontalen Kraft $\hat{P} = 1$ belastet. Diese Kraft verursacht Verschiebungen U_{1j} und Spannungen T_{1j} auf dem gestrichelten Rand. Diese Weg- und Kraftgrößen werden nun mit den konjugierten Größen der realen Scheibe überlagert. Da nach dem Satz von Betti die gegenseitigen Arbeiten gleich groß sein müssen, $A_{1,2} = A_{2,1}$, kann diese Gleichung nach t_1^2 aufgelöst werden und damit ist t_1^2 bestimmt.

Natürlich sind in der Regel auch noch andere Knotenwerte t_i^j unbekannt, und man hat es daher nicht mit einer Gleichung allein zu tun, sondern mit einem ganzen System. In Abb. 4.2 ist im übrigen auch nur die Überlagerung der horizontalen Komponenten dargestellt. Die Überlagerung der vertikalen Komponenten geschieht natürlich ganz analog. Erst mit ihr ist der Satz von Betti komplett.

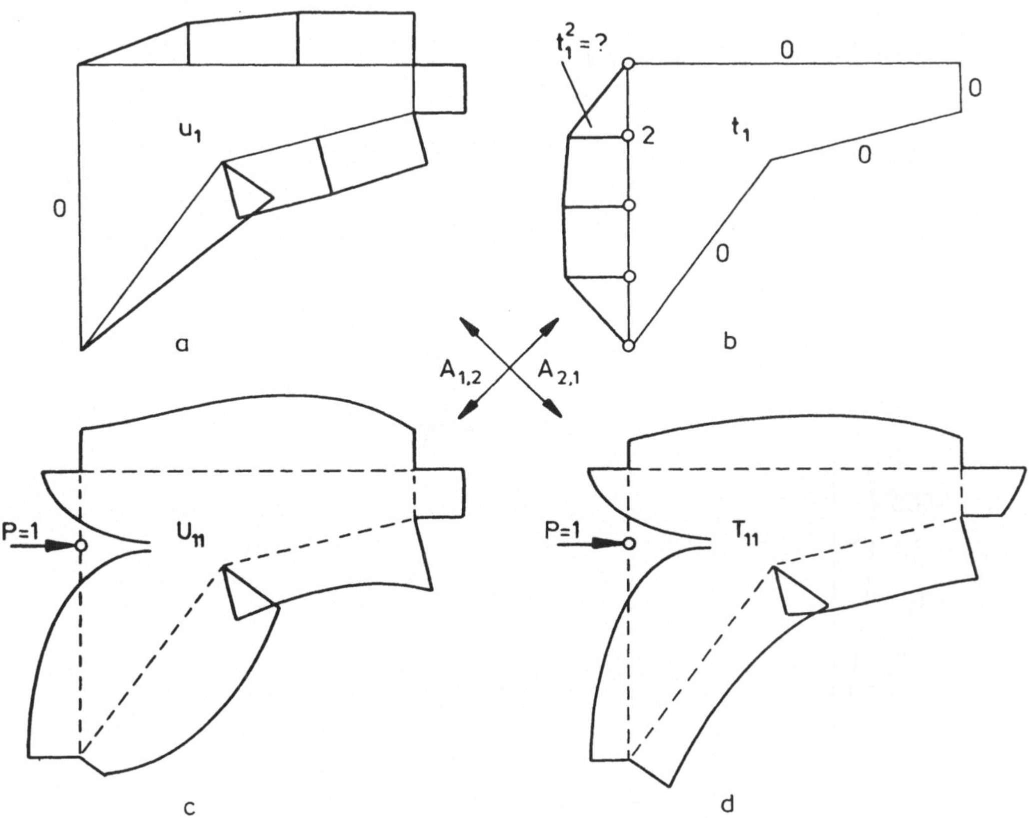

Abb. 4.2 a-d. Das Teilstück und die reale Scheibe: a-b die horizontal gerichteten Weg- und Kraftgrößen der realen Scheibe; c-d dieselben Größen für das Teilstück

Hat man so alle $2n$ Knotenwerte bestimmt, dann kann man mittels der beiden Einflußfunktionen (4.1) die Verschiebungen und damit auch die Spannungen im Innern der Scheibe berechnen.

Zusammenfassung: Das Scheibenproblem mit linearen finiten Elementen zu lösen heißt, die Flächen u_1 und u_2 der Verschiebungsfunktionen durch an-

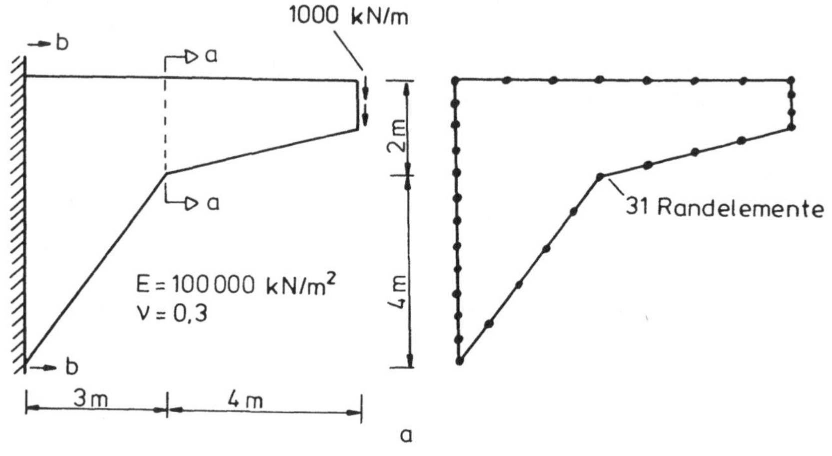

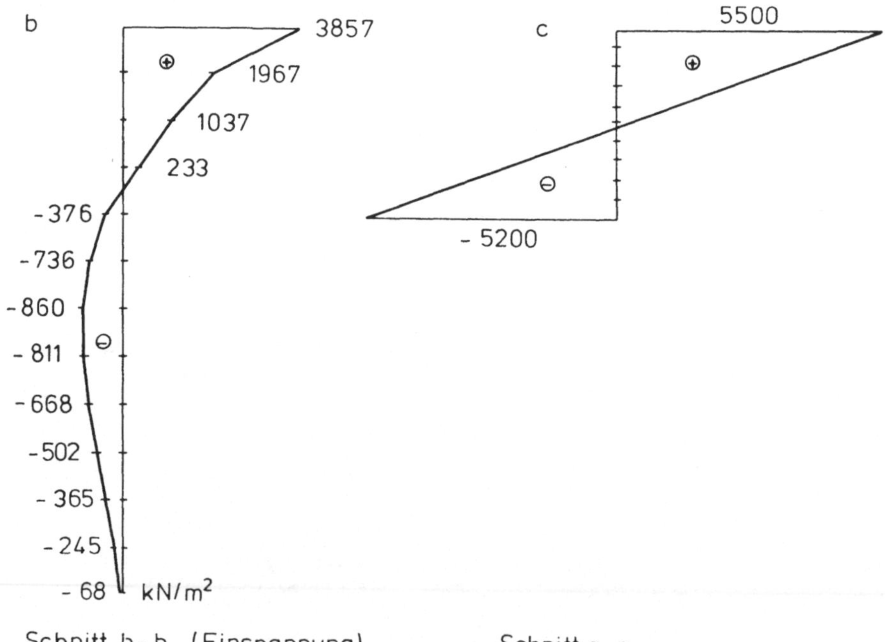

Abb. 4.3 Die RE-Lösung des Scheibenproblems

einandergehängte ebene Dreiecke zu approximieren. Mechanisch heißt dies, daß man einen Lastfall löst, bei dem längs der Elementkanten Linienkräfte wirken, wie in Abb. 4.1b dargestellt.

Im Gegensatz dazu sind die Verschiebungen u_1 und u_2 der RE-Lösung glatte Funktionen. Im Innern treten keine Spannungssprünge und damit keine äußeren Linienkräfte auf. Der innere Bereich der Scheibe ist auch frei von äußeren Flächenkräften, weil der RE-Ansatz (4.1) den homogenen Gleichgewichtsbedingungen (4.4) genügt. Nur längs der Ränder weicht die RE-Lösung von der wahren Lösung ab. Nach dem Prinzip von St. Venant werden sich diese Fehler jedoch nicht allzu weit ins Innere fortpflanzen.

Der Kragträger wurde zum Vergleich auch mit dem Programm *BE-PLATES* berechnet. In Abb. 4.3b sind die Spannungen σ_{11} in der Lagerfuge angetragen und in Abb. 4.3c die Spannungen im Schnitt b–b, dort wo die Unterkante zur Einspannung hin abknickt. An dieser Stelle gilt noch die Balkentheorie, während in der Einspannung die Scheibentheorie maßgebend ist.

Nach dieser Einführung sollen nun die Grundlagen etwas systematischer dargestellt werden.

4.2 Die Einflußfunktionen

Der elastische Zustand eines Körpers wird durch das Verschiebungsfeld $\boldsymbol{u} = \{u_i\}$, den Verzerrungstensor $\boldsymbol{E} = [\varepsilon_{ij}]$ und den Spannungstensor $\boldsymbol{S} = [\sigma_{ij}]$ beschrieben. Diese Größen genügen den 15 Gleichungen

$$\frac{1}{2}(u_{i,j} + u_{j,i}) - \varepsilon_{ij} = 0, \qquad (6 \text{ Glg.}), \qquad (4.2)$$

$$\frac{2\mu\nu}{1-2\nu}\varepsilon_{kk}\delta_{ij} + 2\mu\varepsilon_{ij} - \sigma_{ij} = 0, \qquad (6 \text{ Glg.}), \qquad (4.3)$$

$$-\sigma_{ij,j} = p_i \qquad (3 \text{ Glg.}). \qquad (4.4)$$

Setzt man die Definitionen für ε_{ij} und σ_{ij} nacheinander in die Gleichgewichtsbedingungen (4.4) ein, dann erhält man ein System von drei Gleichungen für das Verschiebungsfeld $\boldsymbol{u} = \{u_i\}$ alleine,

$$-L_{ij}u_j := -\mu u_{i,jj} - \frac{\mu}{1-2\nu}u_{j,ji} = p_i, \qquad (4.5)$$

das durch geometrische Randbedingungen

$$u_i = \bar{u}_i$$

auf einem Teil Γ_1 des Rands und statische Randbedingungen

$$t_i = \sigma_{ij} n_j = \bar{t}_i$$

auf dem dazu komplementären Teil Γ_2 des Rands ergänzt wird.

Einflußfunktionen für das zugehörige Verschiebungsfeld werden mittels des *Satzes von Betti* und der *Grundlösungen* hergeleitet.

Der Satz von Betti ist identisch mit der zu dem Differentialgleichungssystem $-L_{ij}$ gehörenden 2. Greenschen Identität.

p: $\hat{\boldsymbol{u}}, \boldsymbol{u} \in C^2(\bar{\Omega})$,

$$\text{q:} \; B(\hat{\boldsymbol{u}}, \boldsymbol{u}) = \int_{\Omega} -L_{ij} \hat{u}_j u_i \, d\Omega + \int_{\Gamma} [\hat{t}_i u_i - \hat{u}_i t_i] \, ds - \int_{\Omega} \hat{u}_i (-L_{ij} u_j) \, d\Omega = 0 \,.$$

Die Grundlösungen geben an, wie groß die Verschiebungen in einem Punkt $\boldsymbol{y} = (y_1, y_2, y_3)$ des elastischen Kontinuums sind

$$U_{ij}(\boldsymbol{y}, \boldsymbol{x}) = \frac{1}{8\pi\mu(1-\nu)r} [(3 - 4\nu)\delta_{ij} + r_{,i} r_{,j}] \,, \tag{4.6}$$

wenn in einem abliegenden Punkt $\boldsymbol{x} = (x_1, x_2, x_3)$ eine Einzelkraft $\hat{\boldsymbol{P}} = \boldsymbol{e}_i$ wirkt. Der erste Index i bezeichnet die Richtung der wirkenden Kraft, und der zweite Index j die Richtung der Verschiebung.

Die Funktionen U_{ij} sind symmetrisch bezüglich $\boldsymbol{x}$ und $\boldsymbol{y}$ (*Maxwells Prinzip*), und sie hängen von dem Abstand $r = |\boldsymbol{y} - \boldsymbol{x}|$ der beiden Punkte und von den Winkeln φ, ϑ unter denen man den Punkt $\boldsymbol{y}$ von $\boldsymbol{x}$ aus sieht ab, denn

$$r_{,1} = \frac{y_1 - x_1}{r} = \cos\varphi \sin\vartheta \,, \quad r_{,2} = \frac{y_2 - x_2}{r} = \sin\varphi \sin\vartheta \,,$$

$$r_{,3} = \frac{y_3 - x_3}{r} = \cos\vartheta \,.$$

Im ebenen Verzerrungszustand lauten die Grundlösungen der Scheibe

$$U_{ij}(\boldsymbol{y}, \boldsymbol{x}) = \frac{1}{8\pi\mu(1-\nu)} [(3 - 4\nu) \ln\frac{1}{r} \delta_{ij} + r_{,i} r_{,j}]$$

wobei jetzt die Indices i, j nur von 1 bis 2 laufen, und die Ableitungen $r_{,i}$ die Bedeutung

$$r_{,1} = \frac{y_1 - x_1}{r} = \cos\varphi \,, \quad r_{,2} = \frac{y_2 - x_2}{r} = \sin\varphi$$

haben.

Der zum Lastfall $P = e_i$ gehörige Spannungsvektor — dies ist der Spannungsvektor, der in einem Punkt y wirkt, durch den man einen Schnitt mit der Schnittnormalen $\nu = \{\nu_1, \nu_2, \nu_3\}^T$ legt — hat die Komponenten

$$T_{ij}(y, x) = -\frac{1}{4\alpha\pi(1-\nu)r^\alpha}\Big[\frac{\partial r}{\partial \nu}((1-2\nu)\delta_{ij} + \beta r_{,i}\, r_{,j})$$
$$- (1-2\nu)\{r_{,i}\,\nu_j(y) - r_{,j}\,\nu_i(y)\}\Big] \quad (4.7)$$

mit den Werten $\alpha = 1$, $\beta = 2$ im Falle von Scheiben (2-D) und $\alpha = 2$, $\beta = 3$ im Falle von Körpern (3-D).

In Abb. 4.4 ist die Situation dargestellt, daß im Aufpunkt x eine horizontale Kraft $P = e_1$ angreift. Diese Kraft bewirkt in dem abliegenden Punkt y eine horizontale, U_{11}, und eine vertikale, U_{12}, Verschiebung, s. Abb. 4.4a. Würde man die unendliche Scheibe längs der gestrichelten Linie aufschneiden, dann würde im Punkt y ein Spannungsvektor mit den Komponenten T_{11} und T_{12} gemessen werden. Diese Spannungen hängen natürlich davon ab, wie der Schnitt durch den Punkt y läuft, und daher hängen die Funktionen T_{ij} von der Schnittnormalen ν ab.

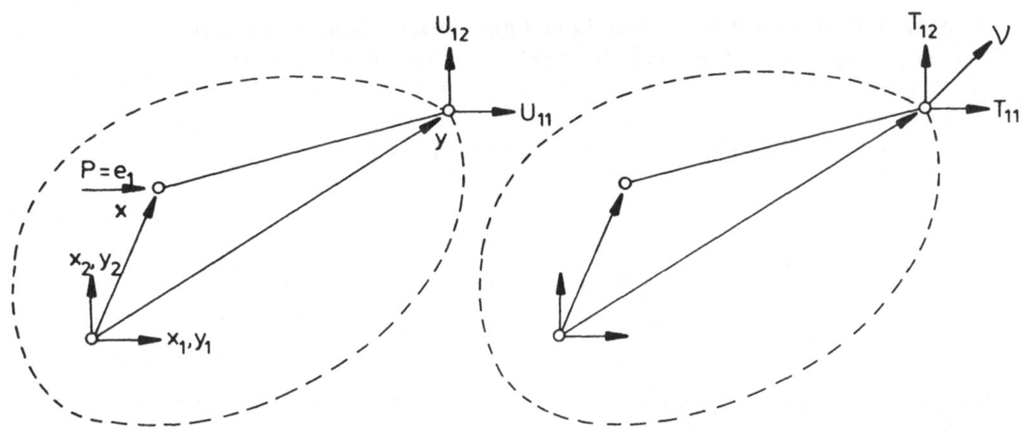

Abb. 4.4 Angriff einer horizontalen Einzelkraft im Punkt x

Um mittels des Satzes von Betti und den Grundlösungen die Verschiebungen in einem Punkt x zu berechnen, formuliert man, wie im Fall des Laplace Operators, die 2. Identität erst im gelochten Gebiet Ω_ε und läßt dann den Radius ε gegen Null streben, $B_\varepsilon \to B$, s. [42].

Anschaulich gesprochen geschieht das Folgende:

a) Das elastische Kontinuum wird im Punkt x mit einer Kraft $\hat{P} = e_i$ belastet, s. Abb. 4.5a.

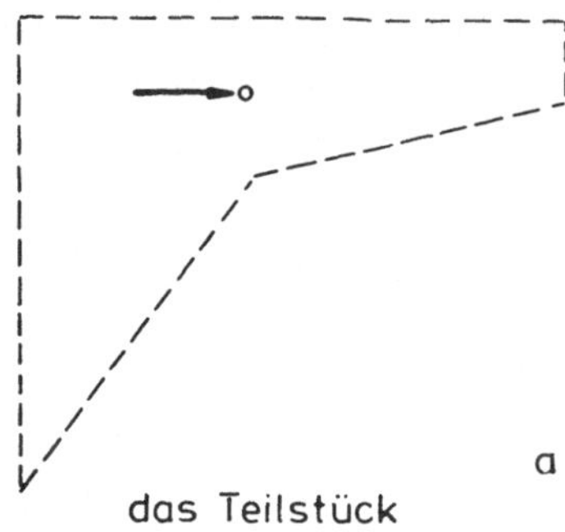

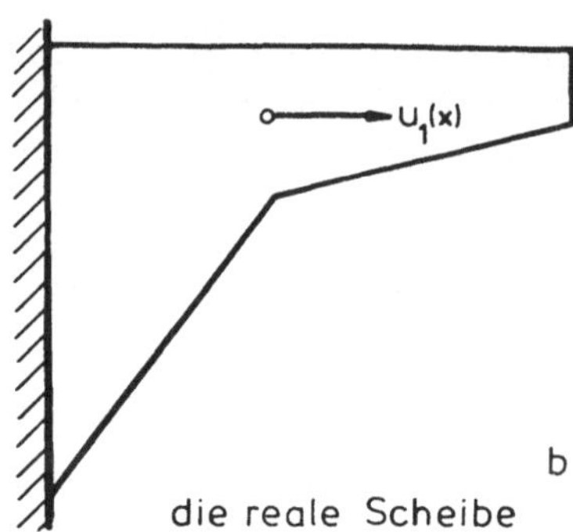

Abb. 4.5 a-b. Anwendung des Satzes von Betti auf eine Scheibe: **a** das Teilstück mit der Einzelkraft; **b** die reale Scheibe und die gesuchte Verschiebung

b) Der Teil des Kontinuums, der mit dem realen Körper nach Lage und Größe übereinstimmt, wird aus dem Kontinuum herausgetrennt, und dabei werden die Schnittkräfte T_{ij} als äußere Kräfte angebracht.

c) Ebenso wird der reale Körper von seinen Lagern getrennt, und dort die Lagerkräfte als äußere Kräfte aufgebracht.

Man hat es dann mit zwei Gleichgewichtszuständen in zwei identischen Körpern zu tun, so daß gemäß dem Satz von Betti gelten muß

$$A_{1,2} = C_{ij}(\boldsymbol{x})u_j(\boldsymbol{x}) + \int_\Gamma T_{ij}(\boldsymbol{y},\boldsymbol{x})u_j(\boldsymbol{y})\,ds_{\boldsymbol{y}}$$

$$= \int_\Omega U_{ij}(\boldsymbol{y},\boldsymbol{x})p_j(\boldsymbol{y})\,d\Omega_{\boldsymbol{y}} + \int_\Gamma U_{ij}(\boldsymbol{y},\boldsymbol{x})t_j(\boldsymbol{y})\,ds_{\boldsymbol{y}} = A_{2,1}\,,$$

oder nach $C_{ij}(\boldsymbol{x})u_j(\boldsymbol{x})$ aufgelöst

$$C_{ij}(\boldsymbol{x})u_j(\boldsymbol{x}) = \int_\Gamma [U_{ij}(\boldsymbol{y},\boldsymbol{x})t_j(\boldsymbol{y}) - T_{ij}(\boldsymbol{y},\boldsymbol{x})u_j(\boldsymbol{y})]\,ds_{\boldsymbol{y}}$$

$$+ \int_\Omega U_{ij}(\boldsymbol{y},\boldsymbol{x})p_j(\boldsymbol{y})\,d\Omega_{\boldsymbol{y}}\,. \tag{4.8}$$

Dies ist die sogenannte *Somigliana Identität*, die Integraldarstellung des Verschiebungsfelds eines elastischen Körpers. Die $C_{ij}(\boldsymbol{x})$ sind die Komponenten der charakteristischen Matrix

$$C_{ij}(x) = \begin{cases} \delta_{ij}, & x \in \Omega, \\ \dot{C}_{ij}(x), & x \in \Gamma, \\ 0, & x \in \Omega^c \quad \text{(Komplement)}. \end{cases}$$

Ihre Randwerte lauten $(a = 1 - 2\nu)$,

$$\dot{C}_{ij}(x) = \frac{1}{8\pi(1-\nu)} \int\limits_{S_1(x,\Omega)} \begin{bmatrix} a + 3r,_1^2 & 3r,_1 r,_2 & 3r,_1 r,_3 \\ & a + 3r,_2^2 & 3r,_2 r,_3 \\ \text{sym.} & & a + 3r,_3^2 \end{bmatrix} dS_1. \tag{4.9}$$

Das Integral ist über den Ausschnitt $S_1(x,\Omega)$ der Einheitssphäre S_1 zu nehmen, der innerhalb des Tangentenkegels liegt, s. Abschn. 1.1. Ist die Oberfläche im Punkt x glatt, dann ist die C-Matrix gerade $1/2 \times$ Einheitsmatrix

$$\dot{C}_{ij}(x) = \frac{1}{2}\delta_{ij} \quad \text{(in einem glatten Punkt)}$$

Im Fall einer Scheibe sind die $\dot{C}_{ij}$ die Elemente der Matrix

$$\dot{C}(x) = \frac{\Delta\varphi}{2\pi}I + \frac{1}{4\pi(1-\nu)}\{J(\varphi_1) - J(\varphi_2)\},$$

wobei $J(\varphi)$ die symmetrische Matrix

$$J(\varphi) = \begin{bmatrix} \frac{1}{2}\sin 2\varphi & \sin^2\varphi \\ \text{sym.} & \frac{1}{2}\sin 2\varphi \end{bmatrix}$$

ist, und die Winkel φ_1 und φ_2 die Winkel zwischen der x_1-Achse und den Tangenten t_1 und t_2 an den Randpunkt x bezeichnen, s. Abb. 3.6.

In glatten Randpunkten vereinfacht sich wieder alles zu

$$\dot{C}(x) = \frac{1}{2}I.$$

Nun gilt die Somigliana Identität auch für so einfache Verschiebungsfelder wie $u = \{1,0,0\}^T$, $u = \{0,1,0\}^T$ etc., also Translationen, und da in solchen Fällen die Spannungen t_j Null sind, muß demnach gelten

$$C_{ij}(x) = -\int\limits_{\Gamma} T_{ij}(y,x)\, ds_y. \tag{4.10}$$

Man kann also die Kopplungsbedingung ganz ohne C-Matrix schreiben, denn

$$\int\limits_{\Gamma} T_{ij}(\boldsymbol{y},\boldsymbol{x})(u_j(\boldsymbol{y}) - u_j(\boldsymbol{x}))\, ds_{\boldsymbol{y}} = \int\limits_{\Gamma} U_{ij}(\boldsymbol{y},\boldsymbol{x})t_j(\boldsymbol{y})\, ds_{\boldsymbol{y}}$$

$$+ \int\limits_{\Omega} U_{ij}(\boldsymbol{y},\boldsymbol{x})p_j(\boldsymbol{y})\, d\Omega_{\boldsymbol{y}}$$

ist wegen (4.10) mit (4.8) identisch.

Fassen wir zusammen: Die Somigliana Identität ist die Integraldarstellung des Verschiebungsfelds $\boldsymbol{u}(\boldsymbol{x})$ eines elastischen Körpers. Die maßgebenden Einflußgrößen sind die Randverschiebungen u_j, die Randspannungen t_j und die Volumenkräfte p_j. Von den Randgrößen sind bei regulären Problemen in jedem Punkt genau drei Größen vorgeschrieben, und die dazu konjugierten Größen unbekannt. In der Lagerfuge eines Körpers sind z.B. die drei Verschiebungen bekannt, $u_j = 0$, $j = 1,2,3$, während der Verlauf der drei Stützkräfte t_j, $j = 1,2,3$ unbekannt ist.

Legt man in der Somigliana Identität den Punkt $\boldsymbol{x}$ auf den Rand, dann entspricht das dem Vorgehen in der Einleitung. Man testet die Randdaten u_j und t_j mit den drei Gleichgewichtszuständen $\hat{\boldsymbol{P}} = \boldsymbol{e}_i$ des Kontinuums und man formuliert so eine Kopplungsbedingung zwischen den Betti-Daten. Diese Bedingung gibt umgekehrt die Möglichkeit, die unbekannten Randwerte zu bestimmen.

4.3 Diskretisierung

Die Kopplungsbedingung (4.8) besteht genau genommen aus drei skalaren Integralgleichungen für drei unbekannte Komponenten, und so stellt sie, da die Oberfläche unendlich viele Punkte $\boldsymbol{x}$ hat, im Grunde ein System von $3 \times$ unendlich vielen linearen Gleichungen dar.

Um die Kopplungsbedingung näherungsweise zu lösen, werden die Betti-Daten durch stückweise konstante, lineare oder quadratische Funktionen approximiert, s. Abb. 3.13 und dann die $3n$ unbekannten Knotenwerte so bestimmt, daß die drei Kopplungsbedingungen in n Kollokationspunkten erfüllt sind.

Die globalen Ansatzfunktionen $\varphi_i(\boldsymbol{x})$ und $\psi_i(\boldsymbol{x})$, die die Betti-Daten interpolieren

$$u_j(\boldsymbol{x}) = u_j^i \varphi_i(\boldsymbol{x})\,, \quad t_j(\boldsymbol{x}) = t_j^i \psi_i(\boldsymbol{x})\,,$$

sind nur jeweils in einem kleinen Bereich des Rands von Null verschieden. Die Funktion $\varphi_i(\boldsymbol{x})$ hat z.B. im Knoten $\boldsymbol{x}^i$ den Wert 1 und in allen anderen Knoten den Wert Null,

$$\varphi_i(x^{\,j}) = \delta_{ij}\,.$$

Sie repräsentiert sozusagen eine Einheitsverformung des Rands: Der Knoten $x^{\,i}$ wird um 1 verschoben und alle anderen Knoten dabei festgehalten.

Ganz analog repräsentieren die Funktionen $\psi_i(x)$ Einheitsbelegungen von Kräften oder genauer gesagt: Spannungen. Da der Spannungsvektor auf Kanten springt, werden die Spannungen in solchen Knoten mit zwei (halben) Funktionen ψ_j und ψ_{j+1} interpoliert. Werden z.B. lineare Randelemente benutzt, dann sind die zwei Funktionen ψ_j und ψ_{j+1} die zwei Hälften einer Dachfunktion, s. Abb. 4.6.

Da alle drei Komponenten u_j bzw. alle drei Komponenten t_j in einem Knoten durch jeweils dieselbe skalare Ansatzfunktion φ_i bzw. ψ_i interpoliert werden — wenn t_1 unstetig ist, dann sind es auch t_2 und t_3 — , können die Knotenwerte zu Knotenvektoren zusammengefaßt

$$\boldsymbol{u}^i = \{u_1^i, u_2^i, u_3^i\}^T, \qquad \boldsymbol{t}^i = \{t_1^i, t_2^i, t_3^i\}^T$$

und mit den skalaren Ansatzfunktionen multipliziert werden. Die globalen Ansätze haben also die Form

$$\boldsymbol{u}(x) = \varphi_i(x)\boldsymbol{u}^i, \qquad \boldsymbol{t}(x) = \psi_i(x)\boldsymbol{t}^i \qquad (\text{Skalar} \times \text{Vektor})\,.$$

Werden diese Ansätze in die Somigliana Identität eingesetzt, so folgt

$$C_{mn}(x^k)u_n^k + \int_\Gamma T_{mn}(y, x^k)\varphi_i(y)\,ds_y\,u_n^i = \int_\Gamma U_{mn}(y, x^k)\psi_i(y)\,ds_y\,t_n^i$$

$$+ \int_\Omega U_{mn}(y, x^k)p_n(y)\,d\Omega_y\,.$$

(keine Summe über k im ersten Term)

Summiert wird über i und n. Der Index k bezeichnet den Knoten, und der Index m gibt an, ob es sich um die 1., 2., oder 3. Gleichung handelt.

In Matrizenschreibweise lauten diese drei Gleichungen

$$C(x^k)\boldsymbol{u}^k + \int_\Gamma T(y, x^k)\varphi_i(y)\,ds_y\,\boldsymbol{u}^i = \int_\Gamma U(y, x^k)\psi_i(y)\,ds_y\,\boldsymbol{t}^i$$

$$+ \int_\Omega U(y, x^k)p(y)\,d\Omega_y\,. \qquad (4.11)$$

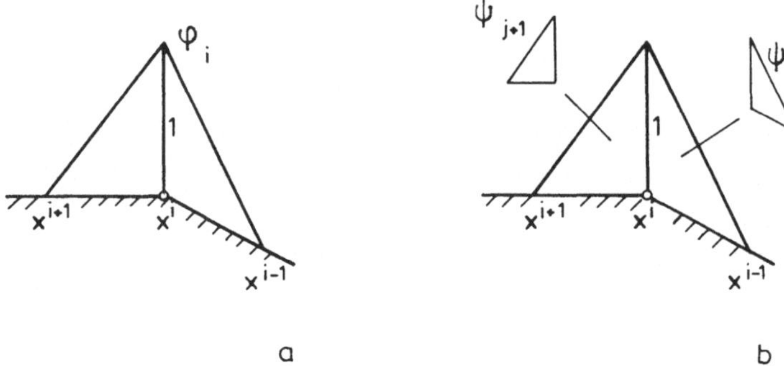

Abb. 4.6 a-b. Interpolation in einer Ecke: **a** stetige Interpolation der Verschiebungen; **b** unstetige Interpolation der Spannungen mit zwei halben Dachfunktionen

Mit Hilfe der (3×3) Matrizen

$$H_{ki} = C(x^k)\delta_{ki} + \int_\Gamma T(y, x^k)\varphi_i(y)\, ds_y\,,$$

$$G_{ki} = \int_\Gamma U(y, x^k)\psi_i(y)\, ds_y$$

und dem Vektor (3 Elemente)

$$p_k = \int_\Omega U(y, x^k)p(y)\, d\Omega_y$$

können diese Gleichungen noch kürzer geschrieben werden

$$H_{ki}\, u^i = G_{ki}\, t^i + p_k\,.$$

Nun müssen diese Kopplungsbedingungen in allen n Knoten, $k = 1, 2\ldots, n$, aufgestellt werden, und daher hat man es schließlich mit einem ganzen System der Gestalt

$$Hu = G\,t + p$$

zu tun, wobei H, G, u, t und p entsprechende *Hypermatrizen* bzw. *Hypervektoren* sind. (Eine Hypermatrix ist eine Matrix, deren Elemente Matrizen sind; ein Hypervektor ist ein Vektor, dessen Elemente Vektoren sind).

Ist das Verschiebungsfeld u eine Translation der Gestalt $u = \{1, 1, 1\}^T$, dann sind die Hypervektoren p und t Null, und es folgt

$$H\,u = o$$

und daher auch

$$H_{kk} = -\sum_{\substack{i=1 \\ i \neq k}} H_{ki}\,.$$

Dies bedeutet, daß das Diagonalelement H_{kk} der Hypermatrix H durch Summation über die Nebenelemente berechnet werden kann. Diese Formel entspricht (4.10). Sie ist von großer praktischer Bedeutung, weil so die Berechnung der singulären Integrale in der Matrix H_{kk} umgangen werden kann.

4.4 Elementmatrizen

In diesem Abschnitt werden die Elementmatrizen für Scheiben formuliert. Die Elementmatrizen für elastische Körper finden sich in Abschn. 4.14.

Um die globalen Ansatzfunktionen φ_i und ψ_i zu konstruieren, wird der Rand der Scheibe in Randelemente eingeteilt und die Ansatzfunktionen elementweise aus lokalen Ansatzfunktionen φ_i^e zusammengesetzt. Dem entsprechend setzen sich die Matrizen H und G aus Elementmatrizen H^e und G^e zusammen.

Benutzt man quadratische Elemente, dann besteht die Matrix G^e aus drei Spalten von je K Blöcken der Größe 2×2, s. Abb. 4.7a. Der erste Block ganz oben links z.B. wird gebildet von den 4 Integralen

$$\int_{\Gamma_e} U_{ij}(\boldsymbol{y}, \boldsymbol{x}^k)\varphi_1^e(\boldsymbol{y})\, ds_{\boldsymbol{y}}\,, \quad i,j = 1,2,$$

die den Einfluß darstellen, den die Belegung φ_1^e auf den Kollokationspunkt $\boldsymbol{x}^k = \boldsymbol{x}^1$ nach Maßgabe der 4 Kerne U_{ij} hat. Der Block daneben repräsentiert den Einfluß der Belegung φ_2^e auf den Punkt $\boldsymbol{x}^1$ und der dritte Block den Einfluß der Belegung φ_3^e auf den Punkt $\boldsymbol{x}^1$. Geht man in G^e blockweise abwärts, dann bedeutet dies, daß der Kollokationspunkt $\boldsymbol{x}^k$ wechselt.

Die mit Ziffern versehenen Blöcke sind die singulären Blöcke. Sie enthalten die singulären Integrale, wenn also der Aufpunkt $\boldsymbol{x}$ auf Γ_e selbst liegt und mit dem Anfangspunkt $\boldsymbol{x} = \boldsymbol{x}^a$, dem Mittelpunkt $\boldsymbol{x} = \boldsymbol{x}^m$ oder dem Endpunkt $\boldsymbol{x} = \boldsymbol{x}^e$ des Elements zusammenfällt. Mit den Bezeichnungen der Abb. 4.8 und den Abkürzungen

$$a = (3 - 4\nu)\,, \qquad b = 8\pi\mu(1 - \nu)\,, \qquad d = 4\pi(1 - \nu)\,,$$

$$c_e = \cos\varphi_e = \frac{y_1^B - y_1^A}{l_e}\,, \qquad s_e = \sin\varphi_e = \frac{y_2^B - y_2^A}{l_e}\,,$$

$$l_e = \text{Länge des Elements}\,, \qquad \lambda_e = \ln l_e\,,$$

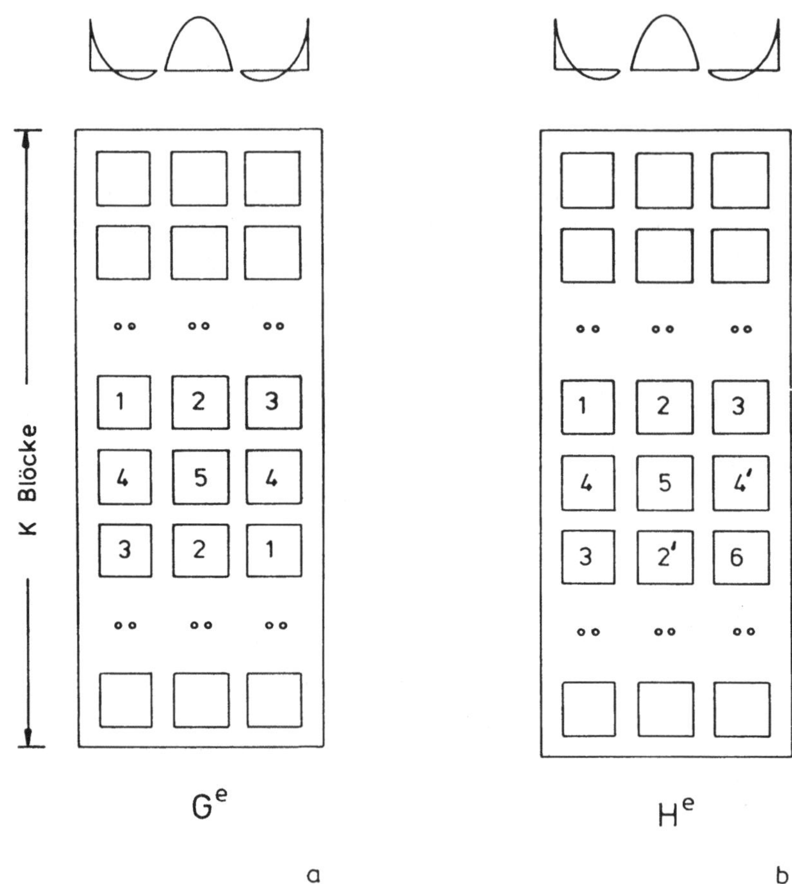

Abb. **4.7** Die Elementmatrizen G^e und H^e

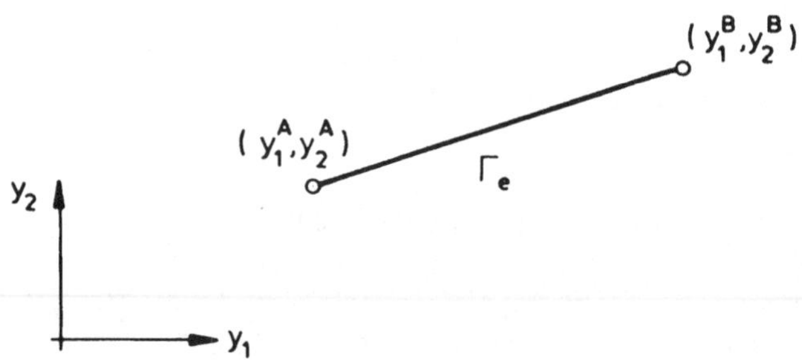

Abb. **4.8** Die Orientierung eines Elements gegenüber dem globalen Koordinatensystem

erhält man

Block 1

$$\frac{1}{b}\begin{bmatrix} -al_e/36\,(6\lambda_e - 17) + l_e/6\,c_e^2 & l_e/6\,c_e s_e \\ \text{sym.} & -al_e/36\,(6\lambda_e - 17) + l_e/6\,s_e^2 \end{bmatrix},$$

Block 2

$$\frac{1}{b}\begin{bmatrix} -al_e/9\,(6\lambda_e - 5) + 2/3\,l_e c_e^2 & 2/3\,l_e c_e s_e \\ \text{sym.} & -al_e/9\,(6\lambda_e - 5) + 2/3\,l_e s_e^2 \end{bmatrix},$$

Block 3

$$\frac{1}{b}\begin{bmatrix} -al_e/36\,(6\lambda_e + 1) + l_e/6\,c_e^2 & l_e/6\,c_e s_e \\ \text{sym.} & -al_e/36\,(6\lambda_e + 1) + l_e/6\,s_e^2 \end{bmatrix},$$

Block 4

$$\frac{1}{b}\begin{bmatrix} -al_e\,(1/6\,\lambda_e - 0,17108) + l_e/6\,c_e^2 & l_e/6\,c_e s_e \\ \text{sym.} & -al_e\,(1/6\lambda_e - 0,17108) + l_e/6\,s_e^2 \end{bmatrix},$$

Block 5

$$\frac{1}{b}\begin{bmatrix} -a8l_e(1/12\,\lambda_e - z) + 2/3\,l_e c_e^2 & 2/3\,l_e c_e s_e \\ \text{sym.} & -a8l_e(1/12\,\lambda_e - z) + 2/3\,l_e s_e^2 \end{bmatrix},$$

$z = 0,1688733$.

Alle Bruchstriche

$$2/3\,l_e c_e s_e = (2/3)\,l_e c_e s_e \qquad \text{etc.}$$

sind im strengen Sinn zu nehmen.

Die singulären Blöcke der Matrix $\boldsymbol{H}^e$ lauten:

Block 1

$$0,5\begin{bmatrix} \dot{c}_{11} & \dot{c}_{12} \\ \dot{c}_{21} & \dot{c}_{22} \end{bmatrix}_{\text{linker Knoten}} + \frac{\lambda_e(1 - 2\nu)}{d}\begin{bmatrix} 0 & -1 \\ 1 & 0 \end{bmatrix},$$

Block 2

$$\frac{2(1 - 2\nu)}{d} \cdot \begin{bmatrix} 0 & -1 \\ 1 & 0 \end{bmatrix},$$

Block 4

$$\frac{1 - 2\nu}{d} \begin{bmatrix} 0 & -1 \\ 1 & 0 \end{bmatrix},$$

Block 5

$$\begin{bmatrix} 0,5 & 0 \\ 0 & 0,5 \end{bmatrix},$$

Block 6

$$0,5 \begin{bmatrix} \dot{c}_{11} & \dot{c}_{12} \\ \dot{c}_{21} & \dot{c}_{22} \end{bmatrix}_{\text{rechter Knoten}} + \frac{\lambda_e(1 - 2\nu)}{d} \begin{bmatrix} 0 & 1 \\ -1 & 0 \end{bmatrix}.$$

Die Blöcke $2'$ und $4'$ erhält man, wenn man die Blöcke 2 und 4 mit (-1) multipliziert. Der Block 3 ist Null. Die Blöcke 1, 5 und 6 sind im wesentlichen die C-Matrix. Der Faktor $0,5$ in den Blöcken 1 und 6 berücksichtigt die Tatsache, daß sich beim Einbau der Elementmatrizen $\boldsymbol{H}^e$ in die Matrix $\boldsymbol{H}$ die Elementmatrizen an den Elementgrenzen überlappen, d.h. die Terme sich dort addieren. Die C-Matrix wird daher zu gleichen Teilen auf das linke und rechte Element verteilt.

$$\dot{c}_{ij} = 0,5\, \dot{c}_{ij} + 0,5\, \dot{c}_{ij}\,.$$

Der Faktor $0,5$ in dem mittleren Block 5 ist das $1/2$ aus $\dot{c}_{ij} = 1/2\,\delta_{ij}$ (der mittlere Knoten ist immer ein glatter Punkt). Die Matrix, die im Fall der Blöcke 1 und 6 zur C-Matrix addiert wird, hebt sich beim Zusammensetzen heraus — Block 6 des linken Elements wird zu Block 1 des rechten Elements addiert — , wenn die benachbarten Elemente gleich lang sind, denn dann gilt

$$\lambda_{e,\text{linkes Element}} = \lambda_{e,\text{rechtes Element}}.$$

Diese Matrix enthält die Zusatzterme, die bei der Berechnung des Cauchyschen Hauptwerts der Integrale

$$\int\limits_{\Gamma} T_{ij}(\boldsymbol{y}, \boldsymbol{x}^k)\varphi_k(\boldsymbol{y})\, ds_{\boldsymbol{y}}$$

entstehen, wenn der Punkt $\boldsymbol{x}^k$ nicht den gleichen Abstand von den Endpunkten hat, s. Abb. 4.9, wenn die Elemente also unterschiedlich lang sind.

Würde der Punkt $\boldsymbol{x}^k$ genau in der Mitte liegen, dann wäre der Cauchysche Hauptwert Null. So aber ist nur der Cauchysche Hauptwert über den symmetri-

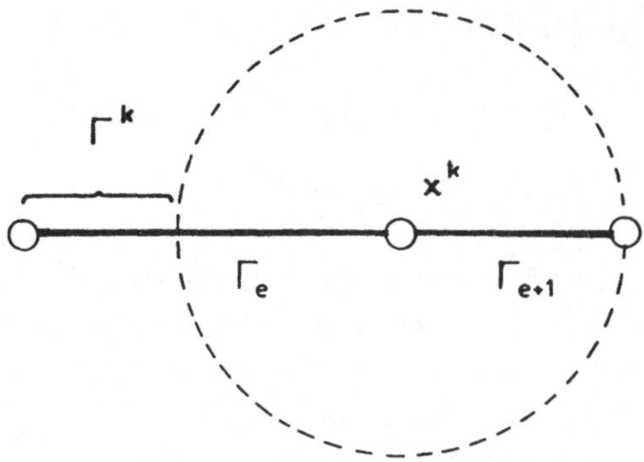

Abb. 4.9 Unterschiedlich lange Elemente

schen Teil Null und das Integral über den Teil Γ^k, den Teil, der kein Spiegelbild bezüglich x^k besitzt, liefert einen Beitrag.

4.5 Randbedingungen

Der Einbau der Elementmatrizen G^e und H^e in die globalen Matrizen G und H geschieht entsprechend der Stetigkeit der Randfunktionen u_i und t_i. Benachbarte Elementmatrizen überlappen sich, wenn die Funktionen im Knoten stetig sind. Andernfalls liegen sie nebeneinander, wie z.B. die Elementmatrizen G^e in Ecken. Da immer Eckknoten vorhanden sind, ist die Zahl der t-Freiheitsgrade (t-$dofs$) auch immer größer als die Zahl der u-Freiheitsgrade (u-$dofs$). Das assemblierte Gleichungssystem hat also die Gestalt

$$\left[\ \ H\ \ \right]\left[\ u\ \right] = \left[\ \ \ G\ \ \ \right]\left[\ t\ \right] + \left[\ p\ \right].$$

Um auf die Gestalt $A x = b$ zu kommen, werden nun die Spalten von G und H nach bekannten und unbekannten Knotenwerten sortiert.

In einem glatten Knoten sind von den vier Freiheitsgraden

$$u_1^i = u_1(x^i)\,, \qquad u_2^i = u_2(x^i)\,,$$

$$t_1^j = t_1(x^i)\,, \qquad t_2^j = t_2(x^i)$$

in der Regel zwei bekannt. Die entsprechenden Spalten werden mit den vorgeschriebenen Werten multipliziert und zur rechten Seite b addiert.

In einer Ecke hat der Spannungsvektor t vier Freiheitsgrade

$$t_1(\boldsymbol{x}_-^i)\,, \qquad t_2(\boldsymbol{x}_-^i)\,, \qquad \text{(links)}\,,$$

$$t_1(\boldsymbol{x}_+^i)\,, \qquad t_2(\boldsymbol{x}_+^i)\,, \qquad \text{(rechts)}$$

so daß sich die Zahl der insgesamt zu verteilenden Spalten auf sechs erhöht. Von den sechs Werten sind in der Regel aber mindestens vier bekannt, wenn nicht gar mehr, denn Eckpunkte sind Punkte, in denen die Lösung im Prinzip überbestimmt ist. Ist z.B. längs der beiden Schenkel des Rands das Verschiebungsfeld $\boldsymbol{u}$ vorgeschrieben, dann sind es auch, wie wir zeigen wollen, die Spannungsvektoren $\boldsymbol{t}^l$ und $\boldsymbol{t}^r$ links und rechts vom Knoten.

Mit den Bezeichnungen der Abb. 4.10 folgt für die Tangentialableitungen der Verschiebungen näherungsweise

$$\frac{\partial}{\partial\tau}u_1^l = u_{\tau 1}^l = \frac{u_1^c - u_1^a}{\Delta a}\,, \qquad \frac{\partial}{\partial\tau}u_2^l = u_{\tau 2}^l = \frac{u_2^c - u_2^a}{\Delta a}\,,$$

$$\frac{\partial}{\partial\tau}u_1^r = u_{\tau 1}^r = \frac{u_1^b - u_1^c}{\Delta b}\,, \qquad \frac{\partial}{\partial\tau}u_2^r = u_{\tau 2}^r = \frac{u_2^b - u_2^c}{\Delta b}\,,$$

und damit für die Gradienten

$$u_{1,1} = \frac{1}{D}(\nu_1^r u_{\tau 1}^l - \nu_1^l u_{\tau 1}^r)\,, \qquad D = \nu_1^l \nu_2^r - \nu_2^l \nu_1^r\,,$$

$$u_{1,2} = \frac{1}{D}(\nu_2^r u_{\tau 1}^l - \nu_2^l u_{\tau 1}^r)\,, \qquad l = \text{links}\,, \quad r = \text{rechts}\,,$$

$$u_{2,1} = \frac{1}{D}(\nu_1^r u_{\tau 2}^l - \nu_1^l u_{\tau 2}^r)\,,$$

$$u_{2,2} = \frac{1}{D}(\nu_2^r u_{\tau 2}^l - \nu_2^l u_{\tau 2}^r)\,.$$

Mit den Gradienten kann man nun leicht die Verzerrungen ε_{ij} und die Spannungen σ_{ij} in dem Eckknoten und damit auch die Spannungsvektoren $\boldsymbol{t}^l$ und $\boldsymbol{t}^r$ berechnen.

In einem Rollenlager, s. Abb. 4.11, besteht zwischen den Freiheitsgraden die Kopplung

$$u_2 = u_1 \tan\alpha\,, \qquad t_2 = -\frac{1}{\tan\alpha}t_1\,.$$

Die 1-Freiheitsgrade u_1 und t_1 sind die unabhängigen Freiheitsgrade (*master*) und die 2-Freiheitsgrade die abhängigen (*slaves*). Dementsprechend wird die

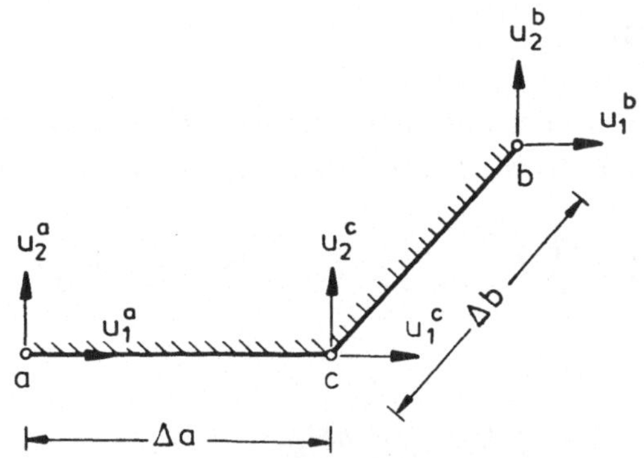

Abb. 4.10 Lage der drei Randpunkte zueinander

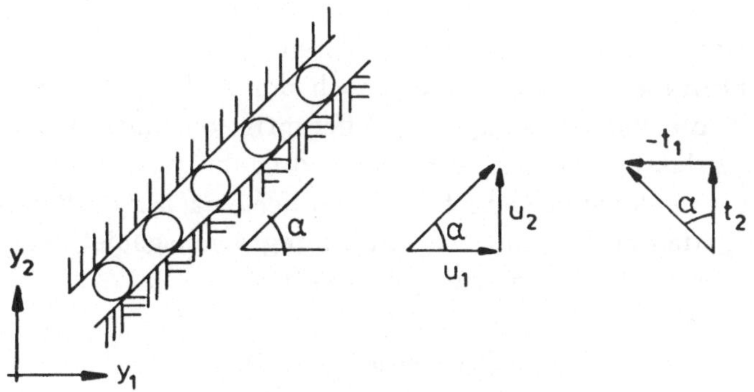

Abb. 4.11 Rollenlager

zum Freiheitsgrad u_2 gehörige Spalte mit dem Faktor $\tan\alpha$ multipliziert und zur Spalte u_1 addiert. Analog wird mit der Spalte des Freiheitsgrads t_2 verfahren.

In einem horizontalen elastischen Lager mit der Steifigkeit c, s. Abb. 4.12, lauten die Randbedingungen

$$t_1 = 0, \qquad c\,u_2 - t_2 = 0\,.$$

Wählt man als unabhängige Freiheitsgrade u_1 und t_2, dann muß man die Spalte von u_2 (abhängiger Freiheitsgrad) mit c^{-1} multiplizieren und zur Spalte von t_2 addieren.

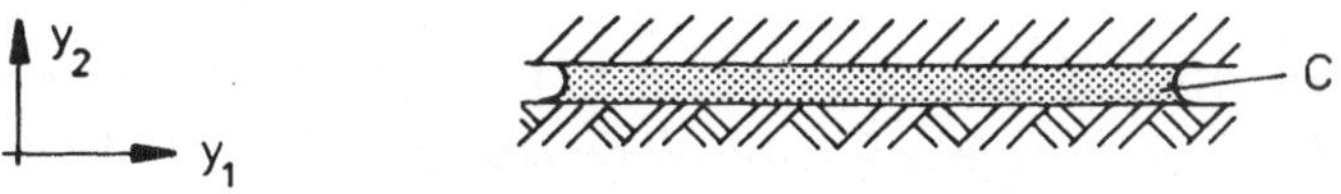

Abb. 4.12 Elastisches Lager

178

4.6 Spannungen

Spannungen berechnen sich aus den Verzerrungen, also den Ableitungen des Verschiebungsfelds. Die Einflußfunktionen für die 3×3 Ableitungen lauten

$$u_{i,d}(x) = \int_\Gamma \left[U_{ij,x_d} t_j - T_{ij,x_d} (u_j(y) - u_j(x)) \right] ds_y$$

$$+ \int_\Omega U_{ij,x_d} p_j \, d\Omega_y \, . \tag{4.12}$$

Diese Formeln sehen so aus, als hätte man einfach die Einflußfunktionen für die Verschiebungen u_i nach x_d differenziert, aber der Eindruck täuscht. Wollte man die Integrale nach der Koordinate x_d ableiten, dann würde man die Integrale nach ihren Parametern ableiten. Da jedoch der Aufpunkt x im Integrationsgebiet liegt, ist die Vertauschung von Differentiation und Integration nicht so ohne weiteres zulässig. Das ganze Problem umgeht man, wenn man den Satz von Betti erst im gelochten Gebiet Ω_ε formuliert, nach x_d differenziert — dies ist nun zulässig, da der Aufpunkt nicht im Integrationsgebiet liegt — und dann den Radius ε des Lochs gegen Null gehen läßt,

$$\lim_{\varepsilon \to 0} B(g_0^i{}_{,x_d}, u(y) - u(x))_{\Omega_\varepsilon} = 0 \, ,$$

$$g_0^i = \{U_{ij}\} = \text{Grundlösung des Lastfalls } \hat{P} = e_i \, .$$

Das wesentliche Resultat ist hierbei der Grenzwert

$$\lim_{\varepsilon \to 0} \int_{\Gamma_{N_\varepsilon}(x)} \left[U_{ij,x_d} t_j(y) - T_{ij,x_d} (u_j(y) - u_j(x)) \right] ds_y = -u_{i,d}(x)$$

$$x = \text{Innenpunkt} \, . \tag{4.13}$$

Der Grenzwert des Gebietsintegrals ist frei von Extratermen

$$\lim_{\varepsilon \to 0} \int_{\Omega_\varepsilon} U_{ij,x_d} p_j \, d\Omega_y = \int_\Omega U_{ij,x_d} p_j \, d\Omega_y \, ,$$

so daß man in der Summe genau die Formel (4.12) erhält. Aus dieser Gleichung können nun leicht die Formeln für die Verzerrungen ε_{ij} und damit schließlich die Formeln für die Spannungen abgeleitet werden

$$\sigma_{ij}(\boldsymbol{x}) = \int\limits_{\Gamma} [D_{kij}t_k - S_{kij}u_k]\, ds_{\boldsymbol{y}} + \int\limits_{\Omega} D_{kij}p_k\, d\Omega_{\boldsymbol{y}}\,.$$

Es bedeutet

$$D_{kij} = \frac{1}{r^\alpha}\{(1-2\nu)[\delta_{ki}r_{,j} + \delta_{kj}r_{,i} - \delta_{ij}r_{,k}] + \beta r_{,i}\,r_{,j}\,r_{,k}\}\frac{1}{4\alpha\pi(1-\nu)}$$

und

$$S_{kij} = \frac{2\mu}{r^\beta}\{\beta\frac{\partial r}{\partial\nu}[(1-2\nu)\delta_{ij}r_{,k} + \nu(\delta_{ik}r_{,j} + \delta_{jk}r_{,i}) - \gamma\, r_{,i}\,r_{,j}\,r_{,k}]$$

$$+ \beta\nu(\nu_i r_{,j}\,r_{,k} + \nu_j r_{,i}\,r_{,k}) + (1-2\nu)(\beta\nu_k r_{,i}\,r_{,j} + \nu_j\delta_{ik}$$

$$+ \nu_i\delta_{jk}) - (1-4\nu)\nu_k\delta_{ij}\}\frac{1}{4\alpha\pi(1-\nu)}\,.$$

Die Parameter α, β, γ haben die Werte

$$\text{Scheibe} \quad \alpha = 1\,, \quad \beta = 2\,, \quad \gamma = 4\,,$$

$$\text{Körper} \quad \alpha = 2\,, \quad \beta = 3\,, \quad \gamma = 5\,.$$

Oft will man nicht nur die Komponenten t_i des Spannungsvektors auf dem Rande wissen, sondern die Spannungen σ_{ij} selbst. In dem Programm *BE-PLATES* werden hierzu erst die Spannungen im lokalen Koordinatensystem ($\tilde{\ }$), parallel zum Rand, ermittelt, s. Abb. 4.13, und dann auf das globale System transformiert.

Im lokalen Koordinatensystem lauten die horizontalen Verschiebungen des Knotens und seiner beiden Nachbarn

$$\tilde{u}_1^a = \cos\alpha\, u_1^a + \sin\alpha\, u_2^a\,, \qquad \text{analog für } \tilde{u}_1^b \text{ und } \tilde{u}_1^c\,.$$

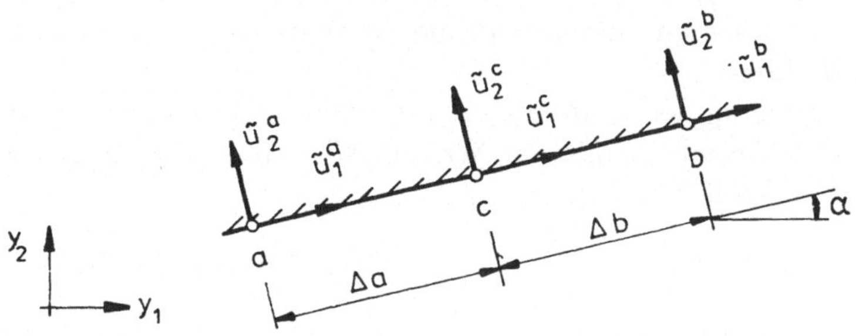

Abb. 4.13 Lokales und globales Koordinatensystem

Für die Verzerrung parallel zum Rand folgt damit näherungsweise

$$\tilde{\varepsilon}_{11} = \frac{1}{2}\left(\frac{\tilde{u}_1^c - \tilde{u}_1^a}{\Delta a} + \frac{\tilde{u}_1^b - \tilde{u}_1^c}{\Delta b}\right),$$

und somit für die Spannungen im lokalen System

$$\tilde{\sigma}_{12} = -\tilde{t}_1 = \cos\alpha\, t_1 + \sin\alpha\, t_2,$$

$$\tilde{\sigma}_{22} = -\tilde{t}_2 = -\sin\alpha\, t_1 + \cos\alpha\, t_2,$$

$$\tilde{\sigma}_{11} = \frac{\nu}{(1-\nu^2)}[\tilde{\sigma}_{22}(1+\nu) - \frac{E\nu}{(1-2\nu)}\tilde{\varepsilon}_{11}] + E\,\tilde{\varepsilon}_{11}\frac{(1-\nu)}{(1-2\nu)}(1+\nu),$$

und im globalen System

$$\sigma_{11} = 0,5\Delta p + 0,5\Delta m\,\cos(-2\alpha) + \tilde{\sigma}_{12}\sin(-2\alpha),$$

$$\sigma_{22} = 0,5\Delta p - 0,5\Delta m\,\cos(-2\alpha) - \tilde{\sigma}_{12}\sin(-2\alpha),$$

$$\sigma_{12} = -\Delta m\,\sin(-2\alpha) + \sigma_{12}\cos(-2\alpha),$$

$$\Delta p = \tilde{\sigma}_{11} + \tilde{\sigma}_{22}, \qquad \Delta m = \tilde{\sigma}_{11} - \tilde{\sigma}_{22}.$$

In Eckpunkten berechnet das Programm die Spannungen direkt aus den Spannungsvektoren

$$\sigma_{11} = \frac{1}{D}((\nu_2^l)^2 t_1^r - t_1^l \nu_2^l \nu_2^r), \qquad \sigma_{12} = \frac{1}{D}(t_1^l \nu_2^l \nu_1^r - \nu_1^l \nu_2^l t_1^r),$$

$$\sigma_{22} = \frac{1}{D}((\nu_1^l)^2 t_1^r + \nu_2^l t_2^l \nu_1^r - \nu_1^l t_2^l \nu_2^r - t_1^l \nu_1^l \nu_1^r),$$

$$D = (\nu_2^l)^2 \nu_1^r - \nu_1^l \nu_2^l \nu_2^r, \qquad l = \text{links}, \quad r = \text{rechts}.$$

Alle Spannungen σ_{ij} und t_i haben die Dimension Kraft/Länge. Die echten Spannungen erhält man, indem man die Scheibenspannungen durch die Scheibendicke d dividiert.

Die Berechnung der Spannungen aus Eigengewicht geschieht so, daß man das spezifische Gewicht γ mit der Wanddicke d multipliziert und die Scheibe mit der Flächenkraft

$$p_1 = 0, \qquad p_2 = -\gamma d, \qquad \text{(die } x_2\text{-Achse zeige nach oben)}$$

belastet. Da die daraus resultierenden Scheibenspannungen dann wieder durch die Scheibendicke dividiert werden, um die wahren Spannungen zu erhalten, kann man von Anfang an mit $p_2 = -\gamma$ rechnen. Man erhält so automatisch die richtigen Spannungen. Diese Technik läßt sich natürlich nur anwenden, wenn sonst keine anderen Belastungen, wie etwa Randkräfte, vorhanden sind, denn die von diesen erzeugten Spannungen muß man weiterhin durch die Scheibendicke d dividieren. Man kann natürlich auch vorher die Randkräfte durch d dividieren und so alles auf die Dicke 1 beziehen. In dem Fall wären die berechneten Spannungen gleich den wahren Spannungen und die Kopplung mit dem vereinfachten Lastfall Eigengewicht $p_2 = -\gamma$ wäre dann ohne weiteres möglich.

4.7 Die Gebietsintegrale

Den Einfluß der Flächen- und Volumenkräfte auf die Verschiebungen u_i im Innern, s. (4.8), beschreibt ein Gebietsintegral

$$\int_{\Omega} U_{ij}(\boldsymbol{y},\boldsymbol{x})p_j(\boldsymbol{y})\,d\Omega_{\boldsymbol{y}}\,,$$

das man wie folgt in ein Randintegral umformen kann.

Jedes Gebietsintegral

$$\int_{\Omega} f(\boldsymbol{x})\,d\Omega$$

kann in ein Randintegral umgewandelt werden, wenn $f(\boldsymbol{x})$ die rechte Seite einer Differentialgleichung $DF = f$ ist, deren Operator D einem Integralsatz der Gestalt

$$\int_{\Omega} DF\,1\,d\Omega = \int_{\Gamma} r(F)\,1\,ds \qquad (1.\ \text{Identität mit } \hat{u} = 1)$$

genügt. Um die Gebietsintegrale in der Somigliana Identität in Randintegrale umzuformen — vorerst nur für konstante Last p_j — , muß man daher ein Differentialgleichungssystem finden, das die Grundlösungen U_{ij} als rechte Seiten hat.

Nun gilt: Genügt das Feld $\boldsymbol{g} = \{g_j\}$ den drei Gleichungen

$$-\mu\,\Delta\Delta g_j = p_j\,, \tag{4.14}$$

dann genügt die damit konstruierte sogenannte *Boussinesq-Somigliana-Galerkin Lösung*, s. [43],

$$u_j = g_{j,kk} - \frac{1}{2(1-\nu)}g_{k,kj} \tag{4.15}$$

der Gleichgewichtsbedingung

$$-L_{ij}u_j = p_i \, .$$

Zur rechten Seite $\boldsymbol{p} = \delta(\boldsymbol{x} - \boldsymbol{y})\boldsymbol{e}_i$ von (4.14) gehört die Lösung,

$$G_{ij} = \frac{1}{8\pi\mu} r \, \delta_{ij} \, ,$$

und daher ist die Grundlösung die *B-S-G Lösung* des Felds G_{ij},

$$U_{ij} = G_{ij,kk} - \frac{1}{2(1-\nu)} G_{ik,kj} \, . \tag{4.16}$$

Zu dem Differentialgleichungssystem (4.15) gehört der Integralsatz

$$\int_\Omega \left(g_{j,kk} - \frac{1}{2(1-\nu)} g_{k,kj} \right) d\Omega = \int_\Gamma \left(g_{j,k} - \frac{1}{2(1-\nu)} g_{k,j} \right) n_k \, ds \, ,$$

und daher folgt nach entsprechendem Grenzübergang $\Omega_\varepsilon \to \Omega$,

$$\int_\Omega U_{ij} p_j \, d\Omega_{\boldsymbol{y}} = \int_\Gamma \left(G_{ij,k} - \frac{1}{2(1-\nu)} G_{ik,j} \right) \nu_k p_j \, ds_{\boldsymbol{y}}$$

$$= \frac{1}{8\pi\mu} \int_\Gamma \left(p_i \nu_k r_{,k} - \frac{1}{2(1-\nu)} p_k r_{,k} \nu_i \right) ds_{\boldsymbol{y}} \, .$$

Zur Lösung des zweidimensionalen Problems (4.14)

$$G_{ij} = -\frac{1}{8\pi\mu} r^2 \ln r \, \delta_{ij}$$

gehört die *B-S-G Lösung*

$$\tilde{U}_{ij} = \frac{1}{8\pi\mu(1-\nu)} \left\{ (3-4\nu) \ln \frac{1}{r} \delta_{ij} - r_{,i} r_{,j} - \left(\frac{7-8\nu}{2} \right) \delta_{ij} \right\}$$

$$= U_{ij} - \left(\frac{7-8\nu}{16\pi\mu(1-\nu)} \right) \delta_{ij} \, .$$

Diese unterscheidet sich also um eine Starrkörperbewegung von der Grundlösung U_{ij}. Die Somigliana Identität bleibt natürlich richtig, wenn überall U_{ij} durch $\tilde{U}_{ij}$ ersetzt wird. Es wird ja sozusagen nur die Gleichgewichtsbedingung

$$\int_\Gamma \left(\frac{7-8\nu}{16\pi\mu(1-\nu)}\right)\delta_{ij}t_j\,ds + \int_\Omega \left(\frac{7-8\nu}{16\pi\mu(1-\nu)}\right)\delta_{ij}p_j\,d\Omega = 0$$

dazu addiert, s. Abschn. 1.13. Die Matrix $\tilde{T}_{ij}$ ist natürlich identisch mit T_{ij}. In dem Programm *BE-PLATES* werden so — bei konstanten Flächenkräften — die Gebietsintegrale in den Einflußfunktionen durch Randintegrale ersetzt

$$\int_\Omega \tilde{U}_{ij}p_j\,d\Omega_{\boldsymbol{y}} = \frac{1}{8\pi\mu}\int_\Gamma r[(2\ln r + 1)(\frac{1}{2(1-\nu)}p_k r_{,k}\,\nu_i - p_i\nu_k r_{,k})]\,ds_{\boldsymbol{y}}\,.$$

Diese Technik läßt sich noch auf Zentrifugalkräfte erweitern, s. [44, S. 220]. Genügt die Belastung einer Poissonschen Differentialgleichung, dann kann man nach der von Stippes und Rizzo geschilderten Methode die Randintegrale umformen, s. [45].

Die Beiträge der umgeformten Integrale zur Spannungsberechnung

$$\sigma_{ij} = \int_\Gamma [D_{kij}t_k - S_{kij}u_k]\,ds_{\boldsymbol{y}} + \int_\Gamma \hat{S}_{ij}\,ds_{\boldsymbol{y}}$$

lauten im dreidimensionalen Fall, s. [44, S. 220],

$$\hat{S}_{ij} = \frac{1}{8\pi r}[\nu_m r_{,m}\,(p_i r_{,j} + p_j r_{,i}) + \frac{1}{1-\nu}\{\nu\delta_{ij}(\nu_m r_{,m}\,p_s r_{,s} - p_m\nu_m)$$

$$-\frac{1}{2}(p_m r_{,m}\,[\nu_i r_{,j} + \nu_j r_{,i}] + (1-2\nu)(p_i\nu_j + p_j\nu_i))\}]$$

und im zweidimensionalen Fall

$$\hat{S}_{ij} = \frac{1}{8\pi}[2\nu_m r_{,m}\,(p_i r_{,j} + p_j r_{,i}) + \frac{1}{1-\nu}\{\nu\delta_{ij}(2\nu_m r_{,m}\,p_s r_{,s}$$

$$+ (1+2\ln r)p_m\nu_m) - p_m r_{,m}\,(\nu_i r_{,j} + \nu_j r_{,i})$$

$$+ \frac{1-2\nu}{2}(1+2\ln r)(p_i\nu_j + p_j\nu_i)\}]\,.$$

4.8 Substrukturtechnik

Setzt sich eine Scheibe aus Materialien mit abschnittsweise unterschiedlichen elastischen Konstanten zusammen, s. Abb. 4.14, dann werden die diskreten Kopplungsbedingungen für jedes der drei Gebiete getrennt aufgestellt

$$
\begin{bmatrix} [H_I] & & \\ & [H_{II}] & \\ & & [H_{III}] \end{bmatrix}
\begin{bmatrix} u_I \\ u_{II} \\ u_{III} \end{bmatrix}
=
\begin{bmatrix} [G_I] & & \\ & [G_{II}] & \\ & & [G_{III}] \end{bmatrix}
\begin{bmatrix} t_I \\ t_{II} \\ t_{III} \end{bmatrix}
$$

und dann unter Beachtung der Übergangsbedingungen an den Bereichsgrenzen zu einem System zusammengesetzt. Man beachte, daß sich — anders als bei finiten Elementen — die einzelnen Blöcke nicht überlappen, sondern nur untereinanderschieben. Die Zahl der Gleichungen und damit Unbekannten wird also nicht kleiner.

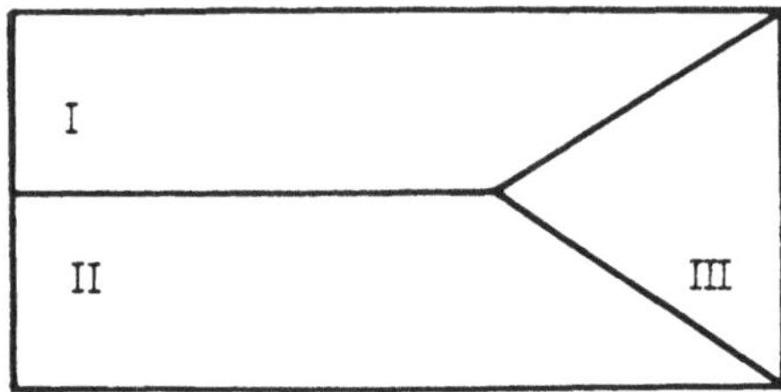

Abb. **4.14** Zusammengesetztes Gebiet

In dem 'Drei-Länder-Eck', müssen die Verschiebungen stetig und die Komponenten des Spannungsvektors auf gegenüberliegenden Schenkeln gleich groß sein. Ferner müssen in jedem Gebiet die Gleichgewichtsbedingungen erfüllt sein, d.h. die Integrale der Komponenten t_i über die Gebietsränder müssen Null sein. Dies liefert weitere 6 Gleichungen, wovon aber nur 2, etwa die Gleichgewichtsbedingungen des Gebiets III, benötigt werden. Zählt man zusammmen, so sieht man, daß den 18 Unbekannten

$$2 \times 3 = 6 \text{ Verschiebungen und } 2 \times 2 \times 3 = 12 \text{ Spannungen}$$

18 Gleichungen

$$2 \times 3 = 6 \text{ Integralgleichungen},$$

$$4 \text{ geometrische Bedingungen},$$

$$2 \times 3 = 6 \text{ statische Bedingungen},$$

$$2 \text{ Gleichgewichtsbedingungen}$$

gegenüberstehen. In das Programm *BE-PLATES* ist diese Substrukturtechnik im übrigen nicht eingebaut.

Auch dann, wenn das Material homogen ist, kann es sinnvoll sein, eine Struktur in Substrukturen aufzuteilen. Zum einen kann, wenn man die Schnitte geeignet legt, die Spannungsberechnung im Innern entfallen, zum andern erhält das Gleichungssystem eine gewisse Blockstruktur, und die Rechenzeit wird dadurch spürbar gesenkt.

4.9 Doppelknoten

Doppelknoten sind ein Hilfsmittel, um unstetige Randspannungen mit stetigen Ansätzen abzubilden. Dort, wo der Spannungsvektor springt, werden zwei Knoten i und j eingerichtet und die Verschiebungsvektoren und Spannungsvektoren als voneinander unabhängige Größen behandelt, s. Abb. 4.15. Entsprechend werden die Kollokationsgleichungen sowohl im Punkt i

$$C(x^i)u(x^i) + \int_\Gamma T(y, x^i)u(y)\, ds_y = \int_\Gamma U(y, x^i)t(y)\, ds_y\,,$$

als auch im Punkt j aufgestellt

$$C(x^j)u(x^j) + \int_\Gamma T(y, x^j)u(y)\, ds_y = \int_\Gamma U(y, x^j)t(y)\, ds_y\,.$$

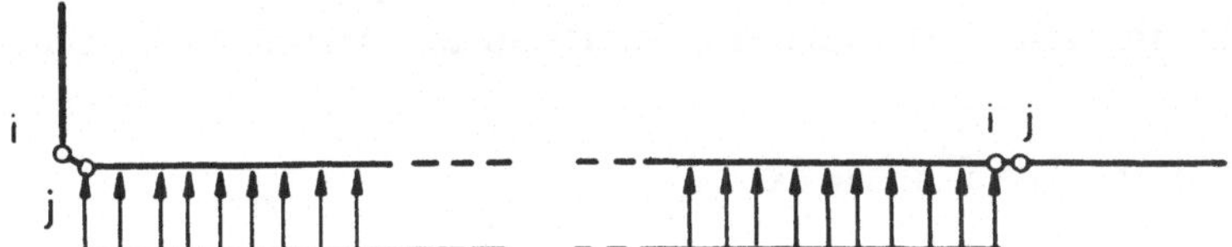

Abb. 4.15 Anwendung von Doppelknoten

Da der geometrische Ort $x^i = x^j$ derselbe ist, sind — bis auf die Terme auf der Hauptdiagonalen — die Zeilen i und j identisch, s. Abb. 4.16.

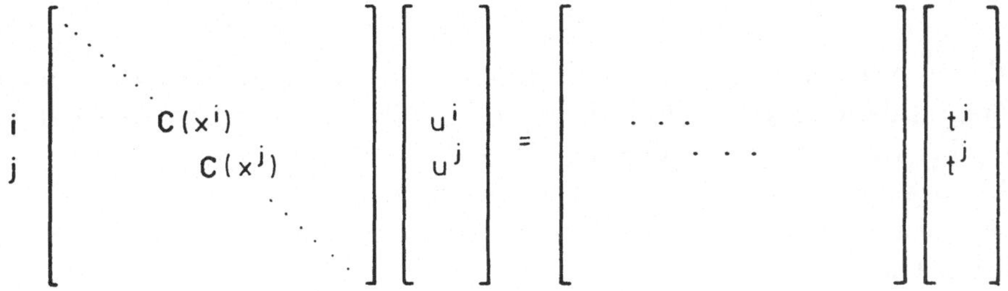

Abb. 4.16 Die Struktur der Matrizen

Damit dieser Unterschied nicht verloren geht, dürfen nicht beide Verschiebungen $u(x^i)$ und $u(x^j)$, als Randbedingung vorgeschrieben werden. Bei der Integration ist ferner darauf zu achten, daß über das Element 1 analytisch integriert werden muß, wenn der Kollokationspunkt der unmittelbar benachbarte Punkt j ist, wie natürlich auch umgekehrt bei Integration über Element 2 und Kollokation im Punkt i, s. Abb. 4.17. Das singuläre Integral über die Elemente selbst wird durch Starrkörperbewegungen ermittelt.

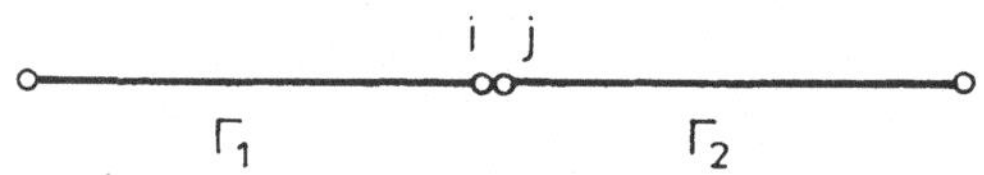

Abb. 4.17 Doppelknoten

Der Autor verwendet in seinen Programmen keine Doppelknoten. Er zieht es statt dessen vor — zumindestens bei ebenen Problemen — mit unstetigen Ansätzen zu arbeiten. Diese bereiten numerisch ja auch keine Schwierigkeiten, denn gemäß der Faustformel *„Je schlechter die Regularität der Randgröße, desto glatter der dazu konjugierte Kern"*, dürfen Kraftgrößen im Kollokationspunkt ruhig springen.

Bei dreidimensionalen Problemen kann dagegen diese Technik durchaus hilfreich sein und zur Vereinfachung der Programmierung beitragen.

4.10 Unendliche Gebiete

Die Somigliana Identität darf auch bei Außenraumproblemen angewandt werden, wenn deren Lösung die sogenannte *Ausstrahlungsbedingung* erfüllt. Hierunter versteht man das Folgende:

Man schlägt um einen beliebigen festen Punkt x einen Kreis mit dem Radius R, s. Abb. 4.18, berechnet das Integral

$$\int_\Gamma \left[U(y, x) t(y) - T(y, x) u(y) \right] ds_y$$

über diesen Kreis und läßt dann den Radius R gegen Unendlich gehen. Strebt das Integral dabei gegen Null und tut es dies für alle Punkte x, so erfüllt die Lösung die Ausstrahlungsbedingung.

Alle praktischen Probleme besitzen Lösungen, die diese Bedingung erfüllen, und daher kann die REM ohne Bedenken auch auf Außenraumprobleme angewandt werden.

Anders als bei Innenraumproblemen ist bei Außenraumproblemen auch die Gleichgewichtsbedingung

$$\int_{\Gamma} t \cdot (a + b \times x)\, ds = 0, \qquad \text{für alle Starrkörperbewegungen } a + b \times x,$$

keine notwendige Bedingung mehr. Die Innenwandung eines Tunnels darf mit beliebigen Kräftegruppen belastet werden. Dies verletzt auch nicht die Ausstrahlungsbedingung, denn nach dem Prinzip von St. Venant wird sich das Verschiebungsfeld im Unendlichen etwa so verhalten, wie das Verschiebungsfeld, das die Resultierende der Kräftegruppe auslösen würde, d.h. wie die zugehörige Grundlösung. Die Grundlösungen genügen aber alle der Ausstrahlungsbedingung.

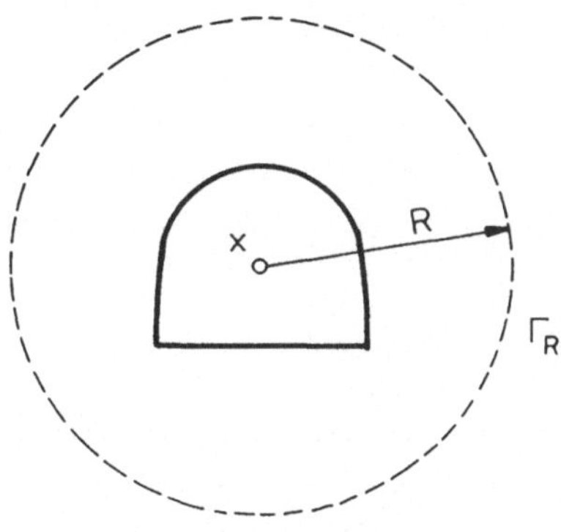

Abb. 4.18 Tunnelprofil

4.11 Beispiele

Die folgenden Beispiele wurden uns freundlicherweise von Herrn Dipl.-Ing. Dallmann, TU Braunschweig, und Herrn Dr.-Ing. Kröner, Universität Dortmund, zur Verfügung gestellt.

4.11.1 Gelochte Träger

Um das Tragverhalten des gelochten Trägers in Abb. 4.19 zu analysieren, wurde er mit der Methode der Randelemente berechnet. Wegen der Symmetrie mußte nur eine Trägerhälfte diskretisiert werden. Deren Rand wurde in 134 lineare Elemente zerlegt. Die Löcher wurden mit je 20 geraden Elementen approximiert. Abbildung 4.20 gibt einen Eindruck vom Verlauf der Hauptspannungen.

Derselbe Träger wie in Abb. 4.19 — jedoch mit rechteckigen Aussparungen, s. Abb. 4.21, — wurde zum Vergleich einmal mit der REM und einmal mit der FEM (4-Knoten Element in gemischter Formulierung mit linearem Ansatz) berechnet.

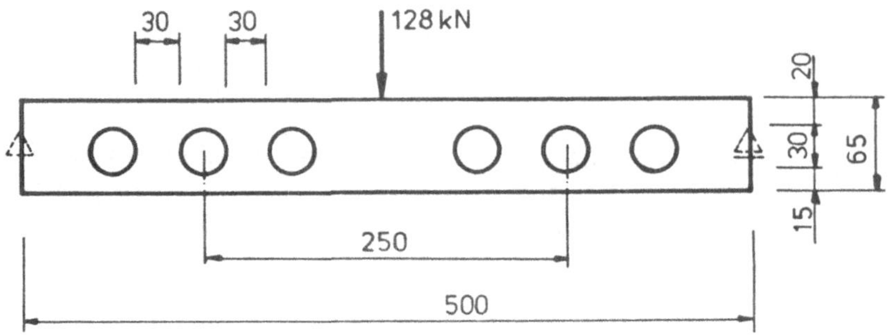

Abb. **4.19** Gelochter Träger (Dallmann)

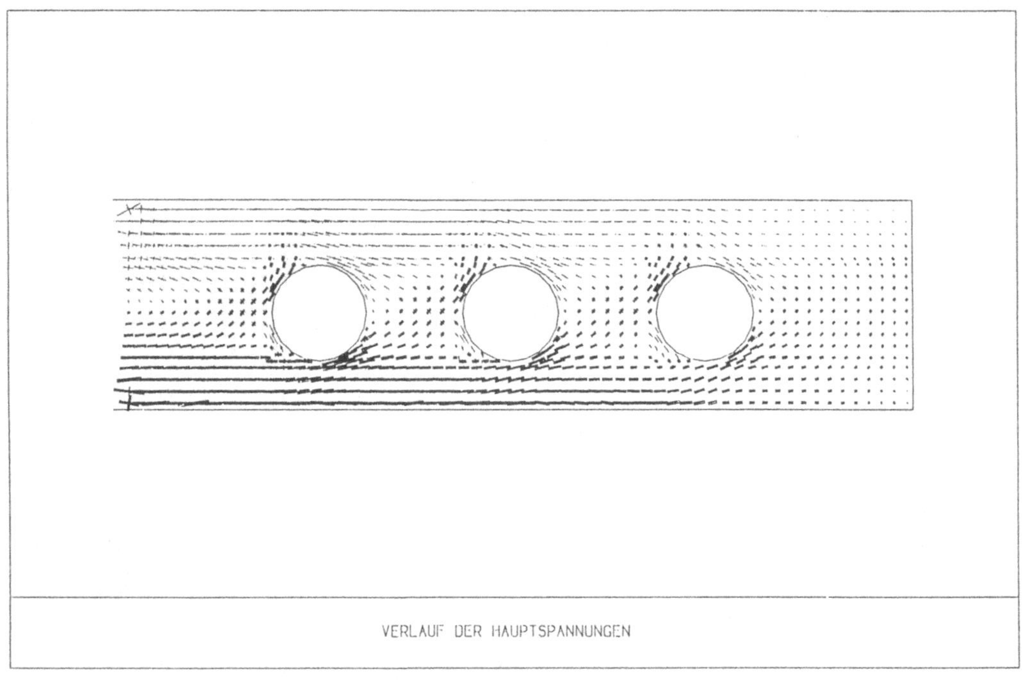

Abb. **4.20** Verlauf der Spannungstrajektorien

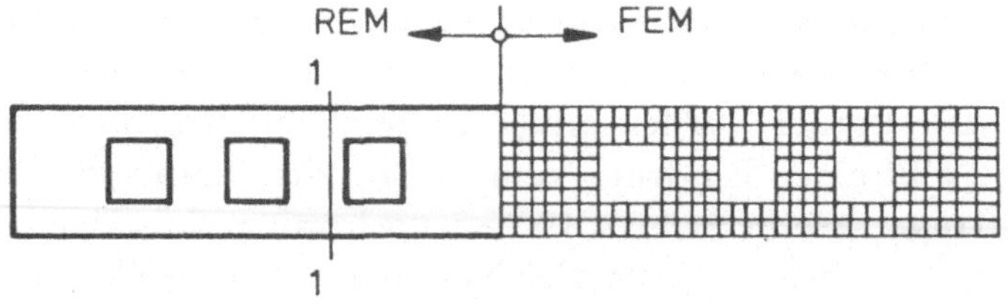

Abb. **4.21** Derselbe Träger mit rechteckigen Aussparungen

In Abb. 4.22 ist der Verlauf der Spannungen im Schnitt 1 aufgetragen. Man erkennt deutlich den eckigen und stellenweise sogar oszillierenden Verlauf der FE-Lösung. Dagegen ist die RE-Lösung (wie jede RE-Lösung) glatt. Ihre Ecken sind durch die Interpolation auf dem Papier entstanden. Die Übereinstimmung der FE-Lösung mit der RE-Lösung wird besser, wenn man statt des gemischten Ansatzes ein reines Weggrößenmodell (quadratische Elemente) wählt.

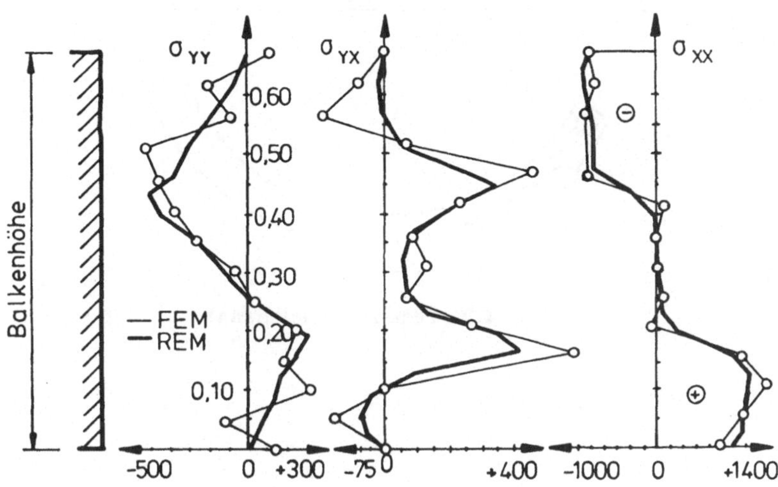

Abb. 4.22 Vergleich der Spannungen im Schnitt 1–1

4.11.2 Bogenfeder

Das zweite Beispiel ist eine Bogenfeder, s. Abb. 4.23, mit einem mittleren Durchmesser von 20 cm. Solche Federn werden zwischen Wellen eingebaut, um Drehstöße zu dämpfen.

Zu überprüfen war, ob der Entwurf der Bogenfeder so ausgefallen war, daß die dabei auftretenden Biegespannungen — die Feder trägt wie ein gekrümmter Balken — in allen Radialschnitten gleich groß sind. Simuliert wurde die Belastung durch eine Verschiebung der Anlenkpunkte der Feder in Richtung der Tangente an die Feder in diesen Punkten.

Die Spannungen wurden mit finiten Elementen und zur Kontrolle mit Randelementen berechnet. Auf Grund der Symmetrie mußte nur die halbe Feder diskretisiert werden.

Als finites Element wurde ein quadratisches Element mit 6 Knoten gewählt. 1520 solcher Elemente mit insgesamt 3255 Knoten bildeten das FE-Netz. Abbildung 4.24 zeigt einen Ausschnitt des FE-Netzes. Zu den Anlenkpunkten und der Mitte der Feder hin wurde das Netz verfeinert. Die Zahl der Unbekannten betrug $2 \times 3255 = 6510$.

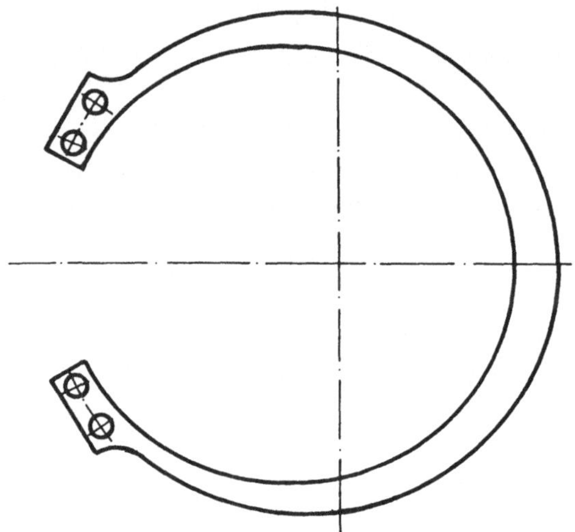

Abb. 4.23 Federring (Dallmann)

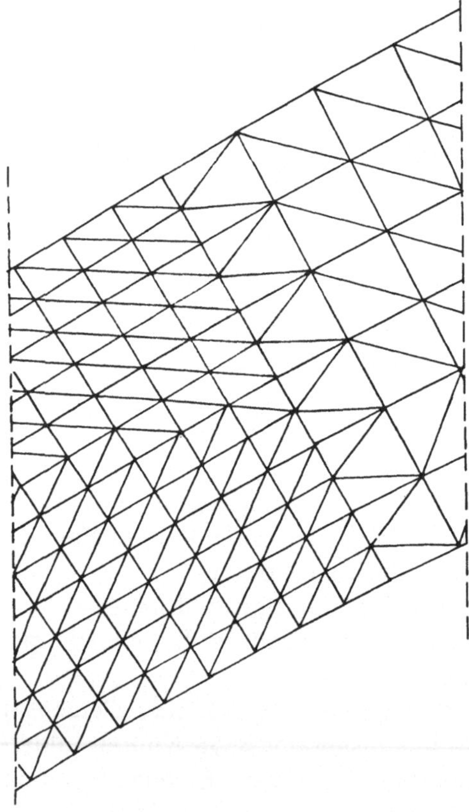

Abb. 4.24 Ausschnitt (vergrößert) der FE-Diskretisierung

Zum Vergleich wurde nun noch eine Berechnung nach der Methode der Randelemente vorgenommen. Dazu wurde der Rand in 107 stückweise gerade Elemente zerlegt. Auf den Elementen war der Verlauf der Ansatzfunktionen linear. Bei 215 Knoten, s. Abb. 4.25, betrug die Zahl der Unbekannten $2 \times 215 = 430$ gegenüber 6510 bei den finiten Elementen.

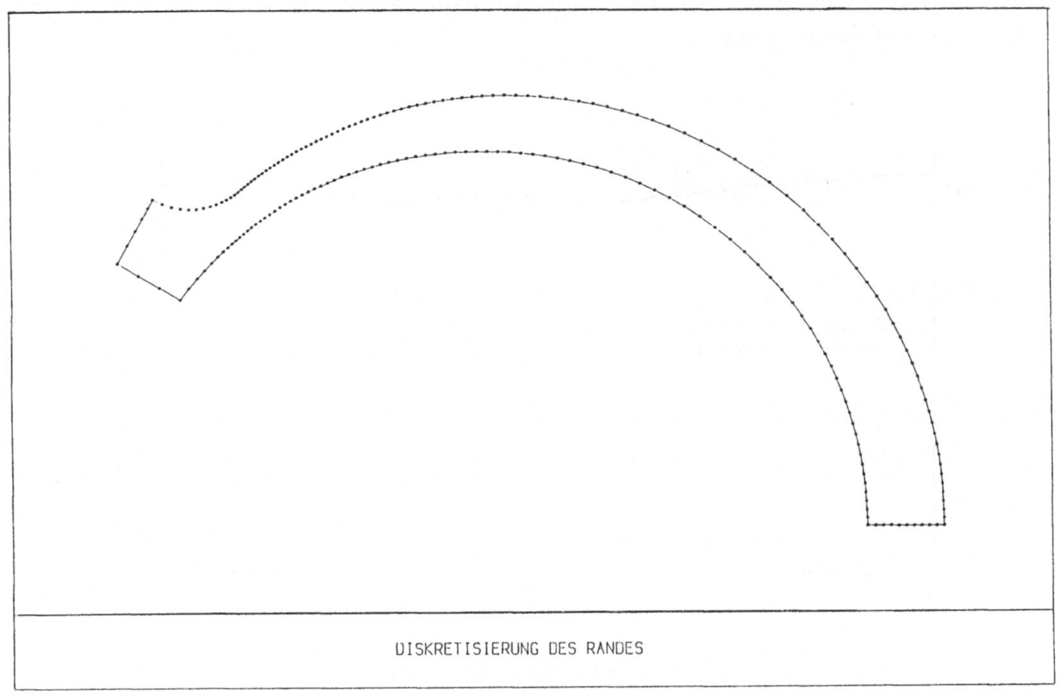

Abb. 4.25 Die RE-Diskretisierung der Feder

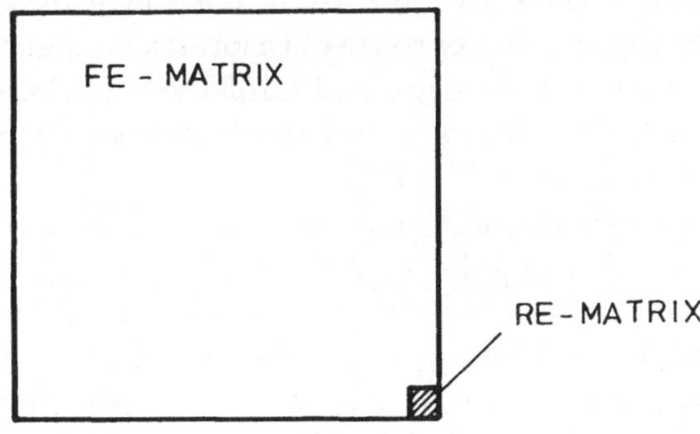

Abb. 4.26 Der Vergleich der beiden Matrizen

Abbildung 4.26 enthält einen Größenvergleich der beiden Gleichungssysteme. Der Fairness halber muß man natürlich dazu sagen, daß das System der finiten Elemente nur schwach besetzt ist. Die Berechnungen ergaben, daß der vom Konstrukteur erstrebte konstante Spannungsverlauf annähernd erreicht wird, s. Abb. 4.27. Die Ergebnisse der beiden Verfahren, finite Elemente und Randelemente, stimmten im übrigen sehr gut überein. Beide numerische Verfahren lieferten die gleiche maximale Randspannung. Diese wiederum wurde auch an der Feder gemessen.

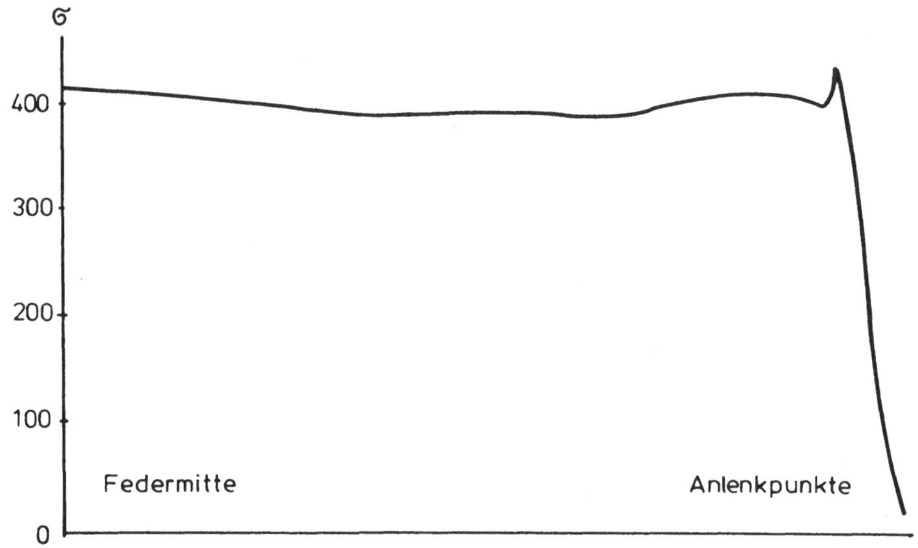

Abb. 4.27 Der Verlauf der äußeren Randspannungen in der Feder

4.11.3 Die Suche nach einem Loch

Der elastische Zustand eines Körpers ist durch die Randverformungen und Randspannungen bestimmt. Daher sollte es theoretisch möglich sein, aus gemessenen Randwerten auch auf die Lage und Größe von Löchern im Innern eines Werkstücks zu schließen. Ob dies auch praktisch möglich ist, wurde von Kröner an Hand von Scheiben untersucht, [46].

Es sei also angenommen, daß man von einer Scheibe die Betti-Daten u_i und t_i genau kennt, aber die Lage und Größe eines Lochs im Innern nur näherungsweise. Die Scheibe wird nun mit Randelementen nachgerechnet und die berechneten Randverschiebungen u_{hi} mit den gemessenen Randverschiebungen in n Randpunkten x^i verglichen. Waren die Annahmen über die Lage und die Größe des Lochs richtig, dann ist die Fehlerfunktion (verglichen wurden nur die horizontalen Abweichungen)

$$F = \left(\sum_{i=1}^{n} [u_1(x^i) - u_{h1}(x^i)]^2 / n \right)^{1/2}$$

Null. Andernfalls müssen die Schätzungen über Lage und Form des Lochs verbessert werden. Dies ist ein iterativer Vorgang mit dem Ziel, die Fehlerfunktion zu minimieren. Diese hängt von den Parametern des Lochs ab. Im Fall elliptischer Löcher sind dies die Mittelpunktskoordinaten x_M, y_M, die Halbachsen a, b und der Winkel α der großen Achse gegenüber der Horizontalen.

Als Beispiel sei die Suche nach einem elliptischen Loch in einer Scheibe, die auf Biegung beansprucht wird, zitiert, s. Abb. 4.28.

Der Rand der Scheibe wurde mit 24 konstanten Randelementen diskretisiert. Der Fehler wurde in 10 Punkten gemessen. Das Fehlerquadrat hatte nach dem ersten Lauf den Wert $F = 7,88$ Einheiten und beim Abbruch den Wert

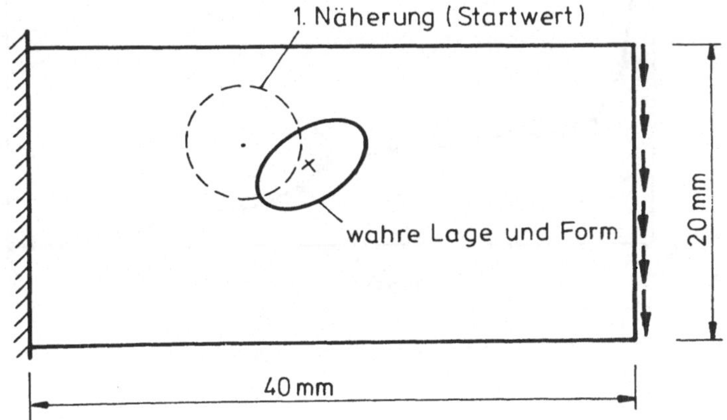

Abb. 4.28 Scheibe mit elliptischem Loch (Kröner)

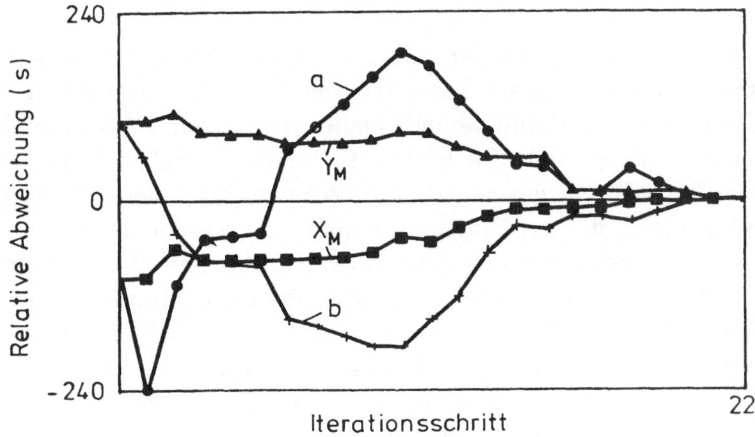

Abb. 4.29 Die Konvergenz der Paramter

$F = 0,02$ Einheiten. Das Scheibenproblem mußte insgesamt 148 mal gelöst werden, und die gesamte Rechenzeit betrug 3 h 45 min 03 sec, s. Abb. 4.29 und 4.30.

	x_M	y_M	a	b	α
Startwerte	15	14	3,5	3,5	35
Ergebnis	18,973	11,975	3,985	2,503	35
Exakte Werte	19	12	4	2,5	35
	mm	mm	mm	mm	Grad

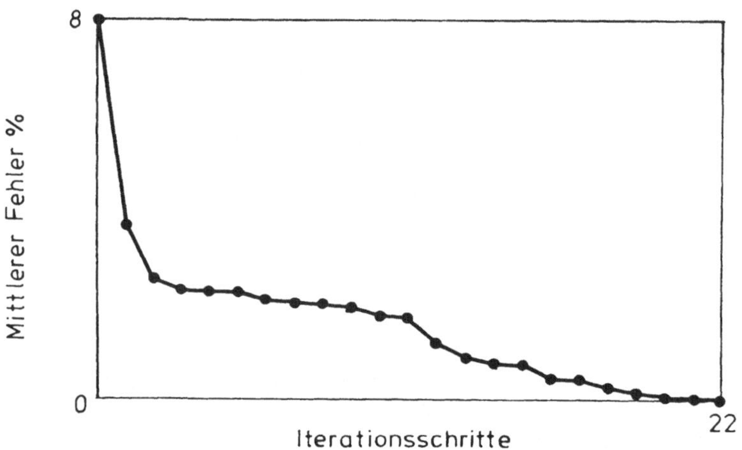

Abb. 4.30 Der Verhalten des Fehlers F

4.12 Schlanke Gebiete

Das Beispiel mit der Bogenfeder hätte eigentlich gar nicht so gut funktionieren dürfen, denn bei dieser Feder ist das Verhältnis von Rand zu Fläche sehr ungünstig: Viel Rand und wenig Fläche. Bei solchen Problemen haben die Randelemente — aber auch die finiten Elemente — Schwierigkeiten. Woran das liegt, darüber gibt es momentan nur Vermutungen. Jeder Ingenieur weiß, daß man Kragträger, die auf Biegung beansprucht werden, mit linearen Scheibenelementen sehr schlecht approximieren kann. Wird an dem Kragträger aber nur gezogen, dann ist alles in Ordnung. Dieselbe Beobachtung macht man nun auch bei Randelementen. Bei Biegebeanspruchungen in sehr schlanken Bauteilen muß man sehr fein diskretisieren, bei Zugbeanspruchungen dagegen sehr viel weniger. Kuhn, [10], vermutet, daß dies etwas mit dem Momentengleichgewicht zu tun hat, daß sich bei sehr schlanken Bauteilen große Hebelarme ausbilden können, die zu einer ungünstigen Skalierung der Momentenbedingung führen.

4.13 Singularitäten

Die Bemerkungen, die in Kap. 3 über die Singularitäten der Membran gemacht
wurden, gelten natürlich auch sinngemäß für Scheibenprobleme. In Abhängigkeit vom Eckenwinkel und der Art der Randbedingungen werden die Spannungen singulär. Welchen Einfluß solche Singularitäten auf das Lösungs verhalten
haben können, soll das Beispiel einer Kragscheibe zeigen, s. Abb. 4.31.

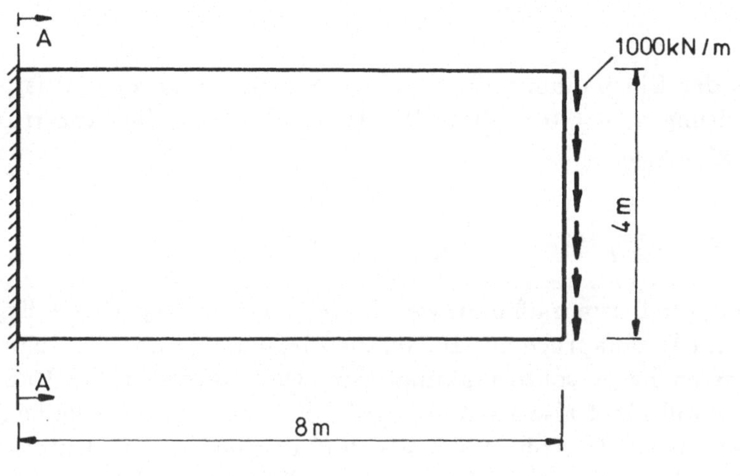

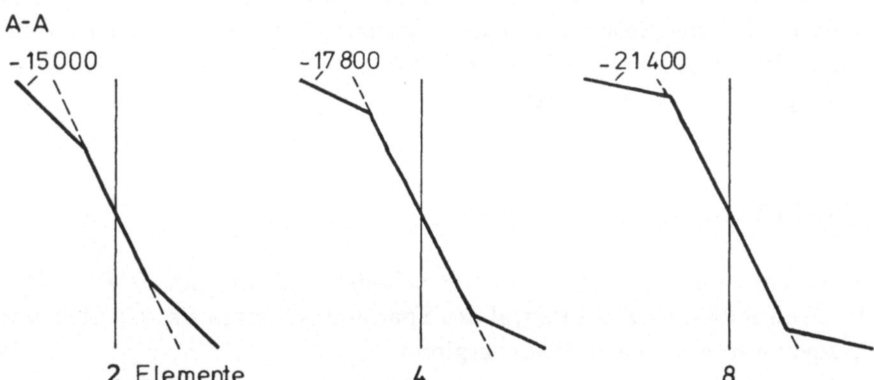

Abb. 4.31 Verlauf der Spannungen in der Einspannfuge einer Kragscheibe in Abhängigkeit
von der Elementanzahl. An der Übergangsstelle frei-eingespannt hat die Spannung eine Singularität

Am Übergang vom freien Rand zur Einspannung lauten die Randbedingungen

$$\text{freier Rand} \qquad t_1 = 0, \quad t_2 = 0,$$

$$\text{eingespannter Rand} \qquad u_1 = 0, \quad u_2 = 0.$$

Passiert man den Knoten 1 im Umlaufsinn, dann werden also erst homogene Spannungsrandbedingungen vorgeschrieben und dann homogene Verschiebungsrandbedingungen. Aus den ersteren

$$\begin{bmatrix} \sigma_{11} & \sigma_{12} \\ \sigma_{21} & \sigma_{22} \end{bmatrix} \begin{bmatrix} 0 \\ 1 \end{bmatrix} = \begin{bmatrix} 0 \\ 0 \end{bmatrix}, \qquad \begin{bmatrix} 0 \\ 1 \end{bmatrix} = \text{Normale im Knoten 1},$$

folgt

$$\sigma_{12} = \sigma_{22} = 0.$$

Da längs der Einspannung die vertikale Verschiebung $u_2 = 0$ ist, ist es auch ihre Ableitung $u_{2,2} = 0$ in diese Richtung, also auch die Verzerrung $\varepsilon_{22} = 0$. Somit folgt wegen

$$\sigma_{22} = \frac{E}{1+\nu}\left[\varepsilon_{22} + \frac{\nu}{1-2\nu}(\varepsilon_{11} + \varepsilon_{22})\right] = 0 \qquad \text{und} \qquad \varepsilon_{22} = 0,$$

daß auch $\varepsilon_{11} = 0$ sein muß und, wegen $\varepsilon_{22} = 0$, auch σ_{11}. Dieses Ergebnis steht nun aber im Widerspruch zur Balkentheorie, denn gerade die Spannung σ_{11} in der äußersten Faser sollte maximal sein. Der Wechsel freier Rand — eingespannter Rand führt also zu Widersprüchen zwischen der Scheibentheorie und der Balkentheorie. In Abb. 4.31b sind für verschieden feine Unterteilungen des Randes die Verläufe von $t_1 = -\sigma_{11}$ in der Einspannung angetragen. Je feiner man den Rand unterteilt, desto genauer folgt die Lösung der Balkenlösung, desto weiter wird die Störung auf den Eckbereich abgedrängt. Im Grenzfall äußert sich die Störung wohl nur noch als unendlich feine, unendlich große Spannungsspitze im Punkt selbst.

4.14 Einzelkräfte

Wenn in einem Punkt $\boldsymbol{\xi} = (\xi_1, \xi_2)$ einer Scheibe eine Einzelkraft $\boldsymbol{P} = (P_1, P_2)$ angreift, dann muß dort das Integral des Spannungsvektors $\boldsymbol{Sn} = \boldsymbol{t}$ über immer enger gezogene Kreise gegen $\boldsymbol{P}$ konvergieren

$$\lim_{\varepsilon \to 0} \int_{\Gamma_{N\varepsilon}(\boldsymbol{\xi})} \boldsymbol{S}\,\boldsymbol{n}\,ds = \boldsymbol{P}.$$

Da nun der Umfang $U = 2\pi\varepsilon$ des Kreises immer kleiner wird, müssen sich, damit das Integral nicht Null wird, die Komponenten σ_{ij} des Spannungstensors gegenläufig verhalten, d.h. sie müssen wie $1/\varepsilon$ gegen Unendlich gehen.

Dies ist genau das Verhalten, das den Grundlösungen eigen ist, und daher setzt sich das Verschiebungsfeld einer solchen Scheibe

$$u(x) = u_R(x) + g_0^1(\xi, x)P_1 + g_0^2(\xi, x)P_2$$

aus den zwei Grundlösungen g_0^i und einem glatten Verschiebungsfeld u_R zusammen, das dafür sorgt, daß die Randbedingungen erfüllt werden.

Die Integraldarstellung dieses Feldes ist die um die singulären Anteile erweiterte Somigliana Identität

$$C(x)u(x) = \cdots + g_0^1(\xi, x)P_1 + g_0^2(\xi, x)P_2 \,.$$

Dies kann man sich auch so vorstellen, daß sich die verteilte Last p in dem Gebietsintegral auf einen Punkt ξ zusammengeschnürt hat. Deswegen steht das ξ auch dort, wo vorher die Integrationsvariable y stand.

Die REM kann so Einflüsse von konzentrierten Kräften sehr genau erfassen. Approximiert werden nur die Randdaten der regulären Lösung u_R. Die Singularität dagegen wird genau beschrieben.

In dem Programm *BE-PLATES* hat der Benutzer z.B. die Möglichkeit bis zu 10 Einzelkräfte im Innern zu verteilen. Einzelkräfte auf dem Rand sind nicht vorgesehen, denn dann müßte man, wegen der Randbedingungen des freien Rands, für die g_0^i die Grundlösungen der elastischen Halbscheibe einsetzen. Für das Rechnen kann man Einzelkräfte auf dem Rand aber ohne Bedenken ein Stück ins Innere verlegen wie in dem Beispiel in Abb. 4.32a geschehen. Die Einzelkräfte wurden um eine halbe Elementlänge ($\simeq 50$ cm) ins Innere verlegt.

Diese Gelegenheit sei auch noch dazu benutzt, um auf den Unterschied zwischen finiten Elementen und Randelementen in der Behandlung von Einzelkräften hinzuweisen. Bei der Methode der finiten Elemente muß man unterscheiden zwischen Einzelkräften, die im Lastenkatalog stehen, die also 'wirklich' vorhanden sind, und den äquivalenten Knotenkräften. Die letzteren sind keine echten Knotenkräfte, sondern eigentlich Arbeiten. Ihre Größe ist ein Maß für die Arbeit, die die um den Knoten herum verteilten Linien- und Flächenkräfte auf den zum Knoten gehörigen virtuellen Verrückungen leisten.

Wenn man also eine FE-Berechnung mit einer RE-Berechnung kontrollieren will, dann muß man auf die Scheibe wieder die ursprünglich verteilten Kräfte aufbringen und darf nur die echten Knotenkräfte als Einzelkräfte in die Rechnung einführen.

Die Wandscheibe in Abb. 4.32a wurde einmal mit konformen finiten Elementen und einmal mit Randelementen berechnet. Abbildung 4.32b enthält den Vergleich der beiden Lösungen. Deutlich sieht man, daß die Schubspannungen der FE-Lösung den statischen Randbedingungen in den Schnitten a–a und b–b nicht genügen. Die Schubspannungen an freien Rändern müssen Null sein.

Anmerkung: Einzelkräfte sind natürlich eine Fiktion — auch wenn sie im Lastenkatalog stehen. Bei elastischen Scheiben und Körpern um so mehr, als die Verschiebungen im Angriffspunkt unendlich groß werden. Deswegen hat es

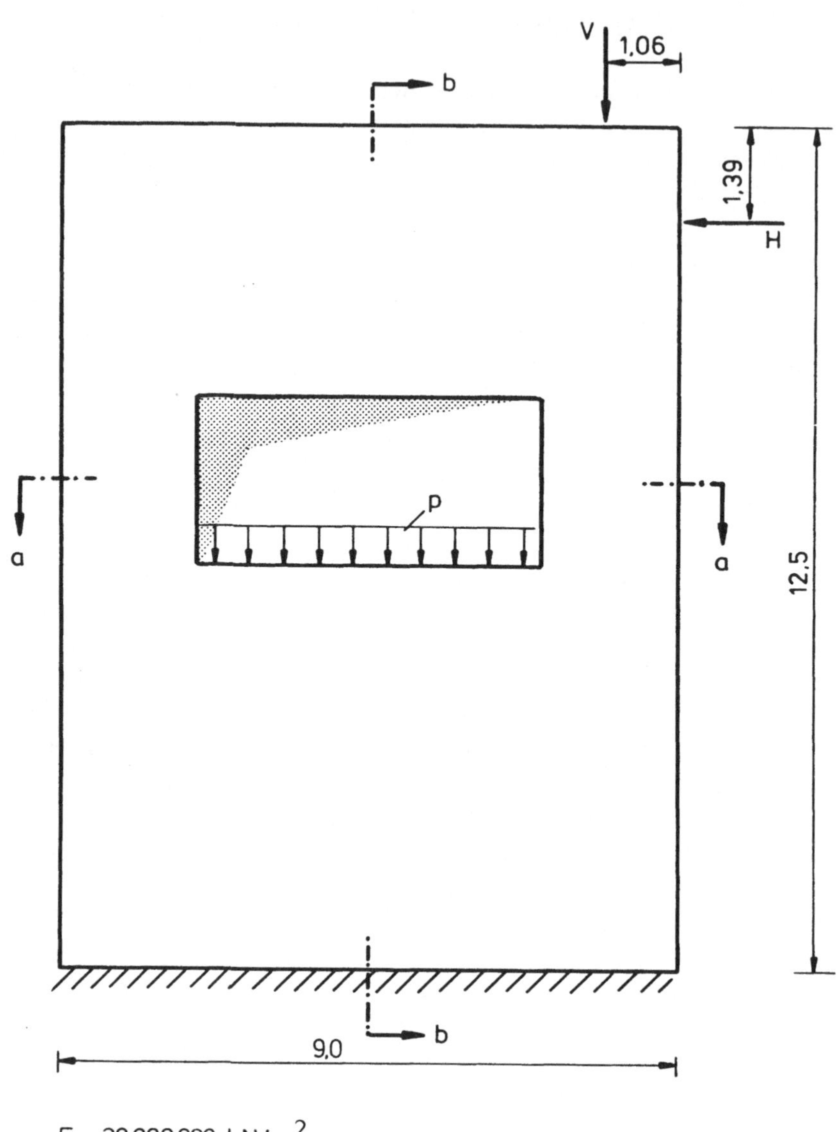

$E = 30\,000\,000 \text{ kN/m}^2$

$v = 0,3$

$d = 20 \text{ cm}$

$V = 25 \text{ kN}$

$H = 10 \text{ kN}$

$p = 1,0 \text{ kN/m}$

Abb. 4.32a Wandscheibe mit Öffnung

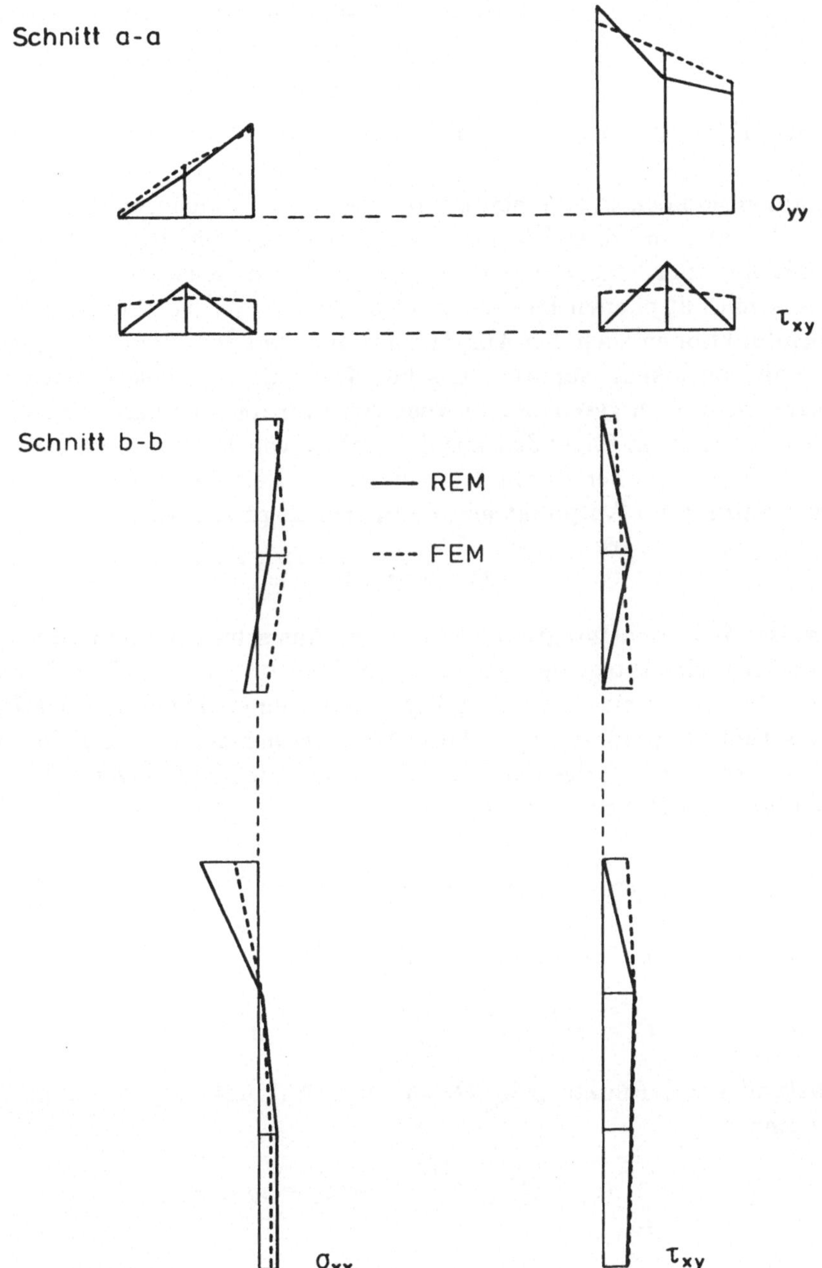

Abb. 4.32b Vergleich der FE-Spannungen mit den RE- Spannungen in einem horizontalen und einem vertikalen Schnitt der Wandscheibe

auch wenig Sinn *Castiglianos Theorem* auf Scheiben oder Körper anwenden zu wollen, s. [2].

4.15 Dreidimensionale Probleme

Bei dreidimensionalen Problemen ist der Rand eine Fläche, und die Aufgabe, Ansatzfunktionen auf einer Fläche zu konstruieren, gleicht der Aufgabe, eine Schale mit finiten Elementen nachzubilden. Die einfachste Näherung ist die Approximation mit ebenen Dreiecken, also mit linearen Formfunktionen. Sind diese Formfunktionen auch den Ansatzfunktionen auf dem Element gleich, dann spricht man von einem isoparametrischen Element. Für solche linearen Elemente kann man noch geschlossene Ausdrücke für die singulären Integrale angeben. Wir zitieren im folgenden aus der Arbeit von Li, Han und Mang, [47].

Der Aufpunkt sei der Punkt 1 des Dreiecks. Führt man Polarkoordinaten mit dem Ursprung im Aufpunkt ein, dann erniedrigt sich wegen

$$ds = r\,dr\,d\varphi$$

die Singularität in den Integranden um eins. Aus schwach singulären Integralen werden reguläre Integrale und aus singulären Integralen schwach singuläre Integrale. Dieser Vorteil wird nun gekoppelt mit einer Abbildung des Dreiecks D auf das Einheitsquadrat D', s. Abb. 4.33, bei der der Punkt P in die linke Kante, die Strecke $P'_1 P'_4$, des Quadrats übergeht. Die hierzu inverse Abbildung, vom Quadrat aufs Dreieck, lautet

$$x_i = (1 - \rho_1)x_i^{(1)} + \rho_1(1 - \rho_2)x_i^{(2)} + \rho_1\rho_2 x_i^{(3)}, \qquad i = 1,2,3$$

mit $x_i^{(k)}$ als den Koordinaten der drei Eckpunkte

$$P_k = (x_1^{(k)}, x_2^{(k)}, x_3^{(k)}), \qquad k = 1,2,3\,.$$

Der Abstand eines Punkts y in D von dem Aufpunkt P_1 lautet in lokalen Koordinaten

$$r = \left(\sum_{i=1}^{3}(y_i - x_i^{(1)})^2\right)^{1/2} = \rho_1(a_1 + a_2\rho_2 + a_3\rho_2^2)$$

wobei

$$a_1 = \sum_{i=1}^{3}(x_i^{(21)})^2\,, \quad a_2 = 2\sum_{i=1}^{3}(x_i^{(21)} x_i^{(32)})\,, \quad a_3 = \sum_{i=1}^{3}(x_i^{(32)})^2\,,$$

$$x_i^{(21)} = x_i^{(2)} - x_i^{(1)}\,, \qquad x_i^{(32)} = x_i^{(3)} - x_i^{(2)}\,.$$

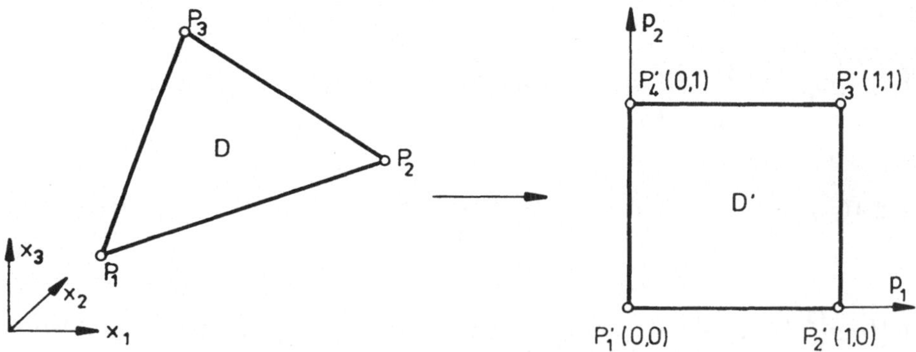

Abb. 4.33 Abbildung des Elements auf ein Rechteck

Die Ableitungen lauten

$$r_{,i} = \frac{y_i - x_i^{(1)}}{r} = \frac{x_i^{(21)} + \rho_2 x_i^{(32)}}{(a_1 + a_2\rho_2 + a_3\rho_2^2)^{1/2}}.$$

Die Jacobi-Determinante J ist, wegen des Wechsels Dreieck — Quadrat nicht mehr konstant, $J = 2\rho_1 A$, so daß das Flächenelement von ρ_1 abhängt

$$ds = 2\rho_1 A\, d\rho_1\, d\rho_2, \qquad A = \text{Fläche des Dreiecks}.$$

Mit den Bezeichnungen

$$u_j^{(k)} = \text{Wert von } u_j \text{ im Punkt } P_k, \quad t_j^{(k)} = \text{Wert von } t_j \text{ im Punkt } P_k,$$

erhält man damit für die singulären Integrale die Ausdrücke

$$\int_{\Gamma_e} U_{ij} t_j\, ds_y = \frac{A}{16\pi(1-\nu)\mu}\{[(3-4\nu)\delta_{ij}I_0 + x_i^{(21)}x_j^{(21)}I_2$$

$$+ (x_j^{(32)}x_i^{(21)} + x_i^{(32)}x_j^{(21)})I_3 + x_i^{(32)}x_j^{(32)}I_4]t_j^{(1)}$$

$$+ [(3-4\nu)\delta_{ij}(I_0 - I_1) + x_i^{(21)}x_j^{(21)}(I_2 - I_3)$$

$$+ (x_j^{(32)}x_i^{(21)} + x_i^{(32)}x_j^{(21)})(I_3 - I_4) + x_i^{(32)}x_j^{(32)}(I_4 - I_5)]t_j^{(2)}$$

$$+ [(3-4\nu)\delta_{ij}I_1 + x_i^{(21)}x_j^{(21)}I_3 + (x_j^{(32)}x_i^{(21)} + x_i^{(32)}x_j^{(21)})I_4$$

$$+ x_i^{(32)}x_j^{(32)}I_5]t_j^{(3)}\}$$

und

$$\int_{\Gamma_e} T_{ij}u_j\,ds_{\boldsymbol{y}} = \frac{1-2\nu}{8\pi(1-\nu)}[\varepsilon_{jik}x_k^{(32)}I_0 + 2A(-\nu_i x_j^{(21)} + \nu_j x_i^{(21)})I_2$$

$$+\, 2A(-\nu_i x_j^{(32)} + \nu_j x_i^{(32)})I_3]u_j^{(1)} + \frac{(1-2\nu)A}{4\pi(1-\nu)}\{(\nu_i x_j^{(21)} - \nu_j x_i^{(21)})I_2$$

$$+\, [(\nu_i x_j^{(32)} - \nu_j x_i^{(32)}) + (-\nu_i x_j^{(21)} + \nu_j x_i^{(21)})]I_3 + (-\nu_i x_j^{(32)} + \nu_j x_i^{(32)})I_4\}u_j^{(2)}$$

$$+\, \frac{(1-2\nu)A}{4\pi(1-\nu)}[(\nu_i x_j^{(21)} - \nu_j x_i^{(21)})I_3 + (\nu_i x_j^{(32)} - \nu_j x_i^{(32)})I_4]u_j^{(3)}$$

$$+\, \left[\frac{(1-2\nu)}{8\pi(1-\nu)}\varepsilon_{jik}\int_{\bar{2}1+\bar{1}3}\frac{1}{r}\,dy_k\right]u_j^{(1)}. \tag{4.17}$$

Das letzte Integral in (4.17) über die beiden Seiten $\bar{2}1$ und $\bar{1}3$ muß nicht berechnet werden, da es sich beim Zusammensetzen der Elemente wieder heraushebt, s. Abb. 4.34, denn über jede Strecke, die auf den Aufpunkt zuläuft, wird zweimal — in gegenläufigen Richtungen — integriert.

Die Terme I_i bedeuten[1]

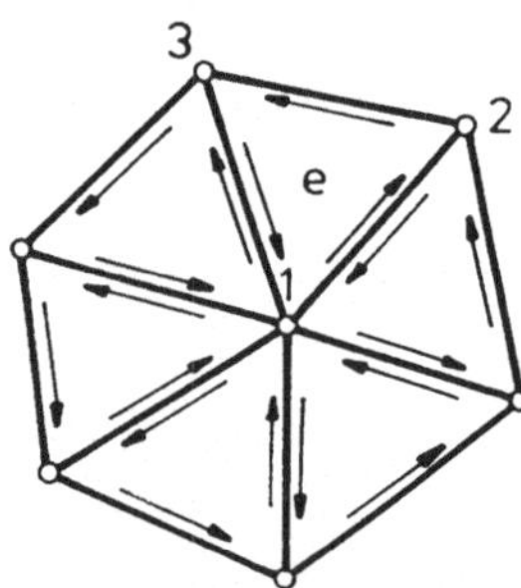

Abb. 4.34 Die Integrale über die inneren Linien heben sich auf

---

[1]Die Integrale I_1 und I_5 wurden von Herrn Dipl.-Ing. Dallmann, TU Braunschweig, neu berechnet. Die Werte in der Originalarbeit [47] weisen m. E. Druckfehler auf.

$$I_0 = \int_0^1 p^{-1/2}\, d\rho = \frac{1}{\sqrt{a_3}}\{\ln\left[2\sqrt{sa_3} + a_2 + 2a_3\right] - \ln(2\sqrt{a_1 a_3} + a_2)\}\,,$$

$$I_1 = \int_0^1 \rho\, p^{-1/2}\, d\rho = \frac{w}{a_3} - \frac{\sqrt{a_1}}{a_3} - \frac{a_2}{2a_3}I_0$$

$$I_2 = \int_0^1 p^{-3/2}\, d\rho = \frac{2(a_2 + 2a_3)}{-qw} + \frac{2a_2}{\sqrt{a_1}\,q}\,,$$

$$I_3 = \int_0^1 \rho\, p^{-3/2}\, d\rho = \frac{2(2a_1 + a_2)}{qw} - \frac{4a_1}{\sqrt{a_1}\,q}\,,$$

$$I_4 = \int_0^1 \rho^2 p^{-3/2}\, d\rho = -\frac{2a_2^2 - 4a_1 a_3 + 2a_1 a_2}{a_3 qw} + \frac{2a_1 a_2}{a_3 q\sqrt{a_1}} + \frac{1}{a_3}I_0\,,$$

$$I_5 = \int_0^1 \rho^3 p^{-3/2}\, d\rho = \frac{-a_3 q + a_2(10a_1 a_3 - 3a_2^2) + a_1(8a_1 a_3 - 3a_2^2)}{-a_3^2 qw}$$

$$+ \frac{a_1(8a_1 a_3 - 3a_2^2)}{a_3^2 q\sqrt{a_1}} - \frac{1,5a_2}{a_3^2}I_0\,,$$

wobei

$$\rho = \rho_2\,, \quad p = a_1 + a_2\rho + a_3\rho^2\,, \quad s = a_1 + a_2 + a_3\,, \quad w = \sqrt{s}$$

$$q = a_2^2 - 4a_1 a_3\,.$$

Mit diesen analytischen Ausdrücken sind die Elementmatrizen G^e und H^e komplett. Die Elementmatrix G^e besteht aus drei Spalten von K Blöcken, $K =$ Anzahl der Kollokationspunkte. Der k-te Block in der m-ten Spalte besteht aus den 3×3 Elementen (i, j)

$$\int_{\Gamma_e} U_{ij}(\boldsymbol{y}, \boldsymbol{x}^k)\varphi_m^e(\boldsymbol{y})\, ds_{\boldsymbol{y}} \quad k = \text{Blocknummer}, \quad m = \text{Spaltennummer}.$$

Die $\varphi_m^e, m = 1, 2, 3$ sind die lokalen Ansatzfunktionen, die im Knoten m den Wert 1 haben und in den beiden anderen Knoten den Wert Null. In der Kopfzeile über den Matrizen ist dies in einer Draufsicht auf das Element durch 0 und 1 angedeutet.

Bei der Matrix H^e gibt es nun noch zwei Schwierigkeiten. Die eine ist mathematischer Natur, die andere hat ihre Ursache in der elementweisen Betrachtung. Beginnen wir mit der letzteren. Der singuläre Teil der Matrix H^e wird von 3 Zeilen à 3 Blöcken gebildet, s. Abb. 4.35b. Die Blöcke S auf der 'Hauptdiagonalen' stellen den Einfluß der im Kollokationspunkt zentrierten Belegungen auf den Kollokationspunkt dar. Die Blöcke N daneben sind die Einflüsse der Belegungen der Nachbarpunkte auf den Kollokationspunkt. Auf der Hauptdiagonalen ist nun noch anteilig die C-Matrix zu berücksichtigen. Dieser Anteil verteilt sich auf die n Elemente, die im Kollokationspunkt zusammenschließen.

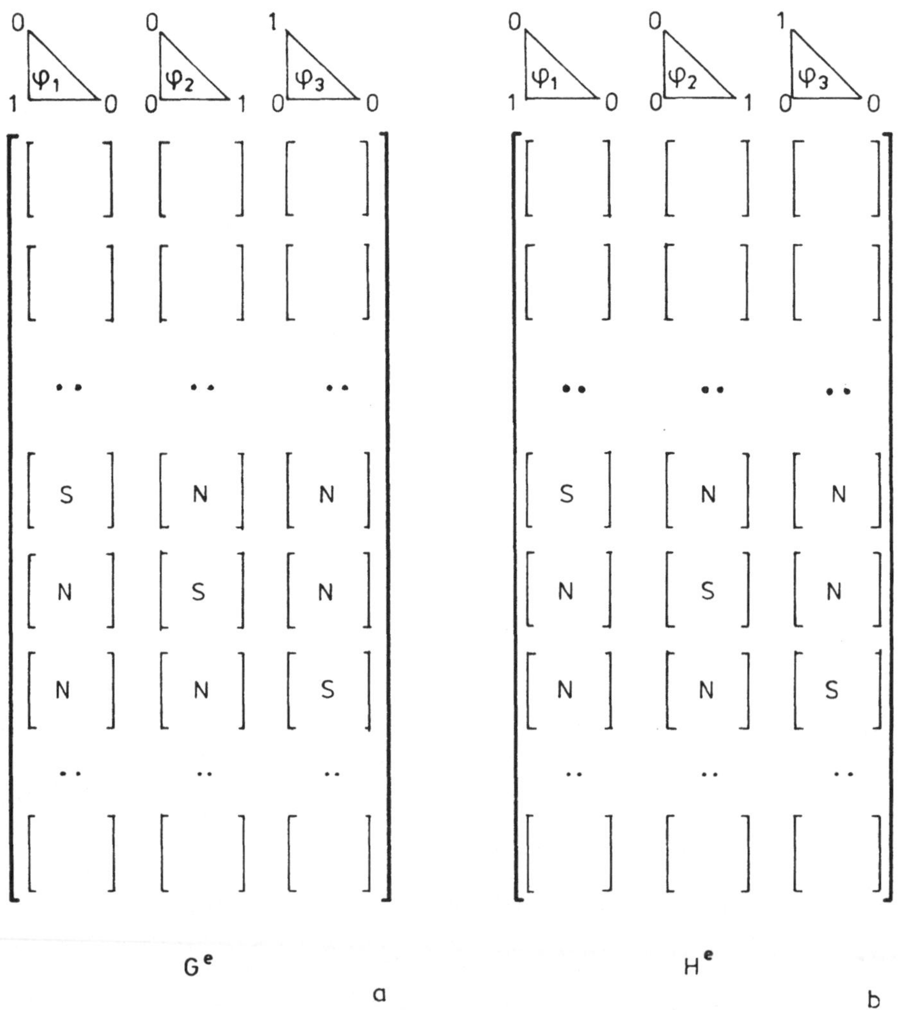

Abb. **4.35** Die Elementmatrizen G^e und H^e

Man müßte also hier partitionieren und ein n-tel der C-Matrix zur Hauptdiagonalen addieren, damit am Schluß bei der Assemblierung die volle C-Matrix auf der Diagonalen steht. Bei Platten und Scheiben ist dies kein Problem, da es immer nur zwei Elemente gibt, die in einem Knoten zusammentreffen. Bei Flächen ist dies nun nicht mehr so einfach, und so empfiehlt es sich, die C-Matrix erst am Schluß zur Hauptdiagonalen der assemblierten Matrix H zu addieren.

Damit sind wir beim mathematischen Problem. Die C-Matrix ist das Integral trigonometrischer Funktionen über den Teil der Einheitssphäre $S_1(x,\Omega)$, der innerhalb des Tangentenkegels liegt. Solange diese Fläche eine einfache Gestalt hat, d.h. ihre Ränder parallel zu Parameterlinien $\varphi = $ const. und $\vartheta = $ const. laufen, kann man die C-Matrix durch Integration berechnen, s. Abb. 4.36.

1. Glatter Punkt

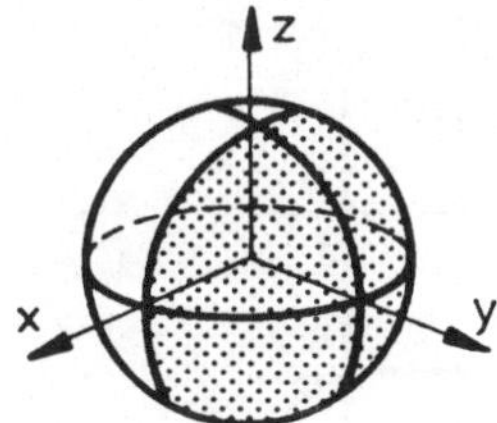

$$C = \frac{1}{8\pi}\begin{bmatrix} 4\pi & 0 & 0 \\ 0 & 4\pi & 0 \\ 0 & 0 & 4\pi \end{bmatrix}$$

2. Kante

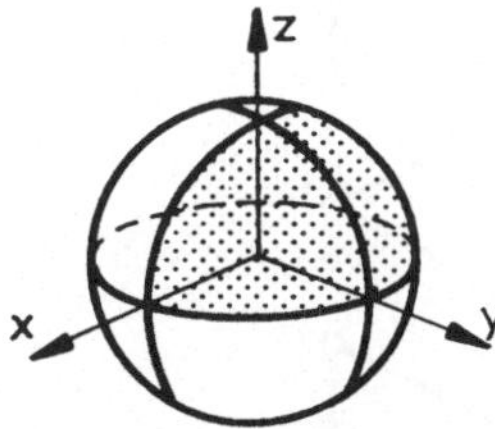

$$C = \frac{1}{8\pi}\begin{bmatrix} 2\pi & 0 & 0 \\ 0 & 2\pi & \dfrac{2}{1-v} \\ 0 & \dfrac{2}{1-v} & 2\pi \end{bmatrix}$$

3. Ecke

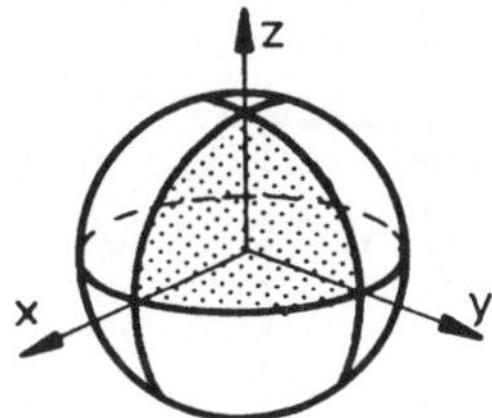

$$C = \frac{1}{8\pi}\begin{bmatrix} \pi & \dfrac{1}{1-v} & \dfrac{1}{1-v} \\ \dfrac{1}{1-v} & \pi & \dfrac{1}{1-v} \\ \dfrac{1}{1-v} & \dfrac{1}{1-v} & \pi \end{bmatrix}$$

Abb. 4.36 Die Flächen $S_1(x,\Omega)$ auf der Einheitssphäre und die zugehörigen Werte der C-Matrix

206

In 'schiefen' Ecken jedoch, Ecken deren Tangentenkegel die Sphäre S_1 in einer irregulären Kurve schneidet, ist dies i.allg. nicht mehr möglich. Die beiden Schwierigkeiten, die hier geschildert wurden, umgeht man, wenn man den Block

$$H_{kk} = C(x^k) + \int_\Gamma T(y, x^k)\varphi_k(y)\, ds_y$$

auf der Hautpdiagonalen der Hypermatrix H mittels Summation über die Nebendiagonalelemente

$$H_{kk} = -\sum_{\substack{i=1 \\ i \neq k}} H_{ki}$$

direkt berechnet. Dies bedeutet programmtechnisch, daß man die drei singulären Blöcke auf der 'Hautpdiagonalen' der Elementmatrix H^e mit Nullen

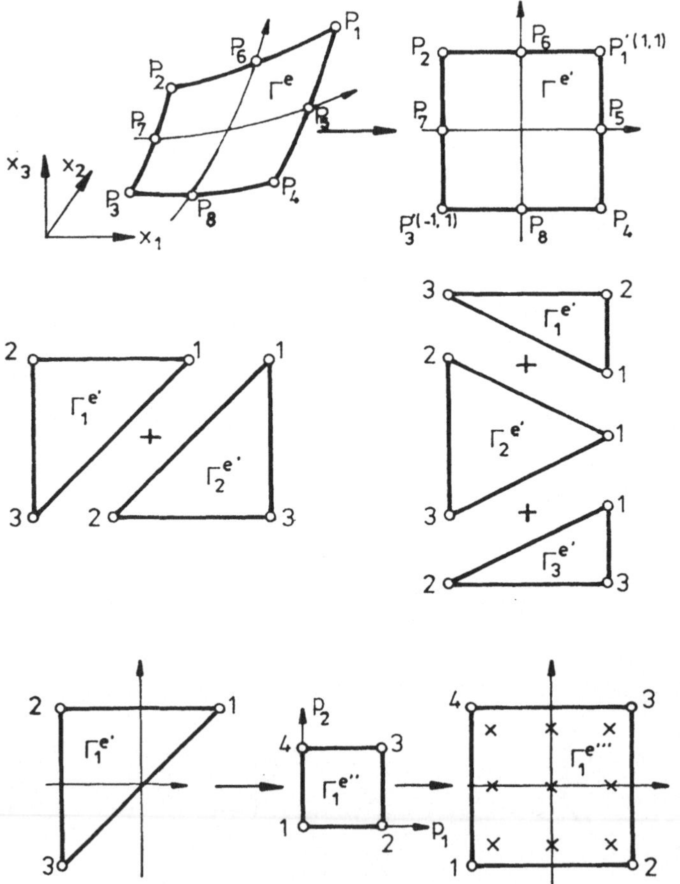

Abb. 4.37 Schrittweise Abbildung des gekrümmten Elements auf einfache Grundelemente

belegt und nur die singulären Blöcke auf den Nebendiagonalen analytisch berechnet.

Bessere Approximationen der Fläche, wie der Funktionen auf der Fläche erhält man mit isoparametrischen, quadratischen Rechtecken, wenn also Fläche und Belegungen durch quadratische Polynome approximiert werden. Bei solch gekrümmten Elementen ist eine analytische Integration der singulären Integrale jedoch nicht mehr möglich. Man geht daher, s. Abb. 4.37, wie folgt vor: Das Element Γ_e wird auf das Masterelement Γ_e' abgebildet und dieses, je nach Lage des Aufpunkts, in zwei bzw. drei Dreiecke aufgespalten, die wieder auf das Einheitsquadrat abgebildet werden. Dieses selbst wird nun — in einem letzten Schritt — noch auf das Quadrat mit den Ecken $(\pm 1, \mp 1)$ abgebildet. Auf diesem wird dann quadriert. Alle hierfür notwendigen Formeln findet man in [47].

4.16 Das Programm BE-PLATES

Dieses Programm löst Scheibenprobleme nach der Methode der Randelemente. Die Beschreibung setzt die Kenntniss des Abschn. 3.15 voraus.

Geometrie:

Scheiben mit stückweise geraden Rändern mit und ohne Löcher.

Elemente:

quadratische Ansätze für die Verschiebungen u_i und Spannungen t_i.

Lagerungsarten:

frei
eingespannt
Rollenlager
elastische Stützung (parallel zur x- oder y-Achse)

Lasten:

Gleichmäßig verteilte Flächenkräfte
Einzelkräfte im Innern
Linienkräfte im Innern
Randkräfte
Randverformungen

Scheibendicke:

Die Scheibendicke wird nicht eingegeben

Ausgabe:

Verschiebungen : u_1, u_2
Spannungen : $\sigma_{11}, \sigma_{12}, \sigma_{22}$
Hauptspannungen : σ_I, σ_{II}, Winkel ϕ

in beliebigen Innenpunkten. Ferner die folgenden Weg- und Kraftgrößen auf dem Rand:

Verschiebungsvektor $\boldsymbol{u} = \{u_1, u_2\}^T$
Spannungsvektor $\boldsymbol{t} = \{t_1, t_2\}^T$
Spannungen $\sigma_{11}, \sigma_{12}, \sigma_{22}$

Das Programm berechnet zur Kontrolle die Summe der horizontalen und vertikalen Randkräfte. Diese resultierenden Kräfte müssen mit der Summe der horizontalen bzw. vertikalen Flächenkräfte im Innern der Scheibe übereinstimmen. Etwaige Abweichungen sollten nicht mehr als 1% betragen. Gegebenenfalls ist die Diskretisierung zu verfeinern.

Die ausgegebenen Spannungen haben die Dimension Kraft/Länge. Die echten Spannungen erhält man, indem man die berechneten Spannungen durch die Wanddicke dividiert. Weitere Hinweise, siehe Abschn. 4.6.

Programmgrenzen

Maximal mögliche Anzahl:

Randelemente	:	50
Randelemente + Elemente		
für innere Linienlasten	:	80
Ränder	:	3
Macros pro Rand	:	30
Innere Linienlasten	:	12
Einzelkräfte	:	4
stresspoints	:	40

Gleichungssystem:

Die Größe des Gleichungssytems wird durch die Anzahl der Elemente bestimmt. Da auf jedem Element zwei Kollokationspunkte liegen, Anfangspunkt und Mittelpunkt, und in jedem Knoten zwei Größen unbekannt sind, eine horizontale und eine vertikale, gilt

$$\text{Größe des Gleichungssystems} = \text{Elemente} \times 2 \times 2$$

Bei der maximal möglichen Zahl von 50 Randelementen beträgt die

$$\text{Größe des Gleichungssystems} = 50 \times 2 \times 2 = 200 \qquad \text{(Zeilen)}$$

Optionen

Der Benutzer hat beim Start des Programms vier Optionen

NEW PROBLEM ?
OTHER LOADCASE ?

ADDITIONAL STRESSPOINTS ?
SUPERPOSITION OF DIFFERENT LOADCASES ?

Option:

N : Neues Scheibenproblem.

O : Anderer Lastfall. Diese Option wählt man, wenn man einen weiteren Lastfall rechnen will. In diesem Modus kann man die Art der Belastung auf den freien Rändern und im Innern der Scheibe ändern. Elementeinteilung, sowie Art und Plazierung der Lager werden beibehalten.

A : Verschiebungen und Spannungen in weiteren Innenpunkten.

S : Überlagerung mehrerer Lastfälle. Die Randdaten und die Daten in inneren Punkten werden addiert.

Programmgröße

Das Programm besteht aus den beiden files

    PL.COM
    PL.000

Programmaufruf

Der Aufruf des Programms geschieht mit dem Befehl

    PL

BESCHREIBUNG DES EINGABEPROTOKOLLS

Zuerst wird die Frage gestellt:

OUTPUT ON PRINTER, TERMINAL OR DISK ?

Wohin sollen die Resultate geschrieben werden?

NAME OUTPUT FILE :

Eingabe eines Dateinamens (z.B. RESULTS). In die Datei RESULTS werden die Ergebnisse geschrieben.

DO YOU WANT A LONG OR SHORT OUTPUT ?

In der Regel sollte man hier für *SHORT* optieren.

NEW PROBLEM ?
OTHER LOADCASE ?
ADDITIONAL STRESSPOINTS ?
SUPERPOSITION OF DIFFERENT LOADCASES :

Antworten:

  N : Neues Scheibenproblem,
  O : Anderer Lastfall,
  A : Verschiebungen und Spannungen in weiteren Innenpunkten,
  S : Überlagerung mehrerer Lastfälle.

Im Fall O, A und S fragt das Programm nach der extension (.XYZ) des Scheibenproblems. Die extension wird bei der erstmaligen Bearbeitung eines Problems vom Benutzer vergeben, z.B. .XYZ = .111, s.u.. Im Fall S fragt das
Programm noch nach den Nummern der zu überlagenden Lastfälle.

  TYPE IN HEADING (ARBITRARY TEXT (ONE LINE))

Eingabe eines beliebigen einzeiligen Texts (Überschrift).

  E-MODULUS =

Elastizitätsmodul.

  POISSONS MODULUS =

Querdehnzahl.

  NUMBER OF EDGES =

Zahl der Ränder.

Nun beginnt eine Schleife über die Ränder $i = 1,\ldots$

  NUMBER OF MACROS ON EDGE I =

Zahl der Macros auf dem Rand i.

Nun beginnt eine Schleife über die Macros j auf dem Rand i

  X AND Y COORDINATES OF THE FIRST POINT OF MACRO J =

Anfangskoordinaten des Macros j.

  NUMBER OF ELEMENTS ON MACRO J =

Zahl der Elemente auf dem Macro j

  KIND OF SUPPORT : FREE
  *   : RIGID*
  *   : ROLLER*
  *   : ELASTIC*

Antworten :

F = freier Rand, R = starres Lager, O = Rollenlager, E = elastisches Lager

Wurde F eingegeben, so folgt die Frage:

  ARE DISPLACEMENTS OR TRACTIONS PRESCRIBED (Y/N)

An freien Rändern besteht also die Möglichkeit Komponenten des Verschiebungs- oder Spannungsvektors vorzuschreiben.

Nach der Eingabe von Y hat man die Wahl:

PRESCRIBED ARE: U1 AND U2 (1)
*   ”   ”   T1 AND T2 (2)*
*   ”   ”   U1 AND T2 (3)*
*   ”   ”   T1 AND U2 (4)*

Die Zahlen in Klammern geben die Optionen an. Wurde z.B. 2 getippt so folgen die Fragen

AT THE BEGINNING OF THE MACRO THE VALUE OF T1 = :
AT THE END   OF THE MACRO THE VALUE OF T1 = :
AT THE BEGINNING OF THE MACRO THE VALUE OF T2 = :
AT THE END   OF THE MACRO THE VALUE OF T2 = :

Elastische Lager, Option E, sind nur parallel zur x- oder y-Achse zulässig. In tangentialer Richtung kann das elastische Lager keine Kraft aufnehmen (Rollenlager in tangentialer Richtung).

Wurde die Option E gewählt, so folgt die Frage nach der Federsteifigkeit:

STIFFNESS (FORCE/LENGTH) :

Manchmal ist es nötig, eine Scheibe, die nur durch Gleichgewichtsgruppen belastet wird, aber nicht gelagert ist, festzuhalten, um Starrkörperbewegungen auszuschließen. Darauf zielt die nächste Frage:

ARE THERE ANY FIXED POINTS (Y/N)

Nach der Eingabe von Y folgen die Fragen

HOW MANY :

Anzahl der festgehaltenen Punkte (max = 2).

Nun folgt eine Schleife über die Punkte

POINT I

COORDINATES X,Y :

Koordinaten des Punkts i.

IS THE HORIZONTAL U1 DISPLACEMENT FIXED (Y/N)
IS THE   VERTICAL U2 DISPLACEMENT FIXED (Y/N)

Hier ist mit Y oder N zu antworten, je nachdem welche Bewegungsmöglichkeit gesperrt ist.

Nun folgt die Frage nach der Nummer des Lastfalls

NUMBER (< 10) OF THE LOADCASE =

Zulässig sind die Nummern 1 bis 9.

IS THE CONTINUOUS LOAD CONSTANT ?
ZERO ?

Die Frage bezieht sich auf die gleichmäßig verteilte Belastung

Antwort:

C : Konstante Last
Z : Keine Last vorhanden.

Falls mit C geantwortet wurde, folgt die Frage

MAGNITUDE OF THE LOAD IN X1 DIRECTION:
MAGNITUDE OF THE LOAD IN X2 DIRECTION:

Komponenten p_1 und p_2 des (konstanten) Lastvektors

Nun folgt die Frage nach Linienlasten im Innern der Scheibe

ARE THERE ANY LINE-LOADS (Y/N)

Nach der Eingabe von Y folgt die Frage

HOW MANY :

Zahl der Linienlasten.

Nun folgt eine Schleife über die Linienlasten

LINE-LOAD I

STATE COORDINATES (X,Y) OF THE FIRST POINT :
HORIZONTAL LINE-LOAD VALUE AT THIS POINT :
VERTICAL   LINE-LOAD VALUE AT THIS POINT :
STATE COORDINATES (X,Y) OF THE LAST POINT :
HORIZONTAL LINE-LOAD VALUE AT THIS POINT :
VERTICAL   LINE-LOAD VALUE AT THIS POINT :
IN HOW MANY ELEMENTS SHOULD THE LINE BE DEVIDED :

Es werden also nacheinander eingegeben: die Koordinaten des Anfangspunkts, die Anfangswerte der Linienlast, die Koordinaten des Endpunkts, der Endwert der Linienlast und die Anzahl der Elemente in die die Linienlast unterteilt werden soll. Auf jedem Element wird die Linienlast linear interpoliert. Die Zahl der Elemente ist auf 10 beschränkt.

ARE THERE ANY CONCENTRATED FORCES (Y/N)

Nach der Eingabe von Y folgen die Fragen:

HOW MANY :

Zahl der Einzelkräfte

Nun folgt eine Schleife über die Einzelkräfte

FORCE I
LOCATION (X,Y) :

Koordinaten des Aufpunkts

GIVE FORCE COMPONENTS (FX, FY) :

Komponenten FX und FY der Einzelkraft

HOW MANY LINES OF STRESSPOINTS :

Zahl der Linien auf denen stresspoints liegen.

Wenn die Zahl größer als Null ist, so folgt eine Schleife über die Linien.

LINE I

COORDINATES (X,Y) OF THE FIRST POINT :
COORDINATES (X,Y) OF THE LAST POINT :

Koordinaten des Anfangs- und Endpunkts der Linie i.

HOW MANY POINTS DO LIE ON THIS LINE :

Zahl der stresspoints auf der Linie.

ARE THERE ANY SINGLE STRESSPOINTS (Y/N)

Nach der Eingabe von Y folgt die Frage:

HOW MANY :

Zahl der stresspoints.

Nun folgt eine Schleife über die einzelnen stresspoints

STATE COORDINATES X Y :
POINT I :

Koordinaten x, y des stresspoints i.

THIS SET OF STRESSPOINTS IS SET NUMBER :

Eingabe einer Nummer von 1 bis 9.

THE INPUT IS STORED IN FILES
NAME EXTENSION (.XYZ) OF THESE FILES :

Die Eingabedaten und Ergebnisse werden in mehreren files auf der Disk gespeichert. Die extension, die diese files haben soll, kann der Benutzer hier bestimmen, z.B. .XYZ = .111 . Nach dieser extension wird beim restart eines Programms gefragt. Der Punkt vor der extension muß mit eingegeben werden.

Letzte Frage :

DO YOU WANT TO CHECK THE INPUT ?

Nach der Eingabe von *Y* wird die Eingabe auf dem Bildschirm wiederholt, und es besteht die Möglichkeit Korrekturen anzubringen.

5 Nichtlineare Probleme

Die Randelemente stoßen bei nichtlinearen Problemen zunächst methodisch an Grenzen, denn Einflußfunktionen sind Skalarprodukte zwischen einem Einflußkoeffizienten und der Belastung, und diese Verknüpfung ist distributiv,

$$a(b_1 + b_2) = a\,b_1 + a\,b_2 \, ,$$

d.h. linear. Bei nichtlinearen Problemen gibt es keine Einflußfunktionen im üblichen Sinn. Die Methode der Randelemente läßt sich bei nichtlinearen Problemen nur anwenden, wenn man, wie bei den finiten Elementen, auch das Innere eines Bauteils diskretisiert. Die primären Unbekannten, deren Anzahl die Größe des Gleichungssystems bestimmt, sind weiterhin nur die Weg- und Kraftgrößen auf dem Rand. Diese müssen nun zusammen mit den sekundären Unbekannten, den plastischen Dehnungen oder Spannungen im Innern, iterativ, durch mehrmaliges Lösen linearer Gleichungssysteme, bestimmt werden. Vereinfacht gesagt bringt man die plastischen Terme auf die rechte Seite und korregiert die Lösung so lange, bis der Defekt Null ist.

Die Zahl der möglichen Modelle zur Beschreibung nichtlinearen Werkstoffverhaltens ist zu groß, als daß wir sie hier erschöpfend behandeln könnten. Wir wollen uns daher in diesem Kapitel auf die Numerik beschränken. Diese ist im wesentlichen immer dieselbe. Wegen spezieller Anwendungen verweisen wir auf [44] und [48].

5.1 Das Skalarprodukt

Die Einflußfunktion für die Verschiebung $u(x)$ eines Stabs

$$u_1(x) = \int\limits_0^l G_0(y,x)p_1(y)dy \tag{5.1}$$

ist die Überlagerung der Greenschen Funktion mit der äußeren Belastung p_1, oder in der Sprache des Mathematikers, das L_2-Skalarprodukt zwischen G_0 und p_1.

Nun ist das Skalarprodukt distributiv

$$\int\limits_0^l G_0(p_1 + p_2)\, dy = \int\limits_0^l G_0 p_1\, dy + \int\limits_0^l G_0 p_2\, dy\,,$$

und daher kann es, wie wir kurz zeigen wollen, bei nichtlinearen Problemen keine Einflußfunktionen der Art (5.1) geben, denn wäre (5.1) die Lösung des Problems

$$D^{NL} u = p_1\,,$$

und

$$u_2(x) = \int\limits_0^l G_0(y, x) p_2(y)\, dy$$

die Lösung des Problems

$$D^{NL} u = p_2\,,$$

dann wäre, wegen der Distributivität des Skalarprodukts, die Funktion

$$u(x) = u_1(x) + u_2(x) = \int\limits_0^l G_0(y, x)(p_1(y) + p_2(y))\, dy$$

die Lösung des Problems

$$D^{NL} u = p_1 + p_2\,.$$

Dies widerspricht aber dem nichtlinearen Charakter der Differentialgleichung.

Gleichbedeutend hiermit ist, daß der Satz von Betti nicht mehr gilt. Bei linearen (selbstadjungierten) Problemen erhält man den Satz von Betti, indem man die Plätze von u und $\hat{u}$ in der 1. Identität vertauscht und dann die Identitäten voneinander abzieht, s.[2],

$$B(\hat{u}, u) = G(\hat{u}, u) - G(u, \hat{u}) = 0\,.$$

Wegen der Symmetrie der Wechselwirkungsenergie, $E(u, \hat{u}) = E(\hat{u}, u)$, kürzen sich die Energien dabei heraus, und es verbleiben nur die reziproken äußeren Arbeiten. Bei nichtlinearen Problemen ist die Symmetriebedingung

$$E(u, \hat{u}) = E(\hat{u}, u)$$

verletzt, und auch die Randoperatoren ∂^i sind nicht mehr linear, so daß die einfache Vertauschung von u mit $\hat{u}$ nicht das Gewünschte liefert.

5.2 Das Prinzip der virtuellen Kräfte

Um das Ganze zu retten, kann man die Nichtlinearität auf die rechte Seite bringen und so tun, als würde man ein lineares Problem lösen. Das, was man nun auf die rechte Seite bringt, ist nicht die Kraft, also etwa beim Balken EIw_{pl}^{IV}, sondern das Moment, M_{pl}. Dies hat den Vorteil, daß man die nichtlinearen Terme nur zweimal und nicht viermal differenzieren muß (bei Scheiben 'einmal' statt 'zweimal'). Man steckt also sozusagen die nichtlinearen Terme in die Wechselwirkungsenergie und berechnet daher auch die Einzelverformungen aus dieser. Mathematisch bedeutet dies, daß man von der 2. Identität zur 1. Identität übergeht, die Verformungen so berechnet, wie in der Statik.

Um die Durchbiegung eines Balkens zu berechnen, überlagert man in der Statik das Moment $M(y)$ der verteilten Belastung mit dem Moment $\hat{M}(y, x)$ einer Einzelkraft $\hat{P} = 1$, s. Abb. 5.1,

$$w(x) = \int\limits_0^l \frac{\hat{M}(y, x) M(y)}{EI} \, dy. \tag{5.2}$$

Man nennt dies das Prinzip der virtuellen Kräfte.

Mathematisch steckt hinter dem Prinzip der virtuellen Kräfte die 1. Identität. Dies wird deutlicher, wenn man die entsprechenden Terme untereinander schreibt

$$G(\hat{w}, w) = \int\limits_0^l EI\hat{w}^{IV} w \, dx + [\hat{Q}w - \hat{M}w']_0^l - \int\limits_0^l \frac{\hat{M}M}{EI} \, dx = 0,$$

$$G(G_0, w) = \qquad 1 \times w(x) \qquad\qquad - \int\limits_0^l \frac{M_0 M}{EI} \, dy = 0.$$

Für $\hat{w}$ wird also die Greensche Funktion G_0 gesetzt, und damit fallen alle Randarbeiten heraus (starre Lager vorausgesetzt), so daß genau (5.2) übrig bleibt. Die Durchbiegung $w(x)$ an der Stelle x ist demnach also gleich der Wechselwirkungsenergie zwischen der Greenschen Funktion G_0 und der Durchbiegung w.

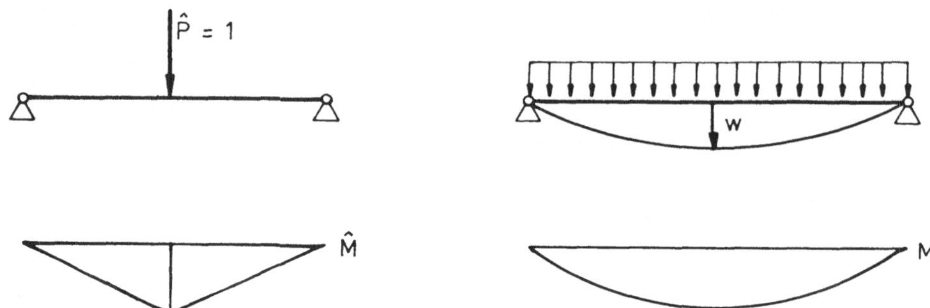

Abb. 5.1 Die Berechnung der Durchbiegung w mit Hilfe des Prinzips der virtuellen Kräfte

Bei nichtlinearen Problemen formuliert man nun sinngemäß

$$w(x) = \int\limits_0^l \left(\frac{M_0 M}{EI} + \frac{M_0 M_{pl}}{EI} \right) dy \, .$$

Aber während im linearen Fall der Momentenverlauf M direkt aus p berechnet werden kann (ein statisch bestimmtes System vorausgesetzt) ohne daß w bekannt ist, hängen die plastischen Momente M_{pl} von den Durchbiegungsinkrementen $\dot{w}$, den Zuwächsen der linken Seite, ab und so wird aus dieser Gleichung eine nichtlineare Beziehung.

Die Behandlung nichtlinearer Probleme beginnt also damit, daß man mittels des Prinzips der virtuellen Kräfte, der 1. Identität, eine Einflußfunktion für das Verschiebungsfeld einer Scheibe bzw. eines elastischen Körpers ableitet.

Die 1. Identität eines elastischen Körpers lautet

$$G(\hat{u}, u) = \int\limits_\Omega - L\hat{u} \cdot u \, d\Omega + \int\limits_\Gamma \tau(\hat{u}) \cdot u \, ds - \int\limits_\Omega \hat{S} \cdot E \, d\Omega = \delta A_a^c - \delta A_i^c = 0 \, .$$

Das dritte Integral ist die Wechselwirkungsenergie $E(\hat{u}, u)$ der zu den Feldern $\hat{u}$ bzw. u gehörigen Spannungs- bzw. Verzerrungstensoren, s. [2, S.37],

$$\hat{S} = C[E(\hat{u})] \, , \qquad E = E(u) = \frac{1}{2}(\nabla u + \nabla u^T) \, .$$

Der Punkt steht für das Skalarprodukt, also

$$\int\limits_\Omega \hat{S} \cdot E \, d\Omega = \int\limits_\Omega \hat{\sigma}_{ij} \varepsilon_{ij} \, d\Omega$$

$$= \int\limits_\Omega (\hat{\sigma}_{11} \varepsilon_{11} + \hat{\sigma}_{12} \varepsilon_{12} + \cdots + \hat{\sigma}_{33} \varepsilon_{33}) \, d\Omega \, .$$

Für das Feld $\hat{u}$ wird nun im folgenden eine der drei Grundlösungen g_0^i gesetzt und für u das Feld, dessen Verschiebung gesucht ist.

Zu den Grundlösungen

$$g_0^i(y, x) = \{U_{ij}\}$$

gehören die Verzerrungstensoren

$$E^i = -\frac{1}{8\alpha\pi(1-\nu)\mu r^\alpha}\{\beta(\nabla r \cdot e_i)\nabla r \otimes \nabla r + (1-2\nu)(\nabla r \otimes e_i + e_i \otimes \nabla r)$$
$$- (\nabla r \cdot e_i)I\}$$

und die Spannungstensoren

$$S^i = -\frac{1}{4\alpha\pi(1-\nu)r^\alpha}\{\beta(\nabla r \cdot e_i)\nabla r \otimes \nabla r + (1-2\nu)(\nabla r \otimes e_i + e_i \otimes \nabla r$$
$$- (\nabla r \cdot e_i))I\},$$

$$\alpha = 1, 2, \quad \beta = 2, 3, \quad (2-D, 3-D).$$

Im folgenden machen wir von einer speziellen Eigenschaft der Spannungstensoren S^i Gebrauch:

Weil die Integrale

$$\int\limits_{S_1} \nabla r \, dS_1 = O_{(3)}, \qquad \int\limits_{S_1} (\nabla r \cdot e_i)\nabla r \otimes \nabla r \, dS_1 = O_{(3\times 3)}, \quad i = 1, 2 \text{ oder } 3$$

des Gradienten $\nabla r = \{r_{,i}\}$ über die Einheitssphäre S_1 Null sind, sind es auch die Mittelwerte der Spannungstensoren

$$\int\limits_{S_1} S^i \, dS_1 = O.$$

Daraus folgt weiter, daß auch die Integrale der Spannungstensoren über jedes ringförmige Gebiet, s. Abb. 5.2,

$$N_{1,\varepsilon} = N_1(x) - N_\varepsilon(x), \qquad 0 < \varepsilon < 1$$

verschwinden

$$\int\limits_{N_{1,\varepsilon}} S^i \, d\Omega_y = \int\limits_{\varepsilon}^{1} \frac{1}{r^\alpha} r^\alpha \, dr \int\limits_{S_1} S^i \, dS_1 = o. \tag{5.3}$$

Um nun die Einflußfunktion für $u_i(x)$ abzuleiten, betrachten wir die Identität zuerst in dem gelochten Gebiet $\Omega_\varepsilon(x)$

220

$$G(\boldsymbol{g}_0^i, \boldsymbol{u})_{\Omega_\varepsilon} = \int\limits_{\Gamma_\varepsilon} T_{ij} u_j \, ds_{\boldsymbol{y}} - \int\limits_{\Omega_\varepsilon} \sigma_{jk}^i [\varepsilon_{jk}(\boldsymbol{y}) - \varepsilon_{jk}(\boldsymbol{x})] \, d\Omega_{\boldsymbol{y}}$$

$$- \int\limits_{\Omega_\varepsilon} \sigma_{jk}^i \, d\Omega_{\boldsymbol{y}} \, \varepsilon_{jk}(\boldsymbol{x}) = 0$$

und lassen dann den Radius ε gegen Null gehen. Wegen

$$\sigma_{jk}^i = O(r^{-\alpha}), \qquad d\Omega = r^\alpha \, dr \, dS_1, \qquad \varepsilon_{jk}(\boldsymbol{y}) - \varepsilon_{jk}(\boldsymbol{x}) = O(r),$$

und wegen (5.3) ist der Grenzwert des Gebietsintegrals beschränkt

$$\lim_{\varepsilon \to 0} \int\limits_{\Omega_\varepsilon} \sigma_{jk}^i \varepsilon_{jk} \, d\Omega_{\boldsymbol{y}} = \int\limits_{\Omega} \sigma_{jk}^i \varepsilon_{jk} \, d\Omega_{\boldsymbol{y}}.$$

Der Grenzwert des Randintegrals lautet

$$\lim_{\varepsilon \to 0} \int\limits_{\Gamma_\varepsilon} T_{ij}(\boldsymbol{y}, \boldsymbol{x}) u_j(\boldsymbol{y}) \, ds_{\boldsymbol{y}} = C_{ij}(\boldsymbol{x}) u_j(\boldsymbol{x}) + \int\limits_{\Gamma} T_{ij}(\boldsymbol{y}, \boldsymbol{x}) u_j(\boldsymbol{y}) \, ds_{\boldsymbol{y}},$$

so daß insgesamt folgt:

Einflußfunktion für das Verschiebungsfeld

$$\text{p:} \, \boldsymbol{u} \in C^1(\bar{\Omega})$$

$$\text{q:} \, \lim_{\varepsilon \to 0} G(\boldsymbol{g}_0^i, \boldsymbol{u})_{\Omega_\varepsilon} = C_{ij}(\boldsymbol{x}) u_j(\boldsymbol{x}) + \int\limits_{\Gamma} T_{ij}(\boldsymbol{y}, \boldsymbol{x}) u_j(\boldsymbol{y}) \, ds_{\boldsymbol{y}}$$

$$- \int\limits_{\Omega} \sigma_{jk}^i \, \varepsilon_{jk} \, d\Omega_{\boldsymbol{y}} = 0. \tag{5.4}$$

Diese Gleichung ist das Analogon zu (5.2), zur Überlagerung der Momente beim Balken. Nur daß hier noch Randarbeiten hinzukommen, weil Grundlösungen statt Greenscher Funktionen benutzt werden.

Nun wollen wir später auch Spannungen berechnen, und daher benötigen wir noch Einflußfunktionen für die ersten Ableitungen des Verschiebungsfelds, also die Komponenten des Gradienten. Hierzu differenzieren wir die Grundlösung $\boldsymbol{g}_0^i$ nach der Koordinate x_d und betrachten die Identität

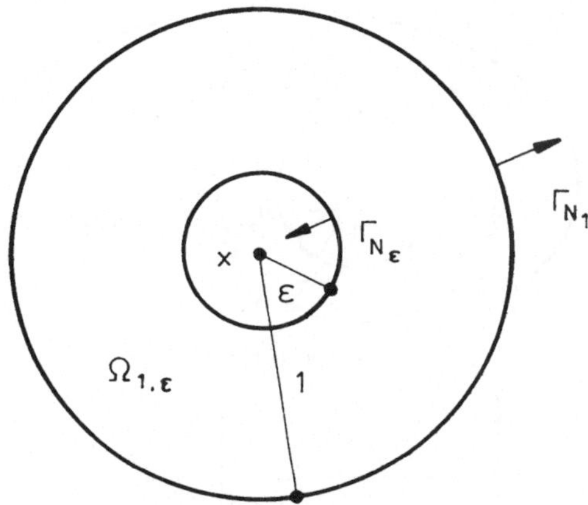

Abb. 5.2 Ringgebiet

$$G(\boldsymbol{g}^i_{0,x_d}, \boldsymbol{u}(\boldsymbol{y}) - \boldsymbol{u}(\boldsymbol{x}))_{\Omega_\varepsilon} = \int\limits_{\Gamma_\varepsilon} T_{ij,x_d}\,(u_j(\boldsymbol{y}) - u_j(\boldsymbol{x}))\,ds\boldsymbol{y}$$

$$-\int\limits_{\Omega_\varepsilon} \sigma^i_{jk,x_d}\,\varepsilon_{jk}\,d\Omega\boldsymbol{y} = \int\limits_{\Gamma} T_{ij,x_d}\,(u_j(\boldsymbol{y}) - u_j(\boldsymbol{x}))\,ds\boldsymbol{y}$$

$$+\int\limits_{\Gamma_{N\varepsilon}} T_{ij,x_d}\,(u_j(\boldsymbol{y}) - u_j(\boldsymbol{x}))\,ds\boldsymbol{y} - \int\limits_{\Omega_1} \sigma^i_{jk,x_d}\,\varepsilon_{jk}\,d\Omega\boldsymbol{y}$$

$$-\int\limits_{N_{1,\varepsilon}} \sigma^i_{jk,x_d}\,\varepsilon_{jk}\,d\Omega\boldsymbol{y} = 0$$

in dem gelochten Gebiet

$$\Omega_\varepsilon = \Omega - N_\varepsilon(\boldsymbol{x}) = \Omega_1 \cup N_{1,\varepsilon}\,, \qquad \varepsilon < 1\,,$$

das in das Gebiet $\Omega_1 = \Omega - N_1(\boldsymbol{x})$ und das Ringgebiet

$$N_{1,\varepsilon} = N_1(\boldsymbol{x}) - N_\varepsilon(\boldsymbol{x})$$

zerfällt. Das letztere wird von den beiden Ränder $\Gamma_{N1}(\boldsymbol{x})$ und $\Gamma_{N\varepsilon}(\boldsymbol{x})$ begrenzt, s. Abb. 5.3.

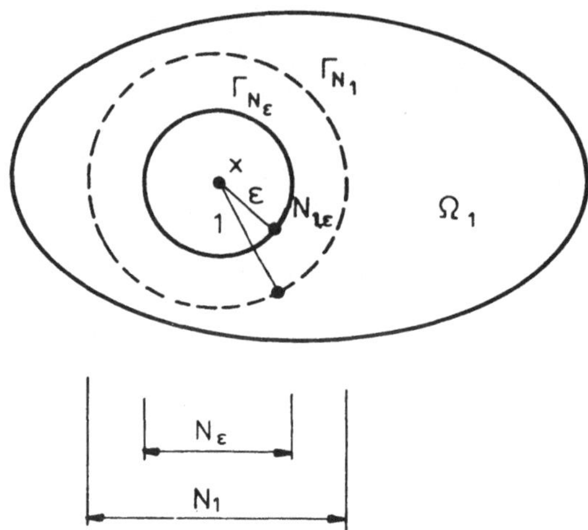

Abb. 5.3 Gelochtes Gebiet

Der Verzerrungstensor läßt sich in eine Taylorreihe um x entwickeln

$$\varepsilon_{jk}(y) = \varepsilon_{jk}(x) + \varepsilon_{jk}^{(1)}(y),$$

wobei das Restglied

$$\varepsilon_{jk}^{(1)}(y) = \varepsilon_{jk,l}(x)(y_l - x_l) + \cdots = O(r), \qquad r = |y - x|,$$

für die linearen und höheren Terme steht. Nun ist

$$\sigma_{jk,x_d}^{i}\,\varepsilon_{jk}^{(1)}\,d\Omega_y = O(r^{-3})O(r^1)O(r^2) = O(1)$$

und daher gilt

$$\lim_{\varepsilon \to 0} \int\limits_{N_{1,\varepsilon}} \sigma_{jk,x_d}^{i}\,\varepsilon_{jk}^{(1)}\,d\Omega_y = \int\limits_{N_1} \sigma_{jk,x_d}^{i}\,\varepsilon_{jk}^{(1)}\,d\Omega_y.$$

Wir müssen uns daher nur mit dem Grenzwert des konstanten Terms

$$\lim_{\varepsilon \to 0} \int\limits_{N_{1,\varepsilon}} \sigma_{jk,x_d}^{i}\,d\Omega_y\,\varepsilon_{jk}(x).$$

beschäftigen.

Wir beginnen mit einigen Bemerkungen: Wegen

$$r_{,x_d} = -r_{,y_d}\,,$$

$$\varepsilon_{ij}\sigma_{ij} = \frac{1}{2}(u_{i,j}+u_{j,i})\sigma_{ij} = u_{i,j}\,\sigma_{ij}\,, \quad (\text{wenn } \sigma_{ij} = \sigma_{ji})\,,$$

$$\varepsilon_{ij}\hat{\sigma}_{ij} = \sigma_{ij}\hat{\varepsilon}_{ij}\,,$$

und den Regeln der partiellen Integration folgt

$$\int\limits_{N_{1,\varepsilon}} \sigma^i_{jk,x_d}\,\varepsilon_{jk}\,d\Omega y = \int\limits_{N_{1,\varepsilon}} -\varepsilon^i_{jk,d}\,\sigma_{jk}\,d\Omega y =$$

$$= -\int\limits_{\Gamma_{N_1}} U_{ij,k}\,\sigma_{jk}\nu_d\,ds y + \int\limits_{\Gamma_{N_\varepsilon}} U_{ij,x_k}\,\sigma_{jk}\nu_d\,ds y\,.$$

Auf $\Gamma_{N_\varepsilon}(x)$ ist

$$\nu_d = r_{,x_d}$$

und daher gilt, wie man leicht zeigt,

$$\int\limits_{\Gamma_{N_\varepsilon}} U_{ij,x_k}\,\sigma_{jk}\nu_d\,ds y = \int\limits_{\Gamma_{N_\varepsilon}} U_{ij,x_d}\sigma_{jk}\nu_k\,ds y = \int\limits_{\Gamma_{N_\varepsilon}} U_{ij,x_d}t_j\,ds y\,.$$

Weiter ist, s. (4.13),

$$\lim_{\varepsilon\to 0} \int\limits_{\Gamma_{N_\varepsilon}} \left[U_{ij,x_d}t_j - T_{ij,x_d}\left(u_j(y) - u_j(x)\right)\right] ds y = -u_{i,d}(x)\,. \qquad (5.5)$$

All dies gilt für beliebige (glatte) Verzerrungen ε_{jk} und daher erst recht für die konstanten Verzerrungen $\varepsilon_{jk}(x)$. In der Summe haben wir somit:

Einflußfunktion für die ersten Ableitungen, Berechnung aus dem Verzerrungstensor

p: $u \in C^1(\bar{\Omega})$, x im Innern, N_1 Einheitskugel um x,

q: $\displaystyle\lim_{\varepsilon\to 0} G(g^i_{0,x_d}, u(y) - u(x))_{\Omega_\varepsilon} =$

$$u_{i,d}(x) + \int\limits_{\Gamma} T_{ij,x_d}\left(u_j(y) - u_j(x)\right) ds y - \int\limits_{\Omega_1} \sigma^i_{jk,x_d}\varepsilon_{jk}\,d\Omega y$$

$$- \int\limits_{N_1} \sigma^i_{jk,x_d}\varepsilon^{(1)}_{jk}\,d\Omega y + \int\limits_{\Gamma_{N_1}} \sigma^i_{jk}\nu_d\,ds y\,\varepsilon_{jk}(x) = 0\,. \qquad (5.6)$$

Der letzte Term ist das Skalarprodukt

$$\int_{\Gamma_{N_1}} \sigma^i_{jk}\nu_d\,ds\boldsymbol{y}\,\varepsilon_{jk}(\boldsymbol{x}) = \boldsymbol{C}^{id}\cdot\boldsymbol{E}(\boldsymbol{x})$$

zwischen dem Verzerrungstensor $\boldsymbol{E}(\boldsymbol{x})$ im Punkt $\boldsymbol{x}$ und der Matrix

$$\boldsymbol{C}^{id} = -\frac{1}{15(1-\nu)}[(8-10\nu)\boldsymbol{e}_i\otimes\boldsymbol{e}_d - (1-5\nu)\delta_{id}\boldsymbol{I}]$$

$$= \int_{S_1} \boldsymbol{S}^i\nu_d\,ds\boldsymbol{y}\,,$$

dem Integral des Spannungstensors $\boldsymbol{S}^i$ und der Komponente ν_d der Normalen über die Einheitssphäre S_1.

Vertauscht man σ^i_{jk} mit ε^i_{jk} und entsprechend ε_{jk} mit σ_{jk}, dann erhält man das folgende Resultat:

Einflußfunktion für die ersten Ableitungen, Berechnung aus dem Spannungstensor

p: $\boldsymbol{u}\in C^1(\bar{\Omega})$, $\boldsymbol{x}$ im Innern, N_1 Einheitskugel um $\boldsymbol{x}$,

q: $\displaystyle\lim_{\varepsilon\to 0} G(\boldsymbol{g}^i_{0,x_d}, \boldsymbol{u}(\boldsymbol{y}) - \boldsymbol{u}(\boldsymbol{x}))_{\Omega_\varepsilon} =$

$$u_{i,d}(\boldsymbol{x}) + \int_\Gamma T_{ij,x_d}(u_j(\boldsymbol{y}) - u_j(\boldsymbol{x}))\,ds\boldsymbol{y} - \int_{\Omega_1}\varepsilon^i_{jk,x_d}\sigma_{jk}\,d\Omega\boldsymbol{y}$$

$$-\int_{N_1}\varepsilon^i_{jk}\sigma^{(1)}_{jk}\,d\Omega\boldsymbol{y} + \int_{\Gamma_{N_1}}\varepsilon^i_{jk,x_d}\nu_d\,ds\boldsymbol{y}\,\sigma_{jk}(\boldsymbol{x}) = 0\,, \qquad (5.7)$$

wobei nun der letzte Term

$$\int_{\Gamma_{N_1}}\varepsilon^i_{jk}\nu_d\,ds\boldsymbol{y}\,\sigma_{jk}(\boldsymbol{x}) = \boldsymbol{D}^{id}\cdot\boldsymbol{S}(\boldsymbol{x})$$

das Skalarprodukt zwischen dem Spannungstensor $\boldsymbol{S}(\boldsymbol{x})$ im Punkt $\boldsymbol{x}$ und der Matrix

$$\boldsymbol{D}^{id} = -\frac{1}{30\mu(1-\nu)}[(8-10\nu)\boldsymbol{e}_i\otimes\boldsymbol{e}_d + \delta_{id}\,\boldsymbol{I}] = \int_{S_1}\boldsymbol{E}^i\nu\,ds\boldsymbol{y}$$

ist.

Für die Spannungen in einem Innenpunkt erhält man damit die Darstellungen

$$\sigma_{ij}(\boldsymbol{x}) = \int\limits_{\Gamma} S_{ijk} u_k \, ds\boldsymbol{y} + \int\limits_{\Omega_1} \sigma_{ijkl}\varepsilon_{kl} \, d\Omega\boldsymbol{y} + \int\limits_{N_1} \sigma_{ijkl}\varepsilon_{kl}^{(1)} \, d\Omega\boldsymbol{y} + f_{ij}(\boldsymbol{x}) \, ,$$

wobei in 3-D

$$f_{ij}(\boldsymbol{x}) = -\frac{2\mu}{15(1-\nu)}\left[(7-5\nu)\varepsilon_{ij}(\boldsymbol{x}) + (1+5\nu)\varepsilon_{kk}(\boldsymbol{x})\delta_{ij}\right].$$

ist.

Auf Grund der Symmetrie

$$\int\limits_{\Omega} \boldsymbol{S}^i \cdot \boldsymbol{E}(\hat{\boldsymbol{u}}) \, d\Omega\boldsymbol{y} = \int\limits_{\Omega} \boldsymbol{E}^i(\boldsymbol{u}) \cdot \hat{\boldsymbol{S}} \, d\Omega\boldsymbol{y}$$

ist dies äquivalent mit

$$\sigma_{ij}(\boldsymbol{x}) = \int\limits_{\Gamma} S_{ijk} u_k \, ds\boldsymbol{y} + \int\limits_{\Omega_1} \varepsilon_{ijkl}\sigma_{kl} \, d\Omega\boldsymbol{y} + \int\limits_{N_1} \varepsilon_{ijkl}\sigma_{kl}^{(1)} \, d\Omega\boldsymbol{y} + g_{ij}(\boldsymbol{x}) \, ,$$

wobei in 3-D

$$g_{ij}(\boldsymbol{x}) = -\frac{1}{15(1-\nu)}\left[(7-5\nu)\sigma_{ij}(\boldsymbol{x}) + (1-5\nu)\sigma_{kk}(\boldsymbol{x})\delta_{ij}\right]$$

ist.

Die Gleichungen der Kerne lauten

$$\sigma_{ijkl} = \frac{\mu}{2\alpha\pi(1-\nu)r^{\beta}}\{\beta(1-2\nu)(\delta_{ij}r_{,k}\,r_{,l} + \delta_{kl}r_{,i}\,r_{,j})$$

$$+ \beta\nu(\delta_{li}r_{,j}\,r_{,k} + \delta_{jk}r_{,l}\,r_{,i} + \delta_{ik}r_{,l}\,r_{,j} + \delta_{jl}r_{,i}\,r_{,k}) - \beta\gamma r_{,i}\,r_{,j}\,r_{,k}r_{,l}$$

$$+ (1-2\nu)(\delta_{ik}\delta_{lj} + \delta_{jk}\delta_{li}) - (1-4\nu)\delta_{ij}\delta_{kl}\} \, ,$$

$$\varepsilon_{ijkl} = \frac{1}{4\alpha\pi(1-\nu)r^{\beta}}\{(1-2\nu)(\delta_{ik}\delta_{lj} + \delta_{jk}\delta_{li} - \delta_{ij}\delta_{kl} + \beta\delta_{ij}r_{,k}\,r_{,l})$$

$$+ \beta\nu(\delta_{li}r_{,j}\,r_{,k} + \delta_{jk}r_{,l}\,r_{,i} + \delta_{ik}r_{,l}\,r_{,j} + \delta_{jl}r_{,i}\,r_{,k})$$

$$+ \beta\delta_{kl}r_{,i}\,r_{,j} - \beta\gamma r_{,i}\,r_{,j}\,r_{,k}r_{,l}\} \, ,$$

wobei $\alpha = 1,2$, $\beta = 2,3$, $\gamma = 4,5$ in 2-D und 3-D sind.

5.3 Die Berechnung der singulären Integrale

Bei der Ableitung der Einflußfunktion für die Komponenten $u_{i,d}$ des Gradienten wurde das Gebiet Ω in die Einheitskugel $N_1(x)$ um x und den Rest, das gelochte Gebiet

$$\Omega_1 = \Omega - N_1(x)\,,$$

zerlegt. Das stark singuläre Integral der Wechselwirkungsenergie über die Einheitskugel wurde dann mittels partieller Integration umgeformt und so schließlich nach einem Grenzübergang die Einflußfunktion (5.6) erhalten.

Um die Verzerrungen im Innern zu interpolieren, wird man aber in der Regel das Innere in finite Elemente einteilen, also in Tetraeder, Würfel, etc. nur nicht in Kugeln. Dies ist aber nicht weiter schlimm, denn in den Gleichungen kann man, wie wir zeigen wollen, für Ω_1 ein beliebig gelochtes FE-Gebiet Ω_{FE} setzen.

Es bezeichne im folgenden N_{FE} die Elemente, die den Aufpunkt x umgeben, deren Subtraktion also das gelochte Gebiet Ω_{FE} ergibt

$$\Omega_{\mathrm{FE}} = \Omega - N_{\mathrm{FE}}\,,$$

und Γ_{FE} sei der Rand des Lochs.

Da es für die Herleitung gleichgültig ist, wie man das Gebiet Ω aufteilt,

$$\Omega = \Omega_1 \cup N_1 \qquad \text{oder} \qquad \Omega = \Omega_{\mathrm{FE}} \cup N_{\mathrm{FE}}\,,$$

gilt

$$u_{i,d}(x) + \int\limits_{\Gamma} T_{ij,x_d}\left(u_j(y) - u_j(x)\right) ds_y = \int\limits_{\Omega_1} \sigma^i_{jk,x_d}\, \varepsilon_{jk}\, d\Omega_y$$

$$+ \int\limits_{N_1} \sigma^i_{jk,x_d}\, \varepsilon^{(1)}_{jk}\, d\Omega_y - \int\limits_{\Gamma_{N_1}} \sigma^i_{jk}\nu_d\, ds_y\, \varepsilon_{jk}(x)\,,$$

$$u_{i,d}(x) + \int\limits_{\Gamma} T_{ij,x_d}\left(u_j(y) - u_j(x)\right) ds_y = \int\limits_{\Omega_{\mathrm{FE}}} \sigma^i_{jk,x_d}\, \varepsilon_{jk}\, d\Omega_y$$

$$+ \int\limits_{N_{\mathrm{FE}}} \sigma^i_{jk,x_d}\, \varepsilon^{(1)}_{jk}\, d\Omega_y - \int\limits_{\Gamma_{\mathrm{FE}}} \sigma^i_{jk}\nu_d\, ds_y\, \varepsilon_{jk}(x)\,,$$

und daher auch

$$\int\limits_{\Omega_1} \sigma^i_{jk,x_d}\,\varepsilon_{jk}\,d\Omega y + \int\limits_{N_1} \sigma^i_{jk,x_d}\,\varepsilon^{(1)}_{jk}\,d\Omega y - \int\limits_{\Gamma_{N_1}} \sigma^i_{jk}\nu_d\,ds y\,\varepsilon_{jk}(x)$$

$$= \int\limits_{\Omega_{\mathrm{FE}}} \sigma^i_{jk,x_d}\,\varepsilon_{jk}\,d\Omega y + \int\limits_{N_{\mathrm{FE}}} \sigma^i_{jk,x_d}\,\varepsilon^{(1)}_{jk}\,d\Omega y$$

$$- \int\limits_{\Gamma_{\mathrm{FE}}} \sigma^i_{jk}\nu_d\,ds y\,\varepsilon_{jk}(x)\,. \tag{5.8}$$

Der wesentliche Punkt ist nun, daß die Integrale über die Oberflächen der Löcher gleich sind,

$$\int\limits_{\Gamma_{N_1}} \sigma^i_{jk}\nu_d\,ds y\,\varepsilon_{jk}(x) = \int\limits_{\Gamma_{\mathrm{FE}}} \sigma^i_{jk}\nu_d\,ds y\,\varepsilon_{jk}(x)\,, \tag{5.9}$$

und man daher problemlos Ω_1 durch Ω_{FE} und N_1 durch N_{FE} ersetzen kann.

Um (5.9) zu beweisen, können wir ohne Beschränkung der Allgemeinheit annehmen, daß a) die Verzerrungen $\varepsilon^{(1)}_{jk}$ Null sind, b) das 'FE-Loch' größer ist als die Einheitskugel, und daß man daher zu dem FE-Gebiet ein Gebiet $\Omega_{\mathrm{FE},1}$ hinzu addieren muß, s. Abb. 5.4, um Ω_1 zu erhalten

$$\Omega_1 = \Omega_{\mathrm{FE}} \cup \Omega_{\mathrm{FE},1}\,.$$

Damit gilt

$$\int\limits_{\Omega_1} \sigma^i_{jk,x_d}\,\varepsilon_{jk}\,d\Omega y = \int\limits_{\Omega_{\mathrm{FE}}} \sigma^i_{jk,x_d}\,\varepsilon_{jk}\,d\Omega y + \int\limits_{\Omega_{\mathrm{FE},1}} \sigma^i_{jk,x_d}\,\varepsilon_{jk}\,d\Omega y\,. \tag{5.10}$$

Das Gebiet $\Omega_{\mathrm{FE},1}$ ist von den Rändern Γ_{N_1} (innen) und Γ_{FE} (außen) begrenzt und für das Integral über $\Omega_{\mathrm{FE},1}$ gilt daher

$$\int\limits_{\Omega_{\mathrm{FE},1}} \sigma^i_{jk,x_d}\,\varepsilon_{jk}\,d\Omega y = - \int\limits_{\Gamma_{N_1}} \sigma^i_{jk}\nu_d\,\varepsilon_{jk}\,ds y - \int\limits_{\Gamma_{\mathrm{FE}}} \sigma^i_{jk}(-\nu_d)\varepsilon_{jk}\,ds y\,. \tag{5.11}$$

Das Minus in $(-\nu_d)$ berücksichtigt die Tatsache, daß die Normale jetzt vom Aufpunkt x wegzeigt, weil Γ_{FE} der äußere Rand ist, während sie in (5.8) zum Aufpunkt hinzeigt, weil dort Γ_{FE} der innere Rand ist.

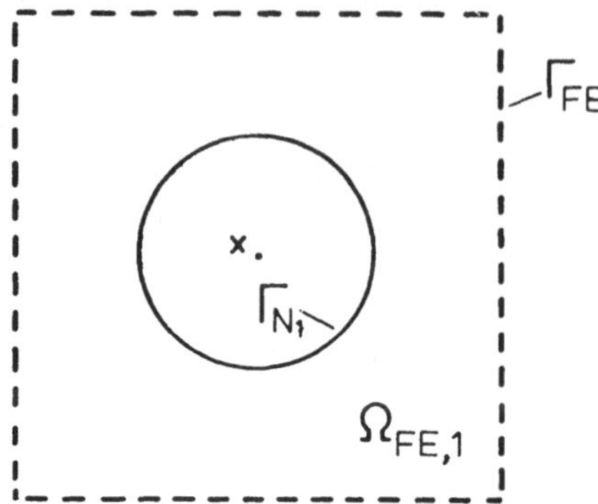

Abb. 5.4 Das Gebiet zwischen dem Rand des FE-Gebiets und dem Rand des gelochten Gebiets Ω_1

Setzt man diesen Ausdruck (5.11) in (5.10) ein und dann (5.10) in (5.8), so folgt die Behauptung sofort:

$$\int\limits_{\Omega_{\mathrm{FE}}} \sigma^i_{jk,x_d}\,\varepsilon_{jk}\,d\Omega y - \int\limits_{\Gamma_{N_1}} \sigma^i_{jk}\nu_d\varepsilon_{jk}\,ds y - \int\limits_{\Gamma_{\mathrm{FE}}} \sigma^i_{jk}(-\nu_d)\varepsilon_{jk}\,ds y$$

$$- \int\limits_{\Gamma_{N_1}} \sigma^i_{jk}\nu_d\,ds y\,\varepsilon_{jk}(x) = \int\limits_{\Omega_{\mathrm{FE}}} \sigma^i_{jk,x_d}\,\varepsilon_{jk}\,d\Omega y - \int\limits_{\Gamma_{\mathrm{FE}}} \sigma^i_{jk}\nu_d\,\varepsilon_{jk}(x)\,ds y\,,$$

oder

$$2\int\limits_{\Gamma_{N_1}} \sigma^i_{jk}\nu_d\,ds y\,\varepsilon_{jk}(x) = 2\int\limits_{\Gamma_{\mathrm{FE}}} \sigma^i_{jk}\nu_d\,ds y\,\varepsilon_{jk}(x).$$

Wir haben somit gezeigt, daß man statt (5.6) die Gleichung

$$u_{i,d}(x) + \int\limits_{\Gamma} T_{ij,x_d}\,(u_j(y) - u_j(x))\,ds y - \int\limits_{\Omega_{\mathrm{FE}}} \sigma^i_{jk,x_d}\,\varepsilon_{jk}\,d\Omega y$$

$$- \int\limits_{N_{\mathrm{FE}}} \sigma^i_{jk,x_d}\,\varepsilon^{(1)}_{jk}\,d\Omega y + \int\limits_{\Gamma_{N_1}} \sigma^i_{jk}\nu_d\,ds y\,\varepsilon_{jk}(x) = 0 \qquad (5.12)$$

benutzen kann. Dasselbe gilt sinngemäß für (5.7).

Der einzige problematische Term in (5.12) ist noch das Integral über das Gebiet N_{FE}. Geht man jedoch zu Polarkoordinaten über, s. [47], dann wird der Integrand regulär und somit numerisch quadrierbar.

5.4 Das Differentialgleichungssystem

In einem Material, das plastifiziert oder kriecht, sind die Zustandsgrößen u, E, S Funktionen der Zeit t bzw. eines Lastparameters λ, der methodisch einer Pseudozeit gleichgesetzt werden kann. Der Zustand des Materials zur Zeit $t + \Delta t$ bestimmt sich näherungsweise gemäß den Formeln

$$u(t + \Delta t) = \dot{u}(t)\Delta t\,, \qquad E(t + \Delta t) = \dot{E}(t)\Delta t\,, \quad \text{etc..} \tag{5.13}$$

Die Gradienten wiederum genügen dem Differentialgleichungssystem

$$\frac{1}{2}(\dot{u}_{i,j} + \dot{u}_{j,i}) - \dot{\varepsilon}_{ij} = \dot{\varepsilon}_{ij}^{p}\,, \tag{5.14a}$$

$$C_{ijkl}\dot{\varepsilon}_{kl} - \dot{\sigma}_{ij} = \dot{\sigma}_{ij}^{p}\,, \tag{5.14b}$$

$$-\dot{\sigma}_{ij,j} = \dot{p}_{i}\,, \tag{5.14c}$$

und den Randbedingungen

$$\dot{u}_i = \dot{\bar{u}}_i \quad \text{auf } \Gamma_1 \qquad \dot{\sigma}_{ij}n_j = \dot{\bar{t}}_i \quad \text{auf } \Gamma_2\,.$$

Die ε_{ij}^{p} und σ_{ij}^{p} sind die plastischen Dehnungen bzw. Spannungen, die von dem momentanen Zustand des Materials, aber auch den Gradienten $\dot{\varepsilon}_{ij}$, $\dot{\sigma}_{ij}$, den Größen auf der linken Seite, abhängen. Dadurch wird das Problem nichtlinear. Das Differentialgleichungssystem ist das System der linearen Theorie, und da dort Terme wie ε_{ij}^{p} und σ_{ij}^{p} die Bedeutung von Anfangsdehnungen und Anfangsspannungen haben, spricht man von einem *initial strain* bzw. *initial stress* Algorithmus.

Die dritte Gleichung, die Gleichgewichtsbedingung (5.14c), fordert, daß das Inkrement der Divergenz der Differenz zwischen den elastischen Spannungen und den plastischen Spannungen

$$\dot{\sigma}_{ij} = C_{ijkl}\dot{\varepsilon}_{kl} - \dot{\sigma}_{ij}^{p} = \dot{\sigma}_{ij}^{el} - \dot{\sigma}_{ij}^{p}$$

gleich der äußeren Belastung ist.

Beim *initial stress* Algorithmus sind die Terme ε_{ij}^{p} Null, und man erhält, setzt man die Gleichungen ineinander ein, das folgende Differentialgleichungssystem für den Gradienten des Verschiebungsfelds alleine

$$-L_{ij}\dot{u}_j = \dot{p}_i - \dot{\sigma}_{ij,j}^{p}\,.$$

Das Feld $\dot{\boldsymbol{u}}$ besitzt demnach die Integraldarstellung

$$C_{ij}(\boldsymbol{x})\dot{u}_j(\boldsymbol{x}) = \int\limits_{\Gamma} [U_{ij}\dot{t}_j^{el} - T_{ij}\dot{u}_j]\,ds\boldsymbol{y} + \int\limits_{\Omega} U_{ij}(\dot{p}_j - \dot{\sigma}_{jk,k}^{p})\,d\Omega\boldsymbol{y}\,,$$

was wegen

$$\int\limits_{\Omega} U_{ij}(-\dot{\sigma}_{jk,k}^{p})\,d\Omega\boldsymbol{y} = \int\limits_{\Gamma} U_{ij}(-\dot{\sigma}_{jk}^{p})\nu_k\,ds\boldsymbol{y} + \int\limits_{\Omega} U_{ij,k}\,\dot{\sigma}_{jk}^{p}\,d\Omega\boldsymbol{y}$$

$$= \int\limits_{\Gamma} U_{ij}(-\dot{\sigma}_{jk}^{p})\nu_k\,ds\boldsymbol{y} + \int\limits_{\Omega} \frac{1}{2}(U_{ij,k} + U_{ik,j})\dot{\sigma}_{jk}^{p}\,d\Omega\boldsymbol{y}$$

$$= \int\limits_{\Gamma} U_{ij}(-\dot{\sigma}_{ik}^{p})\nu_k\,ds\boldsymbol{y} + \int\limits_{\Omega} \varepsilon_{jk}^{i}\dot{\sigma}_{jk}^{p}\,d\Omega\boldsymbol{y}$$

$$= -\int\limits_{\Gamma} U_{ij}\dot{t}_j^{p}\,ds\boldsymbol{y} + \int\limits_{\Omega} \varepsilon_{jk}^{i}\dot{\sigma}_{jk}^{p}\,d\Omega\boldsymbol{y}$$

und

$$\dot{t}_j = \dot{t}_j^{el} - \dot{t}_j^{p}$$

mit

$$C_{ij}(\boldsymbol{x})\dot{u}_j(\boldsymbol{x}) = \int\limits_{\Gamma} [U_{ij}\dot{t}_j - T_{ij}\dot{u}_j]\,ds\boldsymbol{y} + \int\limits_{\Omega} U_{ij}\dot{p}_j\,d\Omega\boldsymbol{y}$$

$$+ \int\limits_{\Omega} \varepsilon_{jk}^{i}\dot{\sigma}_{jk}^{p}\,d\Omega\boldsymbol{y} \tag{5.15}$$

äquivalent ist.

Die Einflußfunktionen für den Gradienten lauten entsprechend, s. (5.7),

$$\dot{u}_{i,d}(\boldsymbol{x}) = \int\limits_{\Gamma} [U_{ij,x_d}\dot{t}_j - T_{ij,x_d}\dot{u}_j]\,ds\boldsymbol{y} + \int\limits_{\Omega} U_{ij,x_d}\dot{p}_j\,d\Omega\boldsymbol{y}$$

$$+ \int\limits_{\Omega_1} \varepsilon_{jk,x_d}^{i}\dot{\sigma}_{jk}^{p}\,d\Omega\boldsymbol{y} - \int\limits_{N_1} \varepsilon_{jk,x_d}^{i}\dot{\sigma}_{jk}^{p(1)}\,d\Omega y$$

$$- \boldsymbol{D}^{id}\cdot\dot{\boldsymbol{S}}^{p}(\boldsymbol{x})\,. \tag{5.16}$$

Bei einer *initial-strain* Formulierung sind die Terme σ_{ij}^p Null, und man erhält das Differentialgleichungssystem

$$-L_{ij}\dot{u}_j = \dot{p}_i + C_{ijkl}\dot{\varepsilon}_{kl,j}^p \; .$$

Dementsprechend hat man die inelastischen Anteile in (5.15) und (5.16) zu ersetzen durch

$$\int\limits_{\Omega} \sigma_{jk}^i \dot{\varepsilon}_{jk}^p \, d\Omega y$$

und

$$\int\limits_{\Omega_1} \sigma_{jk,x_d}^i \dot{\varepsilon}_{jk}^p \, d\Omega y - \int\limits_{N_1} \sigma_{jk,x_d}^i \dot{\varepsilon}_{jk}^{p(1)} \, d\Omega y - C^{id} \cdot \dot{E}^p(x) \; .$$

Da die Wechselwirkungsenergie, die den Einfluß der plastischen Spannungen bzw. Dehnungen beschreibt, nicht durch äquivalente Randintegrale ersetzt werden kann, muß nun auch das Innere, soweit es plastifiziert ist, diskretisiert werden. Mit Hilfe von finiten Elemente konstruiert man hierzu globale Ansatzfunktionen, mit denen man die Verzerrungen ε_{ij} oder Spannungen σ_{ij} in den Knoten interpoliert. In den Kopplungsbedingungen

$$\boldsymbol{H}\dot{\boldsymbol{u}} = \boldsymbol{G}\dot{\boldsymbol{t}} + \boldsymbol{A}\,\dot{\boldsymbol{\varepsilon}}^p \qquad \text{(initial strain und } p_i = 0) \tag{5.17}$$

tritt nun eine Matrix $\boldsymbol{A}$ auf, die den Einfluß der plastischen Dehnungen auf die Randpunkte beschreibt. Die Unbekannten sind also weiterhin nur die Randwerte. Allerdings müssen diese nun iterativ bestimmt werden.

Betrachten wir das Beispiel eines dickwandigen Rohrs, s. Abb. 5.5a, das rechts eingerissen ist, [49]. Unter wachsendem Innendruck beginnt das Material in der Umgebung der Rißspitze und auf der gegenüberliegenden Seite zu plastifizieren. Um dies rechnerisch zu verfolgen, geht man wie folgt vor:

1) Die lineare Lösung wird so skaliert, daß in einer inneren Zelle, einem finiten Element, die Fließspannung erreicht wird.
2) Nun wird das Gleichungssystem (5.17) iterativ gelöst. Zunächst wird angenommen, daß die plastischen Dehnungen Null sind, $\dot{\varepsilon}_{ij}^p = 0$, und der Gradient $\dot{\boldsymbol{u}}$ der Randverschiebungen bestimmt. Der Gradient $\dot{\boldsymbol{t}}$ ist der Gradient des Innen- und Außendrucks. Er ist bekannt.
3) Mit den Randwerten $\dot{\boldsymbol{u}}$ und $\dot{\boldsymbol{t}}$ werden die Ableitungen $\dot{u}_{i,j}$ im Innern und die Verzerrungen $\dot{\varepsilon}_{ij}$ bestimmt. Damit kann eine neue Berechnung der plastischen Dehnungen vorgenommen werden

$$\dot{\varepsilon}_{ij}^p = \frac{3}{2} \frac{S_{ij} S_{kl} \dot{\varepsilon}_{kl}}{[1 + H/3\mu]\sigma_{eq}^2} \; .$$

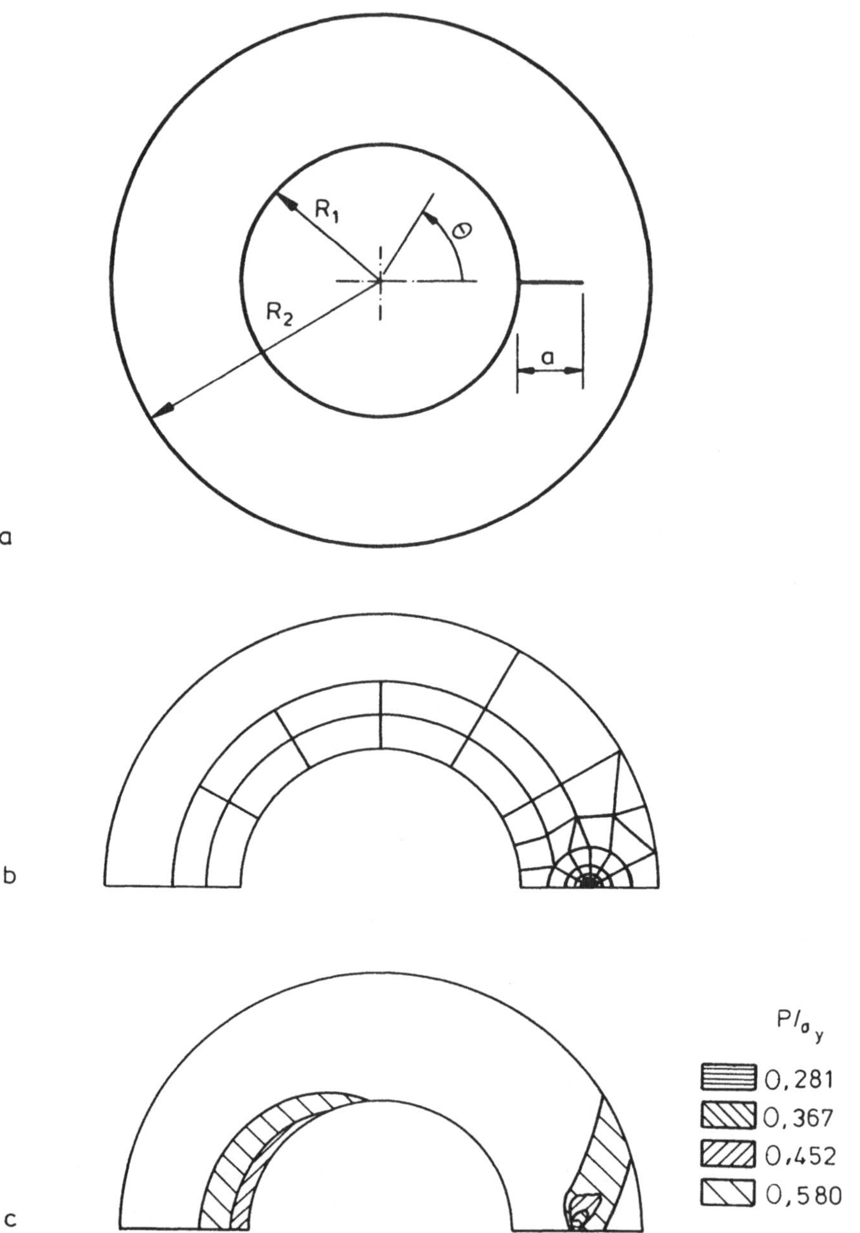

Abb. 5.5 a-c. Nichtlineares Problem: **a** dickwandiges Rohr mit Riss; **b** innere Zellen; **c** plastifizierte Zonen

Hierbei sind S_{ij} die deviatorischen Spannungen, σ_{eq} eine äquivalente Spannung und H der plastische Modul, s. [49]. Diese Dehnungen werden in das Gleichungssytem (5.17) eingesetzt und eine neue Lösung $\dot{\boldsymbol{u}}$ bestimmt, die neue Werte $\dot{\varepsilon}_{ij}$ und damit eine neue Schätzung für ε_{ij}^{p} liefert. Dieser Schritt

3 wird solange wiederholt, bis die Veränderungen gegenüber dem vorherigen Schritt vernachlässigbar klein sind.

4) Am Ende des Schritts 3 sind die Zeitgradienten bekannt, und es kann nun gemäß den Formeln (5.13) auf die nächste Zeitstufe, das nächste Lastniveau, extrapoliert werden. Danach beginnt der Schritt 3 von neuem.

Die Maximallast ist erreicht, wenn im Schritt 3 keine Konvergenz mehr erzielt wird.

6 Platten

In diesem Kapitel wird die Methode der Randelemente auf Kirchhoffplatten
angewandt. Mathematisch bedeutet dies — gegenüber den bisherigen Kapiteln
— einen nicht unerheblichen Schritt, denn die Gleichgewichtslage einer Platte
wird von einer Differentialgleichung vierter Ordnung beschrieben.

6.1 Einleitung

Die Durchbiegung $\delta = w(x)$ eines Balkens, s. Abb. 6.1, berechnet man in der
Statik, indem man an der Stelle x in Richtung der gesuchten Durchbiegung
eine Kraft $\hat{P} = 1$ anbringt und das zugehörige Moment mit dem Moment aus
der Gleichlast überlagert

$$1 \times \delta = \int_0^l \frac{\hat{M}(y,x)M(y)}{EI}\, dy\,.$$

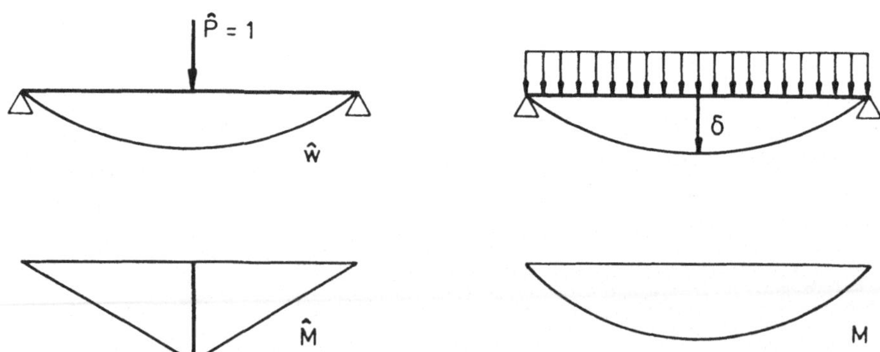

Abb. **6.1** Berechnung der Durchbiegung δ mit dem Kraftgrößenverfahren

Nun kann die Durchbiegung aber auch mit dem Satz von Betti

$$A_{1,2} = A_{2,1}$$

berechnet werden, denn gemäß diesem Satz ist die Arbeit der Kraft $\hat{P} = 1$ auf dem Wege δ gleich der Arbeit der verteilten Kräfte p auf den Wegen $\hat{w}$, der Durchbiegung des Balkens unter der Kraft $\hat{P} = 1$,

$$1 \times \delta = \int_0^l \hat{w}\, p\, dy\,.$$

Der Versuch, dasselbe Prinzip bei einer gelenkig gelagerten, rechteckigen Platte anzuwenden, s. Abb. 6.2,

$$1 \times \delta = \int_\Omega \hat{w}\, p\, d\Omega$$

scheitert daran, daß die Durchbiegung $\hat{w}$ der Platte unter der Einzelkraft $\hat{P}$ nicht bekannt ist. Es gibt keinen analytischen Ausdruck für die Funktion $\hat{w}$. Was tun? Betrachten wir noch einmal den Balken und stellen uns vor, daß die Kraft $\hat{P} = 1$ nicht auf denselben Balken aufgebracht wird, sondern auf einen etwas längeren Träger, s. Abb. 6.3. Aus irgendeinem Grund wäre es uns nicht möglich, die Durchbiegung $\hat{w}$ des gleichlangen Trägers zu berechnen. Wir wüßten aber, wie die Durchbiegung $\hat{w}$ des etwas längeren Trägers aussieht. Auch jetzt läßt sich noch der Satz von Betti anwenden, nur muß dazu erst das Teilstück des längeren Trägers, das nach Lage und Größe mit dem realen Balken übereinstimmt, freigeschnitten werden. Dabei werden die Schnittkräfte zu äußeren Kräften, und da diese nun auch eine Arbeit leisten, lautet der Satz von Betti

$$A_{1,2} = 1 \times \delta - \hat{M}_r w'_r + \hat{M}_l w'_l = \int_0^l \hat{w}\, p\, dy - Q_l \hat{w}_l + Q_r \hat{w}_r = A_{2,1}\,.$$

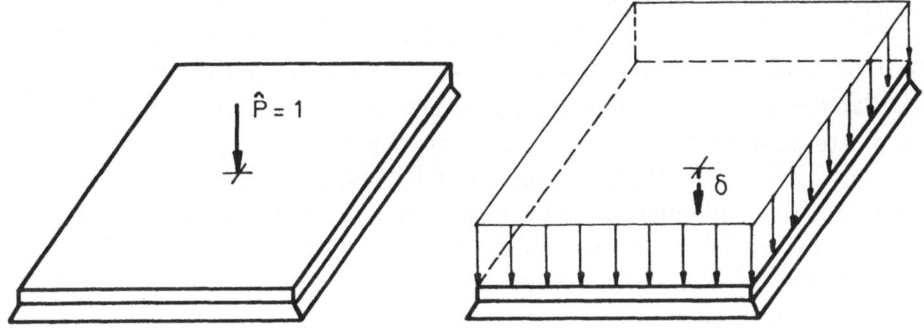

Abb. 6.2 Anwendung des Satzes von Betti auf eine gelenkig gelagerte Platte

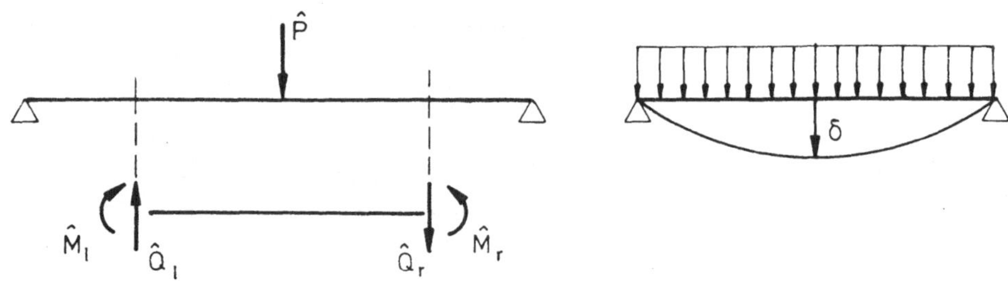

Abb. 6.3 Die Kraft $\hat{P} = 1$ darf auch an einem Träger wirken, der länger ist, als der ursprüngliche Träger rechts

Löst man diesen Ausdruck nach δ auf, so erhält man

$$1 \times \delta = \int\limits_0^l \hat{w}\, p\, dy - Q_l \hat{w}_l + Q_r \hat{w}_r + \hat{M}_r w_r' - \hat{M}_l w_l',$$

oder kürzer

$$1 \times \delta = \int\limits_0^l \hat{w}\, p\, dy + \text{Randarbeiten}\ (A_{2,1}) - \text{Randarbeiten}\ (A_{1,2}).$$

Man kann also, so dürfen wir schließen, die Durchbiegung auch berechnen, wenn die Einzelkraft $\hat{P} = 1$ an einem System angreift, das den realen Balken nur als Teilsystem enthält. Dies ist der entscheidende Hinweis zur Lösung des Plattenproblems.

Wie groß die Durchbiegung $\hat{w}$ einer rechteckigen Platte unter einer Einzelkraft ist, ist nicht bekannt. Bekannt ist aber, wie groß die Durchbiegung einer kreisförmigen Platte unter einer solchen Kraft ist

$$\hat{w}(r) = \frac{1}{16\pi K} \left\{ \frac{3+\nu}{1+\nu} R^2 \left(1 - \frac{r^2}{R^2}\right) - 2r^2 \ln R \right\} + \frac{1}{8\pi K} r^2 \ln r . \tag{6.1}$$

Damit ist uns aber schon geholfen: Wir bringen die Kraft $\hat{P} = 1$ auf eine Kreisplatte auf, deren Radius R so groß ist, daß die reale Platte ins Innere der Kreisplatte paßt, s. Abb. 6.4. Dann trennen wir den Teil, der nach Lage und Größe mit der realen Platte zusammenfällt, aus der Kreisplatte heraus und bringen dabei die Schnittkräfte als äußere Kräfte an. Genauso trennen wir die reale Platte von ihren Lagern und bringen die Lagerkräfte als äußere Kräfte an. Wir haben es dann mit zwei Gleichgewichtszuständen in zwei identischen Gebieten zu tun und daher muß gelten

$$A_{1,2} = 1 \times \delta + \int\limits_{\Gamma} (\hat{V}_n w - \hat{M}_n \frac{\partial w}{\partial n})\, ds + \sum_{e=1}^{4} \hat{F}_e w_e =$$

$$= \int\limits_{\Omega} \hat{w} p\, d\Omega + \int\limits_{\Gamma} (V_n \hat{w} - M_n \frac{\partial \hat{w}}{\partial n})\, ds + \sum_{e=1}^{4} F_e \hat{w}_e = A_{2,1}\,,$$

oder aufgelöst nach δ,

$$1 \times \delta = \int\limits_{\Omega} \hat{w}\, p\, d\Omega - \int\limits_{\Gamma} (\hat{V}_n w - \hat{M}_n \frac{\partial w}{\partial n} + \frac{\partial \hat{w}}{\partial n} M_n - \hat{w} V_n)\, ds$$

$$+ \sum_{e=1}^{4} (F_e \hat{w}_e - w_e \hat{F}_e)\,. \tag{6.2}$$

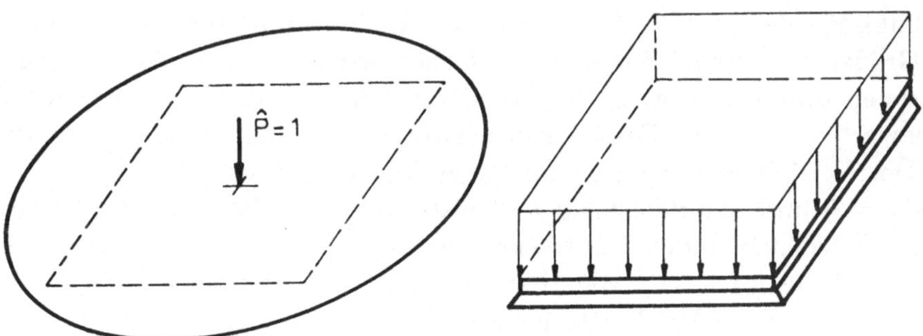

Abb. 6.4 Der Radius des Teilstücks wird so groß gewählt, daß sich die reale Platte darin einbetten läßt.

Die F_e sind die Eckkräfte und die $w_e = w(x^e)$ die Durchbiegungen der Ecken. Der Systematik wegen wurden auch die Terme mitgenommen, die eigentlich auf Grund der Lagerbedingungen Null sind, wie etwa die Durchbiegungen w_e der Ecken der realen Platte.

Auch die Formel (6.2) ist also vom Typ

$$1 \times \delta = \int\limits_{\Omega} \hat{w}\, p\, d\Omega + \text{Randarbeiten } (A_{2,1}) - \text{Randarbeiten } (A_{1,2})\,.$$

Bevor wir nun weitergehen, verlegen wir den Rand der Kreisplatte ins Unendliche. Da wir nur an dem Teilstück interessiert sind, das mit der realen Platte übereinstimmt, ist es gleichgültig, wie groß der Radius R ist. Mathematisch bedeutet dies, daß wir in der Funktion (6.1) den ersten (langen) Term streichen und nur noch mit dem zweiten Term, der Funktion

$$\hat{w}(r) = \frac{1}{8\pi K} r^2 \ln r \,, \tag{6.3}$$

arbeiten. Diese Funktion ist die Durchbiegung einer unendlich ausgedehnten Platte unter einer Einzelkraft $\hat{P} = 1$.

Der Gedanke ist hierbei der folgende: Läßt man in (6.1) den Radius R gegen Unendlich gehen, dann wird der erste Term unendlich groß, und damit auch die Durchsenkung im Aufpunkt $r = 0$, wie dies ja auch der Anschauung entspricht. Nun ist es aber für die Physik unerheblich, wo der Nullpunkt der Skala liegt, auf der man die Durchbiegung $\hat{w}$ mißt, und so kann man sich genauso gut auf den Standpunkt stellen, daß die Durchbiegung im Aufpunkt Null ist und die Lager sich heben. Mathematisch bedeutet dies, daß man die 'Konstante' ∞ von $\hat{w}$ abzieht. Das Resultat ist (6.3).

Zurück zur Formel (6.2). Das Problem ist, daß wir nicht alle Weg- und Kraftgrößen der realen Platte kennen. Der Verlauf der Plattenneigung $\partial w / \partial n$ (dies entspricht der Verdrehung w' beim Balken) und der Verlauf des Kirchhoffschubs V_n, der Stützkraft auf dem Rand, sind unbekannt. Wie können wir diese Größen ermitteln? Zuerst vereinfachen wir das Ganze: Wir ersetzen die Funktionen durch stückweise lineare Funktionen, so daß wir nur noch die n Knotenwerte der beiden Funktionen bestimmen müssen, und dies tun wir wie folgt: Der Verlauf von $\partial w / \partial n$ und V_n muß ja so mit den Randwerten $w = 0$ und $M_n = 0$ und der Belastung p abgestimmt sein, daß die reale Platte sich im Gleichgewicht befindet. Ein solcher Zustand — nennen wir ihn den Zustand 1 — genügt aber dem Satz von Betti. Sei irgendein anderer Gleichgewichtszustand 2 der gestrichelten Platte gegeben, dann muß gelten $A_{1,2} = A_{2,1}$. Also können umgekehrt die $2n$ Knotenwerte dadurch bestimmt werden, daß $2n$-mal der Satz von Betti formuliert wird. Als Zustände 2 wählen wir dabei der Reihe nach den Angriff einer Kraft $\hat{P} = 1$ bzw. eines Moments $\hat{M}_n = 1$ in den n Knoten des gestrichelten Rands. Abbildung 6.5 zeigt welche Funktionen dabei überlagert werden müssen.

Indem wir so $2n$-mal den Satz von Betti formulieren, erhalten wir $2n$-Gleichungen $A_{1,2} = A_{2,1}$ aus denen wir die $2n$ unbekannten Knotenwerte der Neigung $\partial w / \partial n$ und des Kirchhoffschubs V_n bestimmen können. Anschließend können wir mit (6.2) die Durchbiegung in jedem gewünschten Punkt berechnen.

Um dasselbe Problem mit finiten Elementen zu lösen, unterteilt man die Platte in (z.B.) dreieckige konforme Elemente wie in Abb. 6.6 und definiert auf jedem dieser Elemente Polynome, die man mit den Polynomen der Nachbarelemente zu globalen Ansatzfunktionen zusammensetzt.

Diese finiten Ansatzfunktionen stellen Einheitsdurchbiegungen $w = 1$ bzw. Einheitsverdrehungen $w_{,1} = 1$ bzw. $w_{,2} = 1$ dar. Die Funktionen sind nur in den Elementen ungleich Null, zu denen der Knoten gehört, der ausgelenkt bzw. verdreht wird. Der überwiegende Teil der Platte bleibt also in Ruhe. Längs der

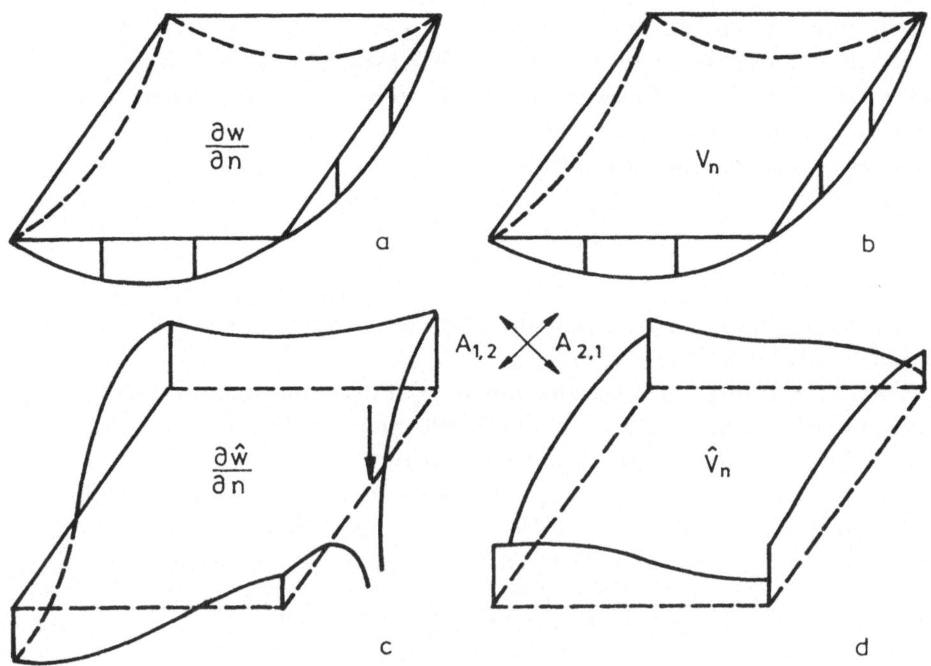

Abb. 6.5 a-d. Das Teilstück und die reale Platte: **a-b** die unbekannten Weg- und Kraftgrößen der realen Platte; **c-d** die dazu konjugierten Größen des Teilstücks der unendlichen Platte

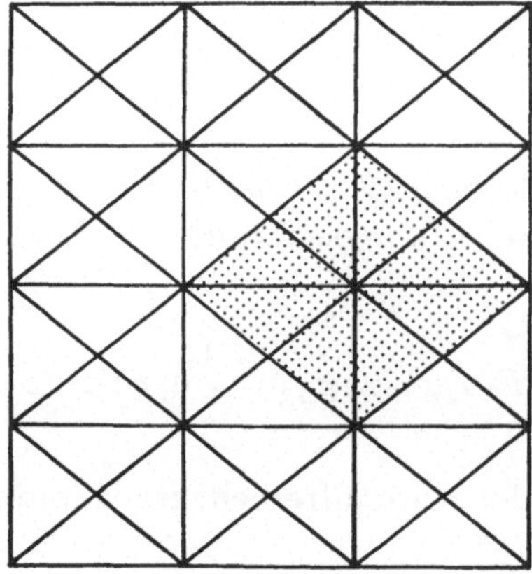

Abb. 6.6 Der Bereich des FE-Netzes (schraffiert), der bewegt wird, wenn der Knoten in der Mitte des schraffierten Bereichs ausgelenkt wird, (konforme Elemente)

Linien, die von den Nachbarknoten auf den ausgelenkten bzw. verdrehten Knoten zulaufen, und längs der Linien, die die Nachbarpunkte quer verbinden, sind die zweiten und dritten Ableitungen der Ansatzfunktionen unstetig, daher springen dort die Schnittkräfte. Mechanisch bedeutet dies, daß längs dieser

Kanten äußere Momente M_Δ bzw. Kräfte V_Δ angreifen. Zu diesen Kräften auf den Elementkanten kommen nun noch die Kräfte p_h^e, die auf denjenigen Elementen lasten, die bei der Bewegung des Knotens mit ausgelenkt werden. Diese Kräfte sind einfach die rechten Seiten der in die Platten-Differentialgleichung eingesetzten lokalen Ansatzfunktionen

$$p_h^e = \sum_i K\,\Delta\Delta\,\varphi_i^e\,,$$

also der Funktionen, die zusammengesetzt die betreffende globale Ansatzfunktion auf dem Element darstellen.

Wenn die lokalen Ansatzfunktionen φ_i^e Polynome maximal dritter Ordnung sind, wie es bei einfachen, nichtkonformen Ansätzen vorkommen kann, dann sind die Elementkräfte p_h^e natürlich Null.

Die *Wechselwirkungsenergie* (= virtuelle innere Energie) zweier Funktionen w und $\hat{w}$

$$E(w,\hat{w}) = \int_\Omega [w,_{11}(\hat{w},_{11} + \nu\hat{w},_{22}) + 2(1-\nu)w,_{12}\,\hat{w},_{12}$$
$$+ w,_{22}(\hat{w},_{22} + \nu\hat{w},_{11})]\,d\Omega$$

ist eine Bilinearform, also ein Ausdruck, der in beiden Argumenten linear ist. Diese Eigenschaft und die Tatsache, daß der FE-Ansatz

$$w_h = u_i\varphi_i(\boldsymbol{x})$$

eine Summe von n Funktionen ist, erlaubt es, die innere Energie des FE-Ansatzes nach den Wechselwirkungsenergien der Ansatzfunktionen zu entwickkeln

$$\frac{1}{2}E(w_h,w_h) = \frac{1}{2}E(u_i\varphi_i,u_j\varphi_j) = \frac{1}{2}u_i E(\varphi_i,\varphi_j)u_j = \frac{1}{2}\boldsymbol{u}^T\boldsymbol{K}\boldsymbol{u}\,.$$

Hierbei ist $\boldsymbol{u}$ der Vektor der Knotenfreiheitsgrade und $\boldsymbol{K}$ die Steifigkeitsmatrix der Platte,

$$K_{ij} = E(\varphi_i,\varphi_j)\,.$$

Die äußere Arbeit ist eine lineare Form in den Knotenfreiheitsgraden u_i

$$\int_\Omega p\,w_h\,d\Omega = \int_\Omega p\,u_i\varphi_i\,d\Omega = \boldsymbol{f}^T\boldsymbol{u}$$

so daß für die potentielle Energie des FE-Ansatzes insgesamt folgt

$$\Pi_1(w_h) = \frac{1}{2}\boldsymbol{u}^T\boldsymbol{K}\boldsymbol{u} - \boldsymbol{f}^T\boldsymbol{u}.$$

Die Freiheitsgrade u_i werden nun so bestimmt, daß die potentielle Energie zum Minimum wird. Dies führt auf das Gleichungssystem

$$K_{ij}u_j = f_i, \qquad i = 1, 2, \ldots, n,$$

und wie zuvor schließt man daraus: *Die FE-Lösung stellt sich so ein, daß die Arbeit ihrer äußeren Kräfte auf allen Wegen φ_i gleich der Arbeit der wahren äußeren Kräfte, der Last p, auf denselben Wegen ist.*

Die äußeren Kräfte, die zur FE-Lösung gehören, sind *nicht* die äquivalenten Knotenkräfte (und Knotenmomente) f_i, sondern

a) die Elementkräfte p_h^e,

b) die Momente M_Δ und die Kräfte V_Δ längs der Netzlinien, die aus den Unstetigkeiten der höheren Ableitungen der Ansatzfunktionen herrühren, und

c) die Einzelkräfte in den Knoten. Diese Knotenkräfte sind die aufsummierten Elementeckkräfte, also die Summe der Kräfte, die aus der Unstetigkeit des Torisonsmoments an den einzelnen Elementen herrühren. (Wenn $w_{h,xy}$ im Knoten stetig ist, dann sind diese Kräfte Null).

Wären die Elemente nicht konform, dann würden sich längs der Netzlinien zusätzlich Knicke in der Biegefläche w_h zeigen, d.h. dort würde die Normalableitung springen.

Zusammenfassung: Die Biegefläche einer Platte mit konformen finiten Elementen zu approximieren heißt, daß man einen anderen Lastfall löst. Kennzeichnend für diesen Lastfall sind Elementkräfte p_h^e und längs der Netzlinien wirkende Kräfte V_Δ und Momente M_Δ. Die geometrische Randbedingung $w = 0$ wird exakt erfüllt, die statische Randbedingung $M_n = 0$ aber nur (sehr) näherungsweise, d.h. längs der gelenkig gelagerten Ränder wirken Momente, s. Abb. 6.7.

Im Gegensatz zur FE-Lösung ist die RE-Lösung glatt, weist sie keine Knicke und Sprünge in den höheren Ableitungen auf und damit auch keine Sprünge in den Schnittkräften. Die äußere Belastung ist dieselbe, wie bei der wahren Platte, denn die RE-Lösung genügt der Plattengleichung $K\Delta\Delta w = p$. Nur auf dem Rand gibt es Abweichungen. Die RE-Lösung erfüllt weder die geometrischen, noch die statischen Randbedingungen exakt. Diese Abweichungen sind zwar wesentlich kleiner als im Fall der FE-Lösung, aber sie sind vorhanden. Wären sie Null, dann hätte man die wahre Lösung.

Nach dieser Einleitung sollen im folgenden nun die Grundlagen etwas systematischer dargestellt werden.

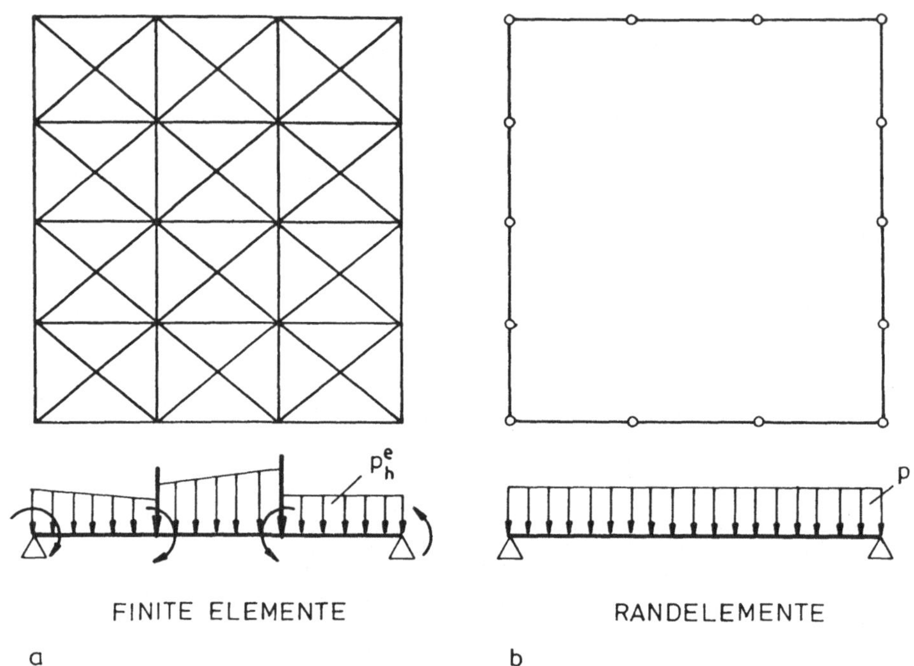

Abb. 6.7 Vergleich finite Elemente - Randelemente

6.2 Grundlagen

Die Durchbiegung w, die Krümmungen κ_{ij} und die Momente M_{ij} einer Platte genügen den 9 Gleichungen

$$\kappa_{ij} - w_{,ij} = 0, \qquad (4 \text{ Glg.}),$$

$$K\{(1-\nu)\kappa_{ij} + \nu\kappa_{kk}\delta_{ij}\} + M_{ij} = 0, \qquad (4 \text{ Glg.}),$$

$$-M_{ij,ji} = p, \qquad (1 \text{ Glg.}).$$

Setzt man diese Gleichungen ineinander ein, dann erhält man eine Differentialgleichung 4. Ordnung für die Durchbiegung w

$$K(w_{,1111} + 2w_{,1122} + w_{,2222}) = K\Delta\Delta w = p.$$

Zu einer Platte gehören zwei Weggrößen, die Durchbiegung und die Normalableitung,

$$w\,, \qquad \frac{\partial w}{\partial n} = w,_1\, n_1 + w,_2\, n_2\,,$$

und zwei Kraftgrößen, das Biegemoment und der Kirchhoffschub,

$$M_n(w) = M_{ij}n_i n_j\,, \qquad V_n(w) = \frac{d}{ds}M_{nt} + Q_n\,.$$

Der Kirchhoffschub berechnet sich aus der Tangentialableitung des Torsionsmoments M_{nt} und der Querkraft Q_n,

$$M_{nt} = M_{ij}n_i t_j\,, \qquad Q_n = Q_1 n_1 + Q_2 n_2\,,$$

wobei

$$M_{11} = -K(w,_{11} + \nu w,_{22})\,, \qquad M_{22} = -K(w,_{22} + \nu w,_{11})\,,$$

$$M_{12} = -(1-\nu)K w,_{12}\,,$$

$$Q_1 = -K(w,_{111} + w,_{221})\,, \qquad Q_2 = -K(w,_{112} + w,_{222})\,.$$

Die Grundlage der Methode der Randelemente bildet der Satz von Betti oder, mathematisch gesprochen, die 2. Greensche Identität. Sie erhält man, wenn man in dem Arbeitsintegral

$$\int_\Omega K\,\Delta\Delta\hat{w}\,w\,d\Omega = \text{Kraft} \times \text{Weg} \tag{6.4}$$

den Operator $K\Delta\Delta$ schrittweise mittels partieller Integration auf die Funktion w überwälzt.

p: $\hat{w}, w \in C^4(\bar{\Omega})\,,$

$$\text{q:}\; B(\hat{w},w) = \int_\Omega K\,\Delta\Delta\hat{w}\,w\,d\Omega + \int_\Gamma \left(\hat{V}_n w - \hat{M}_n \frac{\partial w}{\partial n} + \frac{\partial \hat{w}}{\partial n}M_n - \hat{w}V_n\right)ds$$

$$+ \sum_e [F(\hat{w})(\boldsymbol{x}^e)w(\boldsymbol{x}^e) - \hat{w}(\boldsymbol{x}^e)F(w)(\boldsymbol{x}^e)]$$

$$- \int_\Omega \hat{w}K\,\Delta\Delta w\,d\Omega = 0\,. \tag{6.5}$$

244

Der Term

$$F(\hat{w})(\boldsymbol{x}^e) = M_{nt}(\hat{w})(\boldsymbol{x}^e_+) - M_{nt}(\hat{w})(\boldsymbol{x}^e_-)$$

ist die Einzelkraft in der Ecke $\boldsymbol{x}^e$, die aus der Unstetigkeit des Torsionsmoments herrührt. Die Schreibweise $F(\hat{w})$ (wie auch $M_{nt}(\hat{w})$ etc.) soll andeuten, daß F zu der Durchbiegung $\hat{w}$ gehört. Die Summe $\sum$ in (6.5) ist über alle Ecken $\boldsymbol{x}^e$ der Platte zu nehmen.

Man beachte, daß in den Randintegralen der Kirchhoffschub V_n steht, und nicht die Querkraft. Die zu der Durchbiegung konjugierte Größe ist also der Kirchhoffschub und nicht die Querkraft. Auf diesem Wege, allein durch Umformung des Arbeitsintegrals (6.4) mittels partieller Integration, hat auch Kirchhoff den nach ihm benannten Schub entdeckt. Das Wort von der 'Ersatzscherkraft' ist also, so meinen wir, nicht gerechtfertigt. Eher ist es die Querkraft, die 'Ersatz' ist, die — im Sinne des Arbeitsbegriffs — keine genuine mechanische Größe ist.

6.3 Einflußfunktionen für w und $\partial w / \partial n$

Von den vier Weg- und Kraftgrößen auf dem Rand einer Platte sind immer zwei in jedem Punkt vorgeschrieben und zwei sind unbekannt. Dies ist eine unbekannte Funktion mehr als bei der Membran. Entsprechend benötigt man nun zwei Integralgleichungen auf dem Rand, zwei Kopplungsbedingungen. Zwei solche Bedingungen erhält man, wenn man in den Einflußfunktionen für die beiden Weggrößen der Platte, die Durchbiegung w und die Normalableitung $\partial w / \partial n$, den Punkt $\boldsymbol{x}$ auf den Rand legt. Die Ableitung dieser beiden Einflußfunktionen geschieht wie folgt:

a) Man belastet ein zur Platte kongruentes Teilstück einer unendlich ausgedehnten Platte im Punkt $\boldsymbol{x}$ mit einer Einzelkraft $\hat{P} = 1$ bzw. einem Moment $\hat{M}_n = 1$, wobei letzteres in Richtung des Vektors $\boldsymbol{n}$ dreht, (das 'Rad' M rollt in Richtung von $\boldsymbol{n}$), s. Abb. 6.8.

b) Das Teilstück der unendlichen Platte, das nach Größe und Lage der realen Platte entspricht, wird herausgeschnitten, und die Schnittkräfte in den Randpunkten $\boldsymbol{y}$ als äußere Kräfte angebracht.

c) Ebenso wird die reale Platte von ihren Lagern getrennt, und die Lagerkräfte als äußere Kräfte angebracht. Mit diesen beiden Gleichgewichtszuständen formuliert man nun den Satz von Betti.

Nach dem entsprechenden Grenzübergang, s. [50], erhält man so eine Einflußfunktion für die Durchbiegung $w(\boldsymbol{x})$

$$c(\boldsymbol{x})w(\boldsymbol{x}) = \int\limits_{\Gamma} [g_0(\boldsymbol{y},\boldsymbol{x})V_\nu(w)(\boldsymbol{y}) - \frac{\partial}{\partial \nu}g_0(\boldsymbol{y},\boldsymbol{x})M_\nu(w)(\boldsymbol{y}) - V_\nu(g_0(\boldsymbol{y},\boldsymbol{x}))w(\boldsymbol{y})$$

$$+ M_\nu(g_0(\boldsymbol{y},\boldsymbol{x}))\frac{\partial w}{\partial \nu}(\boldsymbol{y})]\, ds_{\boldsymbol{y}} + \int_\Omega g_0(\boldsymbol{y},\boldsymbol{x})p(\boldsymbol{y})\, d\Omega_{\boldsymbol{y}}$$

$$+ \sum_e [g_0(\boldsymbol{y}^e,\boldsymbol{x})F(w)(\boldsymbol{y}^e) - w(\boldsymbol{y}^e)F(g_0)(\boldsymbol{y}^e,\boldsymbol{x})] \qquad (6.6)$$

bzw. für die Normalableitung $\partial w(\boldsymbol{x})/\partial n$

$$c_1(\boldsymbol{x})w_{,1}(\boldsymbol{x}) + c_2(\boldsymbol{x})w_{,2}(\boldsymbol{x}) = \int_\Gamma [g_1(\boldsymbol{y},\boldsymbol{x})V_\nu(w)(\boldsymbol{y})$$

$$- \frac{\partial}{\partial \nu}g_1(\boldsymbol{y},\boldsymbol{x})M_\nu(w)(\boldsymbol{y}) - V_\nu(g_1(\boldsymbol{y},\boldsymbol{x}))[w(\boldsymbol{y}) - w(\boldsymbol{x})]$$

$$+ M_\nu(g_1(\boldsymbol{y},\boldsymbol{x}))\frac{\partial w}{\partial \nu}(\boldsymbol{y})]\, ds_{\boldsymbol{y}} + \int_\Omega g_1(\boldsymbol{y},\boldsymbol{x})p(\boldsymbol{y})\, d\Omega_{\boldsymbol{y}}$$

$$+ \sum_e [g_1(\boldsymbol{y}^e,\boldsymbol{x})F(w)(\boldsymbol{y}^e) - [w(\boldsymbol{y}^e) - w(\boldsymbol{x})]F(g_1)(\boldsymbol{y}^e,\boldsymbol{x})]\,. \qquad (6.7)$$

Die Summation $\sum$ in (6.6) und (6.7) erstreckt sich über alle Eckpunkte $\boldsymbol{y}^e$ der Platte. Ist der Aufpunkt $\boldsymbol{x}$ selbst einer der Eckpunkte $\boldsymbol{x} = \boldsymbol{y}^e$ für irgendein e, dann wird dieser Punkt bei der Summation übergangen.

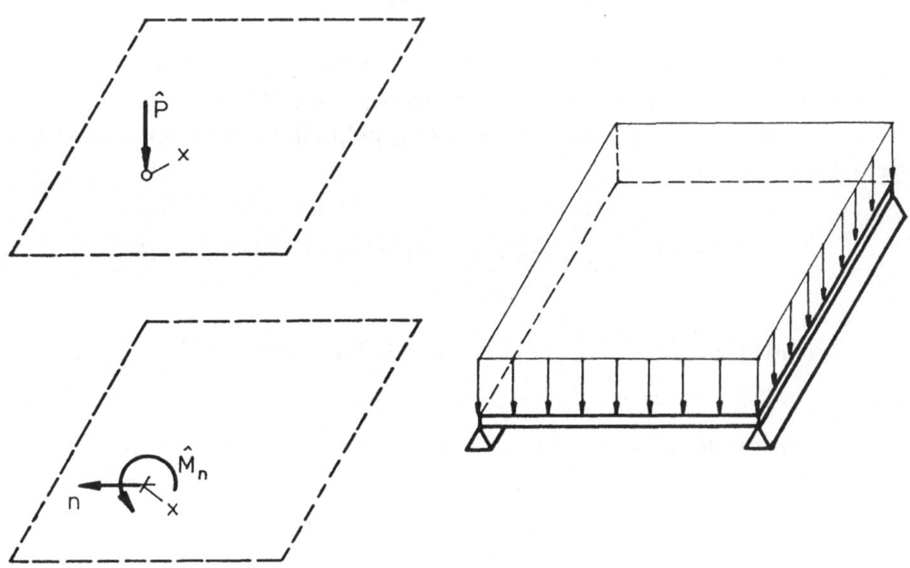

Abb. 6.8 Anwendung des Satzes von Betti

Die Funktion

$$g_0(\boldsymbol{y}, \boldsymbol{x}) = \frac{1}{8\pi K} r^2 \ln r$$

ist die Durchbiegung in einem Punkt $\boldsymbol{y}$ der unendlichen Platte, wenn im Punkt $\boldsymbol{x}$ eine Kraft $\hat{P} = 1$ steht, und die Funktionen

$$\frac{\partial}{\partial \nu} g_0(\boldsymbol{y}, \boldsymbol{x}) = \frac{1}{8\pi K} r r_\nu (1 + 2\ln r)\,,$$

$$M_\nu(g_0(\boldsymbol{y}, \boldsymbol{x})) = -\frac{1}{8\pi}[2(1+\nu)\ln r + (3+\nu)r_\nu^2 + (1+3\nu)r_\tau^2]\,,$$

$$V_\nu(g_0(\boldsymbol{y}, \boldsymbol{x})) = -\frac{2}{8\pi r}[2r_\nu + (1-\nu)(r_\nu - \kappa r)(r_\nu^2 - r_\tau^2)]\,,$$

$$M_{\nu\tau}(g_0(\boldsymbol{y}, \boldsymbol{x})) = -\frac{1}{4\pi}(1-\nu)r_\nu r_\tau$$

sind die zugehörigen Weg- und Kraftgrößen auf dem Rand in einem Randpunkt $\boldsymbol{y}$ mit der Randnormalen $\boldsymbol{\nu}$ und der Tangente $\boldsymbol{\tau}$, s. Abb. 6.9. Der Term $\kappa = 1/R$ ist die Krümmung des Rands im Punkt $\boldsymbol{y}$.

Die Grundlösung

$$g_1(\boldsymbol{y}, \boldsymbol{x}) = \frac{\partial}{\partial n_{\boldsymbol{x}}} g_0(\boldsymbol{y}, \boldsymbol{x}) = \frac{1}{8\pi K} r(1 + 2\ln r)r_n$$

in der zweiten Gleichung (6.7) gibt die Durchbiegung in einem Punkt $\boldsymbol{y}$ an, wenn in einem abliegenden Punkt $\boldsymbol{x}$ ein Moment der Größe 1 in Richtung des Vektors $\boldsymbol{n}$ dreht. Die zu dieser Grundlösung gehörigen Weg- und Kraftgrößen auf dem Rande lauten

$$\frac{\partial}{\partial \nu} g_1(\boldsymbol{y}, \boldsymbol{x}) = \frac{1}{8\pi K}[2(r_\nu r_n + r_t r_\tau)\ln r + 3r_\nu r_n + r_t r_\tau]\,,$$

$$M_\nu(g_1(\boldsymbol{y}, \boldsymbol{x})) = -\frac{1}{4\pi r}[(1+\nu)r_n + 2(1-\nu)r_\nu r_\tau r_t]\,,$$

$$V_\nu(g_1(\boldsymbol{y}, \boldsymbol{x})) = -\frac{1}{4\pi r^2}[\{3 - \nu - 2(1-\nu)r_\tau^2\}(r_\tau r_t - r_\nu r_n)$$

$$+ 4(1-\nu)(r_\nu - \kappa r)r_\nu r_\tau r_t]\,,$$

$$M_{\nu\tau}(g_1(\boldsymbol{y}, \boldsymbol{x})) = -\frac{(1-\nu)}{4\pi r}(r_\tau^2 - r_\nu^2)r_t\,.$$

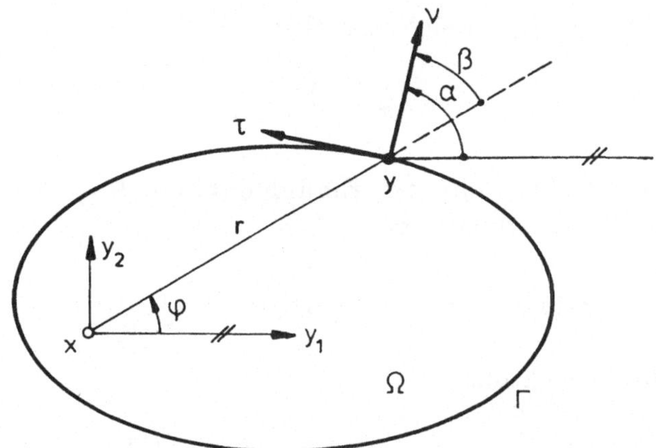

Abb. 6.9 Das Verhältnis zwischen Aufpunkt x und Integrationspunkt y

Die charakteristischen Funktionen in (6.6) und (6.7) lauten

$$c(x) = \begin{cases} 1, & x \in \Omega, \\ \Delta\varphi/2\pi, & x \in \Gamma, \\ 0, & x \in \Omega^c, \end{cases} \quad \text{(Komplement)},$$

bzw.

$$c_1(x) = \begin{cases} n_1, \\ \dot{c}_1(x), \\ 0, \end{cases} \qquad c_2(x) = \begin{cases} n_2, & x \in \Omega, \\ \dot{c}_2(x), & x \in \Gamma, \\ 0, & x \in \Omega^c. \end{cases}$$

Die letzteren haben die Randwerte

$$\dot{c}_1(x) = \frac{\Delta\varphi}{2\pi}n_1 + \frac{\nu}{2\pi}[\frac{1}{2}\sin 2\varphi\, n_1 + \sin^2\varphi\, n_2]_{\varphi_2}^{\varphi_1}, \tag{6.8}$$

$$\dot{c}_2(x) = \frac{\Delta\varphi}{2\pi}n_2 + \frac{\nu}{2\pi}[\sin^2\varphi\, n_1 - \frac{1}{2}\sin 2\varphi\, n_2]_{\varphi_2}^{\varphi_1}. \tag{6.9}$$

Die Winkel φ_1 und φ_2 sind die Eckenwinkel des Randpunkts, s. Abb. 3.6. Die Differenz der Winkel $\Delta\varphi = \varphi_1 - \varphi_2$ beträgt in glatten Randpunkten gerade $180° = \pi$ und in solchen Fällen verschwinden die Ausdrücke in den beiden eckigen Klammern in (6.8) und (6.9),

$$[\sin 2\varphi]_{\varphi_2}^{\varphi_1} = \sin 2\varphi_1 - \sin 2\varphi_2 = 0,$$

$$[\sin^2\varphi]_{\varphi_2}^{\varphi_1} = \sin^2\varphi_1 - \sin^2\varphi_2 = 0.$$

In glatten Punkten reduziert sich also alles auf

$$\dot{c}_i(x) = \frac{1}{2} n_i(x) \,,$$

und daher ist die rechte Seite der Einflußfunktion (6.7) in glatten Punkten gerade die halbe Normalableitung

$$\dot{c}_1(x)w,_1(x) + \dot{c}_2(x)w,_2(x) = \frac{1}{2}\frac{\partial w}{\partial n}(x) \,.$$

In Ecken gilt dies jedoch nicht mehr

$$\dot{c}_1(x)w,_1(x) + \dot{c}_2(x)w,_2(x) \neq \frac{1}{2}\frac{\partial w}{\partial n}(x) \,,$$

gleichgültig wie der Vektor n gewählt wird. Die beiden Normalableitungen in einer Ecke berechnet man daher, indem man (6.7) zweimal aufstellt. Beim erstenmal setzt man für den Vektor n in der Grundlösung g_1 die Normale auf der linken Seite, $n = n^l$, beim zweitenmal die Normale auf der rechten Seite, $n = n^r$, und löst dann das Gleichungssytem

$$\dot{c}_1(x)w,_1(x) + \dot{c}_2(x)w,_2(x) = r^l \,,$$

$$\dot{c}_1(x)w,_1(x) + \dot{c}_2(x)w,_2(x) = r^r \,,$$

(r^l und r^r sind die unterschiedlichen rechten Seiten) nach den Unbekannten $w,_1(x)$ und $w,_2(x)$ auf. Mit diesen Ableitungen lassen sich dann alle gewünschten Richtungsableitungen in der Ecke berechnen.

6.4 Kopplung auf dem Rand

Legt man in den Gleichungen (6.6) und (6.7) den Punkt x auf den Rand, dann stehen links wie rechts Randfunktionen, dann sind die Weggrößen gleichzeitig abhängige wie unabhängige Variablen, d.h. dann formulieren die beiden Integralgleichungen zwei Kopplungsbedingungen zwischen den Randdaten einer Platte. Ordnet man nach Weg- und Kraftgrößen, so hat das Integralgleichungssystem in einer etwas symbolischen Notation die Gestalt

$$\begin{bmatrix} H \end{bmatrix} \begin{bmatrix} w \\ \frac{\partial w}{\partial \nu} \end{bmatrix} = \begin{bmatrix} G \end{bmatrix} \begin{bmatrix} M_\nu \\ V_\nu \end{bmatrix} + \begin{bmatrix} d \end{bmatrix} \,,$$

und es gilt nun der Satz: Genügen vier Randfunktionen $w, \partial w/\partial \nu, M_\nu$ und V_ν (und etwaige Eckkräfte F_e) den beiden Integralgleichungen, dann hat die mit diesen Funktionen konstruierte Einflußfunktion (6.6) genau diese Funktionen als Randwerte.

Da von den vier Funktionen immer zwei abschnittsweise bekannt sind, können die unbekannten anderen beiden — dies sind immer die dazu konjugierten Funktionen — mittels dieser Kopplungsbedingungen ermittelt werden. Anschließend werden die Daten in die Einflußfunktion (6.6) eingesetzt und das Problem ist gelöst.

6.5 Diskretisierung

Die Ansatzfunktionen für die Weg- und Kraftgrößen müssen in den Kollokationspunkten mindestens so glatt sein, daß die Integrale noch existieren. Dies bedeutet, daß der Ansatz für die Durchbiegung mindestens stetig differenzierbar sein muß, und der Ansatz für die Normalableitung mindestens stetig. Der Ansatz des Biegemoments darf dagegen in einem Kollokationspunkt springen, und der Ansatz des Kirchhoffschubs darf theoretisch sogar aus lauter Einzelkräften bestehen.

Diesen Forderungen wird Genüge getan, wenn die Durchbiegung w längs des Rands durch Hermite-Polynome approximiert wird

$$w(x) = w_i \psi_i(x) + w_i' \chi_i(x), \qquad w' = \frac{dw}{ds},$$

also C^1-Funktionen mit den Eigenschaften

$$\psi_i(x^j) = \delta_{ij}, \qquad \psi_i'(x^j) = 0, \qquad (\ )' = \frac{d}{ds},$$

$$\chi_i(x^j) = 0, \qquad \chi_i'(x^j) = \delta_{ij},$$

und die übrigen Weg- und Kraftgrößen durch stückweise lineare Funktionen s. Abb. 6.10c.

Die Funktionen ψ_i und χ_i haben elementweise, bezogen auf das Masterelement $0 \le \xi \le 1$, die Darstellung

$$\psi_i(x) = \begin{cases} \xi^2(3 - 2\xi), & x \in \Gamma_{i-1}, \\ (\xi - 1)^2(1 + 2\xi), & x \in \Gamma_i, \\ 0, & \text{sonst}, \end{cases}$$

$$\chi_i(x) = \begin{cases} \xi^2(\xi - 1)l_{i-1}, & x \in \Gamma_{i-1}, \\ \xi(\xi - 1)^2 l_i, & x \in \Gamma_i, \\ 0, & \text{sonst}, \end{cases}$$

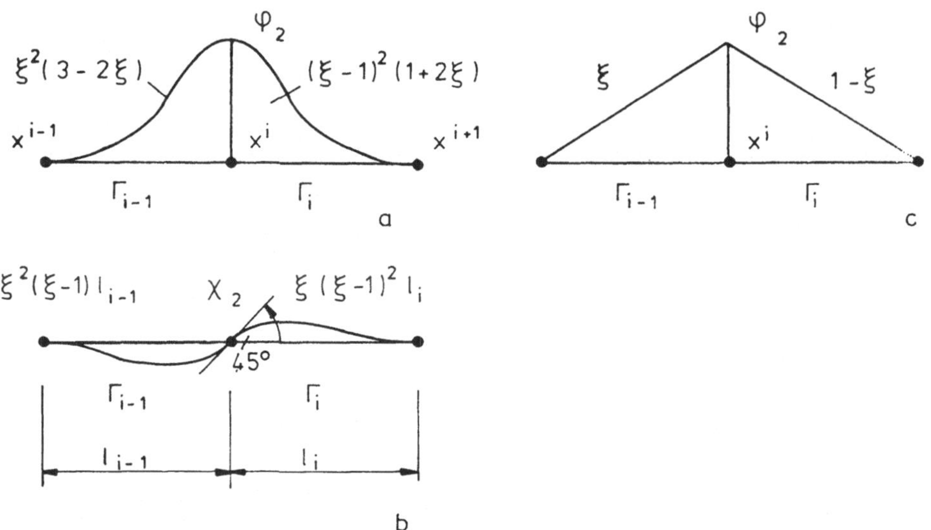

Abb. 6.10 a-c. Die Ansatzfunktionen: **a-b** mit diesen beiden Funktionen wird die Durchbiegung w approximiert; **c** mit linearen Funktionen die übrigen Weg- und Kraftgrößen

und die linearen Funktionen $\varphi_i(x)$ die Darstellung

$$\varphi_i(x) = \begin{cases} \xi, & x \in \Gamma_{i-1}, \\ 1 - \xi, & x \in \Gamma_i, \\ 0, & \text{sonst.} \end{cases}$$

Mit Ausnahme von w können alle Randfunktionen in bestimmten Knoten, meist Eckknoten, springen. Um diese Unstetigkeiten berücksichtigen zu können, machen wir für diese Funktionen einen zweigliedrigen Ansatz. So lautet z.B. der Ansatz für den Kirchhoffschub V_n

$$V_n(x) = \varphi_1^i(x)V_1^i + \varphi_2^i(x)V_2^i,$$

wobei φ_1^i bzw. φ_2^i die Restriktionen der Dachfunktion φ_i, s. Abb. 6.10c, auf das Element links vom Knoten, Γ_{i-1}, bzw. rechts vom Knoten, Γ_i, sind. Ein unterer Index 1 bzw. 2 bedeutet also im folgenden immer *links* bzw. *rechts* vom Knoten. Ganz analog bauen sich auch die Ansätze der Normalableitung und des Moments auf.

6.6 Singuläre Integrale

Die Integrale über die beiden Elemente Γ_{i-1} und Γ_i, die den Kollokationspunkt x^i einschließen, s. Abb. 6.11, werden analytisch berechnet, s.[51].

Mit den Bezeichnungen

$$l_i = \text{Länge des Elements } i\,, \qquad \lambda_i = \ln l_i$$

erhält man für die Integrale über $\Gamma_{i-1} \cup \Gamma_i$

$$\int g_0(\boldsymbol{y}, \boldsymbol{x}^i) V_\nu(w)(\boldsymbol{y})\, ds_{\boldsymbol{y}} = \{[\frac{1}{4}(\lambda_{i-1} - \frac{1}{4})V_2^{i-1}$$

$$+ \frac{1}{12}(\lambda_{i-1} - \frac{7}{12})V_1^i]l_{i-1}^3 + [\frac{1}{12}(\lambda_i - \frac{7}{12})V_2^i + \frac{1}{4}(\lambda_i - \frac{1}{4})V_1^{i+1}]l_i^3\}\frac{1}{8\pi K}\,,$$

$$\int \frac{\partial}{\partial \nu} g_0(\boldsymbol{y}, \boldsymbol{x}^i) M_\nu(w)(\boldsymbol{y})\, ds_{\boldsymbol{y}} = \int V_\nu(g_0(\boldsymbol{y}, \boldsymbol{x}^i))w(\boldsymbol{y})\, ds_{\boldsymbol{y}} = 0\,,$$

$$\int M_\nu(g_0(\boldsymbol{y}, \boldsymbol{x}^i)) \frac{\partial w}{\partial \nu}(\boldsymbol{y})\, ds_{\boldsymbol{y}} = -\{[(\lambda_{i-1}(1+\nu) + \nu)w_{\nu_2}^{i-1}$$

$$+ (\lambda_{i-1}(1+\nu) - 1)w_{\nu_1}^i]l_{i-1} + [(\lambda_i(1+\nu) - 1)w_{\nu_2}^i + (\lambda_i(1+\nu) + \nu)w_{\nu_1}^{i+1}]l_i\}\frac{1}{8\pi}$$

$$\int g_1(\boldsymbol{y}, \boldsymbol{x}^i) V_\nu(w)(\boldsymbol{y})\, ds_{\boldsymbol{y}} = \frac{1}{3}\boldsymbol{\tau}^{i-1} \cdot \boldsymbol{n}\, l_{i-1}^2[(2\lambda_{i-1} + \frac{1}{3})V_2^{i-1}$$

$$+ (\lambda_{i-1} - \frac{1}{3})V_1^i] - \boldsymbol{\tau}^i \cdot \boldsymbol{n}\, l_i^2[(\lambda_i - \frac{1}{3})V_2^i + (2\lambda_i + \frac{1}{3})V_1^{i+1}]\}\frac{1}{8\pi K}$$

$$\int \frac{\partial}{\partial \nu} g_1(\boldsymbol{y}, \boldsymbol{x}^i) M_\nu(w)(\boldsymbol{y})\, ds_{\boldsymbol{y}} = \boldsymbol{\tau}^{i-1} \cdot \boldsymbol{t}\, l_{i-1}[-\lambda_{i-1}M_2^{i-1}$$

$$+ (1 - \lambda_{i-1})M_1^i] + \boldsymbol{\tau}^i \cdot \boldsymbol{t}\, l_i[(1 - \lambda_i)M_2^i - \lambda_i M_1^{i+1}]\}\frac{1}{8\pi K}\,,$$

$$\int V_\nu(g_1(\boldsymbol{y}, \boldsymbol{x}^i))[w(\boldsymbol{y}) - w(\boldsymbol{x}^i)]\, ds_{\boldsymbol{y}} - \int M_\nu(g_1(\boldsymbol{y}, \boldsymbol{x}^i)) \frac{\partial w}{\partial \nu}\, ds_{\boldsymbol{y}}$$

$$= 2(1+\nu)\{\frac{2}{l_{i-1}}\boldsymbol{\tau}^{i-1} \cdot \boldsymbol{t}\, w^{i-1} + 2(-\frac{1}{l_i}\boldsymbol{\tau}^i \cdot \boldsymbol{t} - \frac{1}{l_{i-1}}\boldsymbol{\tau}^{i-1} \cdot \boldsymbol{t})w^i$$

$$+ \frac{2}{l_i}\boldsymbol{\tau}^i \cdot \boldsymbol{t}\, w^{i+1} + (\frac{3}{2} - \lambda_{i-1})\boldsymbol{\tau}^{i-1} \cdot \boldsymbol{t}\, w_1'^i - \frac{1}{2}\boldsymbol{\tau}^i \cdot \boldsymbol{t}\, w_1'^{i+1}$$

$$+ \frac{1}{2}\boldsymbol{\tau}^{i-1} \cdot \boldsymbol{t}\, w_2'^{i-1} - (\frac{3}{2} - \lambda_i)\boldsymbol{\tau}^i \cdot \boldsymbol{t}\, w_2'^i + (\lambda_{i-1} - 1)\boldsymbol{\tau}^{i-1} \cdot \boldsymbol{n}\, w_{\nu_1}^i$$

$$- \boldsymbol{\tau}^i \cdot \boldsymbol{n}\, w_{\nu_1}^{i+1} + \boldsymbol{\tau}^{i-1} \cdot \boldsymbol{n}\, w_{\nu_2}^{i-1} - (\lambda_i - 1)\boldsymbol{\tau}^i \cdot \boldsymbol{n}\, w_{\nu_2}^i\}\frac{1}{8\pi}\,,$$

$$w_\nu = \text{Normalableitung}\,.$$

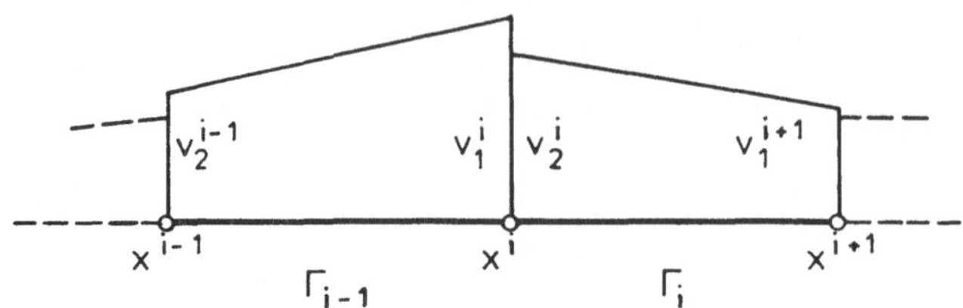

Abb. 6.11 Stückweise stetige Approximation des Kirchhoffschubs

Hierbei stehen die Ausdrücke

$$\tau^i \cdot n, \qquad \tau^i \cdot t$$

für das Skalarprodukt zwischen dem Tangentenvektor τ^i an das Element Γ_i und dem Vektor n aus der Grundlösung g_1 bzw. dem dazu gehörenden Tangentenvektor $t = (t_1, t_2)^T = (-n_2, n_1)^T$.

6.7 Elementmatrizen

In jedem Knoten werden nun nacheinander die Kopplungsbedingungen (6.6) und (6.7) formuliert, so daß die Elementmatrix G^i eine Gestalt wie in Abb. 6.12 hat.

Die Koeffizienten a_{kj}^l und b_{kj}^l haben dabei die Bedeutung

$$a_{kj}^l = \int\limits_{\Gamma_i} -\frac{\partial}{\partial \nu} g_j(y, x^k) * ds_y, \qquad b_{kj}^l = \int\limits_{\Gamma_i} g_j(y, x^k) * ds_y.$$

Der Stern steht für die betreffende Ansatzfunktion in der Kopfzeile.

Die Koeffizienten a_{i0}^l, b_{i0}^l, $a_{i+1,0}^l$, $b_{i+1,0}^l$ etc. sind die singulären Integrale, wenn der Kollokationspunkt mit dem Punkt x^i oder x^{i+1} zusammenfällt. Diese Integrale werden aus Abschn. 6.6 übernommen.

Der Kollokationspunkt ist der Knoten links (1. Index unten: i).

1. IGL (2. Index unten: 0)

$$a_{i0}^2 = a_{i0}^1 = 0, \qquad \alpha = \frac{1}{8\pi K},$$

$$b_{i0}^2 = \frac{1}{12}(\lambda_i - \frac{7}{12})l_i^3 \alpha, \qquad b_{i0}^1 = \frac{1}{4}(\lambda_i - \frac{1}{4})l_i^3 \alpha.$$

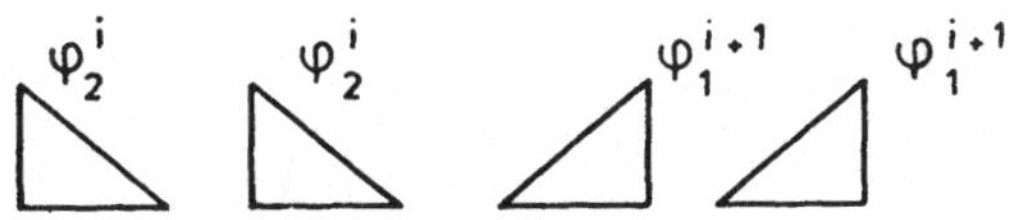

$$
\begin{bmatrix}
a_{10}^2 & b_{10}^2 & a_{10}^1 & b_{10}^1 \\
a_{11}^2 & b_{11}^2 & a_{11}^1 & b_{11}^1 \\
a_{20}^2 & b_{20}^2 & a_{20}^1 & b_{20}^1 \\
a_{21}^2 & b_{21}^2 & a_{21}^1 & b_{21}^1 \\
\cdots & \cdots & \cdots & \cdots \\
a_{i0}^2 & b_{i0}^2 & a_{i0}^1 & b_{i0}^1 \\
a_{i1}^2 & b_{i1}^2 & a_{i1}^1 & b_{i1}^1 \\
a_{i+1,0}^2 & b_{i+1,0}^2 & a_{i+1,0}^1 & b_{i+1,0}^1 \\
a_{i+1,1}^2 & b_{i+1,1}^2 & a_{i+1,1}^1 & b_{i+1,1}^1 \\
\cdots & \cdots & \cdots & \cdots \\
a_{K0}^2 & b_{K0}^2 & a_{K0}^1 & b_{K0}^1 \\
a_{K1}^2 & b_{K1}^2 & a_{K1}^1 & b_{K1}^1
\end{bmatrix}
\begin{bmatrix}
M_2^i \\
V_2^i \\
M_1^{i+1} \\
V_1^{i+1}
\end{bmatrix}
$$

K = Nummer des letzten Knotens

Abb. 6.12 Die Elementmatrix G^i

2. IGL (2. Index unten: 1)

$$
a_{i1}^2 = -{}^i \cdot t\, l_i (1 - \lambda_i)\alpha\,, \qquad a_{i1}^1 = {}^i \cdot t\, l_i \lambda_i \alpha\,,
$$

$$
b_{i1}^2 = -{}^i \cdot n\, l_i^2 \frac{1}{3}\left(\lambda_i - \frac{1}{3}\right)\alpha\,, \qquad b_{i1}^1 = -{}^i \cdot n\, l_i^2 \frac{1}{3}\left(2\lambda_i + \frac{1}{3}\right)\alpha\,.
$$

Der Kollokationspunkt ist der Knoten rechts (1. Index unten: $i+1$).

1. IGL (2. Index unten: 0)

$$
a_{i+1,0}^2 = a_{i+1,0}^1 = 0\,,
$$

$$
b_{i+1,0}^2 = \frac{1}{4}\left(\lambda_i - \frac{1}{4}\right)l_i^3 \alpha\,, \qquad b_{i+1,0}^1 = \frac{1}{12}\left(\lambda_i - \frac{7}{12}\right)l_i^3 \alpha\,.
$$

254

2. IGL (2. Index unten: 1)

$$a^2_{i+1,1} = {}^i \cdot t\, l_i \lambda_i \alpha, \qquad a^1_{i+1} = -{}^i \cdot t\, l_i (1 - \lambda_i)\alpha,$$

$$b^2_{i+1,1} = -{}^i \cdot n\, l_i^2 \frac{1}{3}(2\lambda_i + \frac{1}{3})\alpha, \qquad b^1_{i+1,1} = {}^i \cdot n\, l_i^2 \frac{1}{3}(\lambda_i - \frac{1}{3})\alpha.$$

Die Elementmatrix H^i ist in Abb. 6.13 dargestellt.

$$
\begin{bmatrix}
c^1_{10} & c^2_{10} & c^3_{10} & c^4_{10} & d^5_{10} & d^6_{10} \\
c^1_{20} & c^2_{20} & c^3_{20} & c^4_{20} & d^5_{20} & d^6_{20} \\
\cdot\cdot & \cdot\cdot & \cdot\cdot & \cdot\cdot & \cdot\cdot & \cdot\cdot \\
 & & & & & \\
\cdot\cdot & \cdot\cdot & \cdot\cdot & \cdot\cdot & \cdot\cdot & \cdot\cdot \\
c^1_{i0} & c^2_{i0} & c^3_{i0} & c^4_{i0} & d^5_{i0} & d^6_{i0} \\
c^1_{i1} & c^2_{i1} & c^3_{i1} & c^4_{i1} & d^5_{i1} & d^6_{i1} \\
c^1_{i+1,0} & c^2_{i+1,0} & c^3_{i+1,0} & c^4_{i+1,0} & d^5_{i+1,0} & d^6_{i+1,0} \\
c^1_{i+1,1} & c^2_{i+1,1} & c^3_{i+1,1} & c^4_{i+1,1} & d^5_{i+1,1} & d^6_{i+1,1} \\
\cdot\cdot & \cdot\cdot & \cdot\cdot & \cdot\cdot & \cdot\cdot & \cdot\cdot \\
\cdot\cdot & \cdot\cdot & \cdot\cdot & \cdot\cdot & \cdot\cdot & \cdot\cdot \\
c^1_{K1} & c^2_{K1} & c^3_{K1} & c^4_{K1} & d^5_{K1} & d^6_{K1}
\end{bmatrix}
\begin{bmatrix}
w^i \\
w'^i_2 \\
w^{i+1} \\
w'^{i+1}_1 \\
w^i_{v2} \\
w^{i+1}_{v1}
\end{bmatrix}
$$

Abb. 6.13 Die Elementmatrix H^i

Die Koeffizienten c^l_{kj} und d^l_{kj} haben die Bedeutung

$$c^l_{kj} = \int_{\Gamma_i} V_\nu(g_j(\boldsymbol{y}, \boldsymbol{x}^k)) * ds\boldsymbol{y}, \qquad d^l_{kj} = \int_{\Gamma_i} -M_\nu(g_j(\boldsymbol{y}, \boldsymbol{x}^k)) * ds\boldsymbol{y}.$$

Die Koeffizienten c^l_{i0}, d^l_{i0}, $c_{i+1,0}$, $d^l_{i+1,0}$ etc. sind die singulären Integrale, die wieder aus Abschn. 6.6 übernommen werden.

Der Kollokationspunkt ist der Knoten links (1. Index unten: i).

1. IGL (2. Index unten: 0)

$$c_{i0}^1 = 0,5\dot{c} = 0,5\frac{\Delta\varphi}{2\pi}\,, \qquad c_{i0}^2 = c_{i0}^3 = c_{i0}^4 = 0\,,$$

$$d_{i0}^5 = (\lambda_i(1+\nu)-1)l_i\frac{1}{8\pi} \qquad d_{i0}^6 = (\lambda_i(1+\nu)+\nu)l_i\frac{1}{8\pi}\,.$$

2. IGL (2. Index unten: 1)

$$c_{i1}^1 = 4\beta(-^i\cdot t\,\frac{1}{l_i} -^{i-1}\cdot t\,\frac{1}{l_{i-1}})0,5\,,$$

$$c_{i1}^2 = -\beta(3-2\lambda_i)^i\cdot t + \frac{1}{2}(-\dot{c}_1\nu_2^i + \dot{c}_2\nu_1^i)\,,$$

$$c_{i1}^3 = 4\beta^{\,i}\cdot t\,\frac{1}{l_i}\,, \qquad c_{i1}^4 = -\beta^{\,i}\cdot t\,, \qquad d_{i1}^5 = -2\beta(\lambda_i-1)^i\cdot n\,,$$

$$d_{i1}^6 = -2\beta^{\,i}\cdot n\,.$$

Die ν_j^i sind die Komponenten der Normalen des Elements Γ_i.

Der Kollokationspunkt ist der Knoten rechts (1. Index unten: i+1).

1. IGL (2. Index unten: 0)

$$c_{i+1,0}^1 = c_{i+1,0}^2 = c_{i+1,0}^4 = 0\,, \qquad c_{i+1,0}^3 = 0,5\,\dot{c}\,,$$

$$d_{i+1,0}^5 = (\lambda_i(1+\nu)+\nu)l_i\frac{1}{8\pi}\,, \qquad d_{i+1,0}^6 = (\lambda_i(1+\nu)-1)l_i\frac{1}{8\pi}\,.$$

2. IGL (2. Index unten: 1)

$$c_{i+1,1}^1 = 4\beta^{\,i}\cdot t\,\frac{1}{l_i}\,, \qquad c_{i+1,1}^2 = \beta^{\,i}\cdot t\,,$$

$$c_{i+1,1}^3 = 4\beta(-^{i+1}\cdot t\,\frac{1}{l_{i+1}} -^i\cdot t\,\frac{1}{l_i})0,5\,,$$

$$c_{i+1,1}^4 = \beta(3-2\lambda_i)^i\cdot t + 0,5\,(-\dot{c}_1\nu_2^i + \dot{c}_2\nu_1^i)\,,$$

$$d_{i+1,1}^5 = 2\beta^{\,i}\cdot n\,\frac{1}{l_i}\,,$$

$$d_{i+1,1}^6 = 2\beta(\lambda_i-1)^i\cdot n + 0,5\,(\dot{c}_1\nu_1^i + \dot{c}_2\nu_2^i)\,.$$

256

Ist der Kollokationspunkt x^k ein Eckpunkt, dann wird die zweite Integralgleichung auch noch mit der Randnormalen auf der rechten Seite des Punkts formuliert, d.h. zu einem solchen Knoten gehören dann in der Matrix G^i drei Zeilen

$$a^l_{k0}, \qquad b^l_{k0}, \qquad \ldots$$

$$a^l_{k1(l)}, \qquad b^l_{k1(l)}, \qquad \ldots$$

$$a^l_{k1(r)}, \qquad b^l_{k1(r)}, \qquad \ldots$$

und sinngemäß auch in der Matrix H^i.

Eine Bemerkung noch zu dem Integral

$$\int\limits_\Gamma V_\nu(g_1(\boldsymbol{y},\boldsymbol{x}^k))[w(\boldsymbol{y}) - w(\boldsymbol{x}^k)]\,ds_{\boldsymbol{y}} =$$

$$= \int\limits_{\Gamma_{i-1}\cup\Gamma_i} \cdots[w(\boldsymbol{y}) - w(\boldsymbol{x}^k)]\,ds_{\boldsymbol{y}} + \int\limits_{\Gamma_{\mathrm{Rest}}} \cdots[w(\boldsymbol{y}) - w(\boldsymbol{x}^k)]\,ds_{\boldsymbol{y}}.$$

Das Integral über die beiden Elemente $\Gamma_{i-1}\cup\Gamma_i$ wird von den singulären Termen schon korrekt wiedergegeben. Das Integral über den Rest des Rands kann wie folgt aufgespalten werden

$$\int\limits_{\Gamma_{\mathrm{Rest}}} V_\nu(g_1(\boldsymbol{y},\boldsymbol{x}^k))w(\boldsymbol{y})\,ds_{\boldsymbol{y}} - \int\limits_{\Gamma_{\mathrm{Rest}}} V_\nu(g_1(\boldsymbol{y},\boldsymbol{x}^k))\,ds_{\boldsymbol{y}}\,w(\boldsymbol{x}^k).$$

Der erste Term wird wie alle anderen nichtsingulären Integrale elementweise numerisch quadriert. Die Elementanteile stehen in den Elementmatrizen H^i, $i \neq k-1$, $i \neq k$. Der zweite Term wird wie folgt berücksichtigt: Die Einflußkoeffizienten werden ja berechnet, indem man das Element festhält und nacheinander den Einfluß der Elementbelegungen auf die einzelnen Kollokationspunkte berechnet. Hierbei berechnet man nun bei festem Γ_i auch für jeden Knoten x^k das Integral

$$-\int\limits_{\Gamma_i} V_\nu(g_1(\boldsymbol{y},\boldsymbol{x}^k))\,ds_{\boldsymbol{y}}$$

mit und addiert es anschließend zur Spalte von w^k und zwar an der Stelle, an der im Gesamtsystem die zum Knoten x^k gehörige 2. Integralgleichung (Grundlösung g_1) steht.

Neben den Elementbelegungen sind die Einflüsse der Eckterme zu berücksichtigen. Zu jedem Eckknoten x^e gehören zwei Spalten, r^e und s^e, die den

Einfluß der Durchbiegung der Ecke bzw. der Eckkraft F_e auf die Kollokationspunkte x^k beschreiben. Diese Spalten haben die Elemente

$$r^e_{kj} = \begin{cases} F(g_j(y^e, x^k)) \\ 0 \end{cases} , \qquad s^e_{kj} = \begin{cases} g_j(y^e, x^k), & y^e \neq x^k, \\ 0, & y^e = x^k, \end{cases}$$

wobei die Indices k und j spaltenabwärts über $k = 1, 2, \ldots, K$ und $j = 0, 1$ laufen. Die Spalten haben also die Höhe $K \times 2$. Diese Spalten werden an entsprechender Stelle in die Matrizen G und H eingebaut. Die Berücksichtigung des Einflußes von $w(x^k)$ in dem Ausdruck

$$F(g_1(y^e, x^k))(w(y^e) - w(x^k))$$

geschieht dabei analog wie oben.

6.8 Freiheitsgrade

Die Tangentialableitung w' ist keine genuine Randgröße. Sie wird daher durch finite Differenzen der Knotendurchbiegungen w^i ersetzt,

$$w'^i = \frac{1}{2}\left(\frac{w^{i+1} - w^i}{l_i} + \frac{w^i - w^{i-1}}{l_{i-1}}\right).$$

Dies geschieht zum Zeitpunkt des Einbaus der Elementmatrix H^i in die globale Matrix H. In einem glatten Knoten wird die zu w'^i gehörige Spalte

a) mit dem Faktor

$$\frac{1}{2}\left(\frac{1}{l_{i-1}} - \frac{1}{l_i}\right)$$

multipliziert und zur Spalte von w^i addiert,

b) mit dem Faktor

$$-\frac{1}{2}\frac{1}{l_{i-1}}$$

multipliziert und zur Spalte von w^{i-1} addiert,

c) mit dem Faktor

$$\frac{1}{2}\frac{1}{l_i}$$

multipliziert und zur Spalte von w^{i+1} addiert.

In einem Eckknoten werden die Spalten auf die Normalableitungen verteilt. Zwischen den Tangentialableitungen und den Normalableitungen besteht die Beziehung

$$\begin{bmatrix} w_1'^i \\ w_2'^i \end{bmatrix} = \begin{bmatrix} m_{11} & m_{12} \\ m_{21} & m_{22} \end{bmatrix} \begin{bmatrix} w_{\nu_1}^i \\ w_{\nu_2}^i \end{bmatrix} ,$$

wobei

$$m_{11} = -\frac{1}{D}[\nu_2^r\nu_2^l + \nu_1^r\nu_1^l] , \qquad m_{12} = -\frac{1}{D}[(\nu_1^l)^2 + (\nu_2^l)^2] ,$$

$$m_{21} = -\frac{1}{D}[(\nu_1^r)^2 + (\nu_2^r)^2], \qquad m_{22} = -\frac{1}{D}[\nu_1^l\nu_1^r + \nu_2^l\nu_2^r] .$$

Die ν_i sind die Komponenten der linken (l) bzw. rechten (r) Normalen und D hat die Bedeutung

$$D = \nu_1^l\nu_2^r - \nu_2^l\nu_1^r .$$

Entsprechend wird

die Spalte von $w_1'^i$:

a) mit m_{11} multipliziert und zur Spalte von $w_{\nu_1}^i$ addiert
b) mit m_{12} multipliziert und zur Spalte von $w_{\nu_2}^i$ addiert

die Spalte von $w_2'^i$:

a) mit m_{21} multipliziert und zur Spalte von $w_{n_1}^i$ addiert
b) mit m_{22} multipliziert und zur Spalte von $w_{n_2}^i$ addiert

Nach der Elimination von w'^i hat die Platte in jedem glatten Kollokationspunkt 4 Freiheitsgrade

$$w^i, \quad w_\nu^i, \quad M^i, \quad V^i$$

und in einer Ecke 8 Freiheitsgrade

$$w^i, \quad w_{\nu_1}^i, \quad w_{\nu_2}^i, \quad M_1^i, \quad M_2^i, \quad V_1^i, \quad V_2^i, \quad F^i, \qquad 1 = \text{links}, \; 2 = \text{rechts} .$$

In glatten Punkten sind immer genau 2 der 4 Freiheitsgrade vorgeschrieben, so daß die restlichen 2 durch die beiden Integralgleichungen bestimmbar sind. In Ecken stehen den 8 Freiheitsgraden zwar nur 3 Integralgleichungen gegenüber, aber mit Hilfe der Randbedingungen und unter Zuhilfenahme der Tatsache, daß die Gradienten ∇w und $\nabla\nabla w$ stetig sind, gelingt es immer, die Zahl der Unbekannten auf drei herabzudrücken. Oft sind sogar nur zwei Eckwerte oder gar nur ein Eckwert unbekannt, s. Tabelle 6.1. Man hat also mehr Gleichungen als Unbekannte und geht dann so vor, wie im Fall der Membran, s. Abschn. 3.6.

Tabelle 6.1.

	unbekannte Größen	bekannte Größen
	w, w_n^l, w_n^r	M_n^l, $M_n^r = V_n^l = V_n^r = F = 0$
	keine	alle Weg- u. Kraftgrößen Null
	V_n^l, V_n^r, F	$w = w_n^l = w_n^r = M_n^l = M_n^r = 0$
	V_n^l, V_n^r	$w = w_n^l = w_n^r = M_n^l = M_n^r = F = 0$
	V_n^r	$w = w_n^l = w_n^r = M_n^l = M_n^r = F = 0$
	V_n^l, V_n^r	$w = w_n^l = w_n^r = M_n^l = M_n^r = F = 0$
	M_n^l (wenn $v = 0$), V_n^l	$w = w_n^l = w_n^r = M_n^r = V_n^r = F = 0$
	V_n^l	$w = w_n^r = M_n^l = M_n^r = V_n^r = F = 0$
	w_n^l, V_n^l, F	$w = w_n^r = M_n^l = M_n^r = V_n^r = 0$
	w_n^l, w_n^r, F	$w = M_n^l = M_n^r = V_n^l = V_n^r = 0$

6.9 Die Gebietsintegrale

Die Einflußfunktionen der verteilten Belastung

$$\int_{\Omega} g_i(\boldsymbol{y}, \boldsymbol{x}) p(\boldsymbol{y})\, d\Omega_{\boldsymbol{y}}, \qquad i = 0, 1$$

können meist in Randintegrale umgeformt werden. Ist die Belastung p konstant, dann verfährt man wie in Abschn. 3.7: Die Stammfunktion der Grundlösung

$g_0(\boldsymbol{y}, \boldsymbol{x})$ bezüglich des Laplace Operators lautet

$$\frac{1}{8\pi K}\frac{r^4}{32}(2\ln r - 1)\,,$$

und daher erhält man für das Gebietsintegral in (6.6) die Darstellung ($p = 1$)

$$\frac{1}{8\pi K}\int\limits_{\Omega} r^2 \ln r\, d\Omega_{\boldsymbol{y}} = \frac{1}{8\pi K}\int\limits_{\Gamma}\frac{\partial}{\partial\nu}[\frac{r^4}{32}(2\ln r - 1)]\,ds_{\boldsymbol{y}}$$

$$= \frac{1}{64\pi K}\int\limits_{\Gamma} r^3(2\ln r - \frac{1}{2})r_\nu\,ds_{\boldsymbol{y}}\,.$$

Wendet man auf beide Seiten den Operator $\partial/\partial n$ an, dann erhält man die Randintegraldarstellung für das Gebietsintegral in (6.7)

$$\frac{1}{8\pi K}\int\limits_{\Omega} r(1 + 2\ln r)r_n\, d\Omega_{\boldsymbol{y}} = \frac{1}{64\pi K}\int\limits_{\Gamma}\{r^2[(6\ln r + 0,5)r_n r_\nu$$

$$+ (2\ln r - 0,5)r_\tau r_t]\}\,ds_{\boldsymbol{y}}\,.$$

Ist die Belastung nicht konstant, aber die partielle Ableitung $p(\boldsymbol{x}) = \psi_{,i}(\boldsymbol{x})$ einer Funktion $\psi(\boldsymbol{x})$ mit der Eigenschaft

$$\Delta\psi(\boldsymbol{x}) = k_0 = \text{konstant}\,,$$

dann gilt, s. [52],

$$\frac{1}{8\pi K}\int\limits_{\Omega} r^2 \ln r\, p(\boldsymbol{y})\, d\Omega_{\boldsymbol{y}} = \int\limits_{\Gamma}[r^2\ln r\,\psi(\boldsymbol{y})\nu_i(\boldsymbol{y}) + (\frac{\partial f(r)}{\partial\nu})_{,x_i}\psi(\boldsymbol{y})$$

$$- f(r)_{,x_i}\frac{\partial\psi}{\partial\nu}(\boldsymbol{y}) - k_0 f(r)\nu_i(\boldsymbol{y})]\,ds_{\boldsymbol{y}}\,,$$

$$f(r) = \frac{r^4}{32}(2\ln r - 1)\,,$$

Die Umwandlung des zweiten Gebietsintegrals erhält man, wenn man auf beide Seiten den Operator $\partial/\partial n$ anwendet.

Statt all diese Umformungen vorzunehmen, kann man natürlich auch die Durchbiegung der Platte in eine homogene und eine partikuläre Lösung zerlegen,

$$w = w_h + w_p\,,$$

nur die homogene Lösung mit den Randelementen bestimmen und dann w_p dazu addieren. In dem Programm *BE-PLATE-BENDING* wird so die Durchbiegung unter dreiecksförmigen Lasten bestimmt. Da man eine partikuläre Lösung nicht abrupt abschneiden kann, muß die Belastung auf die ganze Platte wirken.

6.10 Schnittkräfte

Die Momente der Platte

$$M_{11} = -K(w,_{11} + \nu w,_{22}) \,, \qquad M_{12} = -K(1 - \nu)w,_{12} \,,$$

$$M_{22} = -K(w,_{22} + \nu w,_{11}) \,,$$

sind Linearkombinationen der zweiten Ableitungen

$$w,_{11} \,, \quad w,_{12} \,, \quad w,_{22} \,.$$

Statt drei Einflußfunktionen für drei Momente aufzustellen, ist es daher sinnvoller nur eine Einflußfunktion für die allgemeine Richtungsableitung zweiter Ordnung

$$\frac{\partial}{\partial m} \frac{\partial}{\partial n} w$$

aufzustellen. Die Einheitsvektoren

$$\boldsymbol{n} = \{n_1, n_2\}^T \,, \qquad \boldsymbol{m} = \{m_1, m_2\}^T$$

mögen also irgend zwei Richtungen darstellen und die Vektoren

$$\boldsymbol{t} = \{-n_2, n_1\}^T \,, \qquad \boldsymbol{p} = \{-m_2, m_1\}^T$$

seien die zugeordneten Tangentenvektoren. Die Ableitung $w,_{11}$ entspricht dann der Wahl $\boldsymbol{n} = \boldsymbol{e}_1$ und $\boldsymbol{m} = \boldsymbol{e}_1$, etc..

Die Einflußfunktion für diese Richtungsableitung zweiter Ordnung erhält man, wenn man (6.7) nach der Richtung $\boldsymbol{m}$ ableitet. Die entsprechenden Ableitungen der einzelnen Kerne lauten

$$(g_0(\boldsymbol{y}, \boldsymbol{x})),_n,_m = \frac{1}{8\pi K}[(3 + 2\ln r)r_m r_n + (1 + 2\ln r)r_t r_p] \,,$$

$$(\frac{\partial}{\partial \nu} g_0(\boldsymbol{y}, \boldsymbol{x})),_n,_m = \frac{1}{4\pi K r}[r_m(r_\nu r_n + r_t r_\tau) + r_p(r_n r_\tau + r_t r_\nu)] \,,$$

$$(M_\nu(g_0(\boldsymbol{y},\boldsymbol{x}))),_{n,m} = \frac{1}{4\pi r^2}\{r_m[(1+\nu)r_n + 2(1-\nu)r_\nu r_\tau r_t]$$

$$- r_p[(1+\nu)r_t + 2(1-\nu)([r_\tau^2 - r_\nu^2]r_t - r_\tau r_n r_\nu)]\},$$

$$(V_\nu(g_0(\boldsymbol{y},\boldsymbol{x}))),_{n,m} = \frac{1}{4\pi r^3}\{2r_m\{[3-\nu - 2(1-\nu)r_\tau^2](r_t r_\tau - r_\nu r_n)$$

$$+ 4(1-\nu)r_\nu^2 r_\tau r_t\} - r_p\{4(1-\nu)r_\nu r_\tau(r_\tau r_t - r_\nu r_n)$$

$$- 2[3-\nu - 2(1-\nu)r_\tau^2](r_\nu r_t + r_\tau r_n)$$

$$+ 4(1-\nu)(2r_\nu r_\tau^2 r_t - r_\nu^3 r_t - r_\nu^2 r_\tau r_n)\}\}, \qquad (6.10)$$

$$(M_{\nu\tau}(g_0(\boldsymbol{y},\boldsymbol{x}))),_{n,m} = \frac{1-\nu}{4\pi r^2}\{-r_m r_t(r_\nu^2 - r_\tau^2) + r_p[-r_n(r_\nu^2 - r_\tau^2)$$

$$+ 4r_\nu r_\tau r_t]\}.$$

Bei der Formulierung von (6.10) wurde angenommen, daß die Krümmung $\kappa = \kappa(\boldsymbol{y})$ des Rands Null ist.
Es ist

$$r_m = r_{,x_1}\, m_1 + r_{,x_2}\, m_2 = -r_{,1}\, m_1 - r_{,2}\, m_2\,,$$

$$r_p = r_{,x_1}\, p_1 + r_{,x_2}\, p_2 = r_{,1}\, m_2 - r_{,2}\, m_1\,.$$

Die Richtungsableitungen des Kerns

$$g_p = \frac{1}{64\pi K}[r^3(2\ln r - \frac{1}{2})r_\nu]$$

in dem umgewandelten Gebietsintegral lauten

$$(g_p),_{n,m} = \frac{r}{64\pi K}\{r_m[r_n r_\nu(12\ln r + 7) + r_\tau r_t(4\ln r + 1)]$$

$$+ r_p[(r_t r_\nu + r_n r_\tau)(4\ln r + 1)]\}.$$

Für die Querkräfte

$$Q_1 = -K(w,_{111} + w,_{221})\,, \qquad Q_2 = -K(w,_{112} + w,_{222})$$

benötigt man eine Einflußfunktion für die Richtungsableitung dritter Ordnung

$$\frac{\partial}{\partial l}\frac{\partial}{\partial m}\frac{\partial}{\partial n}\, w\,.$$

Man muß also die obigen Kerne noch einmal nach einer Richtung $l = \{l_1, l_2\}^T$

ableiten. Mit $\boldsymbol{q} = \{q_1, q_2\}^T = \{-l_2, l_1\}^T$ bezeichnen wir den zugehörigen Tangentenvektor.

$$(g_0)_{,n\,,m\,,l} = \frac{2}{8\pi K r}\{r_q[r_p r_n + r_m r_t] + r_l[r_m r_n + r_t r_p]\}\,,$$

$$(\frac{\partial}{\partial\nu}g_0)_{,n\,,m\,,l} = \frac{1}{4\pi K r^2}[(r_\nu r_n + r_t r_\tau)(r_p r_q - r_l r_m) - (r_n r_\tau$$
$$+ r_t r_\nu)(r_l r_p + r_m r_q) + 2r_p r_q(r_t r_\tau - r_n r_\nu)]\,,$$

$$(M_\nu(g_0))_{,n\,,m\,,l} = \frac{1}{4\pi r^3}[-2r_l\{r_m[(1+\nu)r_n + 2(1-\nu)r_\nu r_\tau r_t]$$
$$- r_p[(1+\nu)r_t + 2(1-\nu)([r_\tau^2 - r_\nu^2]r_t - r_t r_n r_\nu)]\}$$
$$+ r_q\{r_p[(1+\nu)r_n + 2(1-\nu)r_\nu r_\tau r_t] + r_m[(1+\nu)r_t$$
$$+ 2(1-\nu)[r_\tau^2 r_t - r_\nu^2 r_t - r_\nu r_\tau r_n]] + r_m[(1+\nu)r_t$$
$$+ 2(1-\nu)([r_t^2 - r_\nu^2]r_t - r_\tau r_\nu r_n)] - r_p[-(1+\nu)r_n$$
$$+ 2(1-\nu)(-5r_\tau r_\nu r_t - 2r_\tau^2 r_n + 2r_\nu^2 r_n)]\}]\,,$$

$$(V_\nu(g_0))_{,n\,,m\,,l} = \frac{1}{4\pi}[\frac{-3}{r^4}r_l(2r_m b - r_p c) + \frac{1}{r^3}(\frac{2}{r}r_p r_q b + \frac{1}{r}r_m r_q c$$
$$+ 2r_m b_{,l} - r_p c_{,l})]\,,$$

$$b = [3 - \nu - 2(1-\nu)r_\tau^2](r_\tau r_t - r_\nu r_n) + 4(1-\nu)r_\nu^2 r_\tau r_t\,,$$

$$c = 4(1-\nu)r_\nu r_\tau(r_\tau r_t - r_\nu r_n) - 2[3 - \nu - 2(1-\nu)r_\tau^2](r_\nu r_t + r_\tau r_n)$$
$$+ 4(1-\nu)(2r_\nu r_\tau^2 r_t - r_\nu^3 r_t - r_\nu^2 r_\tau r_n)\,,$$

$$b_{,l} = 4(1-\nu)r_\tau r_\nu r_q\frac{1}{r}(r_\tau r_t - r_\nu r_n) - \frac{2}{3}[3 - \nu - 2(1-\nu)r_\tau^2](r_\nu r_t$$
$$+ r_\tau r_n)r_q + \frac{4(1-\nu)}{r}[2r_\tau^2 r_t - r_\nu^2 r_t - r_\nu r_\tau r_n]r_q r_\nu\,,$$

$$c_{,l} = \frac{4(1-\nu)}{r}[[r_\tau^2 - r_\nu^2](r_\tau r_t - r_\nu r_n) - 4r_\nu r_\tau(r_\nu r_t + r_\tau r_n)$$
$$+ \frac{d}{4(1-\nu)} + 2r_\tau^3 r_t - 8r_\nu^2 r_\tau r_t - 4r_\nu r_\tau^2 r_n + 2r_\nu^3 r_n]r_q\,,$$

$$d = -4[3 - \nu - 2(1-\nu)r_\tau^2](r_\tau r_t - r_\nu r_n),$$

$$(M_{\nu\tau}(g_0)),_n,_m,_l = \frac{1-\nu}{4\pi r^3}[e(2r_l r_m r_t - r_p r_q r_t + r_m r_n r_q)$$

$$- f[2r_l r_p + r_m r_q] - 4r_m r_t r_\nu r_\tau r_q + r_p f,_l],$$

$$e = r_\nu^2 - r_\tau^2, \qquad f = -r_n e + 4r_\nu r_\tau r_t,$$

$$f,_l = r_q[-5r_t r_\nu^2 + 3r_\tau^2 r_t - 8r_n r_\nu r_\tau]\frac{1}{r}.$$

Die dritte Ableitung des Kerns g_p lautet

$$(g_p),_n,_m,_l = \frac{1}{64\pi K}\{r_l h + r_p r_q\{r_n r_\nu[12\ln r + 7]$$

$$+ r_\tau r_t[4\ln r + 1]\} + r_m\{(r_t r_q r_\nu + r_n r_\tau r_q)(8\ln r + 6)$$

$$+ r_l(12 r_n r_\nu + 4 r_\tau r_t)\} - r_m r_q\{(r_t r_\nu + r_n r_\tau)[4\ln r + 1]\}$$

$$+ r_p\{2(r_t r_q r_\tau - r_n r_q r_\nu)[4\ln r + 1] + 4r_l(r_t r_\nu + r_n r_\tau)\}\},$$

wobei h die Hilfsgröße

$$h = r_m[r_n r_\nu(12\ln r + 7) + r_\tau r_t(4\ln r + 1)]$$

$$+ r_p[(r_t r_\nu + r_n r_\tau)(4\ln r + 1)]$$

ist.

Je höher die Ableitungen, um so länger werden also die Kerne und um so länger daher auch die Rechenzeiten. Die Rechenzeiten für a) die Durchbiegung und die ersten Ableitungen, b) die Momente, c) die Querkräfte, stehen bei dem Programm *BE-PLATE-BENDING* etwa in dem Verhältnis 1:2:3.

6.11 Stützen, Zwischenwände und belastete Teilflächen

Ist die Platte in einem Innenpunkt x^P gestüzt, dann wirkt dort eine unbekannte Stützkraft P. Um deren Einfluß auf die Durchbiegung zu erfassen, wird (6.6) bzw. (6.7) um die beiden Terme

$$g_i(x^P, x)P, \qquad i = 0 \quad \text{in (6.6)}, \qquad i = 1 \quad \text{in (6.7)}$$

ergänzt. Die Größe von P ermittelt man aus der Bedingung, daß die Durchbiegung über der Stütze Null sein muß,

$$w(\boldsymbol{x}^P) = 0 = \int\limits_{\Gamma} [g_0(\boldsymbol{y}, \boldsymbol{x}^P) V_\nu(w)(\boldsymbol{y}) - \frac{\partial}{\partial \nu} g_0(\boldsymbol{y}, \boldsymbol{x}^P) M_\nu(w)(\boldsymbol{y})$$

$$- V_\nu(g_0(\boldsymbol{y}, \boldsymbol{x}^P)) w(\boldsymbol{y}) + M_\nu(g_0(\boldsymbol{y}, \boldsymbol{x}^P)) \frac{\partial w}{\partial \nu}(\boldsymbol{y})] \, ds_{\boldsymbol{y}} + \int\limits_{\Omega} g_0(\boldsymbol{y}, \boldsymbol{x}^P) p(\boldsymbol{y}) \, d\Omega_{\boldsymbol{y}}$$

$$+ g_0(\boldsymbol{x}^P, \boldsymbol{x}^P) P + \sum_e \{ g_0(\boldsymbol{y}^e, \boldsymbol{x}^P) F(w)(\boldsymbol{y}^e) - w(\boldsymbol{y}^e) F(g_0)(\boldsymbol{y}^e, \boldsymbol{x}^P) \} \, . \quad (6.11)$$

Diese Gleichung wird also dem System $\boldsymbol{Hu} = \boldsymbol{G}\,\boldsymbol{t} + \boldsymbol{d}$ hinzugefügt.

Ist die Stütze elastisch (Federkonstante c), dann besteht zwischen der Durchsenkung $w(\boldsymbol{x}^P)$, der abhängigen Variablen, und der Stützkraft P, der unabhängigen Variablen, die Kopplung

$$w(\boldsymbol{x}^P)\, c - P = 0 \, .$$

Entsprechend wird die Durchbiegung $w(\boldsymbol{x}^P)$ auf der linken Seite in (6.11), die nun ungleich Null ist, durch P/c ersetzt.

Stützt sich eine Platte auf eine Zwischenwand γ ab, dann wird der Einfluß der Stützkräfte $p_s(\boldsymbol{y})$ [Kraft/Länge] auf die Durchbiegung von dem Integral

$$\int\limits_{\gamma} g_0(\boldsymbol{y}, \boldsymbol{x}) p_s(\boldsymbol{y}) \, ds_{\boldsymbol{y}}$$

beschrieben. In dem Programm *BE-PLATE-BENDING* wird die Wand in mehrere Elemente Γ_i unterteilt, und die unbekannte Stützkraft durch lineare Funktionen

$$p_s(\boldsymbol{x}) = p_s(\boldsymbol{x}^j) \varphi_j(\boldsymbol{x})$$

approximiert, so daß aus dem Integral über die Wand γ ein Integral über die aneinandergereihten Elemente wird

$$\sum_i \int\limits_{\Gamma_i} g_0(\boldsymbol{y}, \boldsymbol{x}) \varphi_j(\boldsymbol{y}) \, ds_{\boldsymbol{y}}\, p^j \, , \qquad p^j = p_s(\boldsymbol{x}^j) \, .$$

Die unbekannten Knotenwerte p^j werden dann so bestimmt, daß die Durchbiegung der Platte in den Knoten der Wandelemente Null ist.

Der Einfluß einer konstanten Teilflächenbelastung, s. Abb. 6.14, kann, wie im Fall der ganzen Platte, in ein Randintegral über den Rand Γ_p der Teilfläche

Ω_p umgewandelt werden,

$$\frac{p}{8\pi K}\int\limits_{\Omega_p} r^2 \ln r \; d\Omega_{\boldsymbol{y}} = \frac{p}{64\pi K}\int\limits_{\Gamma_p} r^3(2\ln r - \frac{1}{2})r_\nu \, ds_{\boldsymbol{y}}\,.$$

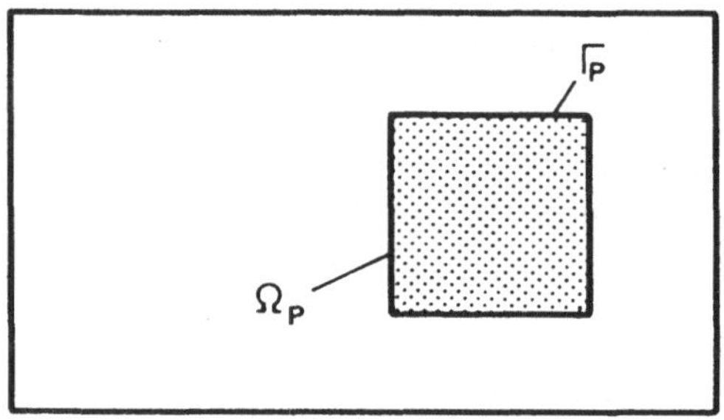

Abb. 6.14 Belastete Teilfläche

Damit das Programm dieses Randintegral berechnen kann, muß der Benutzer den Rand Γ_p der Teilfläche in Randelemente zerlegen. Jede belastete Teilfläche wird also noch einmal mit einer gesonderten Schar von Randelementen umfaßt. Dies gilt auch dann, wenn eine Teilfläche eine Seite mit dem Rand der Platte gemeinsam hat.

6.12 Beispiele

Das erste Beispiel ist eine gelenkig gelagerte Quadratplatte unter Gleichlast, s. Abb. 6.15, deren Seiten nacheinander in 2, 4, 8 und 16 Elemente unterteilt wurden. Schon bei 2 Elementen pro Seite kommen die Werte im Mittelpunkt der Platte der Reihenlösung von Czerny, [53, S. 370], sehr nahe. Der Fehler in den Momenten beträgt bei dieser Diskretisierung 2 % und in der Durchbiegung 0, 15 %. Wächst die Zahl der Elemente, dann konvergieren auch die Randwerte sehr rasch, s. Tabelle 6.2.

Abbildung 6.16 zeigt den Verlauf von w, M_1 und Q_1 im Bereich des Lagers (linke Kante, Mitte). Mit dem glatten Verlauf soll demonstriert werden, daß die stresspoints, also die Punkte, in denen die Durchbiegung und die Schnittkräfte berechnet werden, sehr nahe an den Rand rücken dürfen. Der letzte Spannungspunkt hat einen Abstand von 0, 2 m vom Rand. Er unterschreitet die Elementlänge von 0, 75 m (bei 8 Elementen pro Seite) um fast 75%. Abbildung 6.16 zeigt auch, wie man sich mittels Extrapolation Randwerte beschaffen kann, die keine Betti-Daten sind, wie die Querkraft.

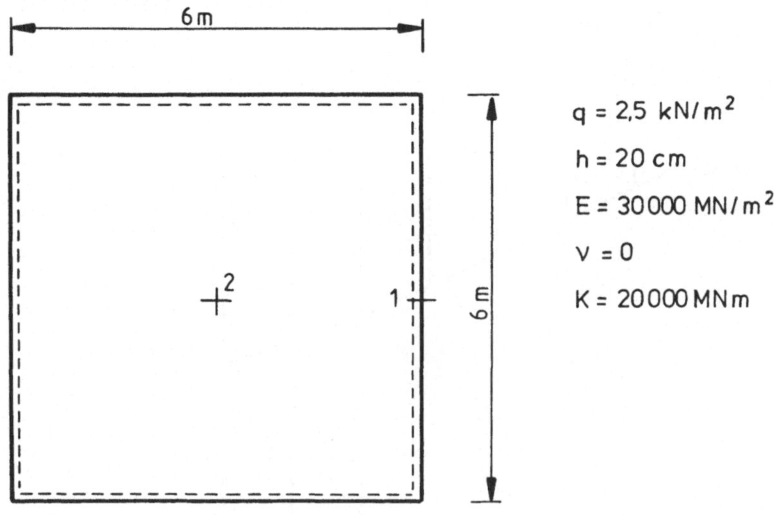

Abb. 6.15 Gelenkig gelagerte Quadratplatte

Tabelle 6.2. Ergebnisse der Quadratplatte in Abb. 6.15.

Elemente	V_n (1)	w (2)	$M_1 = M_2$ (2)	Eckkräfte
2	$-9{,}6916$	$0{,}6585$	$3{,}2388$	$6{,}4921$
4	$-6{,}5237$	$0{,}6476$	$3{,}2706$	$7{,}8782$
8	$-6{,}8422$	$0{,}6550$	$3{,}3031$	$8{,}3345$
16	$-6{,}8493$	$0{,}6573$	$3{,}3122$	$8{,}3918$
Czerny	$-6{,}8493$	$0{,}6575$	$3{,}3088$	$8{,}3333$

Auch bei dem zweiten Beispiel, einer teils eingespannten, teils gelenkig
gelagerten, rechtwinkligen Platte, s. Abb. 6.17, die mit 10 Elementen pro Seite
gerechnet wurde, ist die Übereinstimmung mit den Werten von Czerny, [53, S.
380], sehr gut, s. Tabelle 6.3.

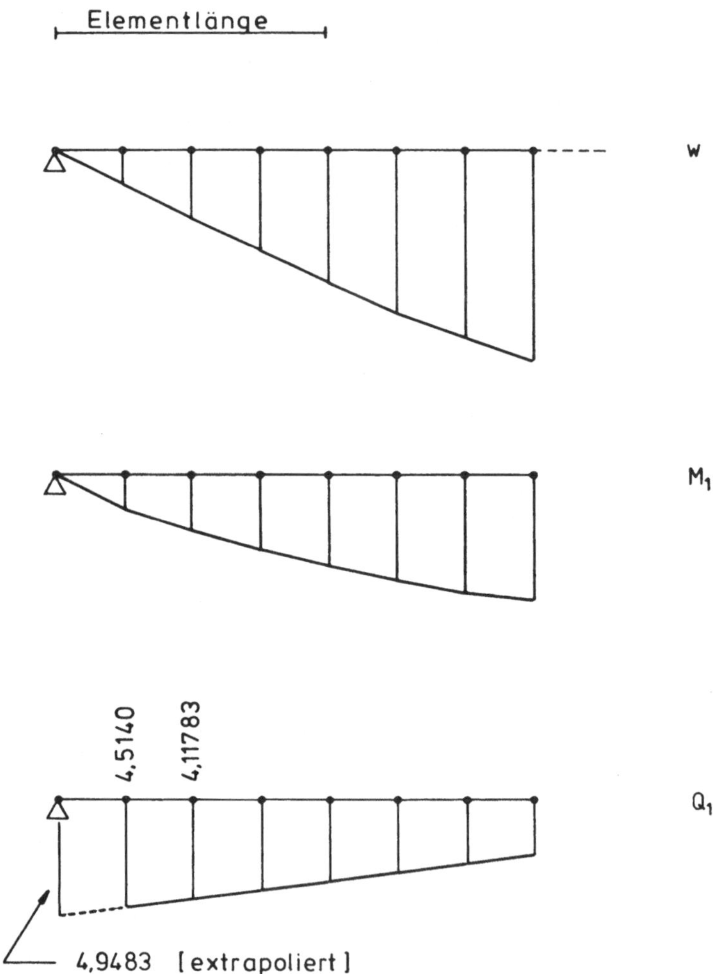

Abb. 6.16 Verläufe in unmittelbarer Nähe des Rands; die Elementlänge ermöglicht einen Größenvergleich

Bei der Berechnung von Deckenplatten im Hochbau sind einfache Näherungsverfahren oft ausreichend. Die Platte in Abb. 6.18 wurde nach den Verfahren von Cross/Brunner und Marcus berechnet, s. Tabelle 6.4. Die prozentualen Abweichungen beziehen sich auf die RE-Lösung. Die relativ großen Abweichungen bei den Feldmomenten sind wohl damit zu erklären, daß diese Werte mit den Stützmomenten nach Cross/Brunner aus den Tabellen von Czerny und Bittner ermittelt, also zweimal 'interpoliert' wurden.

Jede Seite der Platte wurde in 11 Randelemente unterteilt. Das entspricht einer Elementlänge von 1 m. Aus den vier Innenwänden wurden zwei sich überkreuzende Wände gemacht, die mit je 10 Elementen diskretisiert wurden.

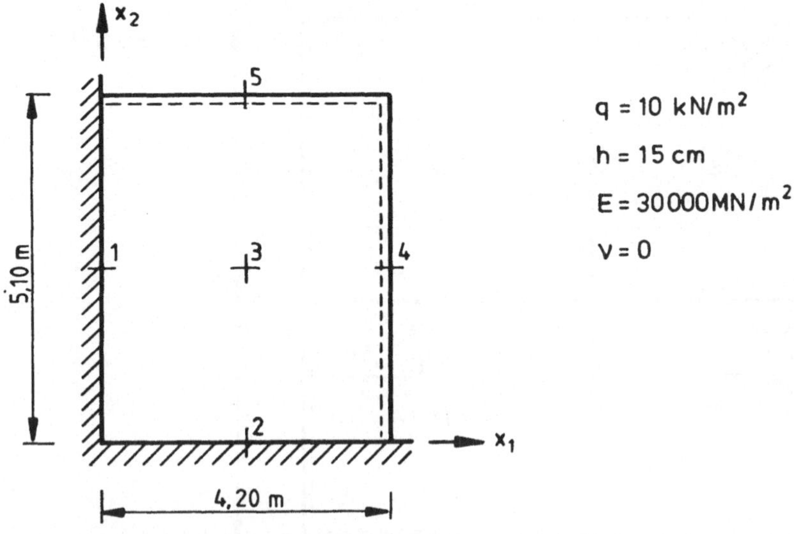

Abb. 6.17 Teils eingespannte, teils gelenkig gelagerte Platte

Tabelle 6.3. Vergleich der Lösungen.

Punkt	Schnittgröße	Reihenlösung	RE-Lösung	Fehler %
1	m_x	$-15,3391$	$-15,2196$	$0,78$
3	m_x	$5,8800$	$5,9844$	$1,78$
2	m_y	$-13,4656$	$-13,1713$	$2,19$
3	m_y	$4,0091$	$3,6940$	$7,86$
1	q_x	$24,0000$	$24,0732$	$0,31$
4	q_x	$16,4706$	$16,5069$	$0,22$
2	q_y	$22,4599$	$22,7418$	$1,26$
5	q_y	$16,2162$	$16,3671$	$0,93$
Ecke	f	$1,0695$	$1,0857$	$1,51$

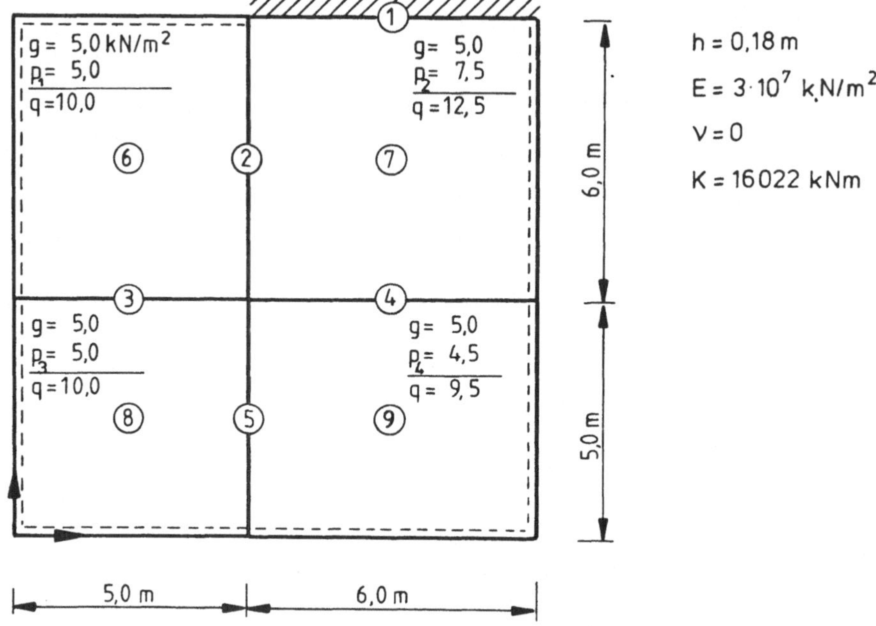

Abb. 6.18 Wohnhausdecke über vier Zimmern

Daß sich die Elemente in einem Punkt kreuzen, ist nicht weiter schlimm. Nur sollte man z.B. durch die Wahl unterschiedlicher Elementlängen auf den beiden Wänden dafür sorgen, daß der Schnittpunkt nicht gerade ein gemeinsamer Kollokationspunkt ist. (Wenn es trotzdem passiert, fängt das Programm dies ab, in dem es den Punkt leicht verschiebt). Aus demselben Grund sollte man einen kleinen Spalt, etwa 0.1 × Elementlänge, zwischen den Anfangs- und Endpunkten der inneren Wände und den Außenwänden lassen. Macht man diesen Spalt unterschiedlich groß, kann man im übrigen auch bei gleicher Diskretisierung der Innenwände und symmetrischen Verhältnissen, die Kollision der Kollokationspunkte im Kreuzungsbereich vermeiden. So wurde hier verfahren. Die drei unterschiedlichen Teilflächenbelastungen wurden mit drei subdomains erfaßt, deren Ränder von dem Student mit 32, 22 bzw. 24 Elementen diskretisiert wurden. Hier hätte aber auch schon halb soviel Elemente ausgereicht.

Das vierte Beispiel ist eine Wohnhausdecke, s. Abb. 6.19, die für den Lastfall $g + p$,

$$g = 6 \quad \text{kN/m}^2,$$

$$p_1 = 2,75 \quad \text{kN/m}^2 \quad \text{(Zimmer)}, \qquad p_2 = 5 \quad \text{kN/m}^2 \quad \text{(Balkon)}$$

Tabelle 6.4. Vergleich der verschiedenen Verfahren.

Punkt		RE-Lsg.	Cross/Brunner	Fehler %	Marcus	Fehler %
1	M_2	$-28,255$	$-28,64$	$1,36$	$-25,00$	$11,52$
2	M_1	$-22,945$	$-23,64$	$3,03$	$-21,04$	$8,30$
3	M_2	$-17,474$	$-17,99$	$2,95$	$-15,13$	$13,41$
4	M_2	$-23,233$	$-24,71$	$6,36$	$-24,91$	$7,22$
5	M_1	$-16,642$	$-17,26$	$3,71$	$-14,92$	$10,35$

Innenpunkte

Punkt		RE-Lsg.	Cross/Brunner	Fehler %
6	M_1	$7,95$	$8,29$	$4,10$
	M_2	$3,27$	$5,05$	$35,20$
7	M_1	$7,58$	$7,94$	$4,75$
	M_2	$10,18$	$10,41$	$2,21$
8	M_1	$5,65$	$5,51$	$2,54$
	M_2	$5,71$	$5,51$	$3,63$
9	M_1	$2,75$	$4,51$	$39,00$
	M_2	$7,27$	$7,60$	$4,34$

berechnet wurde. Die Belastung wurde in eine stetig verteilte Last

$$g + p_1 = 8,75 \quad \mathrm{kN/m^2}$$

und in eine zusätzliche Last

$$p_3 = p_2 - p_1 = 2,25 \quad \mathrm{kN/m^2}$$

auf dem Balkon allein geteilt. Diese Teilflächenlast wurde durch eine Schar von zusätzlichen Elementen erfaßt, die den Balkon umranden. Die stützenden Innenwände wurden durch 7 bzw. 8 Elemente modelliert, wobei ein kleiner Spalt zwischen Stützwand und Außenwand gelassen wurde, damit die Anfangs- bzw. Endpunkte der inneren Elemente nicht auf den äußeren Elementen liegen. Die

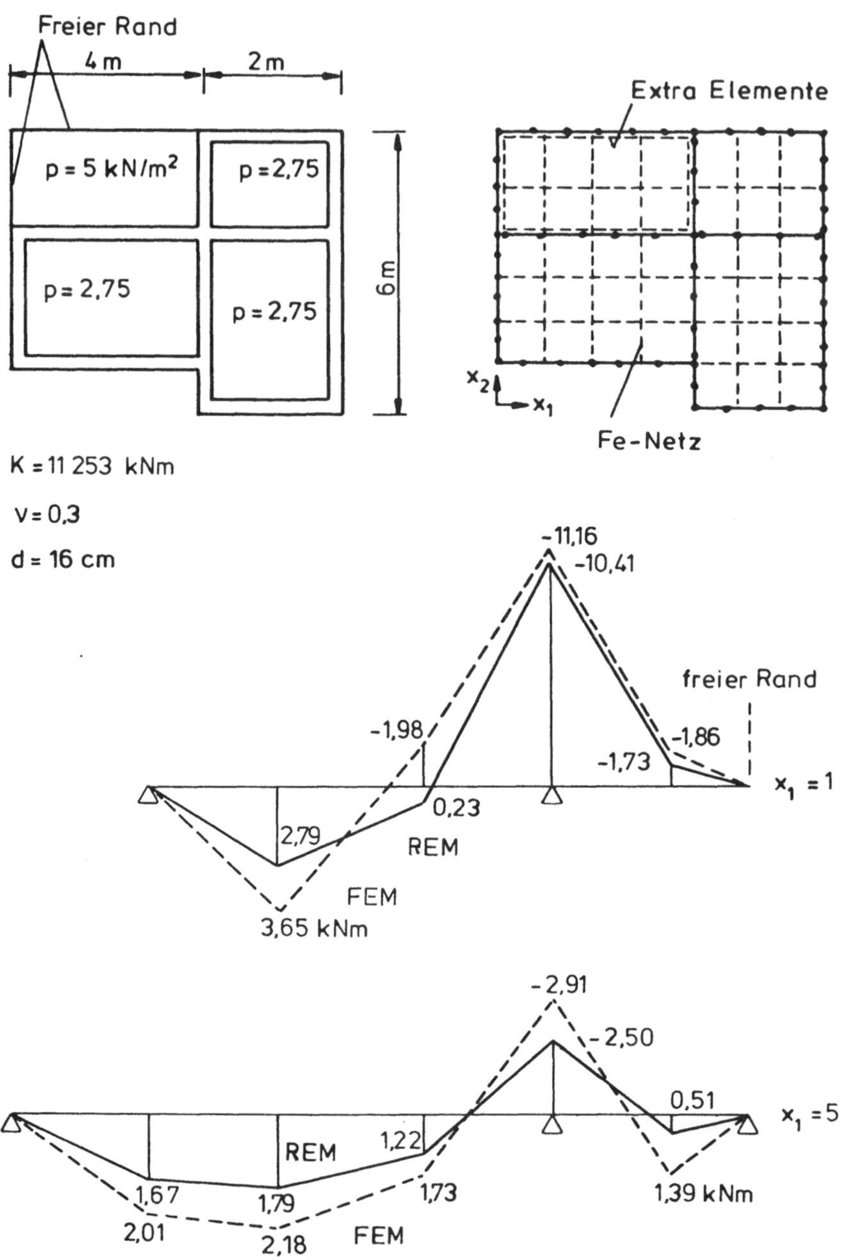

Abb. 6.19 Wohnhausdecke mit Balkon

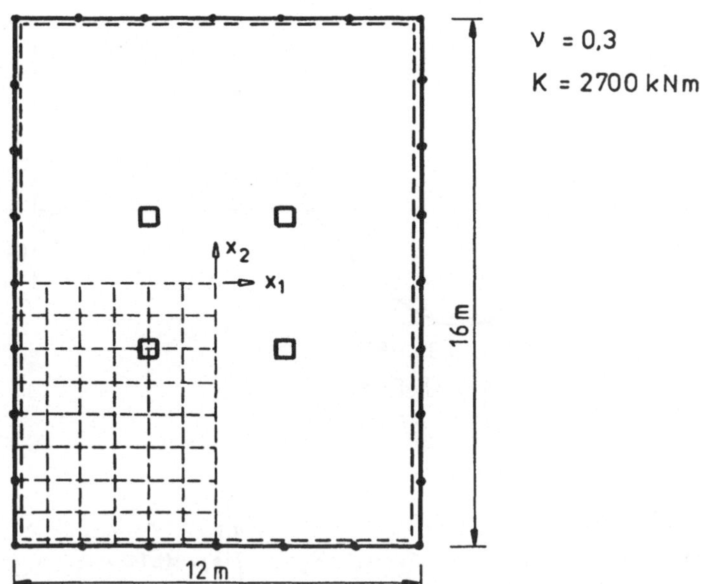

Abb. 6.20 Gelenkig gelagerte Platte, die zusätzlich im Innern auf vier Stützen ruht; Lastfall Gleichlast

relativ großen Abweichungen der FE-Lösung lassen sich mit der recht einfachen FE-Approximation erklären. Das FE-Netz ist sehr grob und zudem wurde ein nichtkonformes Rechteckelement mit nur 12 Freiheitsgraden, s. [54], benutzt.

Das fünfte Beispiel ist eine gelenkig gelagerte Platte unter Gleichlast, die im mittleren Teil zusätzlich von vier Säulen gestützt wird, s. Abb. 6.20. Der Rand der Platte wurde in 28 Elemente eingeteilt. Das FE-Netz (48 konforme bikubische Elemente mit 16 Freiheitsgraden, s. [55]) konnte wegen der Symmetrie des Systems, wie der Belastung, auf ein Viertel der Platte beschränkt werden. Die Übereinstimmung der FE-Lösung mit den Ergebnissen der Randelemente ist diesmal besser, s. Abb. 6.21.

Der Schnitt in Abb. 6.21b geht genau durch die Stütze. Diese ist für die Randelemente — anders als für die finiten Elemente — die Einleitungsstelle einer echten Einzelkraft und daher geht auch das Moment über der Stütze dort gegen Unendlich. Der Einfluß der Stützkraft P auf die Momente in einem Punkt mit Abstand r von der Stütze verhält sich wie

$$M_{ij} \sim \frac{1}{r} P \,.$$

Die Stützmomente ($r = 0$) sind also unendlich groß. Verlangt man nun von dem Programm, daß es die Momente über der Stütze berechnet, so verlegt das Programm den Aufpunkt automatisch um $r = 0,000\,001$ Längeneinheiten von der Stütze weg, um dem zero-divide zu entgehen.

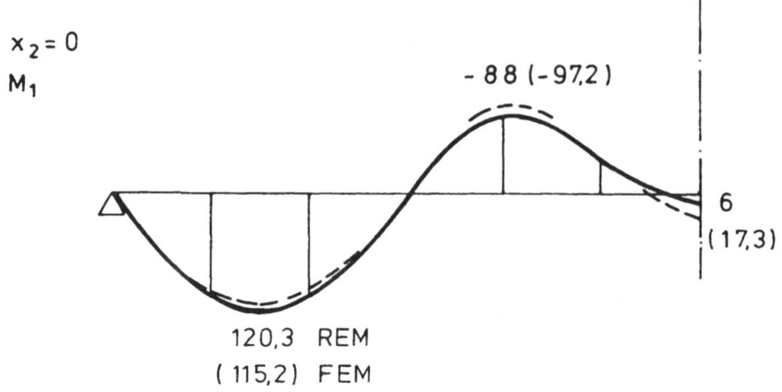

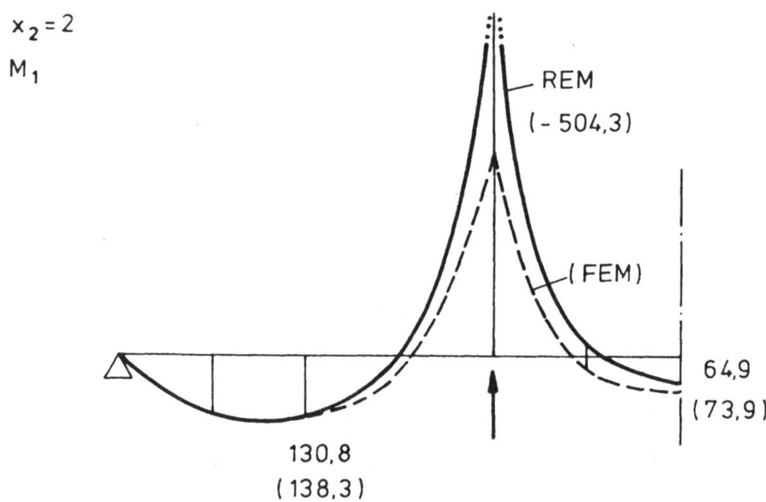

Abb. 6.21 Vergleich der Biegemomente mit der FE-Lösung aus Abschn. 1.7

Der Leser kennt diese Platte im übrigen aus Kap. 1. Dort hatten wir in Abb. 1.17 die zur FE-Lösung gehörigen äußeren Kräfte angetragen.

In den stumpfen Ecken schiefer Plattenbrücken wird das Biegemoment parallel zum Rand unendlich groß. Es ist bekannt, daß reine FE-Weggrößenmodelle in solchen Punkten Schwierigkeiten haben. Einen Ausweg bieten gemischte finite Elemente. Ornth, [56], hat eine schiefe Plattenbrücke mit unterschiedlichen gemischten finiten Elementen berechnet. Die RE-Lösung folgt ziemlich genau der Mittellinie des Streubereichs der FE-Lösungen, s. Abb. 6.22.

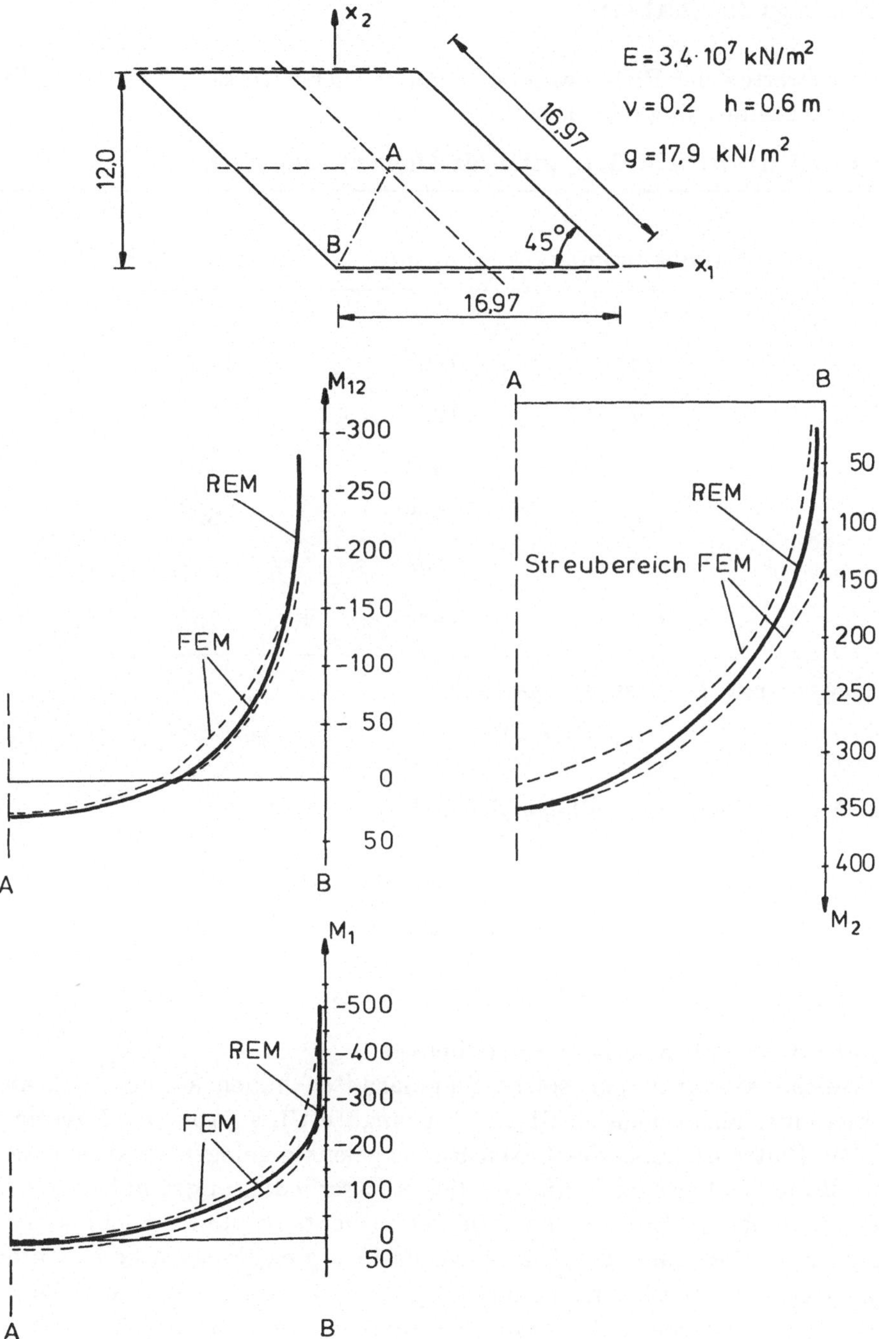

Abb. 6.22 Schiefe Plattenbrücke; Vergleich einer RE-Lösung mit verschiedenen FE-Lösungen (gemischte Ansätze)

6.13 Singularitäten

Die Randwerte einer Platte werden, wenn der Eckenwinkel die Werte in Tabelle 6.5 überschreitet, singulär, s. [57].

Tabelle 6.5 Kritische Eckenwinkel für Momente und Schub

Randbedingung	Momente	Kirchhoffschub
e/e	180°	126°
e/g	129°	90°
e/f	95°	52°
g/g	90°	60°
g/f	90°	51°
f/f	180°	78°

e = eingespannt, f = frei, g = gelenkig.

Ausnahmen bilden nur die folgenden Ecken

$$g/g \quad \text{mit } 90° \text{ und } 180°,$$
$$f/f \quad \text{mit } 180°,$$
$$g/f \quad \text{mit } 90°,$$

in denen die Randwerte beschränkt beiben.

Welche Auswirkungen solche Singularitäten haben können, soll an dem Beispiel einer auskragenden Platte ('Sprungbrett'), s. Abb. 6.23 gezeigt werden. Die Platte ist längs des linken Rands gelenkig gelagert, während sich der rechte Rand frei bewegen kann. Bei diesen Lagerbedingungen haben der Kirchhoffschub und das Biegemoment in dem Übergangspunkt gelenkig–frei eine Singularität. Der Rand der Platte wurde in 6 gleichlange Macros unterteilt, die in drei Rechenläufen nacheinander in je 8, 10 und 12 Elemente unterteilt wurden, um schrittweise die Approximation zu verbessern.

In Abb. 6.24 ist der Verlauf des Kirchhoffschubs V_n für die feinste Teilung, 12 Elemente pro Macro, aufgetragen. Man erkennt deutlich die Oszillationen nahe der Übergangsstelle.

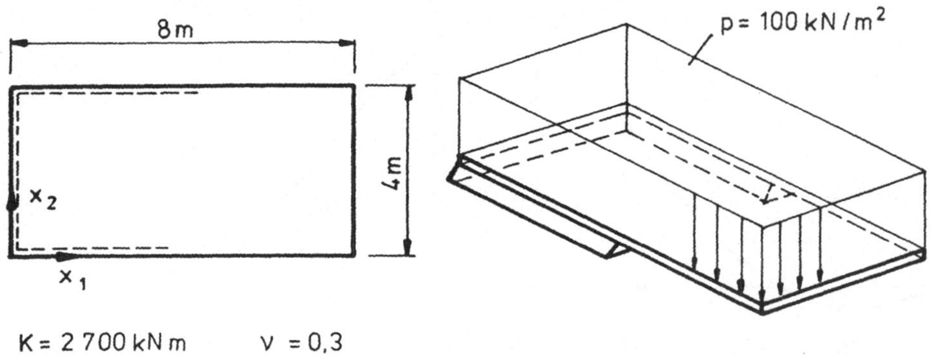

Abb. 6.23 Auskragende Platte

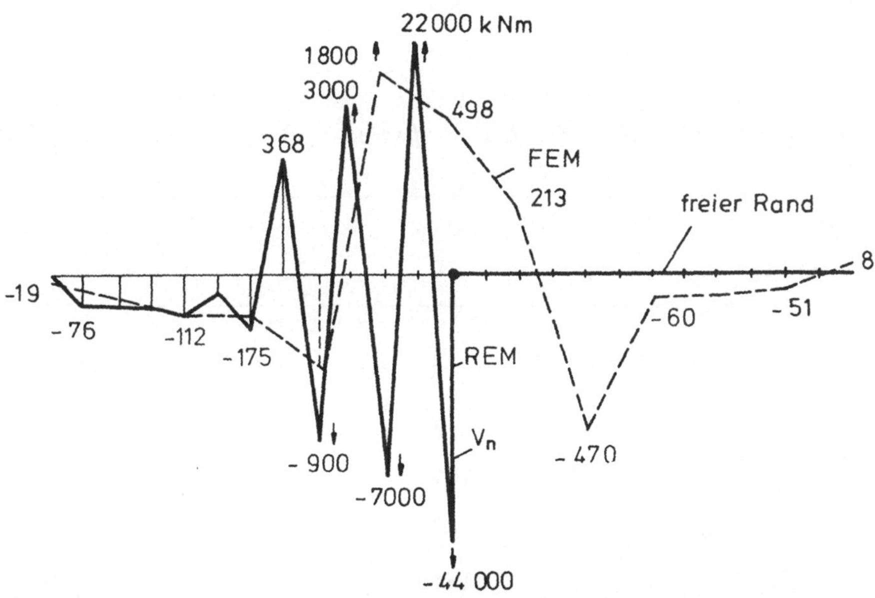

Abb. 6.24 Der Verlauf des Kirchhoffschubs auf den Längsseiten der Platte

Man sollte nun vermuten, daß solche ausgeprägten Oszillationen die Lösung stark stören. Dies ist aber nicht so, wie man an Abb. 6.25 ablesen kann. In dieser Abbildung ist der Verlauf des Biegemoments M_1 der drei Lösungen (8, 10, 12 Elemente pro Macro) im Schnitt $x_2 = 1$ m angetragen. Trotz der so unterschiedlichen Resultate für den Verlauf des Kirchhoffschubs V_n auf der unteren Kante, s. Tabelle 6.6, weichen die mit diesen Werten (und den anderen Randdaten) berechneten Ergebnisse im Innern kaum voneinander ab, und wie ein Vergleich mit einer FE-Lösung (64 konforme, rechteckige Elemente), s. Abb. 6.26 und 6.27, zeigt, ist die Lösung auch korrekt.

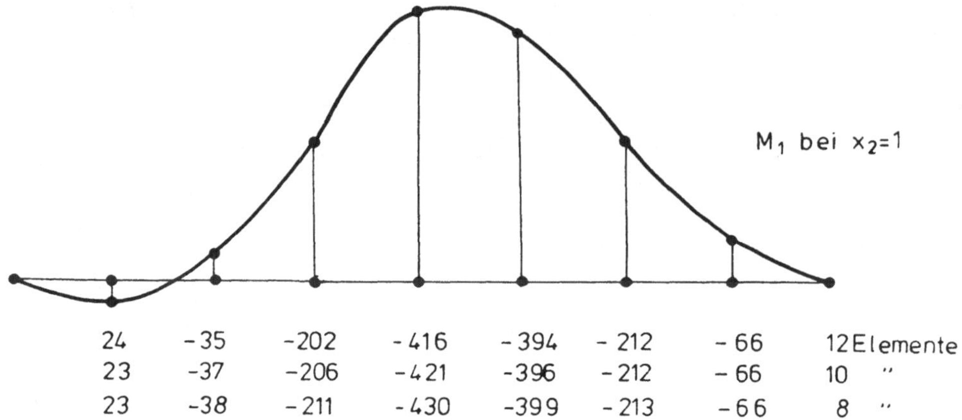

Abb. 6.25 Vergleich der Biegemomente im Schnitt $x_2 = 1$ für verschiedene Elementanzahlen

Tabelle 6.6. Die Knotenwerte des Kirchhoffschubs für verschieden feine Unterteilungen.

Knoten	8	10	12	(Elemente)
1	0	0	0	
2	−74	−81	−76	
3	−168	−107	−92	
4	107	−65	−96	
5	−595	−181	−112	
6	1580	229	−32	
7	−3902	−741	−174	
8	12207	2280	368	
9	−24278	−5340	−903	
10		17041	3052	
11		−33535	−6929	
12			22383	
13			−43738	

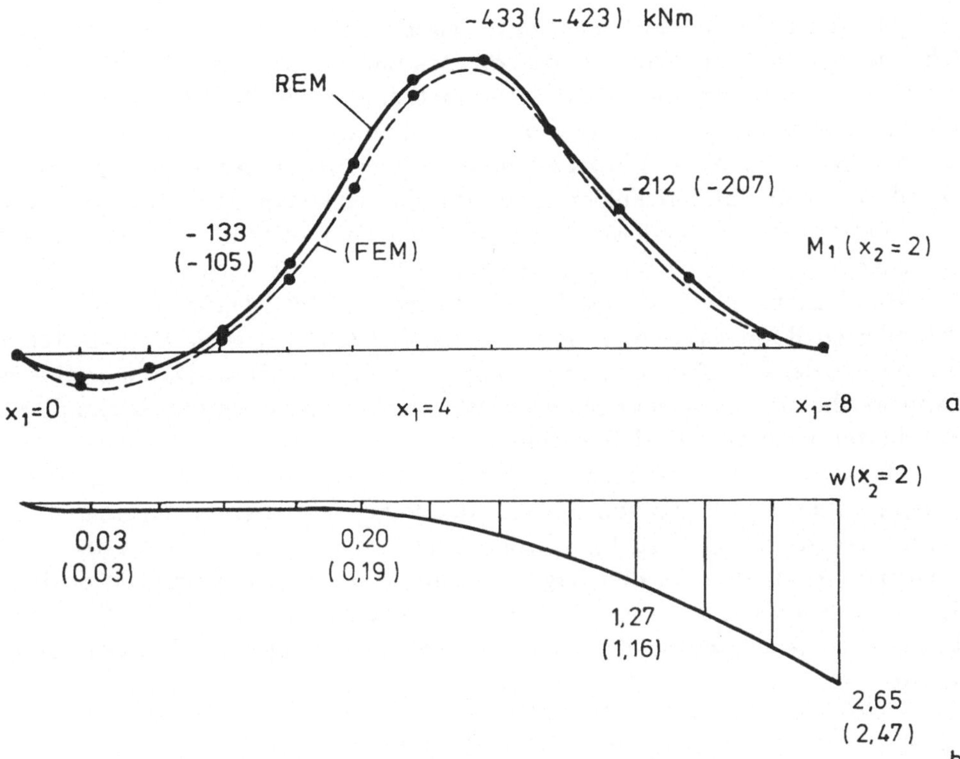

Abb. 6.26 Vergleich zwischen einer FE-Lösung und der RE-Lösung

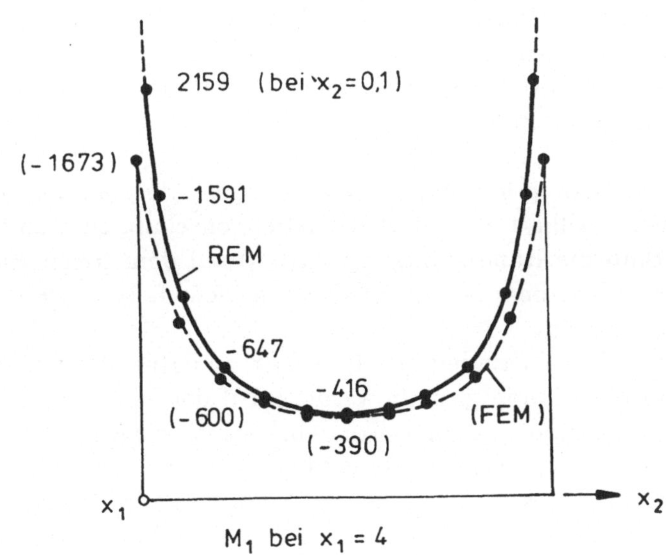

Abb. 6.27 Verlauf des Biegemoments in Querrichtung im Bereich der Übergangspunkte gelenkig–frei

Man muß also unterscheiden zwischen den Randdaten und der eigentlichen RE-Lösung. Die Betti-Daten w, $\partial w/\partial n$, M_n und V_n, die man mittels der Kopplungsbedingungen auf dem Rand berechnet, sind *nicht* die Randwerte der RE-Lösung, s. Abschn. 1.7. Die RE-Lösung wird erst durch eine Nachlaufrechnung aus den Betti-Daten durch Integration berechnet. Bei dieser Integration werden Oszillationen und andere Fehler in den Randdaten gedämpft bzw. ausgeglichen.

Die Randwerte der RE-Lösung kann man nur so ermitteln, daß man die betreffenden Werte in zwei, drei randnahen Punkten berechnet und dann auf den Rand extrapoliert. In der Regel weichen die Betti-Daten von diesen extrapolierten Randwerten aber so wenig ab, daß man ruhig die Betti-Daten als Randwerte der RE-Lösung nehmen kann. Nur wenn die Betti-Daten oszillieren, dann werden die Abweichungen groß, weil die Oszillationen der extrapolierten Randdaten wesentlicher kleiner sind.

Die Gleichgewichtsbedingung war im übrigen, trotz der starken Oszillationen, immer erfüllt. Es wurde sogar das folgende Experiment gemacht: Der berechnete Kirchhoffschub V_n wurde überall dort, wo er positiv war — dies entspricht Zugkräften in den Lagern — mit (-1) multipliziert. Die positiven Spitzen wurden also sozusagen ins Negative geklappt. Damit die Kräfte statisch äquivalent blieben, wurde der modifizierte Schub $\tilde{V}_n$ mit einem Verkleinerungsfaktor

$$\alpha = \int V_n \, ds \,/\, \int \tilde{V}_n \, ds,$$

dem Verhältnis der Flächen unter den Kurven V_n bzw. $\tilde{V}_n$ multipliziert. Mit dem so manipulierten Kirchhoffschub $\tilde{V}_n$ wurden nun wiederum die Momente und Durchbiegungen im Innern berechnet. Das Ergebnis war aber unbrauchbar. Die so modifizierte RE-Lösung hatte nichts mehr mit der vorherigen Lösung zu tun. Offenbar sind also diese Oszillationen — trotz ihrer enormen Spitzen — wohl ausbalanciert, und man sollte sich hüten, hier die Mathematik verbessern zu wollen.

Auch die FE-Lösung hat ihre Schwierigkeiten, wie man an Abb. 6.24 erkennt. Zum einen oszilliert auch dort der Kirchhoffschub, zum andern verletzt der Kirchhoffschub die Randbedingung $V_n = 0$ auf dem freien Rand in ganz eklatanter Weise. Trotzdem ist die FE-Lösung nicht falsch, wie der Vergleich mit der RE-Lösung zeigt.

Oszillationen sind ein eindeutiges Kennzeichen dafür, daß widersprechende Bedingungen an die Lösung gestellt werden. Auf der anderen Seite darf man sich aber von Oszillationen nicht (allzu sehr) erschrecken lassen. Wenn oszillierende Daten von Einflußfunktionen gefiltert werden, dann darf man hoffen, daß hierbei die Spitzen geglättet werden. Eindrucksvolle Belege hierfür sind die Beispiele in diesem Abschnitt, aber auch das Verhalten der in Abschn. 1.12 zitierten FE-Plattenlösung. Trotz der enormen Oszillationen in den vierten Ableitungen (im Stützenbereich) stimmen die Momente mit den Momenten der

RE-Lösung relativ gut überein, weil die oszillierenden Daten zweimal integriert und so geglättet werden.

6.14 Einflußflächen

Das Wort Einflußfunktion ist in diesem Buch ein Synonym für Integraldarstellung. Es hat nicht die enge Bedeutung, die der Ingenieur ihm sonst zulegt.

Unter Einflußfunktionen versteht der Ingenieur gemeinhin nur Funktionen, die ihm sagen, wie groß etwa das Biegemoment in Balkenmitte ist, wenn eine Einzelkraft im ersten Zehntelspunkt, im zweiten Zehntelspunkt, etc. steht. Mit der Berechnung dieser Funktionen bei Platten beschäftigt sich dieser Abschnitt.

Die Einflußfunktion für die Durchbiegung eines Punkts ξ gibt an, wie groß die Durchbiegung in dem Punkt ist, wenn in einem abliegenden Punkt x eine Kraft $P = 1$ steht. Die Einflußfunktion ist also eine Funktion des Aufpunkts ξ und des Quellpunkts x. Nach dem Satz von Betti ist diese Einflußfunktion w_R, $R = $ rechts, gleich der Biegefläche w_L, der linken Platte, wenn dort eine Einzelkraft $P = 1$ im Punkt ξ steht, s. Abb. 6.28, denn die Gleichung $A_{1,2} = A_{2,1}$ ist äquivalent mit

$$P_L w_R(\xi, x) = P_R w_L(x, \xi).$$

Allgemeiner gilt: Die Einflußfläche für die Größe $\partial^i w(\xi)$ ist gleich der Biegefläche $w(\xi, x)$, wenn im Punkt ξ eine zu ∂^i konjugierte Singularität ∂^j, $i + j = 3$, auftritt.

Also gilt, um das Beispiel aus der Einleitung zu wiederholen: Die Einflußfunktion für die Durchbiegung in ξ ist die Biegefläche der Platte, wenn im Punkt ξ eine Kraft $P = 1$ steht, wenn also der Kirchhoffschub im Punkt ξ der Bedingung

$$\lim_{\varepsilon \to 0} \int_{\Gamma_{N\varepsilon}(\xi)} V_n(x, \xi)\hat{w}(x)\, ds_x = \hat{w}(\xi) \qquad \text{für alle } \hat{w} \in C^4(\bar{\Omega})$$

genügt. Wenn der Kreis

$$\Gamma_{N_\varepsilon}(\xi) = \{x \in \Omega \mid |x - \xi| = \varepsilon\}$$

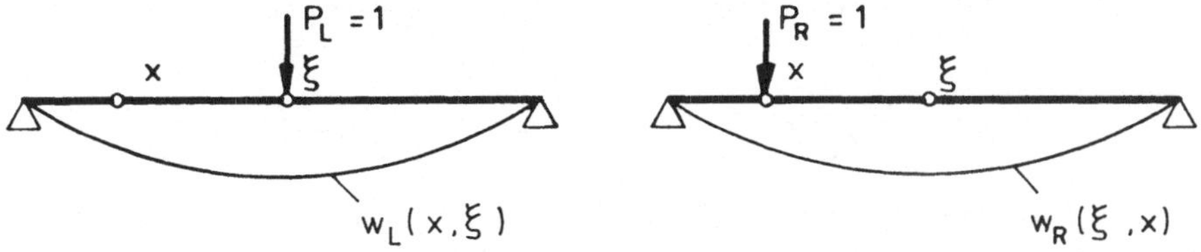

Abb. 6.28 Illustration zum Satz von Betti

sich auf den Punkt ξ zusammenzieht, muß also die Arbeit, die der Kirchhoffschub auf den Wegen der virtuellen Verrückung $\hat{w}$ leistet, gegen $\hat{w}(\xi)$ konvergieren. Da auch $\hat{w} = 1$ eine virtuelle Verrückung ist (auf die Lagerbedingungen kommt es hierbei nicht an), ist dies gleichbedeutend damit, daß das Integral des Kirchhoffschubs gegen die Einzelkraft, gegen 1 konvergiert

$$\lim_{\varepsilon \to 0} \int\limits_{\Gamma_{N\varepsilon}(\xi)} V_n(x, \xi)\, ds_x = 1\,, \qquad (\hat{w} = 1)\,.$$

Analog sind die Einflußfunktionen für a) die Verdrehung $(\partial w / \partial f)$ in Richtung des Vektors f, b) das Biegemoment M_f bzw. c) den Kirchhoffschub V_f die Biegeflächen, wenn im Punkt ξ ein Moment $M_f = 1$ angreift, wenn also gilt

$$\text{a)} \qquad \lim_{\varepsilon \to 0} \int\limits_{\Gamma_{N\varepsilon}(\xi)} M_n(x, \xi) \frac{\partial \hat{w}}{\partial n}(x)\, ds_x = \frac{\partial \hat{w}}{\partial f}(\xi) \qquad \text{für alle } \hat{w} \in C^4(\bar{\Omega})\,,$$

die Biegefläche dort in Richtung von f einen Knick der Größe 1 aufweist:

$$\text{b)} \qquad \lim_{\varepsilon \to 0} \int\limits_{\Gamma_{N\varepsilon}(\xi)} \frac{\partial w}{\partial n}(x, \xi) M_n(\hat{w})\, ds_y = M_f(\hat{w})(\xi) \qquad \text{für alle } \hat{w} \in C^4(\bar{\Omega})\,,$$

bzw. die Biegefläche dort in Richtung von f um den Wert 1 springt:

$$\text{c)} \qquad \lim_{\varepsilon \to 0} \int\limits_{\Gamma_{N\varepsilon}(\xi)} w(x, \xi) V_n(\hat{w})(x)\, ds_x = V_f(\hat{w})(\xi) \qquad \text{für alle } \hat{w} \in C^4(\bar{\Omega})\,.$$

Diese Biegeflächen haben die Gestalt

$$w_j(x, \xi) = g_j(x, \xi) + w_{R_j}(x)\,,$$

wobei die g_j die Grundlösungen der Platte sind

$$g_0 = \frac{1}{8\pi K} r^2 \ln r\,, \qquad g_1 = \frac{\partial}{\partial f_\xi} g_0(x, \xi)\,,$$

$$g_2 = M_{f_\xi}(g_0(x, \xi))\,, \qquad g_3 = V_{f_\xi}(g_0(x, \xi))\,.$$

Der Vektor f übernimmt also jetzt die Rolle der Schnittnormalen n. Das angehängte ξ soll darauf hinweisen, daß nach den Koordinaten ξ_i zu differenzieren ist.

Die Funktionen $w_{R_j}(x)$ sind (unbekannte) reguläre, homogene Lösungen der Plattengleichung, die die Grundlösungen den Randbedingungen anpassen.

Geht man mit der Grundlösung $g_0(y, x)$ bzw. $g_1(y, x)$ und einer solchen Biegefläche $w_j(y, \xi)$ in die zweite Greensche Identität (6.5) und formuliert die Identitäten

$$B(g_0(y, x), w_j(y, \xi))$$

bzw.

$$B(g_1(y, x), w_j(y, \xi)),$$

dann erhält man nach entsprechenden Grenzübergängen — man muß jetzt sowohl um x wie um ξ kleine Kreise mit dem Radius ε bzw. η schlagen — dieselben Gleichungen (6.6) und (6.7) wie zuvor, nur daß nun die Gebietsintegrale

$$\int_\Omega g_i K \Delta \Delta w \, d\Omega_y, \qquad i = 0, 1$$

in (6.6) und (6.7) durch die Funktionen

$$s_j(\xi, x) = \partial_y^j g_0(y, x)\Big|_{y=\xi} \qquad \text{in (6.6)},$$

$$\frac{\partial}{\partial n_x} s_j(\xi, x) = \frac{\partial}{\partial n_x} \partial_y^j g_0(y, x)\Big|_{y=\xi} \qquad \text{in (6.7)}$$

zu ersetzen sind. Man beachte, daß die Funktion g_0 nicht die Funktion g_j aus w_j ist, sondern das erste Argument in der Identität $B(g_0, w_j)$ und der Index j dem Index j der Einflußfunktion w_j korrespondiert.

Bezeichnen wir den zur Richtung $f = \{f_1, f_2\}^T$ gehörigen Tangentenvektor mit $g = \{g_1, g_2\}^T = \{-f_2, f_1\}^T$, dann lauten diese Funktionen:

Einzelkraft

$$s_0(\xi, x) = -\frac{1}{8\pi K} r \ln r, \qquad \frac{\partial}{\partial n_x} s_0(\xi, x) = \frac{1}{8\pi K} r r_n (1 + 2\ln r).$$

Einzelmoment

$$s_1(\xi, x) = -\frac{1}{8\pi K} r r_f (1 + 2\ln r),$$

$$\frac{\partial}{\partial n_x} s_1(\xi, x) = -\frac{1}{8\pi K} [(r_n r_f + r_g r_t)(1 + 2\ln r) + 2 r_f r_n].$$

284

Knick

$$s_2(\boldsymbol{\xi}, \boldsymbol{x}) = - \frac{1}{8\pi}[2(1+\nu)\ln r + (3+\nu)r_f^2 + (1+3\nu)r_g^2]\,,$$

$$\frac{\partial}{\partial n_x}s_2(\boldsymbol{\xi}, \boldsymbol{x}) = - \frac{1}{4\pi r}[(1+\nu)r_n + 2(1-\nu)r_g r_f r_t]\,.$$

Sprung

$$s_3(\boldsymbol{\xi}, \boldsymbol{x}) = - \frac{1}{4\pi r}[2r_f + (1-\nu)(r_f - \kappa r)(r_f^2 - r_g^2)]\,,$$

$$\frac{\partial}{\partial n_x}s_3(\boldsymbol{\xi}, \boldsymbol{x}) = \frac{1}{4\pi r^2}[r_n\{2r_f + (1-\nu)r_f(r_f^2 - r_g^2)\}$$

$$- r_t\{2r_g + (1-\nu)[r_g(r_f^2 - r_g^2) + 4r_f^2 r_g]\}]\,.$$

An Hand dieser Gleichungen erkennt man leicht das Bildungsgesetz

$$s_i = \partial^i_{\boldsymbol{y}(f)}g_0(\boldsymbol{y}, \boldsymbol{x})\Big|_{\boldsymbol{y}=\boldsymbol{\xi}}\,,$$

und daher ist es einfach, auch die entsprechenden Terme für die Einflußfunktion der Querkraft Q_f

$$\bar{s}_3(\boldsymbol{\xi}, \boldsymbol{x}) = Q_f(g_0) = \frac{1}{2\pi r}r_f\,,$$

$$\frac{\partial}{\partial n_x}\bar{s}_3(\boldsymbol{\xi}, \boldsymbol{x}) = - \frac{1}{2\pi r^2}(r_n r_f - r_g r_t)$$

und für das Torsionsmoment M_{fg},

$$s_4(\boldsymbol{\xi}, \boldsymbol{x}) = M_{fg}(g_0) = - \frac{(1-\nu)}{4\pi}r_f r_g\,,$$

$$\frac{\partial}{\partial n_x}s_4(\boldsymbol{\xi}, \boldsymbol{x}) = - \frac{(1-\nu)}{4\pi}r_t(r_g^2 - r_f^2)\,.$$

herzuleiten.

Die weitere Behandlung unterscheidet sich im übrigen nicht von dem bisherigen Procedere. Die Rolle des Vektors $\boldsymbol{d}$, des Einflusses der verteilten Belastung in der Gleichung $\boldsymbol{Hu} = \boldsymbol{Gt} + \boldsymbol{d}$, wird nun von einem Vektor $\boldsymbol{d}'$ übernommen, dessen Komponenten abwechselnd die Größen (z.B. im Fall der Einflußfunktion für die Durchbiegung)

$$s_0(\boldsymbol{\xi}, \boldsymbol{x}^k) \qquad \text{1. Integralgleichung}\,,$$

$$\frac{\partial}{\partial n}s_0(\boldsymbol{\xi}, \boldsymbol{x}^k) \qquad \text{2. Integralgleichung}$$

sind. Hat man die diskreten Kopplungsbedingungen gelöst, dann kann man mittels der Integraldarstellung (6.6) die Einflußfläche berechnen.

$$K = 2\,700 \ \text{kNm}$$
$$\nu = 0,3$$

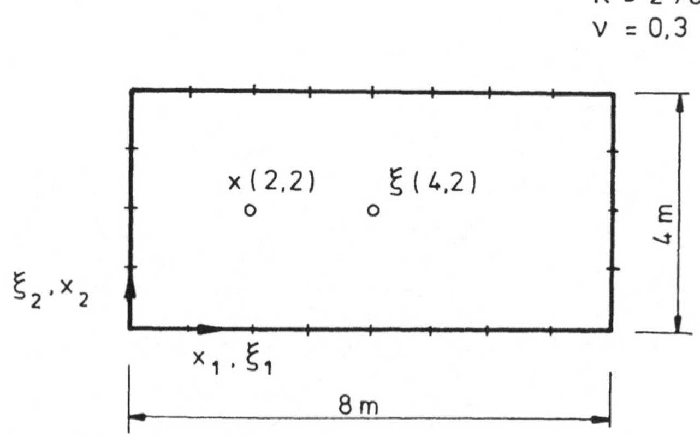

Abb. 6.29 Die Abmessungen der Platte

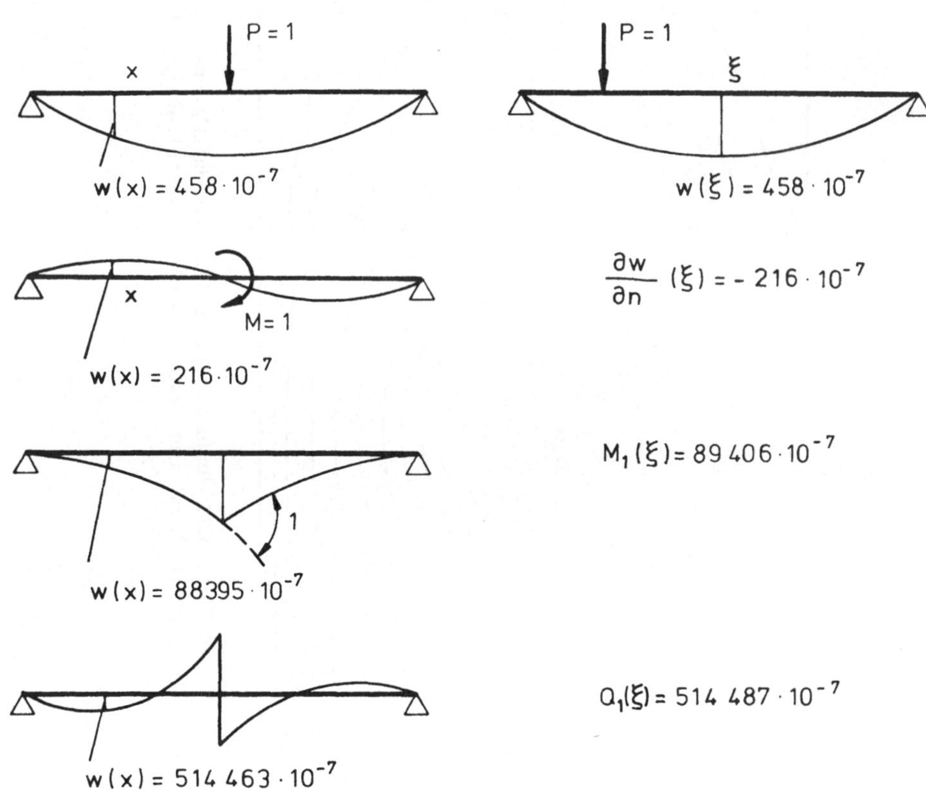

Abb. 6.30 Numerische Kontrolle des Satzes von Betti

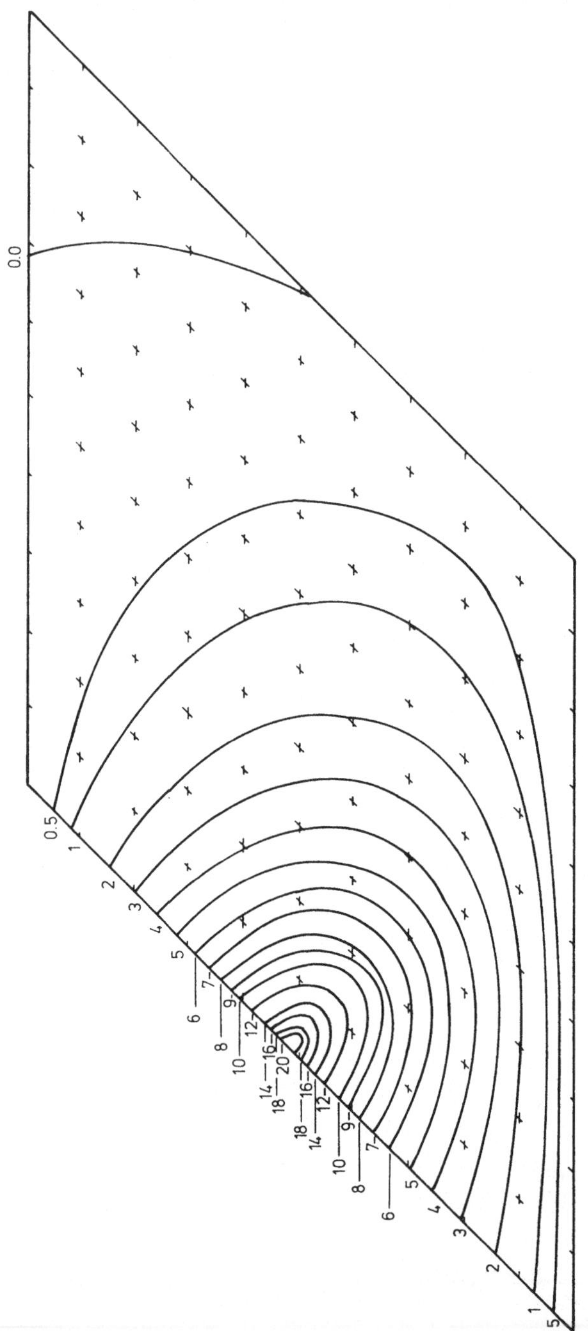

Abb. **6.31** Einflußfeld für das Biegemoment M_n einer schiefen Plattenbrücke in einem randnahen Punkt. Der Vektor **n** weist parallel zum Rand, vgl. [58] Blatt 94.

Am Beispiel einer rechteckigen, gelenkig gelagerten Platte, s. Abb. 6.29, wurde der Satz von Betti mit dem Programm *BE-PLATE-BENDING* numerisch überprüft. Der Mittelpunkt der Platte war der Aufpunkt und der Viertelspunkt links davon der Quellpunkt. Im Quellpunkt stand eine Kraft $P = 1$. Nach dem Satz von Betti sollten die Verformungen und Schnittkräfte, die diese Belastung im Aufpunkt ξ verursacht, gleich der Durchbiegung im Quellpunkt sein, wenn im Aufpunkt eine zur interessierenden Verformung bzw. Schnittkraft konjugierte Größe wirkt. Die Ergebnisse, s. Abb. 6.30, bestätigen die Theorie.

Mit dem Programm *BE-PLATE-BENDING* kann man auch Einflußflächen für schiefwinklige Plattenbrücken berechnen, s. Abb. 6.31. Die Übereinstimmung mit den von Rüsch und Hergenröder experimentell gewonnen Ergebnissen, [58], ist sehr gut.

6.15 Sonderprobleme

6.15.1 Elastisch gebettete Platten

Die Differentialgleichung der elastisch gebetteten Platte (*Winkler-Modell*) lautet

$$K \Delta \Delta w + cw = p, \qquad c = \text{Bettungsziffer} .$$

Die zu dieser Differentialgleichung gehörige Grundlösung findet man z.B. in der Arbeit von Puttonen und Varpasuo, [59]. Diese Autoren haben sich auch ausführlich mit dem Modell von Pasternak

$$K \Delta \Delta w + cw - G \Delta w = p, \qquad G = \text{Schubmodul der Oberfläche} ,$$

wie auch dem Modell, das auf der Kopplung zwischen Platte und elastischem Halbraum beruht, beschäftigt.

6.15.2 Beulprobleme

Die Differentialgleichung der Biegefläche nach Theorie II. Ordnung lautet

$$K \Delta \Delta w - (N_1 w,_1),_1 - (N_{12} w,_1),_2 - (N_2 w,_2),_2 - (N_{21} w,_2),_1 = p .$$

Hierbei sind

$$N_1 = h \sigma_{11}, \qquad N_{12} = h \sigma_{12} = h \sigma_{21} = N_{21}, \qquad N_2 = h \sigma_{22}$$

die mit der Plattendicke h multiplizierten Spannungen. Für wichtige Spezialfälle wie

$$N_1 = c, \qquad N_{12} = N_{21} = N_2 = 0,$$

hat Kitahara die Grundlösungen angegeben, [17, S. 211], und auch an Beispielen demonstriert, daß man mit Randelementen die Beullasten von Platten ermitteln kann. Wie bei der Bestimmung der Eigenfrequenzen von schwingenden Platten mit Randelementen, s. Abschn. 8.5, sind die Eigenwerte die Nullstellen einer transzendenten Funktion.

Costa und Brebbia haben das Problem so formuliert, daß ein algebraisches Eigenwertproblem mit unsymmetrischen Matrizen entsteht. Dafür mußten sie allerdings das Innere ebenfalls diskretisieren, s. [60].

6.16 Das Programm BE-PLATE-BENDING

Dieses Programm löst Plattenprobleme nach der Methode der Randelemente. Die Beschreibung setzt die Kenntnis des Abschn. 3.15 voraus.

Geometrie:

Platten mit stückweise geraden Rändern mit und ohne Löcher.

Ansatzfunktionen:

kubisch für w, linear für $\partial w/\partial n$, M_n und V_n .

Lagerungsarten:

Gelenkig,
frei,
eingespannt.

Zwischenlager:

Wände,
Einzelstützen,
Federn.

Lasten:

Gleichmäßig verteilte Kräfte (auch über Teilbereiche),
in x-Richtung linear anwachsende Kräfte (nur über die ganze Platte),
Linienkräfte,
Einzelkräfte,
Einzelmomente,
Randkräfte,
Randmomente.

Einflußflächen:

Das Programm kann Einflußflächen für alle interessierenden Weg- und Kraftgrößen einer Platte berechnen.

Ausgabe:

$$w, \quad w_{,x}; \quad w_{,y}; \quad w_{,xx}; \quad w_{,xy}; \quad w_{,yy}; \quad w_{,xxx}; \quad w_{,yyy};$$

$$w_{,xxy}; \quad w_{,yyx}; \quad M_x; \quad M_y; \quad M_{xy}; \quad Q_x; \quad Q_y;$$

und Hauptmomente und Winkel

$$M_I, \quad M_{II}, \quad \Phi$$

in beliebigen Innenpunkten. Ferner die Weg- und Kraftgrößen

Durchbiegung	w	
Normalableitung	wn_l	wn_r
Biegemoment	Mn_l	Mn_r
Kirchhoffschub	Vn_l	Vn_r
Eckkraft	F	

auf dem Rand.

Da in Eckpunkten die Werte der Normalableitung, des Biegemoments und des Kirchhoffschubs links und rechts vom Knoten ungleich sein können, werden in allen Knoten prinzipiell die linken ($\_l$) und rechten ($\_r$) Werte der Funktionen ausgegeben.

Ein positives Vorzeichen bei den Kräften bedeutet, daß die Kraft, der Kirchhoffschub oder die Eckkraft, in Richtung der äußeren Last p wirkt. Stützkräfte haben also ein negatives Vorzeichen.

Man beachte auch, daß in der Regel die Normalableitung auf dem Rande negativ ist, denn, geht man aus dem Innern auf den Rand zu, bewegt sich also in Richtung der positiven äußeren Randnormalen, dann wird die Durchbiegung der Platte in der Regel kleiner.

Das Programm berechnet zur Kontrolle die Summe der Lagerkräfte. Diese muß theoretisch gleich der Summe der äußeren Lasten sein. Der Fehler sollte nicht mehr als 1% betragen. Gegebenenfalls ist die Diskretisierung zu verfeinern.

Zwischenwände, auf die sich eine durchlaufende Platte abstützt, schließen gewöhnlich dicht an das äußere Mauerwerk an. Bei der Eingabe sollte man jedoch hier einen kleinen Spalt lassen, etwa 1/4 der Elementlänge, damit keine Knoten aufeinander liegen.

Einzelstützen werden — anders als bei finiten Elementen — wirklich als Einleitungsstellen punktförmiger Kräfte gerechnet.

Die Auflagerkräfte von stützenden Zwischenwänden werden als Linienkräfte modelliert. Bei der Diskretisierung von zwei sich kreuzenden Zwischenwänden sollte man darauf achten, daß der Kreuzungspunkt nicht ein Elementanfangspunkt für beide Wände gleichzeitig ist.

Die Querkräfte Q_1, Q_2, das Moment M_n in einem Schnitt rechtwinklig zum Rand und das Torsionsmoment M_{nt} sind keine Betti-Daten. Ihre Randwerte müssen daher extra ermittelt werden. Da man keinen stresspoint auf den Rand legen soll, geschieht dies am besten so, daß man die betreffenden Werte in zwei randnahen Punkten berechnet und dann auf den Rand extrapoliert, s. Abb. 6.16. (In zukünftigen Versionen des Programms soll es die Möglichkeit geben auch diese Randdaten vom Programm berechnen zu lassen).

Programmgrenzen

Maximal mögliche Anzahl:

Elemente	:	160 (Summe)
Ränder	:	5
Macros pro Rand	:	30
stresspoints	:	50
Belastete Teilflächen	:	4
Linienlasten	:	6
Stützende Zwischenwände	:	6
Einzelstützen	:	10
Elastische Stützen, Einzelkräfte, - momente	:	50 (Summe)

Die Obergrenze 160 Elemente gilt für alle Elemente zusammen. Man darf bei einem Problem z.B. den Rand in 80 Elemente einteilen, eine vorhandene Zwischenwand in weitere 10 Elemente, und man hat dann noch 60 Elemente für etwa vorhandene Linienlasten oder subdomains übrig; subdomains werden von Macros umgrenzt, die wiederum in Elemente eingeteilt werden, und Linienlasten werden durch aneinandergereihte belastete Elemente modelliert.

Größe des Gleichungssystems

Die Größe des Gleichungssystems wird im wesentlichen durch die Anzahl der Elemente bestimmt. Zu jedem Element gehört ein Kollokationspunkt. In glatten Kollokationspunkten beträgt die Zahl der Unbekannten 2, in Ecken dagegen 3. Es gilt daher im einfachsten Fall

Größe des Gleichungssystems = Elemente $\times$ 2 + Zahl der Ecken.

Wenn tragende Wände oder Stützen vorhanden sind, erhöht sich die Zahl um die Anzahl der unbekannten Stützkräfte.

Die maximal zulässige Größe des Gleichungssystems beträgt 200×200.

Der Rand einer rechteckigen Platte kann also in maximal 98 Elemente zerlegt werden.

$$200 = 98 \times 2 + 4\,.$$

Was das Programm nicht kann:

Das Programm kann keine Platten mit abschnittsweise unterschiedlicher Dicke berechnen. Hierzu wäre eine Substrukturtechnik notwendig.

Elastische Bettung muß durch elastische Stützen simuliert werden.

Optionen

Der Benutzer hat beim Start des Programms vier Optionen

NEW PROBLEM ?
OTHER LOADCASE ?
ADDITIONAL STRESSPOINTS ?
SUPERPOSITION OF DIFFERENT LOADCASES ?

Option:

N : Neues Plattenproblem.

A : Weg- und Schnittgrößen in weiteren Innenpunkten.

O : Anderer Lastfall. Diese Option wählt man, wenn man einen weiteren Lastfall rechnen will. In diesem Modus kann man die Belastung ändern (subdomains, Einzelkräfte, verteilte Belastung etc.). Elementeinteilung, sowie Art und Plazierung der Lager werden beibehalten.

S : Überlagerung mehrerer Lastfälle. Die Randdaten und die Daten in inneren Punkten werden addiert.

Programmgröße

Das Programm besteht aus den beiden files

PLATE.COM
PLATE.000

Programmaufruf

Der Aufruf des Programms geschieht mit dem Befehl

PLATE

BESCHREIBUNG DES EINGABEPROTOKOLLS

Zuerst wird die Frage gestellt:

OUTPUT ON PRINTER, TERMINAL OR DISK ?

Wohin sollen die Resultate geschrieben werden?

NAME OUTPUT FILE :

Eingabe eines Dateinamens (z.B. RESULTS). In die Datei RESULTS werden dann die Ergebnisse geschrieben.

NEW PROBLEM ?
OTHER LOADCASE ?
ADDITIONAL STRESSPOINTS ?
SUPERPOSITION OF DIFFERENT LOADCASES :

Antworten:

N : Neues Plattenproblem,
O : Anderer Lastfall,
A : Momente und Querkräfte in weiteren Innenpunkten,
S : Überlagerung mehrerer Lastfälle.

Im Falle O, A und S fragt das Programm nach der extension (.XYZ) des Plattenproblems. Die extension wird bei der erstmaligen Bearbeitung eines Problems vom Benutzer vergeben, z.B. .XYZ = .111, s.u.. Im Fall S fragt das Programm noch nach den Nummern der zu überlagenden Lastfälle.

TYPE IN HEADING (ARBITRARY TEXT (ONE LINE))

Eingabe eines beliebigen einzeiligen Texts (Überschrift).

STIFFNESS D =

Plattensteifigkeit $D = K = Eh^3/12(1 - \nu^2)$.

POISSONS MODULUS =

Querdehnzahl.

NUMBER OF EDGES =

Zahl der Ränder.

Nun beginnt eine Schleife über die Ränder $i = 1, \ldots$

NUMBER OF MACROS ON EDGE I =

Zahl der Macros auf dem Rand i .

Nun beginnt eine Schleife über die Macros j auf dem Rand i

X AND Y COORDINATES OF THE FIRST POINT OF MACRO J =

Anfangskoordinaten des Macros j .

NUMBER OF ELEMENTS ON MACRO J =

Zahl der Elemente auf dem Macro j .

BOUNDARY CONDITION CLAMPED, HINGED, FREE :

Antwort:

    C : eingespannt, H : gelenkig, F : frei.

ARE THERE ANY INTERNAL SUPPORTS (= WALLS) (Y/N)

Supports sind Zwischenwände, auf denen sich die Platte abstützt.

Nach der Eingabe von Y folgen die Fragen:

NUMBER OF INTERNAL SUPPORTS :

Zahl der supports.

Nun folgt eine Schleife über die supports

SUPPORT I
COORDINATES OF THE FIRST POINT OF THE SUPPORT :

Anfangskoordinaten x, y des supports i.

COORDINATES OF THE LAST POINT OF THE SUPPORT :

Endkoordinaten x, y des supports i.

NUMBER OF ELEMENTS ON THE SUPPORT :

Zahl der Elemente, in die die Zwischenwand unterteilt werden soll.

ARE THERE ANY PIERS (= COLUMNS) (Y/N)

Piers sind starre Stützen.

Nach der Eingabe von Y folgt die Frage

HOW MANY :

und eine Schleife über die Stützen beginnt:

COORDINATES X Y OF PIER I ARE :

Koordinaten der Stütze i.

ARE THERE ANY ELASTIC PIERS (= COLUMNS) (Y/N)

Elastic piers sind nachgiebige Stützen (Federn).

Nach der Eingabe von Y folgt die Frage

HOW MANY :

Anzahl.

IS THE STIFFNESS FOR ALL PIERS THE SAME (Y/N)

Wenn die Federsteifigkeit für alle Stützen gleich groß ist, mit Y antworten, sonst mit N.

Nach der Eingabe von Y folgt die Frage

STIFFNESS C :

Steifigkeit C [Kraft/Weg].

Nun folgt eine Schleife über die Federn

LOCATION (X,Y) OF POINT I :

Ortskoordinaten x, y der Feder i.

Nun folgt die Frage nach der Nummer des Lastfalls

NUMBER (< 10) OF THE LOADCASE =

Zulässig sind die Nummern 1 bis 9.

IS THE CONTINUOUS LOAD CONSTANT ?
LINEAR ?
ZERO ?

Die Frage bezieht sich auf die gleichmäßig verteilte Belastung.

Antwort:

C : Konstante Last $p = p_0$,
L : Lineare Last $p = p_0 * x$ (also in x-Richtung ansteigend) ,
Z : Keine Last vorhanden .

Falls mit C oder L geantwortet wurde, folgt die Frage

WHAT IS THE MAGNITUDE OF THE LOAD :

Last p_0 .

ARE THERE ANY INTERNAL SOURCES (Y/N)

Eine source (= Quelle) ist eine Einzelkraft, ein Einzelmoment, ein Knick, eine Verdrehung oder ein Verschiebungssprung.

Nach der Eingabe von Y folgen die Fragen:

HOW MANY :

Zahl der sources.

Nun folgt eine Schleife über die Quellen

WHAT KIND OF SOURCE FORCE, COUPLE, BEND, TWIST
OR JUMP :

Antwort:

F : Einzelkraft,
C : Einzelmoment,
B : Knick in der Biegefläche (Einflußfläche für M_n),
T : Verdrehung in der Biegefläche (Einflußfläche für M_{nt}),
J : Sprung in der Biegefläche (Einflußfläche für Q_n).

LOCATION (X, Y) :

Koordinaten des Quellpunkts.

MAGNITUDE :

Quellstärke (Größe der Kraft etc.)

Im Falle C, B, T, J muß noch eine Richtung angegeben werden.

STATE DIRECTION (NX, NY) :

Komponenten NX und NY des Richtungsvektors.

Es gilt:

Einflußfläche für	Quelle	NX, NY
w	F	$\star, \star$
$w_{,x}$	M	$1, 0$
$w_{,y}$	M	$0, 1$
M_{xx}	B	$1, 0$
M_{yy}	B	$0, 1$
M_{xy}	T	$1, 0$
Q_x	J	$1, 0$
Q_y	J	$0, 1$

Nächste Frage :

ARE THERE ANY INTERNAL SUBDOMAINS (Y/N)

Subdomains sind Teillastflächen.

Nach der Eingabe von Y folgt eine Schleife über die subdomains beginnend mit der Frage:

SUBDOMAIN I
WHAT IS THE MAGNITUDE OF THE LOAD :

Größe der (konstanten) Teillast.

HOW MANY MACROS ENCLOSE THE SUBDOMAIN :

Zahl der Macros, die die subdomain beranden.

Nun folgt eine Schleife über die Macros der subdomain

COORDINATES OF THE FIRST POINT OF MACRO J ARE :

Koordinaten x, y des Anfangspunkts des Macros j. Der Umlaufsinn wird so gewählt, daß die subdomain linker Hand liegt.

HOW MANY ELEMENTS ARE ON MACRO J :

Zahl der Elemente auf dem Macro j.

Nach der Behandlung der subdomains folgt die Frage, ob es Linienlasten gibt:

ARE THERE ANY LINE-LOADS (Y/N)

Nach der Eingabe von *Y* folgt die Frage

HOW MANY :

Zahl der Linienlasten.

Nun folgt eine Schleife über die Linienlasten

LINE-LOAD I
STATE COORDINATES (X,Y) OF THE FIRST POINT :
LINE-LOAD VALUE AT THIS POINT :
STATE COORDINATES (X,Y) OF THE LAST POINT :
LINE-LOAD VALUE AT THIS POINT :
IN HOW MANY ELEMENTS SHOULD THE LINE BE DEVIDED :

Es werden also nacheinander eingegeben: Koordinaten des Anfangspunkts, der Anfangswert der Linienlast, Koordinaten des Endpunkts, der Endwert der Linienlast und die Anzahl der Elemente, in die die Strecke der Linienlast unterteilt werden soll. Auf jedem Element wird die Linienlast linear interpoliert. Die Zahl der Elemente ist auf 10 beschränkt.

Als nächstes folgt die Frage nach Randlasten

IS THERE AN EDGE LOAD (Y/N)

Nach der Eingabe von *Y* folgen die Fragen:

WHAT KIND OF LOAD : MOMENT OR KIRCHHOFF-SHEAR :

Antwort :

M : Randmomente, *K* : Kirchhoffschub

NAME FIRST AND LAST NODE :

Der erste und der letzte Knoten müssen immer Eckpunkte der Platte sein. Dies ist keine Einschränkung, da die Randlast notfalls an einzelnen Knoten Null gesetzt werden kann.

GIVE THE NODAL VALUES OF THE EDGE-LOAD
NODE I :

Werte der Randlast in den einzelnen Knoten

HOW MANY LINES OF STRESSPOINTS :

Zahl der Linien auf denen stresspoints liegen.

Wenn die Zahl größer als Null ist, so folgt eine Schleife über die Linien.

LINE I
COORDINATES (X,Y) OF THE FIRST POINT :
COORDINATES (X,Y) OF THE LAST POINT :

Koordinaten des Anfangs- und Endpunkts der Linie i.

HOW MANY POINTS DO LIE ON THIS LINE :

Zahl der stresspoints auf der Linie.

SHEAR FORCES Q1, Q2 AT ALL POINTS
SOME POINTS
NO   POINT:

Antwort

A : Berechnung in allen Punkten,
S : nur in einigen Punkten,
N : in keinem Punkt.

Wurde *S* eingegeben, so folgt eine Schleife über die stresspoints,

POINT : I (Y/N)

und es ist mit *Y* bzw. *N* zu antworten, je nachdem ob die Schubkräfte in dem Punkt berechnet werden sollen oder nicht.

ARE THERE ANY SINGLE STRESSPOINTS (Y/N)

Nach der Eingabe von *Y* folgt die Frage:

HOW MANY :

Zahl der stresspoints.

Nun folgt eine Schleife über die einzelnen stresspoints

STATE COORDINATES X Y :
POINT I :

Koordinaten x, y des stresspoints i.

Daran schließt sich, wie oben, die Frage an, ob die Schubkräfte Q1 und Q2 berechnet werden sollen.

Nach der Eingabe der stresspoints folgt die Frage nach der Nummer, unter der die stresspoints abgespeichert werden sollen.

THIS SET OF STRESSPOINTS IS SET NUMBER :

Eingabe einer Nummer von 1 bis 9.

THE INPUT IS STORED IN FILES
NAME EXTENSION (.XYZ) OF THESE FILES :

Die Eingabedaten und Ergebnisse werden in mehreren files auf der Platte gespeichert. Die extension, die diese files haben soll, kann der Benutzer hier bestimmen, z.B. .XYZ = .111 . Nach dieser extension wird beim restart eines Programms gefragt. Der Punkt vor der extension muß mit eingegeben werden.

Letzte Frage :

DO YOU WANT TO CHECK THE INPUT ?

Nach der Eingabe von *Y* wird die Eingabe auf dem Bildschirm wiederholt, und es besteht die Möglichkeit Korrekturen anzubringen.

7 Kopplung finite Elemente — Randelemente

Es liegt nahe die Vorteile der beiden Methoden

FEM	REM
Baukastenprinzip	Reduktion der Dimension
Robust	Große Genauigkeit
Variable Koeffizienten	Außenraumprobleme

zu kombinieren. Bei dieser *Marriage à la Mode*, [61], wird man in der Regel aus den diskreten Kopplungsbedingungen der Randdaten eine Steifigkeitsmatrix ableiten, und diese RE-Steifigkeitsmatrix dann mit den FE-Steifigkeitsmatrizen der Nachbargebiete koppeln.

Bevor wir auf die praktischen Aspekte dieser Kopplung eingehen, zunächst einige Überlegungen zur Theorie.

7.1 Theorie

Bei eindimensionalen Problemen erhält man die exakte Steifigkeitsmatrix

$$K\,u = f$$

aus der Kopplungsbedingung

$$H\,u = G\,f$$

durch Multiplikation von links mit G^{-1}.

Versucht man dasselbe bei einer Membran,

$$G^{-1}H\,u = t, \tag{7.1}$$

dann stehen rechts vorerst nur die Werte der Aufhängekraft in den Kollokationspunkten, nicht aber die äquivalenten Knotenkräfte. Diese sind ja Arbeiten: Die äquivalente Knotenkraft f_i ist die Arbeit der Aufhängekräfte $t = t_j \psi_j$ auf dem Weg φ_i

$$f_i = \int\limits_\Gamma \varphi_i \, t \, ds = \int\limits_\Gamma \varphi_i \, \psi_j \, ds \, t_j \, .$$

Um auf den Vektor der äquivalenten Knotenkräfte f zu kommen, muß man daher (7.1) noch von links mit der *Gramschen Matrix*

$$F = [\int\limits_\Gamma \varphi_i \, \psi_j \, ds]$$

multiplizieren

$$F G^{-1} H u = F t = f \, .$$

(Bei eindimensionalen Problemen ist die Matrix F die Einheitsmatrix und daher braucht man dort — anscheinend — nicht mit F zu multiplizieren).

Die Elemente der Matrix F sind die Arbeiten, die die Einheitskräfte ψ_j auf den Wegen der Einheitsverschiebungen φ_i leisten. Wählt man z.B. für die ψ_j und φ_i Dachfunktionen wie in Abb. 7.1 angedeutet, dann ist F eine Tridiagonalmatrix mit den Elementen

$$\frac{1}{6} l_i \, , \qquad \frac{1}{3}(l_i + l_{i+1}) \, , \qquad \frac{1}{6} l_{i+1} \, , \qquad (\text{i-te Zeile}) \, .$$

Die l_i sind die Längen der Elemente links (i) und rechts ($i + 1$) vom Knoten i. Der Bauingenieur kennt dieses Schema von der Dreimomentengleichung.

Das so erhaltene Resultat, die Matrix

$$K = F G^{-1} H \, , \tag{7.2}$$

hat allerdings keine der Eigenschaften exakt

$$(\text{Kern}) \qquad K u^\circ = o \, , \quad (u^\circ = \text{Vektor einer Starrkörperbewegung}) \, ,$$

$$(\text{Equ.}) \qquad u^{\circ T} K u = 0 \, ,$$

$$(\text{Sym.}) \qquad u^T K \hat{u} = \hat{u}^T K u \, ,$$

$$(\text{Pos.Def.}) \qquad u^T K u > 0 \, , \qquad u \neq u^\circ \, ,$$

die eine gewöhnliche FE-Steifigkeitsmatrix hat.

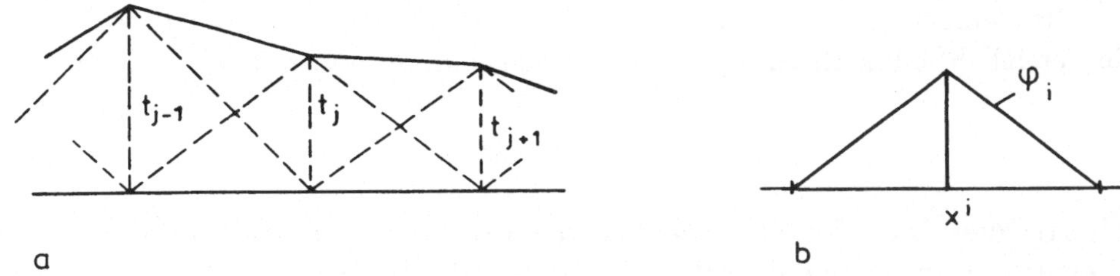

Abb. 7.1 a-b. Virtuelle Arbeit auf dem Rand: **a** die Randkräfte; **b** die virtuelle Verrückung

Insbesondere ist sie nicht genau symmetrisch. Dies hat seinen Grund darin, daß die Ansätze

$$u = u_i \varphi_i, \qquad t = t_j \psi_j \tag{7.3}$$

die Kopplungsbedingungen nur in den Kollokationspunkten erfüllen, sie also im strengen Sinn gar nicht kompatibel sind, und sie daher auch nicht die Randwerte ein und desselben elastischen Zustands der Membran sind. Denn angenommen, dies wäre wahr:

(i) Aus der Tatsache, daß zwei Paare von Vektoren $\boldsymbol{u}, \boldsymbol{t}$ und $\hat{\boldsymbol{u}}, \hat{\boldsymbol{t}}$ der diskreten Kopplungsbedingung $\boldsymbol{H}\boldsymbol{u} = \boldsymbol{G}\boldsymbol{t}$ bzw. $\boldsymbol{H}\hat{\boldsymbol{u}} = \boldsymbol{G}\hat{\boldsymbol{t}}$ genügen, würde folgen, daß

(ii) die mit diesen Vektoren konstruierten Randfunktionen

$$u = u_i \varphi_i, \qquad t = t_j \psi_j, \qquad \hat{u} = \hat{u}_i \varphi_i, \qquad \hat{t} = \hat{t}_j \psi_j$$

die Randwerte zweier homogener Durchbiegungen u und $\hat{u}$ (homogen = keine Kräfte im Innern, $-N\Delta u = 0$) sind,

dann müßte auf diese Durchbiegungen der Satz von Betti zutreffen

$$\int_\Gamma u\,\hat{t}\,ds = \int_\Gamma t\,\hat{u}\,ds, \qquad (A_{1,2} = A_{2,1}).$$

Dies impliziert aber, daß die Matrix $\boldsymbol{K}$ symmetrisch ist, denn die linke Seite lautet

$$\int_\Gamma u\,\hat{t}\,ds = \boldsymbol{u}^T \boldsymbol{F}\hat{\boldsymbol{t}} = \boldsymbol{u}^T \boldsymbol{F}\boldsymbol{G}^{-1}\boldsymbol{H}\hat{\boldsymbol{u}} = \boldsymbol{u}^T \boldsymbol{K}\hat{\boldsymbol{u}}$$

und die rechte Seite

$$\int_\Gamma t\,\hat{u}\,ds = \boldsymbol{t}^T \boldsymbol{F}\hat{\boldsymbol{u}} = \boldsymbol{u}^T \boldsymbol{H}^T \boldsymbol{G}^{-1\,T} \boldsymbol{F}\hat{\boldsymbol{u}} = \boldsymbol{u}^T \boldsymbol{K}^T \hat{\boldsymbol{u}},$$

und dies ist nur identisch, wenn $\boldsymbol{K} = \boldsymbol{K}^T$.

Die Versuchung liegt nahe, bei praktischen Problemen einfach die Symmetrie der RE-Steifigkeitsmatrix zu erzwingen, indem man mit der Matrix

$$\tilde{K} = \frac{1}{2}(K + K^T)$$

weiterrechnet. Dies läßt sich scheinbar sogar rechtfertigen: Die potentielle Energie einer nur am Rande durch Kräfte $\bar{t}$ belasteten Membran

$$\Pi_1(u) = \frac{1}{2}E(u,u) - \int_\Gamma \bar{t}\,u\,ds$$

kann auf Grund der 1. Greenschen Identität

$$E(u,u) = \int_\Omega -N\,\Delta u\,u\,d\Omega + \int_\Gamma t\,u\,ds = \int_\Gamma t\,u\,ds$$

durch Randintegrale allein dargestellt werden

$$\Pi_1(u) = \frac{1}{2}\int_\Gamma t\,u\,ds - \int_\Gamma \bar{t}\,u\,ds\,.$$

Ersetzt man t und u durch die Ansätze (7.3) der REM, dann geht $\Pi_1(u)$ über in

$$\Pi_1(u) = \frac{1}{2}u^T F G^{-1} H u - u^T F\bar{t}\,,$$

und die Bedingung

$$\frac{\partial \Pi_1}{\partial u_i} = 0\,, \qquad i = 1,2,\ldots,n$$

führt dann genau auf das Gleichungssystem

$$\frac{1}{2}(K + K^T)\,u = F t\,.$$

Somit scheint doch eine symmetrische Formulierung möglich. Aber in dieser Herleitung steckt derselbe Fehler wie oben: Die Herleitung beruht wesentlich auf der Gleichung

$$E(u,u) = \int_\Gamma t\,u\,ds$$

und diese ist nur dann richtig, wenn u und t die Randwerte *derselben* homogenen Durchbiegung, der Durchbiegung u links im Energieintegral, sind. Für die Lösungen der diskreten Kopplungsbedingungen gilt dies aber (in der Regel) gerade nicht, denn dann müßte ja auch, wie oben gezeigt, K für sich allein schon symmetrisch sein.

Echt symmetrische Matrizen erhält man, wenn man die Kopplungsbedingungen statt mit der Grundlösung g_0 mit der zur *Volleinspannung* (alle Weggrößen auf dem Rand sind Null) gehörigen Greenschen Funktion G_0 ableitet. Wir zeigen dies am Beispiel einer Platte.

Eine RE-Steifigkeitsmatrix stellt eine Beziehung zwischen den Knotenverformungen des Rands und den zugehörigen äquivalenten Knotenkräften einer unbelasteten Platte, $K\Delta\Delta w = 0$, her. Mathematisch entspricht dies einem Randwertproblem, bei dem der Platte auf dem Rand gewisse Verformungen w und gewisse Verdrehungen $\partial w/\partial n$ aufgezwungen werden. Die potentielle Energie einer so verformten Platte lautet

$$\Pi_1(w) = \frac{1}{2}E(w,w)\,.$$

Sie läßt sich, wie im Fall der Membran, mittels partieller Integration (1. Identität) durch Randintegrale allein darstellen

$$\Pi_1(w) = \frac{1}{2}E(w,w) = \frac{1}{2}\int_\Gamma \left(V_n w - M_n \frac{\partial w}{\partial n}\right) ds\,. \tag{7.4}$$

Die Eckterme wurden hierbei vernachlässigt. Es sei also angenommen, daß die Platte glatt berandet ist.

Nun zu den Kopplungsbedingungen der Randdaten. Wie erinnerlich gehören vier solche Bedingungen zu einer Platte

$$\frac{1}{2}\begin{bmatrix}\partial^0 w\\ \partial^1 w\\ \partial^2 w\\ \partial^3 w\end{bmatrix} = \int_\Gamma \begin{bmatrix}\partial_y^0 \partial_x^0 g_0 & \partial_y^1 \partial_x^0 g_0 & \partial_y^2 \partial_x^0 g_0 & \partial_y^3 \partial_x^0 g_0\\ \partial_y^0 \partial_x^1 g_0 & \partial_y^1 \partial_x^1 g_0 & \partial_y^2 \partial_x^1 g_0 & \partial_y^3 \partial_x^1 g_0\\ \partial_y^0 \partial_x^2 g_0 & \partial_y^1 \partial_x^2 g_0 & \partial_y^2 \partial_x^2 g_0 & \partial_y^3 \partial_x^2 g_0\\ \partial_y^0 \partial_x^3 g_0 & \partial_y^1 \partial_x^3 g_0 & \partial_y^2 \partial_x^3 g_0 & \partial_y^3 \partial_x^3 g_0\end{bmatrix} \begin{bmatrix}+\partial^3 w\\ -\partial^2 w\\ +\partial^1 w\\ -\partial^0 w\end{bmatrix} ds_y$$

$$+ \int_\Omega \begin{bmatrix}\partial_x^0 g_0\\ \partial_x^1 g_0\\ \partial_x^2 g_0\\ \partial_x^3 g_0\end{bmatrix} p\, d\Omega_y\,,$$

Würde man diese Bedingungen statt mit der Grundlösung g_0 mit der Durchbiegung $G_0 = g_0 + w_R$, der Durchbiegung der allseits eingespannten Platte unter einer Einzelkraft $\hat{P} = 1$, herleiten, (man addiert also zu g_0 eine geeignete Funktion w_R so, daß $g_0 + w_R$ die Randbedingungen der eingespannten Platte erfüllt), dann hätten die dritte und vierte Gleichung die Gestalt

$$\frac{1}{2}M_n = \int\limits_{\Gamma} (\partial_{\boldsymbol{y}}^2\partial_{\boldsymbol{x}}^2 G_0 \frac{\partial w}{\partial n} - \partial_{\boldsymbol{y}}^3\partial_{\boldsymbol{x}}^2 G_0 w)\, ds_{\boldsymbol{y}}\,,$$

$$\frac{1}{2}V_n = \int\limits_{\Gamma} (\partial_{\boldsymbol{y}}^2\partial_{\boldsymbol{x}}^3 G_0 \frac{\partial w}{\partial n} - \partial_{\boldsymbol{y}}^3\partial_{\boldsymbol{x}}^3 G_0 w)\, ds_{\boldsymbol{y}}\,.$$

Setzt man diese Einflußfunktionen für M_n und V_n in (7.4) ein und macht für die Weggrößen auf dem Rand gleiche Ansätze

$$w = \delta_i\,\varphi_i\,, \qquad \frac{\partial w}{\partial n} = \varepsilon_i\,\varphi_i\,,$$

dann wird die potentielle Energie eine quadratische Form in den Knotenvariablen

$$\Pi_1(w) = \frac{1}{2}\,[\delta, \varepsilon] \begin{bmatrix} A & B \\ B^T & C \end{bmatrix} \begin{bmatrix} \delta \\ \varepsilon \end{bmatrix}\,,$$

d.h. die Steifigkeitsmatrix

$$a_{ij} = \int\limits_{\Gamma}\int\limits_{\Gamma} \partial_{\boldsymbol{y}}^3\partial_{\boldsymbol{x}}^3 G_0\varphi_i\, ds_{\boldsymbol{y}}\, \varphi_j\, ds_{\boldsymbol{x}}\,,$$

$$b_{ij} = \int\limits_{\Gamma}\int\limits_{\Gamma} \partial_{\boldsymbol{y}}^3\partial_{\boldsymbol{x}}^2 G_0\varphi_i\, ds_{\boldsymbol{y}}\, \varphi_j\, ds_{\boldsymbol{x}} = \int\limits_{\Gamma}\int\limits_{\Gamma} \partial_{\boldsymbol{y}}^2\partial_{\boldsymbol{x}}^3 G_0\varphi_j\, ds_{\boldsymbol{y}}\, \varphi_i\, ds_{\boldsymbol{x}}\,,$$

$$c_{ij} = \int\limits_{\Gamma}\int\limits_{\Gamma} \partial_{\boldsymbol{y}}^2\partial_{\boldsymbol{x}}^2 G_0\varphi_i\, ds_{\boldsymbol{y}}\, \varphi_j\, ds_{\boldsymbol{x}}$$

ist symmetrisch.

Man kann die Steifigkeitsmatrizen aber auch direkt, ohne den Umweg über die Energie, herleiten, wie wir am Beispiel der Membran zeigen wollen.

Würde man in der 2. Kopplungsbedingung der Membran

$$\frac{1}{2}\frac{\partial u}{\partial n} = \int\limits_{\Gamma} (\partial_{\boldsymbol{y}}^0\partial_{\boldsymbol{x}}^1 g_0 \frac{\partial u}{\partial n} - \partial_{\boldsymbol{y}}^1\partial_{\boldsymbol{x}}^1 g_0 u)\, ds_{\boldsymbol{y}}$$

die Grundlösung g_0 durch die Greensche Funktion G_0 ersetzen, dann würde
bei der Herleitung der Bedingung das erste Randintegral verschwinden, und es
verbliebe der Ausdruck

$$\frac{1}{2}\frac{\partial u}{\partial n} = -\int_\Gamma \partial_y^1 \partial_x^1 G_0 u \, ds_y \, .$$

Der Kern des Integraloperators ist symmetrisch, und daher würde die Behandlung dieser Integralgleichung mit dem Verfahren von Galerkin eine symmetrische Steifigkeitsmatrix liefern.

All dies muß natürlich Theorie bleiben, weil wir i.allg. die Greensche Funktion G_0 nicht kennen. Aber die Erörterungen dieses Abschnittes sollten auch nur zum Verständnis beitragen und deutlich machen, daß es nicht an der Methode liegt, wenn die Steifigkeitsmatrizen unsymmetrisch sind, sondern an uns, weil wir die Steifigkeitsmatrizen mit Grundlösungen statt — wie es richtig wäre — mit Greenschen Funktionen herleiten.

7.2 Praxis

Wie RE-Gebiete und FE-Gebiete gekoppelt werden können, soll am Beispiel eines Balkens erläutert werden, der mit 'Randelementen diskretisiert wurde' und der rechts in einen Durchlaufträger mündet, der mit finiten Elementen diskretisiert wurde, s. Abb. 7.2. Der Durchlaufträger rechts stelle also das FE-Gebiet dar und der Balken links das RE-Gebiet. Gesucht ist die Kopplungsmatrix des Balkens, d.h. die Matrix, die für den linken Balken den Zusammenhang zwischen den Kräften M_r, Q_r und den Weggrößen w_r, w_r' in der Koppelfuge formuliert.

Mit 'Randelementen diskretisiert' meint einfach nur, daß wir den Zusammenhang zwischen den Weg- und Kraftgrößen des linken Balkens nach Art der REM durch die Beziehung

$$\begin{bmatrix} H_1 & H_2 & H_3 & H_4 \end{bmatrix} \begin{bmatrix} w_l \\ w_l' \\ w_r \\ w_r' \end{bmatrix} = \begin{bmatrix} G_1 & G_2 & G_3 & G_4 \end{bmatrix} \begin{bmatrix} M_l \\ Q_l \\ M_r \\ Q_r \end{bmatrix} + \begin{bmatrix} d_1 \\ d_2 \\ d_3 \\ d_4 \end{bmatrix}$$

ausdrücken, s. Abschn. 2.2. Der Vektor d repräsentiert den Einfluß der verteilten Belastung. Der Vektor $G^{-1}d$ wäre der Vektor der negativen Festhaltekräfte.

Links sind also die Durchbiegung und das Moment

$$w_l = \bar{w}_l = 0 \, , \qquad M_l = \bar{M}_l = 0$$

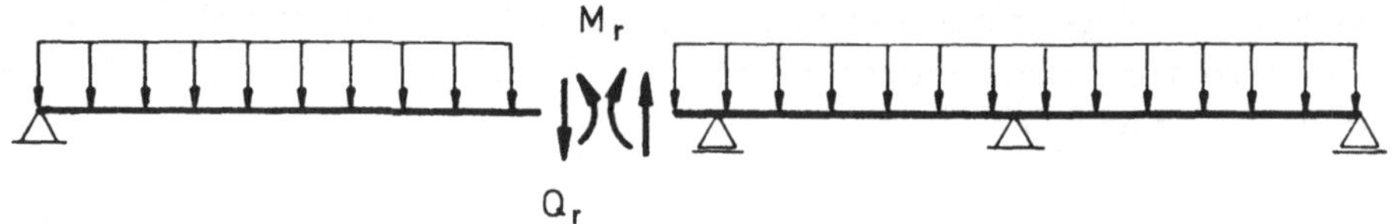

Abb. 7.2 Die Ankopplung eines Trägers an einen Durchlaufträger

vorgeschrieben, so daß, bringen wir alle Unbekannten auf eine Seite, das folgende Gleichungssystem entsteht,

$$
\begin{bmatrix} -G_2 & H_2 & -G_3 & -G_4 & H_3 & H_4 \end{bmatrix}
\begin{bmatrix} Q_l \\ w'_l \\ M_r \\ Q_r \\ w_r \\ w'_r \end{bmatrix}
$$

$$
= \begin{bmatrix} d_1 \\ d_2 \\ d_3 \\ d_4 \end{bmatrix}
+ \begin{bmatrix} -H_1 & G_1 \end{bmatrix}
\begin{bmatrix} \bar{w}_l \\ \bar{M}_l \end{bmatrix}
=: \begin{bmatrix} r_1 \\ r_2 \\ r_3 \\ r_4 \end{bmatrix} . \tag{7.5}
$$

Fassen wir die ersten vier Spalten zu einem Block A und die Spalten H_3 und H_4 zu einem Block B zusammen, dann können wir kürzer schreiben

$$
A_{(4\times4)} \begin{bmatrix} Q_l \\ w'_l \\ M_r \\ Q_r \end{bmatrix}
+ B_{(4\times2)} \begin{bmatrix} w_r \\ w'_r \end{bmatrix}
= \begin{bmatrix} r_1 \\ r_2 \\ r_3 \\ r_4 \end{bmatrix} .
$$

Die Multiplikation dieser Gleichung von links mit A^{-1} liefert dann das gewünschte Resultat

$$A^{-1}B\begin{bmatrix} w_r \\ w'_r \end{bmatrix} = - \begin{bmatrix} Q_l \\ w'_l \\ M_r \\ Q_r \end{bmatrix} + \begin{bmatrix} \bar{r}_1 \\ \bar{r}_2 \\ \bar{r}_3 \\ \bar{r}_4 \end{bmatrix},$$

denn der untere Block K in der Matrix $A^{-1}B$ ist die gesuchte 2×2-Kopplungsmatrix. Der Vektor $\bar{r}$ ist der Vektor $A^{-1}r$,

$$[K]\begin{bmatrix} w_r \\ w'_r \end{bmatrix} = - \begin{bmatrix} M_r \\ Q_r \end{bmatrix} + \begin{bmatrix} \bar{r}_3 \\ \bar{r}_4 \end{bmatrix}. \tag{7.6}$$

Der Nachteil, der dieser sogenannten *globalen Kopplung* anhaftet, ist die Tatsache, daß man die ganze Matrix A invertieren muß. Li, Han, Mang und Torzicky, [62], schlagen statt dessen eine *lokale Kopplung* vor. Um diese zu verstehen, sei daran erinnert, wie der Gaußsche Algorithmus ein Gleichungssystem wie $Ax = b$ löst: Zuerst wird die Matrix A um die rechte Seite erweitert, $[A, b]$, dann das Feld A durch die bekannten Operationen auf Dreiecksgestalt gebracht, $[A, b] \rightarrow [\tilde{A}, \tilde{b}]$, und schließlich durch Rückwärtseinsetzen das Gleichungssystem $Ax = b$ gelöst. Die Autoren erweitern nun, wie beim Gaußschen Algorithmus, die Matrix $[A, B]$ in (7.5) um die rechte Seite, $[A, B, r]$, bringen das Feld A dann auf Dreiecksgestalt

$$
\begin{array}{cccc ccc c}
Q_l & w'_l & M_r & Q_r & w_r & w'_r & \text{r.S.} \\[2mm]
* & * & * & * & \vdots\ * & * & \vdots\ * \\
0 & * & * & * & \vdots\ * & * & \vdots\ * \\
0 & 0 & * & * & \vdots\ * & * & \vdots\ * \\
0 & 0 & 0 & * & \vdots\ * & * & \vdots\ * \\
\end{array}
$$

und verwandeln schließlich, mittels derselben elementaren Operationen die untere Dreiecksmatrix in den letzten beiden Zeilen in eine Einheitsmatrix.

$$
\begin{array}{cccc ccc c}
Q_l & w'_l & M_r & Q_r & w_r & w'_r & \text{r.S.} \\[2mm]
* & * & * & * & \vdots\ * & * & \vdots\ * \\
0 & * & * & * & \vdots\ * & * & \vdots\ * \\
0 & 0 & 1 & 0 & \vdots\ \diamond & \diamond & \vdots\ \diamond \\
0 & 0 & 0 & 1 & \vdots\ \diamond & \diamond & \vdots\ \diamond \\
\end{array}
$$

308

Durch diese Manipulationen wird aus der Matrix daneben die Kopplungsmatrix, denn die letzten beiden Zeilen

$$
\begin{bmatrix} M_r \\ Q_r \end{bmatrix} + \begin{bmatrix} \diamond & \diamond \\ \diamond & \diamond \end{bmatrix} \begin{bmatrix} w_r \\ w'_r \end{bmatrix} = \begin{bmatrix} \bar{r}_3 \\ \bar{r}_4 \end{bmatrix}
$$

sind mit (7.6) identisch.

Bei der lokalen Kopplung wird also nur der Teil von A invertiert, der zur Koppelfuge gehört, dessen Hauptdiagonalelemente sich auf die Koppelfuge beziehen. Eine solche lokale Kopplung, in etwas modefizierter Form, benutzt auch Beer, [63].

Bei mehrdimensionalen Bauteilen, wie etwa der Scheibe in Abb. 7.3, verläuft natürlich alles ganz analog. Ist längs des äußeren Rands Γ_I des RE-Gebiets der Spannungsvektor t^I vorgeschrieben, dann geht die diskrete Kopplungsbedingung zwischen den Randdaten des RE-Bereichs

$$
[\, H_I \quad H_{II} \,] \begin{bmatrix} u^I \\ u^{II} \end{bmatrix} = [\, G_I \quad G_{II} \,] \begin{bmatrix} t^I \\ t^{II} \end{bmatrix}
$$

über in

$$
[\, H_I \quad -G_{II} \quad H_{II} \,] \begin{bmatrix} u^I \\ t^{II} \\ u^{II} \end{bmatrix} = [\, G_I \,][\, t^I \,]\,,
$$

und mittels des Gaußschen Algorithmus kann man, wie oben, die Kopplungsmatrix

$$
[\, K \,]\, u^{II} = t^{II} + \begin{bmatrix} r^I \\ r^{II} \end{bmatrix} \tag{7.7}
$$

zwischen den Knotenverschiebungen u^{II} und den Spannungen t^{II} auf dem Rand Γ_{II} der Koppelfuge berechnen.

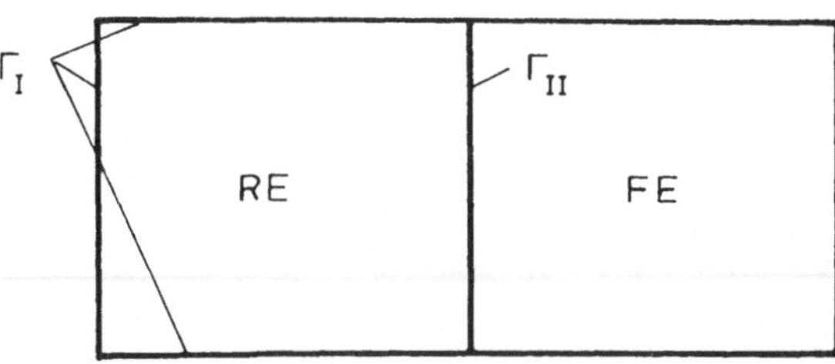

Abb. 7.3 Die Kopplung eines RE-Gebiets mit einem FE-Gebiet

Um auf die äquivalenten Knotenkräfte zu kommen, muß man nun diese Gleichung noch mit einer Matrix $\tilde{F}$ multiplizieren, die aus den Elementen der Gramschen Matrix F besteht.

Der Ausdruck für die äußere Arbeit der Randspannungen t_i auf virtuellen Wegen u_i lautet

$$\int\limits_{\Gamma} (u_1 t_1 + u_2 t_2)\, ds\,.$$

Mit dem Ansatz für die Verschiebungen

$$u_1 = u_1^j \varphi_j(x)\,, \qquad u_2 = u_2^j \varphi_j(x)$$

und für die Spannungen

$$t_1 = t_1^j \psi_j(x)\,, \qquad t_2 = t_2^j \psi_j(x)$$

folgt

$$\int\limits_{\Gamma} (u_1 t_1 + u_2 t_2)\, ds = \boldsymbol{u}_1 \boldsymbol{F} \boldsymbol{t}_1 + \boldsymbol{u}_2 \boldsymbol{F} \boldsymbol{t}_2$$

wobei die Matrix F die Gramsche Matrix der Ansatzfunktionen ist

$$F_{ij} = \int\limits_{\Gamma} \varphi_i \psi_j\, ds\,,$$

und die Vektoren

$$\boldsymbol{u}_1 = \{u_1^1, u_1^2, \ldots, u_1^n\}^T\,,$$

$$\boldsymbol{t}_1 = \{t_1^1, t_1^2, \ldots, t_1^n\}^T\,, \qquad \text{etc.}\,,$$

die Komponenten u_1^j, t_1^j etc. zusammenfassen.

Die Matrix $\tilde{F}$, mit der man $G^{-1}H$ von links multipliziert, setzt sich nun, je nachdem, wie die Komponenten u_i^j bzw. t_i^j in den Vektoren $\boldsymbol{u}^{II}$ und $\boldsymbol{t}^{II}$ angeordnet sind, aus den Elementen von F zusammen. Würde man z.B. erst alle horizontalen $(j = 1)$ Komponenten untereinander schreiben und dann alle vertikalen $(j = 2)$, dann hätte die Matrix $\tilde{F}$ die Gestalt

$$\tilde{F} = \begin{bmatrix} \boldsymbol{F} & \boldsymbol{0} \\ \boldsymbol{0} & \boldsymbol{F} \end{bmatrix}\,.$$

In der Praxis wird es so sein, daß die horizontalen und vertikalen Komponenten abwechselnd aufeinander folgen, und daher wird $\tilde{F}$ gewöhnlich so gebildet, daß man F verdoppelt, d.h. die Spalten von F zweimal nebeneinander schreibt.

Eine Schwierigkeit gibt es nun noch, wenn innerhalb der Koppelfuge eine Kante oder Ecke liegt, s. Abb. 7.4. In der Ecke der Membran existieren zwei Normalableitungen, und somit ist die Zahl der Kraftgrößen um eins höher als die Zahl der Weggrößen. Einer der Einflußvektoren, etwa der Vektor des Freiheitsgrades t_3, gehört also nicht mehr zu dem quadratischen Teil, zu der Matrix A,

$$
\begin{array}{cccc:cccc:c}
.. & t_1 & t_2 & t_4 & t_3 & u_1 & u_2 & u_3 & \text{r.S.} \\
* & * & * & * & * & * & * & * & * \\
0 & * & * & * & * & * & * & * & * \\
0 & 0 & * & * & * & * & * & * & * \\
0 & 0 & 0 & * & * & * & * & * & *
\end{array}
$$

und daher liefert der letzte Schritt, bei dem die untere Dreiecksmatrix in eine Einheitsmatrix verwandelt wird, das Resultat

$$
\begin{bmatrix} t_1 \\ t_2 \\ t_4 \end{bmatrix} + \begin{bmatrix} \diamond \\ \\ \diamond \end{bmatrix} t_3 = \begin{bmatrix} \diamond & \diamond & \diamond \\ \diamond & \diamond & \diamond \\ \diamond & \diamond & \diamond \end{bmatrix} \begin{bmatrix} u_1 \\ u_2 \\ u_3 \end{bmatrix} + \begin{bmatrix} \bar{r}_1 \\ \bar{r}_2 \\ \bar{r}_3 \end{bmatrix} ,
$$

in dem der Freiheitsgrad t_3 stört. Diesen 'überflüssigen' Freiheitsgrad muß man also vorher noch durch die benachbarten Freiheitsgrade t_1, t_2 und t_4 ausdrücken, um eine eineindeutige Beziehung zwischen den u_i und t_i zu erhalten.

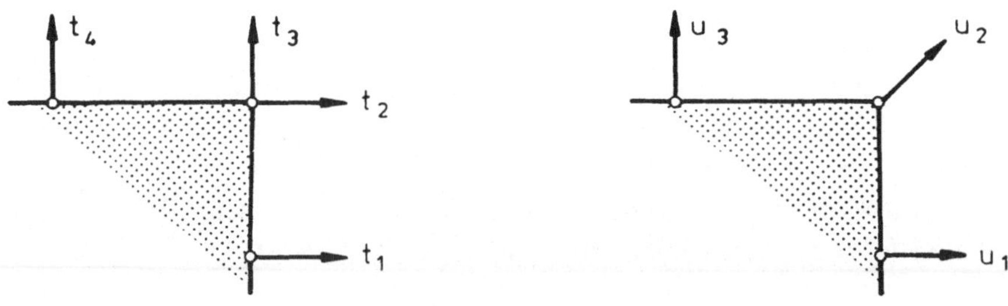

Abb. 7.4 Die Freiheitsgrade in einer Ecke einer Membran

7.3 Erfahrung

Tullberg und Bolteus, [64], haben auf insgesamt 7 verschiedene Arten aus der Grundbeziehung

$$H\,u = G\,t$$

RE-Steifigkeitsmatrizen hergeleitet, wobei diese hohe Zahl von Varianten nur durch die unterschiedlichen Modifikationen zu Stande kam, mit denen versucht wurde, die Gleichgewichtsbedingungen zu erfüllen und Symmetrie zu erzielen.

Die Gleichgewichtsbedingungen wurden zum Teil algebraisch kontrolliert, indem einfach der Defekt auf die Spalten verteilt wurde, oder indem die Gleichgewichtsbedingung

$$\int_{\Gamma} t \cdot (a + b \times x)\,ds \qquad (a + b \times x) = \text{Starrkörperbewegung}$$

als Nebenbedingung eingeführt wurde. In Abb. 7.5 sind die Ergebnisse einer Testrechnung an einem Kragarm aufgetragen. Am besten schneidet die mit der Methode M1 gewonnene Steifigkeitsmatrix ab. Dies ist einfach die Matrix

$$K = FG^{-1}H,$$

die man erhält, wenn man nicht 'nachbessert', also weder symmetrisiert, noch die Spalten so modifiziert, daß die Gleichgewichtsbedingungen erfüllt sind.

Ähnliche Beobachtungen haben Li, Han, Mang und Torzicky, [62], gemacht, die die Kopplung von Randelementen mit finiten Elementen bei dreidimensionalen Problemen untersucht haben. Auch bei ihren Testrechnungen hat sich herausgestellt, daß die Ergebnisse dann am genauesten wurden, wenn nicht symmetrisiert wurde. Die Unterschiede sind bei grober Diskretisierung zum Teil beträchtlich, nehmen aber mit zunehmender Verfeinerung ab, weil dann auch die Unsymmetrie abnimmt.

RE-Steifigkeitsmatrizen, also Matrizen, die das elastische Verhalten eines Bauteils allein durch die Randverformungen und die Randkräfte beschreiben, kann man natürlich auch mit finiten Elementen herleiten, wenn man in der Gesamtsteifigkeitsmatrix die inneren Freiheitsgrade wegkondensiert. Li, Han, Mang und Torzicky machen so etwas ähnliches, indem sie in der FE-Gesamtsteifigkeitsmatrix alle Freiheitsgrade, bis auf die Freiheitsgrade in der Koppelfuge, wegkondensieren. Sie nennen dieses Verfahren *Bi-Kondensation*, weil so beide Gebiete, das RE- wie das FE-Gebiet in ihren elastischen Eigenschaften am Schluß nur durch die Weg- und Kraftgrößen in der Koppelfuge beschrieben werden.

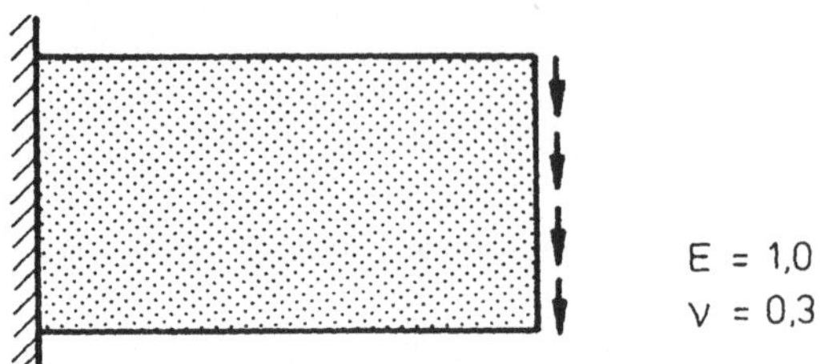

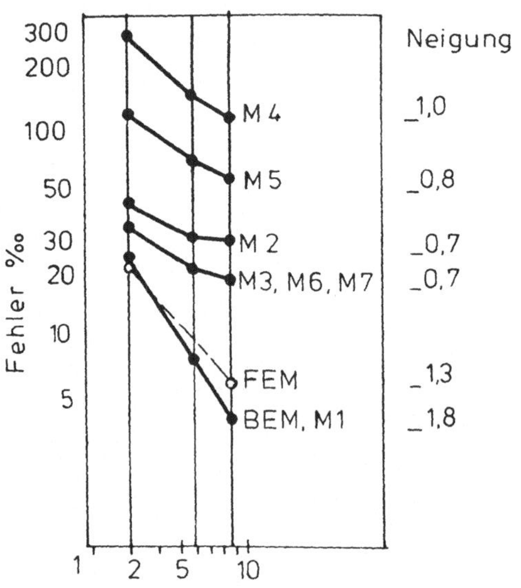

Abb. 7.5 Die Ergebnisse von Tullberg und Bolteus

8 Harmonische Schwingungen

Bei dynamischer Belastung treten zusätzlich *Trägheitskräfte* $\rho\,\ddot{u}$ auf

$$Du + \rho\,\ddot{u} = p(x,t)\,.$$

Ist die Belastung harmonisch,

$$p(x,t) = p(x)\cos(\omega t + \varphi)\,,$$

dann ist es auch die Lösung der Differentialgleichung. Mit diesem wichtigen Spezialfall wollen wir uns in diesem Kapitel beschäftigen.

8.1 Der Stab

Die Differentialgleichung des schwingenden Stabs

$$-EAu''(x,t) + \mu\ddot{u}(x,t) = p(x)\cos(\omega t + \varphi)\,, \qquad \mu = \rho A\,, \quad A = \text{Fläche}\,,$$

geht mit dem Separationsansatz

$$u(x,t) = u(x)\cos(\omega t + \varphi)$$

über in eine Differentialgleichung

$$-EAu''(x) - \mu\omega^2 u(x) = p(x)$$

für die Amplitude $u(x)$ der Schwingung alleine.

Zu dieser Differentialgleichung gehören die Identitäten

$$G(\hat{u}, u) = \int_0^l (-EA\hat{u}'' - \mu\omega^2\hat{u})u\,dx + [\hat{N}u]_0^l - \int_0^l (EA\hat{u}'u' - \mu\omega^2\hat{u}u)\,dx = 0$$

und

$$B(\hat{u}, u) = \int_0^l (-EA\hat{u}'' - \mu\omega^2\hat{u})u \, dx + [\hat{N}u - \hat{u}N]_0^l$$

$$- \int_0^l \hat{u}(-EAu'' - \mu\omega^2 u) \, dx = 0 \, .$$

Aus der allgemeinen homogenen Lösung

$$u(x) = a\sin(\frac{\mu\omega^2}{EA}\, x) + b\cos(\frac{\mu\omega^2}{EA}\, x)$$

lassen sich durch geeignete Wahl der Konstanten a und b zwei Lösungen φ_1 und φ_2 konstruieren, die den Einheitsverschiebungen

$$\varphi_1(0) = 1\,, \quad \varphi_1(l) = 0\,, \qquad \varphi_2(0) = 0\,, \quad \varphi_2(l) = 1\,,$$

entsprechen. Mit diesen Einheitsverschiebungen erhält man wie in Abschn. 2.1 Kopplungsbedingungen zwischen den Stabendverschiebungen u_i und Stabendkräften f_i einer Amplitudenfunktion $u \in C^2[0, l]$,

$$\boldsymbol{K}\boldsymbol{u} = \boldsymbol{f} + \boldsymbol{p}\,,$$

wobei

$$K_{ij} = E(\varphi_i, \varphi_j) = \int_0^l (EA\varphi_i'\varphi_j' - \mu\omega^2\varphi_i\varphi_j) \, dx\,,$$

$$p_i = \int_0^l p(x)\varphi_i(x) \, dx\,, \qquad p(x) = -EAu''(x) - \mu\omega^2 u(x)\,.$$

Die Zahlen p_i sind die Auflagerdrücke am festgehaltenen Stab. Durch Umordnen der Kopplungsbedingung erhält man eine Übertragungsmatrix, und daher läßt sich die Matrizenverschiebungsmethode auch auf die Amplitudenfunktionen harmonischer Schwingungen anwenden.

Statt Übertragungsmatrizen zu benutzen, kann man auch mittels der 0. Grundlösung

$$g_0 = -\frac{1}{2\lambda EA}\sin(\lambda r)\,, \qquad \lambda = \frac{\mu\omega^2}{EA}\,,$$

und der 2. Identität,

$$\lim_{\varepsilon\to 0} B(g_0[x], u)_{\Omega_\varepsilon} = c(x)u(x) + [N_0 u - g_0 N]_0^l - \int_0^l g_0\, p\, dy\,,$$

eine Einflußfunktion für $u(x)$ konstruieren. Die charakteristische Funktion $c(x)$ hat den Wert 1 im offenen Intervall $(0, l)$ und sonst den Wert Null.

8.2 Der Balken

Die Differentialgleichung des schwingenden Balkens

$$EIw^{IV} + \mu\ddot{w} = p(x)\cos(\omega t + \varphi)\,, \qquad \mu = \rho A\,,$$

geht mit dem Ansatz

$$w(x, t) = w(x)\cos(\omega t + \varphi)$$

über in die Differentialgleichung

$$EIw^{IV}(x) - \mu\omega^2 w(x) = p(x)\,.$$

Zu dieser Differentialgleichung gehören die Identitäten

$$G(\hat{w}, w) = \int_0^l (EI\hat{w}^{IV} - \mu\omega^2\hat{w})w\,dx + [\hat{Q}w - \hat{M}w']_0^l$$

$$- \int_0^l (EI\hat{w}''w'' - \mu\omega^2\hat{w}w)\,dx = 0$$

und

$$B(\hat{w}, w) = G(\hat{w}, w) - G(w, \hat{w}) = 0.$$

Die allgemeine homogene Lösung lautet

$$w(x) = a_1\cos(\lambda x) + a_2\sin(\lambda x) + a_3\cosh(\lambda x) + a_4\sinh(\lambda x)$$

mit

$$\lambda = \left(\frac{\mu\omega^2}{EI}\right)^{1/4}\,.$$

Durch geeignete Wahl der Konstanten lassen sich daraus vier Lösungen ψ_i konstruieren, die Einheitsverformungen an den Balkenenden entsprechen

$$\psi_1(0) = 1\,, \qquad \psi_1'(0) = \psi_1(l) = \psi_1'(l) = 0\,, \qquad \text{etc.}$$

und damit erhält man wieder Kopplungsbedingungen zwischen den Balken-endverformungen u_i bzw. -kräften f_i einer glatten Amplitude $w \in C^4[0, l]$,

$$Ku = f + p \tag{8.1}$$

mit

$$K_{ij} = E(\psi_i, \psi_j) = \int\limits_0^l (EI\psi_i''\psi_j'' - \mu\omega^2\psi_i\psi_j)\, dx\,,$$

$$p_i = \int\limits_0^l p(x)\psi_i(x)\, dx\,, \qquad p(x) = EIw^{IV} - \mu\omega^2 w\,.$$

Die Zahlen p_i sind die Auflagerdrücke am eingespannten Balken. Durch Umformung läßt sich aus (8.1) auch eine Übertragungsmatrix gewinnen, und damit ist die Matrizenverschiebungsmethode komplett.

8.3 Scheiben und elastische Körper

Das um die Trägheitskräfte erweiterte Differentialgleichungssystem für das dynamische Verschiebungsfeld v lautet

$$-\mu\Delta v - \frac{\mu}{1 - 2\nu}\nabla\operatorname{div} v + \rho\,\ddot{v} = b(x, t)\,.$$

Die elastischen Konstanten ν und μ werden in der Dynamik gerne durch die Konstanten

$$c_2 = \left(\frac{\mu}{\rho}\right)^{1/2}\,, \qquad c_1 = \left(\frac{2\mu}{\rho}\left(\frac{1 - \nu}{1 - 2\nu}\right)\right)^{1/2}\,,$$

die Ausbreitungsgeschwindigkeiten der Scherwellen $c_2\,(= c_s)$ bzw. Druckwellen $c_1\,(= c_p)$ ersetzt, so daß das System die Gestalt

$$-c_2^2\Delta v - (c_1^2 - c_2^2)\nabla\operatorname{div} v + \ddot{v} = \frac{1}{\rho}b(x, t) \tag{8.2}$$

hat. Harmonische Erregungen

$$\frac{1}{\rho}b(x, t) = p_1(x)\cos\omega t + p_2(x)\sin\omega t$$

und harmonische Verschiebungsfelder

$$v(x, t) = v_1(x)\cos\omega t + v_2(x)\sin\omega t$$

lassen sich als Realteile komplexer Funktionen auffassen

$$\frac{1}{\rho}b(x,t) = \Re\left\{p(x)e^{-i\omega t}\right\}, \qquad v(x,t) = \Re\left\{u(x)e^{-i\omega t}\right\},$$

wobei

$$p(x) = p_1(x) + i\,p_2(x), \qquad u(x) = v_1(x) + i\,v_2(x).$$

Setzt man diese Ausdrücke in (8.2) ein, dann erhält man für die komplexen Amplituden das Differentialgleichungssystem

$$-c_2^2\Delta u - (c_1^2 - c_2^2)\nabla\operatorname{div}u - \omega^2 u = p(x). \tag{8.3}$$

Zu diesem System gehören die Identitäten

$$G(\hat{u}, u) = \int_\Omega (-L\hat{u} - \omega^2\hat{u})\cdot u\,d\Omega + \int_\Gamma \tau(\hat{u})\cdot u\,ds - E(\hat{u}, u)$$

$$+ \int_\Omega \omega^2\hat{u}\cdot u\,d\Omega = 0,$$

$$B(\hat{u}, u) = G(\hat{u}, u) - G(u, \hat{u}) = 0.$$

Der Operator $-L$ ist der Operator des stationären Problems, und $E(\hat{u}, u)$ ist die zugehörige Wechselwirkungsenergie.

Die Grundlösungen des Systems (8.3) lauten

$$U_{ij} = \frac{1}{4\pi\rho c_2^2}[\psi\,\delta_{ij} - \chi\,r_{,i}\,r_{,j}]$$

mit

$$\psi = \frac{1}{r}[e^{-i\omega r/c_2}\left(1 - \frac{c_2^2}{\omega^2 r^2} + \frac{c_2}{i\omega r}\right) - \frac{c_2^2}{c_1^2}\left(-\frac{c_1^2}{\omega^2 r^2} + \frac{c_1}{i\omega r}\right)e^{-i\omega r/c_1}],$$

$$\chi = \left(-\frac{3c_2^2}{\omega^2 r^2} + \frac{3c_2}{i\omega r} + 1\right)\frac{e^{-i\omega r/c_2}}{r} - \frac{c_2^2}{c_1^2}\left(-\frac{3c_1^2}{\omega^2 r^2} + \frac{3c_1}{i\omega r} + 1\right)\frac{e^{-i\omega r/c_1}}{r},$$

und die Komponenten der zugehörigen Spannungsvektoren

$$T_{ij} = \frac{1}{4\pi}[(\frac{d\psi}{dr} - \frac{1}{r}\chi)(\delta_{ij}r_\nu + r_{,j}\nu_i) - \frac{2}{r}\chi(\nu_j r_{,i} - 2r_{,i}\,r_{,j}\,r_\nu)$$

$$- 2\frac{d\chi}{dr}r_{,i}\,r_{,j}\,r_\nu + (\frac{c_1^2}{c_2^2} - 2)(\frac{d\psi}{dr} - \frac{d\chi}{dr} - \frac{2}{r}\chi)r_{,i}\,\nu_j].$$

Macht man mit den drei Grundlösungen $\boldsymbol{g}_0^i = \{U_{ij}\}$ den Grenzübergang

$$\lim_{\varepsilon \to 0} B(\boldsymbol{g}_0^i, \boldsymbol{u})_{\Omega_\varepsilon} = 0\,,$$

dann erhält man drei Einflußfunktionen für die komplexen Amplituden

$$C_{ij}(\boldsymbol{x})u_j(\boldsymbol{x}) = \int_\Gamma \left[U_{ij}(\boldsymbol{y},\boldsymbol{x})t_j(\boldsymbol{y}) - T_{ij}(\boldsymbol{y},\boldsymbol{x})u_j(\boldsymbol{y})\right] ds_{\boldsymbol{y}}$$

$$+ \int_\Omega U_{ij}(\boldsymbol{y},\boldsymbol{x})p_j(\boldsymbol{y})\, d\Omega_{\boldsymbol{y}}\,.$$

Die $C_{ij}(\boldsymbol{x})$ sind die charakteristischen Funktionen des stationären Problems.

Die Gleichungen der 2-D Grundlösungen findet man in [44, S. 365]. Wegen der Numerik verweisen wir auf die Arbeit von Tullberg, [65], der zweidimensionale dynamische Probleme mittels der Laplace Transformation gelöst hat. Bei der Laplace Transformation entsteht ja genau dasselbe Differentialgleichungssystem, wie bei der Separation der Variablen.

8.4 Die Platte

Zu einer harmonisch schwingenden Last

$$K\Delta\Delta v + \rho\ddot{v} = b(\boldsymbol{x},t) = p_1(\boldsymbol{x})\cos\omega t + p_2(\boldsymbol{x})\sin\omega t\,,$$

$$\rho = \text{spezifische Dichte} \times \text{Plattendicke}\,,$$

gehört eine harmonische Durchbiegung

$$v(\boldsymbol{x},t) = v_1(\boldsymbol{x})\cos\omega t + v_2(\boldsymbol{x})\sin\omega t\,.$$

Schreibt man wie zuvor

$$v(\boldsymbol{x},t) = \Re\left\{w(\boldsymbol{x})\mathrm{e}^{-i\omega t}\right\}\,, \qquad b(\boldsymbol{x},t) = \Re\left\{p(\boldsymbol{x})\mathrm{e}^{-i\omega t}\right\}$$

mit

$$w(\boldsymbol{x}) = w_1(\boldsymbol{x}) + i\,w_2(\boldsymbol{x})\,, \qquad p(\boldsymbol{x}) = p_1(\boldsymbol{x}) + i\,p_2(\boldsymbol{x})\,,$$

dann lautet die Differentialgleichung für die komplexe Amplitude $w(\boldsymbol{x})$

$$K\Delta\Delta w(\boldsymbol{x}) - \rho\omega^2 w(\boldsymbol{x}) = p(\boldsymbol{x})\,. \tag{8.4}$$

Hierzu gehören die Identitäten

$$G(\hat{w}, w) = \int\limits_{\Omega} (K\,\Delta\Delta\hat{w} - \rho\omega^2\hat{w})w\,d\Omega + \int\limits_{\Gamma} (\hat{V}_n w - \hat{M}_n \frac{\partial w}{\partial n})\,ds$$

$$+ \sum_e [\hat{F}(\boldsymbol{x}^e)w(\boldsymbol{x}^e) - \hat{w}(\boldsymbol{x}^e)F(\boldsymbol{x}^e)] - E(\hat{w}, w) + \int\limits_{\Omega} \rho\omega^2\hat{w}w\,d\Omega = 0\,,$$

$$B(\hat{w}, w) = G(\hat{w}, w) - G(w, \hat{w}) = 0\,.$$

Das Integral $E(\hat{w}, w)$ ist die Wechselwirkungsenergie des stationären Problems. Die Grundlösung der Differentialgleichung (8.4) lautet

$$g_0(\lambda r) = icJ_0(\lambda r) + cY_0(\lambda r) + dK_0(\lambda r)$$

mit

$$\lambda = \frac{\omega^2}{\rho K}\,, \qquad c = \frac{1}{8\lambda^2}\,, \qquad d = \frac{1}{4\pi\lambda^2}\,.$$

(Wegen der Definition der Besselfunktionen J_0, Y_0 und K_0 s. [66]).

Macht man mit g_0 und der Grundlösung $g_1 = \partial g_0/\partial n$ den Grenzübergang

$$\lim_{\varepsilon \to 0} B(g_i, w)_{\Omega_\varepsilon} = 0\,, \qquad i = 0, 1\,,$$

dann erhält man zwei Einflußfunktionen für $w(\boldsymbol{x})$ und $\partial w(\boldsymbol{x})/\partial n$, die denen des stationären Falls sehr ähnlich sind, so daß wir hier auf ihre Wiedergabe verzichten wollen. Der interessierte Leser findet sie in [67].

8.5 Eigenschwingungen

Die Bestimmung der Eigenfrequenzen und Eigenformen elastischer Systeme kann man als eine spezielle Anwendung der Kopplungsbedingungen ansehen.

Mathematisch sind die Eigenformen die nichttrivialen Lösungen der Probleme, bei denen die rechte Seite der Differentialgleichung, wie die Randbedingungen, homogen sind

$$Du + \lambda u = 0 \qquad + \quad m \text{ homogene Randbedingungen } \partial^i u = 0\,.$$

Für die Eigenformen gelten natürlich genau dieselben Kopplungsbedingungen, wie für die anderen Amplitudenfunktionen.

Im Falle eines schwingenden Balkens, s. Abb. 8.1, müssen z.B. die Randgrößen einer Eigenform dem Gleichungssystem

$$\begin{bmatrix} * & * & * & * \\ * & * & * & * \\ * & * & * & * \\ * & * & * & * \end{bmatrix} \begin{bmatrix} 0 \\ 0 \\ u_3 \\ u_4 \end{bmatrix} = \begin{bmatrix} f_1 \\ f_2 \\ 0 \\ 0 \end{bmatrix}$$

genügen. Die Matrix ist die in Abschn. 8.2 abgeleitete Steifigkeitsmatrix des harmonisch schwingenden Balkens. Die (2×2) Untermatrix unten rechts nennt man die reduzierte Steifigkeitsmatrix K_R. Sie bleibt übrig, wenn man die Zeilen und Spalten streicht, die gesperrten Freiheitsgraden entsprechen. Damit nichttriviale Lösungen u_3 und u_4 existieren, muß die Determinante der reduzierten Steifigkeitsmatrix Null sein,

$$\det(K_R(\lambda)) = 1 + \cos\lambda \cosh\lambda = 0\,.$$

Die Nullstellen dieser transzendenten Funktion sind die Eigenfrequenzen des Kragarms, und die zugehörigen Eigenvektoren der Steifigkeitsmatrix sind die 'Koordinatenvektoren' der Eigenform $w(x)$ bezüglich der vier normierten, homogenen Lösungen ψ_i

$$w(x) = 0\,\psi_1(x) + 0\,\psi_2(x) + u_3\,\psi_3(x) + u_4\,\psi_4(x)\,.$$

Die Tatsache, daß die Grundlösungen *transzendente Funktionen* des Parameters λ sind,

$$\cdots \quad \sin\lambda \quad \cdots \quad \cos\lambda\,,$$

hat also folgenschwere Konsequenzen, denn damit sind auch die Elemente der Steifigkeitsmatrix transzendente Funktionen und somit schließlich auch die Determinante selbst. Dies ist das eigentliche Problem bei der Bestimmung der Eigenfrequenzen, denn die Ermittlung der Nullstellen transzendenter Funktionen ist nicht mehr trivial. Insbesondere, wenn es sich um Stockwerkrahmen handelt, also Systeme, die sich aus sehr vielen Balken zusammensetzen. Hier kann die reduzierte Steifigkeitsmatrix leicht die Größenordnung 100×100 und mehr haben.

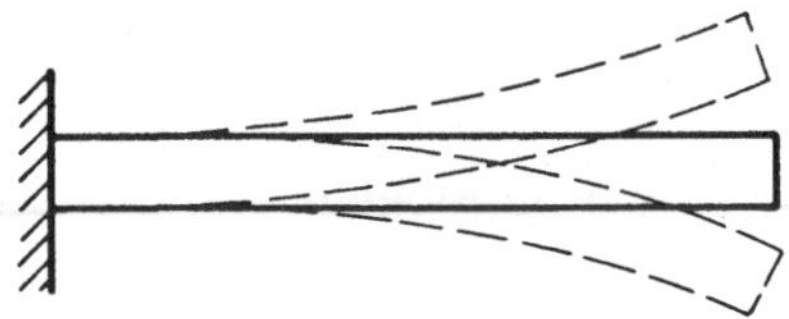

Abb. 8.1 Schwingender Balken

Um dieses Problem zu umgehen, ersetzt man gewöhnlich die exakte Steifigkeitsmatrix durch eine Näherung

$$\tilde{K} = K_0 + \lambda K_1 \,,$$

deren Elemente

$$\tilde{K}_{ij} = E(\varphi_i, \varphi_j) = \int\limits_0^l \left(EI\varphi_i'' \varphi_j'' - \mu\omega^2 \varphi_i \varphi_j \right) dx$$

die Wechselwirkungsenergien der vier homogenen Lösungen φ_i der einfachen Balken-Differentialgleichung $EIw^{IV} = 0$ sind, s. [2, S. 307].

Die so gebildete Matrix $\tilde{K}$ setzt sich zusammen aus der Steifigkeitsmatrix der einfachen Balken-Differentialgleichung K und der sogenannten *konsistenten Massenmatrix* K_1. Beide Matrizen hängen nicht von λ ab, so daß die Determinante der Näherung nun ein Polynom in λ ist. Der Preis, den man für diese Umwandlung einer transzendenten Funktion in ein Polynom zahlen muß, ist allerdings, daß man die Balken in einzelne finite Elemente unterteilen muß und so wieder die Zahl der Freiheitsgrade in die Höhe treibt.

All dies gilt natürlich sinngemäß auch für mehrdimensionale Probleme. Auch hier sind die Grundlösungen transzendente Funktionen des Parameters λ, somit auch die komplexen Matrizen G und H

$$H(\lambda)\, u = G(\lambda)\, t \,,$$

und daher muß man, um die Nullstellen der komplexen Determinante zu bestimmen, einen Suchalgorithmus anwenden. Wegen der damit zusammenhängenden Fragen verweisen wir auf die Monographie von Kitahara, [17].

8.6 Die Helmholtz Gleichung (Membran)

Zur harmonisch angeregten Membran,

$$-\Delta v + \rho v = b(x,t) = p_1(x) \cos \omega t + p_2(x) \sin \omega t$$

gehört die Durchbiegung

$$v(x,t) = v_1(x) \cos \omega t + v_2(x) \sin \omega t \,.$$

Setzt man in Analogie zu

$$b(x,t) = \Re \left\{ p(x) e^{-i\omega t} \right\} \,, \qquad p(x) = p_1(x) + i\, p_2(x) \,,$$

322

für die Verschiebung

$$v(\boldsymbol{x},t) = \Re\left\{u(\boldsymbol{x})\mathrm{e}^{-i\omega t}\right\}, \qquad u(\boldsymbol{x}) = u_1(\boldsymbol{x}) + i\,u_2(\boldsymbol{x}),$$

dann führt dies auf die *Helmholtz Gleichung*

$$-\Delta u(\boldsymbol{x}) - \lambda u(\boldsymbol{x}) = p(\boldsymbol{x}), \qquad \lambda = \rho\omega^2$$

für die komplexe Amplitude $u(\boldsymbol{x})$. Zu dieser Differentialgleichung gehört die Identität

$$G(\hat{u}, u) = \int_{\Omega} (-\Delta\hat{u} - \lambda\hat{u})u\,d\Omega + \int_{\Gamma} \frac{\partial\hat{u}}{\partial n} u\,ds$$

$$-\int_{\Omega} \nabla\hat{u}\cdot\nabla u\,d\Omega + \int_{\Omega} \lambda\hat{u}\,u\,d\Omega = 0\,.$$

Mittels der Grundlösungen

$$g_0(\boldsymbol{y},\boldsymbol{x}) = \frac{-i}{2} H_0^{(1)}(\lambda r) \qquad \text{(2-D) (Hankel-Funktion)}\,,$$

$$g_0(\boldsymbol{y},\boldsymbol{x}) = -\frac{1}{4\pi r}\mathrm{e}^{i\lambda r} \qquad \text{(3-D)}$$

erhält man aus der 2. Identität $B(\hat{u}, u) = G(\hat{u}, u) - G(u, \hat{u}) = 0$ die Integraldarstellung für $u(\boldsymbol{x})$,

$$c(\boldsymbol{x})u(\boldsymbol{x}) = \int_{\Gamma} [g_0(\boldsymbol{y},\boldsymbol{x})\frac{\partial u}{\partial\nu}(\boldsymbol{y}) - \frac{\partial}{\partial\nu}g_0(\boldsymbol{y},\boldsymbol{x})u(\boldsymbol{y})]\,ds_{\boldsymbol{y}}$$

$$+ \int_{\Omega} g_0(\boldsymbol{y},\boldsymbol{x})(-\Delta u(\boldsymbol{y}) - \lambda u(\boldsymbol{y}))\,d\Omega_{\boldsymbol{y}} \tag{8.5}$$

und die Normalableitung

$$c_j(\boldsymbol{x})u_{,j}(\boldsymbol{x}) = \int_{\Gamma} [g_1(\boldsymbol{y},\boldsymbol{x})\frac{\partial u}{\partial\nu}(\boldsymbol{y}) - \frac{\partial}{\partial\nu}g_1(\boldsymbol{y},\boldsymbol{x})(u(\boldsymbol{y}) - u(\boldsymbol{x}))]\,ds_{\boldsymbol{y}}$$

$$+ \int_{\Omega} g_1(\boldsymbol{y},\boldsymbol{x})(-\Delta u(\boldsymbol{y}) - \lambda u(\boldsymbol{y}))\,d\Omega_{\boldsymbol{y}}\,, \tag{8.6}$$

$$g_1(\boldsymbol{y},\boldsymbol{x}) = \frac{\partial}{\partial n_{\boldsymbol{x}}}g_0(\boldsymbol{y},\boldsymbol{x})\,.$$

Die charakteristischen Funktionen sind identisch mit den Funktionen des stationären Problems, s. Kap. 3.

8.6.1 Der Abstrahlgrad einer rotierenden Maschine

Als Anwendungsbeispiel betrachten wir ein Problem aus der Akustik, [68]. Die Verkleidung einer rotierenden Maschine versetzt die Luft in harmonische Schwingungen, erzeugt Lärm. Ein Maß für den Lärm ist die dabei abgestrahlte Schalleistung und der Abstrahlgrad. Um diese Größen quantifizieren zu können, wird die Luft als reibungsloses, kompressibles Fluid idealisiert, in dem sich Schallwellen unter Beachtung der Impulsbilanz

$$p_{,i} + \rho v_i = 0, \qquad p(\boldsymbol{x}, t) = \text{Schalldruck},$$

$$v(\boldsymbol{x}, t) = \text{Geschwindigkeit},$$

$$\rho = \text{Dichte des Fluids},$$

und des Zusammenhangs zwischen Schalldruck und Volumenänderung

$$\dot{p} = -K v_{i,i} \qquad K = \text{Kompressionsmodul},$$

ausbreiten.

Führt man das skalare Potential $\Phi(\boldsymbol{x}, t)$ ein

$$v_i = \Phi_{,i} \qquad p = -\rho\, \dot{\Phi},$$

dann lassen sich die obigen Gleichungen auf eine einzige skalare Gleichung, *die Wellengleichung*, reduzieren

$$\Phi_{,ii} - \frac{1}{c^2}\ddot{\Phi} = 0, \qquad c = \left(\frac{K}{\rho}\right)^{1/2} = \text{Schallgeschwindigkeit}.$$

Die Normalableitung des Potentials Φ auf dem Rand Γ, der Verkleidung der Maschine,

$$\frac{\partial \Phi}{\partial n} = \Phi_{,i}\, n_i = v_i n_i = v,$$

ist die Normalkomponente der Oberflächengeschwindigkeit. Diese skalare Funktion bezeichnen wir mit v. Ihr Verlauf auf der Oberfläche der Maschine ist bekannt. Bei einer rotierenden Maschine ist sie eine periodische Funktion bezüglich t, und nach einer gewissen Anlaufzeit wird daher die Verkleidung auch die umgebende Luft in harmonische Schwingungen versetzt haben.

324

Gesucht ist also das komplexe Geschwindigkeitspotential Φ, das im Außenraum den Gleichungen

$$\Delta\Phi + k^2\Phi = 0\,, \qquad k = \frac{\omega}{c} = \frac{2\pi}{\lambda}\,, \qquad \lambda = \text{Wellenlänge}\,,$$

$$\frac{\partial\Phi}{\partial n} = v \qquad \text{auf } \Gamma\,,$$

und der *Sommerfeldschen Ausstrahlungsbedingung*

$$\lim_{r\to\infty} \left(\frac{\partial\Phi}{\partial n} - ik\Phi\right)r = 0\,, \qquad r = |\boldsymbol{y} - \boldsymbol{x}|$$

genügt. Diese Bedingung schließt einfallende Wellen aus und sichert die eindeutige Lösbarkeit des Problems. Da wir als Lösung die Einflußfunktion (8.5) ansetzen und dabei die Kopplungsbedingungen zu Hilfe nehmen, ist sie automatisch erfüllt.

Die Randwerte des unbekannten Potentials Φ kann man nun entweder mittels der ersten Kopplungsbedingung (8.5) bestimmen

$$\frac{1}{2}\Phi(\boldsymbol{x}) + \int\limits_\Gamma \frac{\partial}{\partial\nu} g_0(\boldsymbol{y},\boldsymbol{x})\Phi(\boldsymbol{y})\,ds_{\boldsymbol{y}} = \int\limits_\Gamma g_0(\boldsymbol{y},\boldsymbol{x})v(\boldsymbol{y})\,ds_{\boldsymbol{y}}$$

oder mittels der zweiten Bedingung (8.6)

$$\int\limits_\Gamma \frac{\partial}{\partial\nu} g_1(\boldsymbol{y},\boldsymbol{x})[\Phi(\boldsymbol{y}) - \Phi(\boldsymbol{x})]\,ds_{\boldsymbol{y}} = -\frac{1}{2}v(\boldsymbol{x}) + \int\limits_\Gamma g_1(\boldsymbol{y},\boldsymbol{x})v(\boldsymbol{y})\,ds_{\boldsymbol{y}}\,.$$

Führt man die Symbole

$$I\Phi = \Phi\,,$$

$$Lv = \int\limits_\Gamma g_0(\boldsymbol{y},\boldsymbol{x})v(\boldsymbol{y})\,ds_{\boldsymbol{y}}\,,$$

$$N\Phi = \int\limits_\Gamma \frac{\partial}{\partial\nu} g_1(\boldsymbol{y},\boldsymbol{x})[\Phi(\boldsymbol{y}) - \Phi(\boldsymbol{x})]\,ds_{\boldsymbol{y}}\,,$$

$$M\Phi = \int\limits_\Gamma \frac{\partial}{\partial\nu} g_0(\boldsymbol{y},\boldsymbol{x})\Phi(\boldsymbol{y})\,ds_{\boldsymbol{y}}\,,$$

für die Integraloperatoren ein, dann läßt sich für die Kopplungsbedingungen auch kürzer schreiben

$$(\frac{1}{2}I + M)\Phi = Lv \qquad (8.7)$$

$$N\Phi = (-\frac{1}{2}I + M^T)v. \qquad (8.8)$$

Im folgenden werden wir von der Fredholmschen Alternative Gebrauch machen und benötigen dafür noch die Kopplungsbedingungen zwischen den Betti-Daten des Innenraums.

Da (8.7) und (8.8) die Kopplungsbedingungen für die Randdaten des Außenraums sind, zeigt die Normale auf Γ ins Innere. Bei Innenraumproblemen zeigt dagegen die Normale ins Äußere, so daß man M und v mit (-1) multiplizieren muß und N mit $(-1)(-1) = 1$, (in N kommt die Normale zweimal vor), um die Kopplungsbedingungen, die zwischen den Randdaten des Innenraumproblems bestehen,

$$(-\frac{1}{2}I + M)\Phi = Lv,$$

$$N\Phi = (\frac{1}{2}I + M^T)v,$$

zu erhalten.

Die *Fredholmsche Alternative* läßt sich am besten mit Vektoren und Matrizen erklären.

Wie erinnerlich erhält man durch einfache Transponierung des Skalars $\hat{x}^T A x$ die 2. Identität einer Matrix A

$$B(x, \hat{x}) = \hat{x}^T A x - x^T A^T \hat{x} = 0.$$

Durch einfaches Einsetzen folgt aus dieser Identität nun sofort: Das Gleichungssystem

$$Ax = b$$

ist genau dann lösbar, wenn die rechte Seite b orthogonal ist zu den Eigenlösungen $\hat{x}$,

$$A^T \hat{x} = o,$$

der adjungierten Matrix. Hat die adjungierte Matrix (= transponierte) Matrix nur die Eigenlösung $\hat{x} = o$, dann ist die Gleichung $Ax = b$ eindeutig lösbar. Hat die adjungierte Matrix n nichttriviale, linear unabhängige Eigenlösungen, dann hat auch die Gleichung $Ax = b$ n solche Eigenlösungen, d.h. die Gleichung ist bis auf n Vektoren x_i eindeutig lösbar.

Dies ist die Fredholmsche Alternative; sie ist im Grunde ein Korollar des Satzes von Betti.

In der Mechanik ist der adjungierte Operator der gleiche Operator wie A, und die Eigenlösungen des adjungierten Operators sind die Starrkörperbewegungen, und daher ist die Fredholmsche Alternative mit den Gleichgewichtsbedingungen identisch: Zu gegebenen äußeren Kräften gibt es nur dann eine Gleichgewichtslage u, wenn das Skalarprodukt zwischen den äußeren Kräften und den Starrkörperbewegungen Null ist, wenn also die Kräfte im Gleichgewicht sind.

Mit den beiden Integraloperatoren des Außenraumproblems kann man nun, so wie mit der Matrix A, zwei Identitäten formulieren,

$$B(\Phi,\hat{\Phi}) = \int_\Gamma (\frac{1}{2}I + M)\Phi\,\hat{\Phi}\,ds - \int_\Gamma \Phi\,(\frac{1}{2}I + M^T)\hat{\Phi}\,ds = 0\,,$$

$$B(\Phi,\hat{\Phi}) = \int_\Gamma N\Phi\,\hat{\Phi}\,ds - \int_\Gamma \Phi\,N\hat{\Phi}\,ds = 0\,, \qquad (N = N^T)\,.$$

Gemäß der Fredholmschen Alternative ist die erste Integralgleichung (8.7) somit genau dann eindeutig lösbar, wenn das adjungierte homogene Problem

$$(\frac{1}{2}I + M^T)v = 0$$

nur die triviale Lösung $v = 0$ hat. Dies ist aber gerade die Kopplungsbedingung für die Randdaten $\Phi = 0, v$ eines Innenraumproblems. Bei bestimmten Zahlen k_{Di}, den *Eigenwellenzahlen*, treten im Innenraum stehende Wellen auf, deren Randdaten diesen Bedingungen genügen.

Analoges gilt für die zweite Integralgleichung (8.8). Die adjungierte homogene Integralgleichung

$$N\Phi = 0$$

formuliert die Kopplungsbedingung zwischen den Randdaten $\Phi, v = 0$ des Innenraums. Für bestimmte Eigenwellenzahlen k_{Ni} existieren auch hier nichttriviale Lösungen.

Gemäß der Fredholmschen Alternative sind daher auch die Integralgleichungen (8.7) und (8.8) des Außenraumproblems für die kritischen Wellenzahlen k_{Di} bzw. k_{Ni} nicht mehr eindeutig lösbar. Die Koeffizientenmatrix der Randelemente wird dort singulär.

Der Gedanke liegt nun nahe die beiden Integralgleichungen zu koppeln,

$$\left\{\frac{1}{2}I + M + \alpha N\right\}\Phi = \left\{L - \frac{\alpha}{2}I + \alpha M^T\right\}v\,,$$

was, sofern die Kopplungskonstante α rein imaginär ist, auch Erfolg hat, denn dann besitzt die zusammengesetzte Integralgleichung, s. [69], für alle Wellenzahlen eindeutige Lösungen. Praktisch darf α dem Betrage nach allerdings weder zu klein noch zu groß gewählt werden, da sonst in der zusammengesetzten Gleichung wieder eine der beiden Ausgangsgleichungen dominiert.

Am Beispiel einer harmonisch pulsierenden ('atmenden') Kugel mit der Oberflächengeschwindigkeit

$$v(\boldsymbol{x},t) = v_0\,\mathrm{e}^{-i\omega t}\,, \qquad v_0 = \text{konstant}$$

soll dies deutlich gemacht werden. Das zugehörige Potential

$$\Phi(\boldsymbol{x},t) = \Phi(r = a)\mathrm{e}^{-i\omega t}\,, \qquad a = \text{ Radius der Kugel}$$

ist auf der Oberfläche konstant

$$\Phi(r = a) = \frac{v_0 a(1 + ika)}{1 - k^2 a^2} = \text{konstant}\,.$$

Die kritischen Wellenzahlen des Innenraumproblems mit homogenen *Dirichlet Bedingungen* $\Phi = 0$ lauten

$$k_{Di} = \pi, \quad 2\pi, \quad 3\pi, \quad 4\pi, \quad \ldots$$

und des Innenraumproblems mit homogenen *Neumann Bedingungen* $v = 0$

$$k_{Ni} = 4,4935 \qquad 7,7150 \qquad 10,904 \qquad \ldots\;.$$

In Abb. 8.2a wird die Näherung Φ_h (10 konstante Ringelemente) mit dem exakten Potential Φ für eine Kopplungskonstante $\alpha = 0$ verglichen. Man sieht deutlich, daß die numerische Lösung in der Nähe der kritischen Wellenzahlen k_{Di} instabil wird. Dort ist die Koeffizientenmatrix singulär. Wählt man als Kopplungskonstante $\alpha = ia$, s. Abb. 8.2b, dann ist die Lösung zwar in der Nähe der kritischen Wellenzahlen k_{Di} stabil, aber in der Nähe der Wellenzahlen k_{Ni} wird sie instabil, weil für große Wellenzahlen k der Operator N dominiert.

Parameterstudien haben gezeigt, daß man, wie von Kress, [70], vorausgesagt, mit $\alpha = i/k$ die besten Ergebnisse erzielt, s. Abb. 8.2c. Die Übereinstimmung mit der exakten Lösung ist dann im ganzen Bereich der Wellenzahlen sehr gut.

Bei rotationssymmetrischen Körpern lassen sich die beiden Randfunktionen Φ und v in eine bezüglich des Nullmeridians ($\varphi = 0$) symmetrische Fourierreihe

$$v(\boldsymbol{x}) = v_m(s)\cos m\varphi\,, \qquad \Phi(\boldsymbol{x}) = \Phi_m(s)\cos m\varphi$$

entwickeln. Dabei ist s die laufende Koordinate (Bogenlänge) auf der Kontur, s. Abb. 8.3. Fällt die Symmetrielinie nicht mit dem Nullmeridian zusammen,

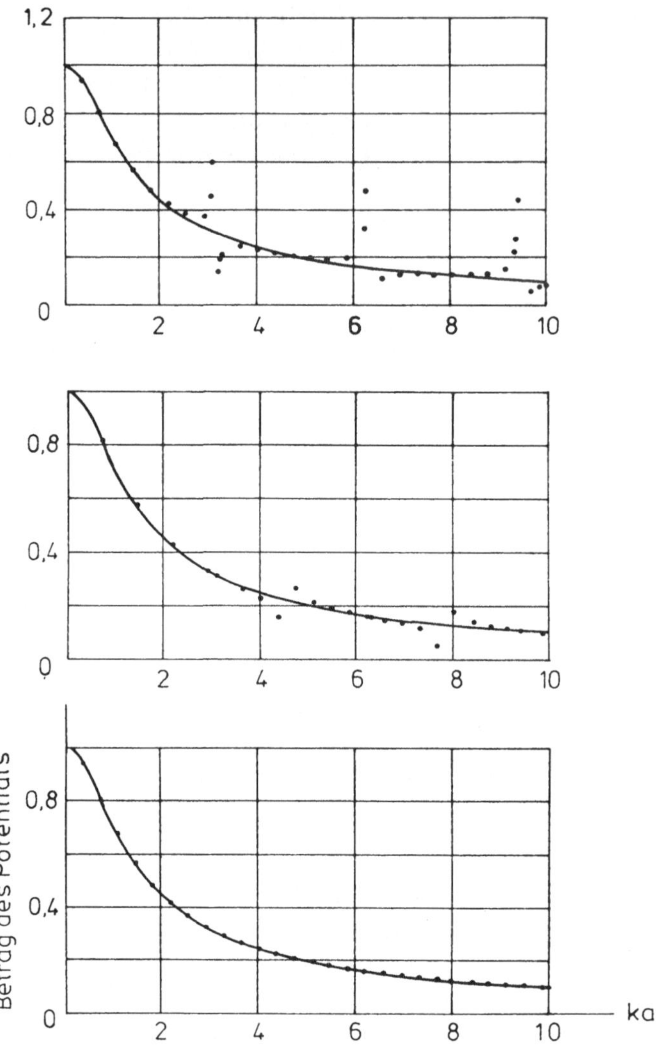

Abb. 8.2 Der Einfluß der Kopplungskonstante α auf die numerische Lösung (Akyol [68])

dann kann man termweise den Nullmeridian verdrehen, denn die Integralgleichung über die Oberfläche Γ des Körpers reduziert sich nun für jeden einzelnen Term auf eine Integralgleichung über die Kontur S

$$\frac{1}{2}\Phi_m(s) + 2 \int\limits_0^{s_0} \int\limits_0^{\pi} \left[\frac{\partial g_0}{\partial \nu} + \alpha \frac{\partial}{\partial \nu} g_1\right]\Phi_m(\sigma) \cos m\varphi \; r \, d\varphi \, d\sigma$$

$$= 2 \int\limits_0^{s_0} \int\limits_0^{\pi} [g_0 + \alpha g_1] v_m(\sigma) \cos m\varphi \; r \, d\varphi \, d\sigma - \frac{\alpha}{2} v(s) \, .$$

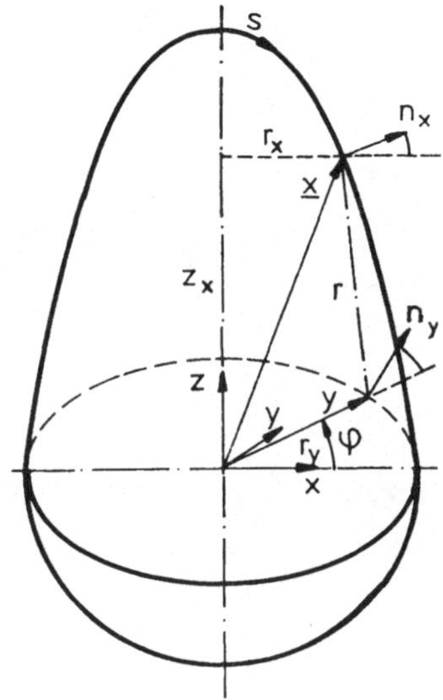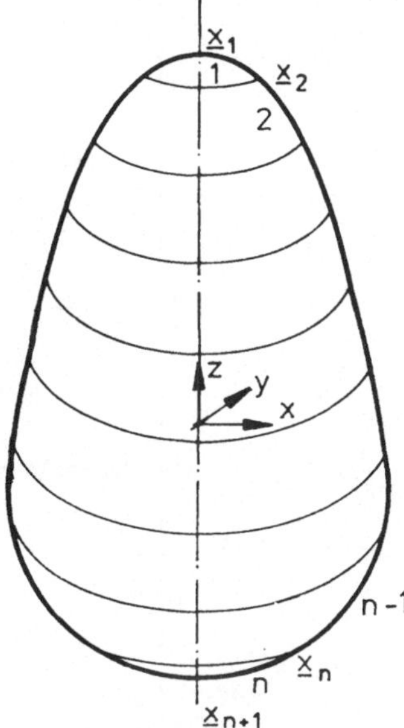

Abb. 8.3 Die Diskretisierung eines Rotationskörpers

Die Umfangsintegrale sind vom Typ

$$\int\limits_0^{2\pi} \frac{1}{r^n} e^{ikr} \cos^l \varphi \cos m\varphi \, d\varphi \,, \quad m = 1, 2, \ldots ; \quad n = 1, 2, \ldots, 5 ; \quad l = 0, 1, 2 ;$$

und daher nehmen die Oszillationen auf dem Integrationsintervall mit der Wellenzahl k rasch zu. In Abb. 8.4 sind die Realteile der Integranden über einer bezogenen Wellenzahl $\kappa = kr_0$ (r_0 Normierungsgröße) aufgetragen.

Bei hohen Wellenzahlen versagen alle numerischen Quadraturformeln und man muß asymptotische Entwicklungen zu Hilfe nehmen. Bei kleinen und mittleren Wellenzahlen kann dagegen numerisch integriert werden. Dabei hat sich herausgestellt, daß die *Trapezformel*

$$\int\limits_0^{2\pi} y(\varphi) \, d\varphi = \frac{h}{2}(y_0 + 2y_1 + \cdots + 2y_{n-1} + y_n)$$

$$- \frac{h^2}{12}(y_n' - y_0') + \frac{h^4}{720}(y_n^{(3)} - y_0^{(3)}) - \frac{h^6}{30\,240}(y_n^{(5)} - y_0^{(5)}) + \cdots$$

solche oszillierenden Kurven wesentlich besser ausschöpft, als die gewöhnliche Gauß-Quadratur, weil sich bei periodischen Funktionen die Fehlerterme auslöschen.

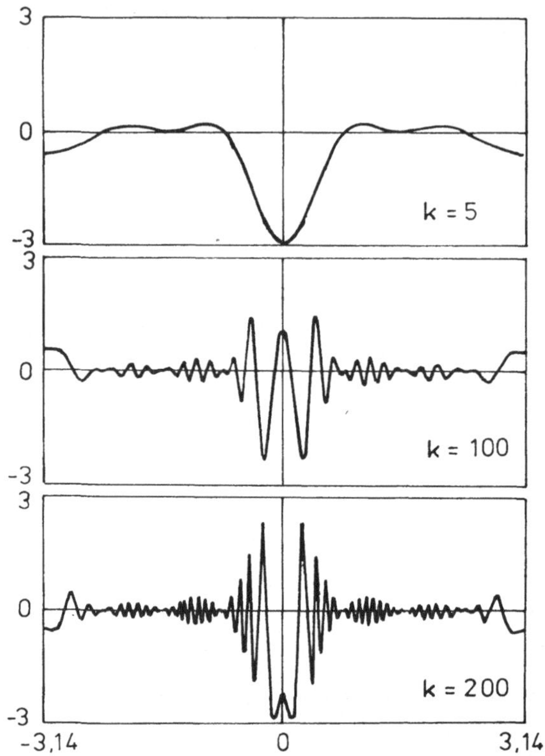

Abb. 8.4 Die Oszillationen der Integranden nehmen mit der Wellenzahl k zu

Das akustische Verhalten eines pulsierenden Zylinders, dessen Oberflächen-geschwindigkeit auf der Mantelfläche örtlich konstant und auf den Deckplatten Null ist, ist von verschiedenen Autoren mit semianalytischen oder numerischen Methoden untersucht worden. In Tabelle 8.1 sind für einen Zylinder mit dem Verhältnis von $h/a = 2$ die Ergebnisse mehrerer Arbeiten den Berechnungen von Akyol mit Randelementen gegenübergestellt.

Tabelle 8.1. Abstrahlgrad eines pulsierenden Zylinders

ka	Copley	Will./Mor.	Sandman	Fenlon	Shenderov	Akyol
1	0,621	0,633	0,733	0,653	0,729	0,7297
2	0,758	0,822	0,880	0,780	0,881	0,8672
3	0,900	0,944	0,974	0,870	/	0,9762

Die gute Konvergenz der Randelemente mit zunehmender Elementzahl zeigt Abb. 8.5. In Abb. 8.6 wird der berechnete Oberflächendruck mit den Ergebnissen anderer Verfasser verglichen. Abbildung 8.7 verdeutlicht den Zusammenhang zwischen der Zylinderabmessung und dem Abstrahlgrad des Zylinders.

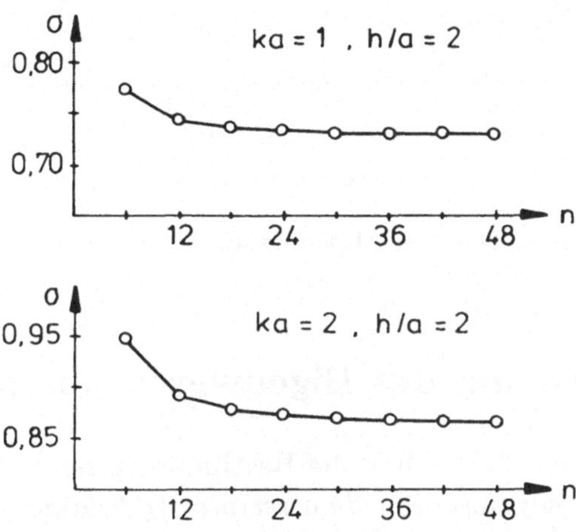

Abb. 8.5 Die Konvergenz des Abstrahlgrads σ mit wachsender Elementanzahl n

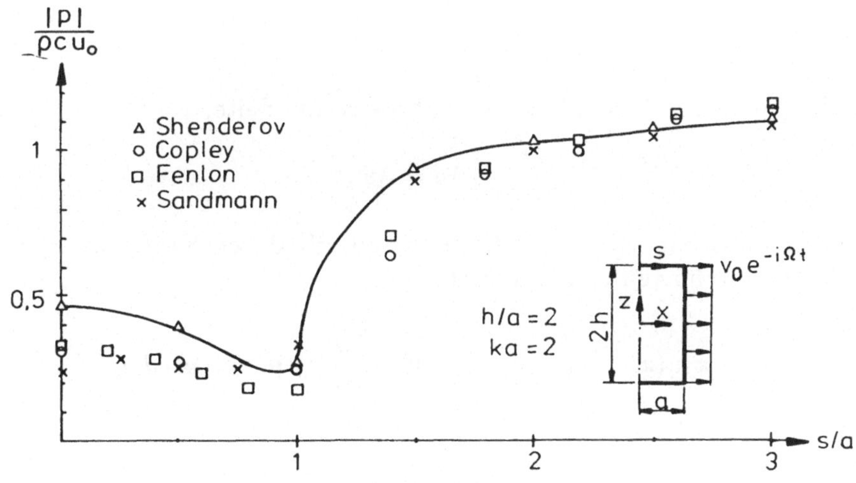

Abb. 8.6 Die Verteilung des Oberflächendrucks

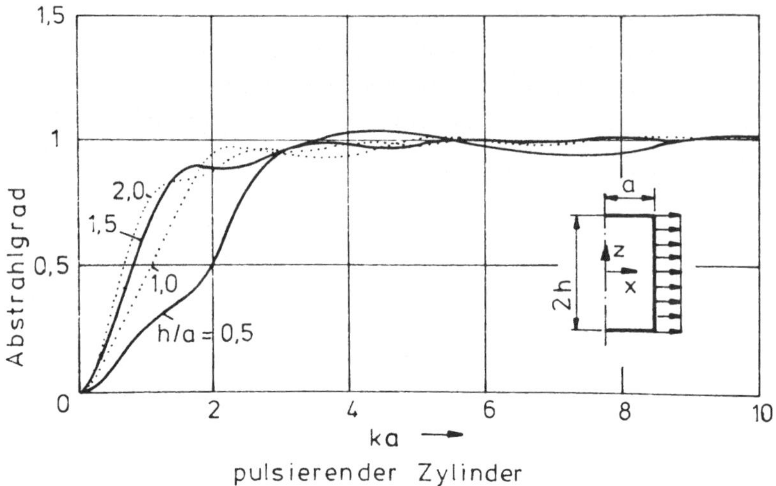

Abb. 8.7 Zusammenhang zwischen Abstrahlgrad und Zylinderabmessung, $k =$ Wellenzahl

8.7 Algebraisierung des Eigenwertproblems

Nardini und Brebbia, [71], haben die Bestimmung der Eigenwerte einer Wandscheibe mittels der sogenannten *dual reciprocity boundary element method* auf ein algebraisches Eigenwertproblem zurückgeführt. Wir wollen diese Technik am Beispiel einer Membran

$$-\Delta u - \lambda u = 0, \qquad \text{in } \Omega$$

$$u = 0 \qquad \text{auf } \Gamma_1, \qquad t = 0 \qquad \text{auf } \Gamma_2$$

erläutern.

Bringt man die Trägheitsterme auf die rechte Seite,

$$-\Delta u = \lambda u,$$

dann hat man es mit einer Membran zu tun, die durch Kräfte $\lambda u(\boldsymbol{x})$ belastet wird, deren Durchbiegung also lautet

$$c(\boldsymbol{x})u(\boldsymbol{x}) = \int\limits_{\Gamma} [g_0(\boldsymbol{y}, \boldsymbol{x})\, t(\boldsymbol{y}) - \frac{\partial}{\partial \nu} g_0(\boldsymbol{y}, \boldsymbol{x}) u(\boldsymbol{y})]\, ds_{\boldsymbol{y}}$$

$$+ \int\limits_{\Omega} g_0(\boldsymbol{y}, \boldsymbol{x}) \lambda u(\boldsymbol{y})\, d\Omega_{\boldsymbol{y}} . \tag{8.9}$$

Nehmen wir nun an, daß die Funktion $u(x)$ auch die rechte Seite einer Funktion $v(x)$ ist

$$-\Delta v(x) = u(x)\,, \tag{8.10}$$

also einer Funktion v, die die Integraldarstellung

$$c(x)v(x) = \int_\Gamma [g_0(y,x)\frac{\partial v(y)}{\partial \nu} - \frac{\partial}{\partial \nu}g_0(y,x)v(y)]\, ds_y$$

$$+ \int_\Omega g_0(y,x)u(y)\, d\Omega_y \tag{8.11}$$

besitzt, dann kann der Einfluß der Trägheitskräfte in (8.9) durch $c(x)v(x) +$ *Randintegrale* dargestellt werden, denn (8.11) ist gleichbedeutend mit

$$\int_\Omega g_0(y,x)u(y)\, d\Omega_y = c(x)v(x) - \int_\Gamma [g_0(y,x)\frac{\partial v(y)}{\partial \nu} - \frac{\partial}{\partial \nu}g_0(y,x)v(y)]\, ds_y\,.$$

Setzt man dies in (8.9) ein und legt den Punkt x auf den Rand, so wird aus (8.9)

$$\dot{c}(x)u(x) = \int_\Gamma [g_0(y,x)\, t(y) - \frac{\partial}{\partial \nu}g_0(y,x)u(y)]\, ds_y + \lambda\{\dot{c}(x)v(x)$$

$$- \int_\Gamma [g_0(y,x)\frac{\partial v(y)}{\partial \nu} - \frac{\partial}{\partial \nu}g_0(y,x)v(y)]\, ds_y\}\,. \tag{8.12}$$

Macht man nun mit Randfunktionen $\varphi_i(x)$ und $\psi_i(x)$ die Ansätze

$$u(x) = u_i\varphi_i(x)\,, \qquad t(x) = t_i\psi_i(x)$$

und mit Gebietsfunktionen $d_i(x)$ den Ansatz

$$v(x) = v_i d_i(x)\,,$$

dann geht (8.12) nach Kollokation in K Randpunkten über in das System

$$\boldsymbol{Hu} = \boldsymbol{Gt} + \lambda \boldsymbol{Av}\,. \tag{8.13}$$

mit der Matrix

$$a_{ij} = \dot{c}(x^i)d_j(x^i) - \int_\Gamma [g_0(y,x^i)\frac{\partial d_j(y)}{\partial \nu} - \frac{\partial}{\partial \nu}g_0(y,x^i)d_j(y)]\, ds_y\,.$$

In Übereinstimmung mit (8.10) setzen wir nun für die Randwerte von u in den Kollokationspunkten

$$u(\boldsymbol{x}^i) = v_j(-\Delta d_j)(\boldsymbol{x}^i)\,,$$

also insgesamt

$$\boldsymbol{u} = \boldsymbol{B}\boldsymbol{v}\,, \qquad b_{ij} = (-\Delta d_j)(\boldsymbol{x}^i) \tag{8.14}$$

Stimmt die Zahl der Ansatzfunktionen d_j mit der Zahl der Kollokationspunkte auf dem Rand überein, dann ist $\boldsymbol{B}$ eine quadratische Matrix. Sind die Knotenwerte der d_j darüber hinaus linear unabhängige Vektoren, dann kann (8.14) nach dem Vektor $\boldsymbol{v}$ aufgelöst werden und in (8.13) eingesetzt werden

$$\boldsymbol{H}\boldsymbol{u} = \boldsymbol{G}\boldsymbol{t} + \lambda \boldsymbol{D}\boldsymbol{u}\,, \qquad \boldsymbol{D} = \boldsymbol{A}\boldsymbol{B}^{-1}\,.$$

Auf Grund der Randbedingungen sind die Vektoren $\boldsymbol{u}_1$ und $\boldsymbol{t}_2$ Null, und so kann der Vektor $\boldsymbol{t}_1$ aus der Gleichung

$$\begin{bmatrix} \boldsymbol{H}_{11} & \boldsymbol{H}_{12} \\ \boldsymbol{H}_{21} & \boldsymbol{H}_{22} \end{bmatrix} \begin{bmatrix} \boldsymbol{o} \\ \boldsymbol{u}_2 \end{bmatrix} = \begin{bmatrix} \boldsymbol{G}_{11} & \boldsymbol{G}_{12} \\ \boldsymbol{G}_{21} & \boldsymbol{G}_{22} \end{bmatrix} \begin{bmatrix} \boldsymbol{t}_1 \\ \boldsymbol{o} \end{bmatrix} + \lambda \begin{bmatrix} \boldsymbol{D}_{11} & \boldsymbol{D}_{12} \\ \boldsymbol{D}_{21} & \boldsymbol{D}_{22} \end{bmatrix} \begin{bmatrix} \boldsymbol{o} \\ \boldsymbol{u}_2 \end{bmatrix}$$

eliminiert werden. Es entsteht so das algebraische Eigenwertproblem

$$[(\boldsymbol{G}_{11}\boldsymbol{G}_{21}^{-1}\boldsymbol{H}_{22} - \boldsymbol{H}_{12}) - \lambda(\boldsymbol{D}_{22} - \boldsymbol{D}_{12})]\boldsymbol{u}_2 = \boldsymbol{o}\,.$$

Diese Technik der Umwandlung eines Gebietsintegrals in Randintegrale läßt sich natürlich auch bei anderen Problemen anwenden, s. z.B. [72].

9 Transiente Probleme

Transiente Schwingungen sind aperiodische Schwingungen, also Schwingungen, bei denen eine Trennung der Variablen, wie bei den harmonischen Schwingungen, nicht mehr möglich ist, und bei denen daher die Zeit t explizit als weitere Variable neben den Ortskoordinaten x_i auftritt.

9.1 Vergleich finite Elemente — Randelemente

Wie man ein transientes Problem mit finiten Elementen löst, und wie mit Randelementen, sei am Beispiel des schwingenden Stabs in Abb. 9.1 gezeigt.

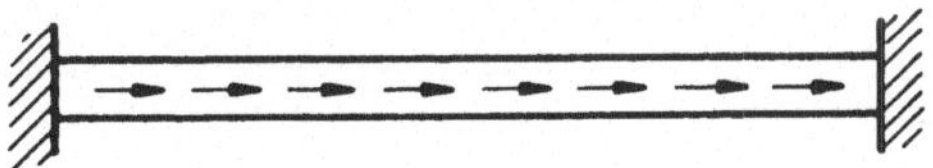

Abb. 9.1 Eingespannter Stab

9.1.1 Finite Elemente

Zu der Differentialgleichung des schwingenden Stabs

$$-EAu''(x,t) + \mu\ddot{u}(x,t) = p(x,t)$$

gehören die Randbedingungen

$$u(0,t) = u(l,t) = 0$$

und die Anfangsbedingungen

$$u(x,0) = u_0(x),$$
$$\dot{u}(x,0) = \dot{u}_0(x),$$

$$(9.1)$$

336

Mit finiten Elementen macht man nun den Ansatz

$$u_h(x,t) = u_i(t)\varphi_i(x) \qquad \varphi_i(0) = \varphi_i(l) = 0$$

und bestimmt die Knotenverschiebungen $u_i(t)$ so, daß im ganzen interessierenden Zeitbereich das Residuum orthogonal zu den n Ansatzfunktionen $\varphi_i(x)$ ist,

$$\int_0^l \{-EAu_h''(x,t) + \mu\ddot{u}_h(x,t) - p(x,t)\}\varphi_i(x)\,dx = 0,$$

$$i = 1,2,\ldots,n\,.$$

Formt man dieses Integral mit partieller Integration um und faßt die n Bedingungen zusammen, so erhält man ein Differentialgleichungssystem der Größe $n \times n$

$$M\ddot{u} + Ku = f(t)$$

mit den konstanten Koeffizienten

$$M_{ij} = \int_0^l \mu\varphi_i\varphi_j\,dx, \qquad K_{ij} = \int_0^l EA\varphi_i'\varphi_j'\,dx,$$

und der rechten Seite

$$f_i(t) = \int_0^l p(x,t)\varphi_i(x)\,dx,$$

das, zusammen mit den Anfangsbedingungen (9.1), ein Anfangswertproblem für die n unbekannten Knotenverschiebungen $u_i(t)$ formuliert.

Um dieses näherungsweise zu lösen, ersetzt man (z.B.) die zweiten Ableitungen durch zentrale Differenzen

$$M\frac{u(t + \Delta t) - 2u(t) + u(t - \Delta t)}{\Delta t^2} + Ku(t) = f(t)$$

und erhält so die Rekursionsformel

$$Mu_{t+1} = (2M - \Delta t^2 K)\,u_t - Mu_{t-1} + \Delta t^2 f(t)\,.$$

Die als Startwerte benötigten Knotenverschiebungen zur Zeit $t = 0$ und $t = \Delta t$ erhält man aus den Anfangsbedingungen (9.1).

9.1.2 Randelemente

Der mathematische Ausdruck für den Einfluß der Vergangenheit auf die Gegenwart ist die *Faltung*

$$\theta(\boldsymbol{x},t) = \Phi * \psi = \int\limits_0^t \Phi(\boldsymbol{x},t-\tau)\psi(\boldsymbol{x},\tau)\,d\tau \qquad t \geq 0\,.$$

Sie spielt daher bei der Behandlung transienter Probleme mit Integralgleichungsmethoden eine wesentliche Rolle.

Für die Faltung gelten die Rechenregeln

$$\dot{\theta} = \dot{\Phi} * \psi + \Phi(\boldsymbol{x},0)\psi\,,$$

$$\theta_{,i} = \Phi_{,i} * \psi + \Phi * \psi_{,i}$$

und daher im besonderen

$$\ddot{u} * \hat{u} = (u * \hat{u})^{\cdot\cdot} - \dot{u}(x,0)\hat{u}(x,t) - u(x,0)\dot{\hat{u}}(x,t)$$

$$= (u * \hat{u})^{\cdot\cdot} - \dot{u}_0\hat{u} - u_0\dot{\hat{u}}\,. \tag{9.2}$$

Bei stationären Problemen leitet man den Satz von Betti durch partielle Integration aus dem Arbeitsintegral

$$\int\limits_0^l -EAu''\hat{u}\,dx$$

her. Bei transienten Problemen lautet das hierzu analoge 'Arbeitsintegral'

$$\int\limits_0^l (-EAu'' + \mu\ddot{u}) * \hat{u}\,dx\,.$$

Mittels partieller Integration erhält man hieraus unter Beachtung von (9.2) die 1. Identität des dynamisch belasteten Stabs

$$G(u, \hat{u}) = \int\limits_0^l (-EAu'' + \mu\ddot{u}) * \hat{u}\, dx + [N * \hat{u}]_0^l$$

$$- \int\limits_0^l \mu[\dot{u}(x,t)\hat{u}(x,0) - \dot{u}(x,0)\hat{u}(x,t)]\, dx$$

$$- \int\limits_0^l \left(\frac{N * \hat{N}}{EA} - \mu\dot{u} * \dot{\hat{u}} \right) dx = 0$$

und damit dann auch die 2. Identität, den Satz von Betti,

$$B(\hat{u}, u) = G(\hat{u}, u) - G(u, \hat{u}) = 0 \,.$$

Neben der Singularität im Raum hat die Grundlösung des dynamisch belasteten Stabs auch eine Singularität in der Zeit. Formal genügt sie der Differentialgleichung

$$-EAg_0''(y, x; t, \tau) + \mu\ddot{g}_0(y, x; t, \tau) = \delta_0(y - x)\delta_0(t - \tau) \,.$$

Sie beschreibt die Verformung eines Stabs unter einer zum Zeitpunkt t an der Stelle x kurzzeitig auftretenden Kraft $\hat{P} = 1$. Geht man mit dieser Grundlösung in die 2. Identität, dann erhält man eine Einflußfunktion für die Verschiebung u und daraus dann auch die Kopplung zwischen den Randdaten. Diese unterscheidet sich vom stationären Fall formal nur durch den Stern

$$\boldsymbol{H} * \boldsymbol{u} = \boldsymbol{G} * \boldsymbol{f} + \boldsymbol{d}(t) \,.$$

der auf die Faltung hinweist. Ausgeschrieben lauten diese Bedingungen

$$\int\limits_0^t H_{ij}(t - \tau)u_j(\tau)\, d\tau = \int\limits_0^t G_{ij}(t - \tau)f_j(\tau)\, d\tau + d_i(t) \,, \qquad (9.3)$$

$$i = 1, 2 \,.$$

Der Vektor $\boldsymbol{d}(t) = \{d_i(t)\}$ faßt den Einfluß der verteilten Kräfte und der Anfangsbedingungen zusammen.

Die Einflußkoeffizienten wie die Knotenvariablen sind also nun Funktionen der Zeit. Will man jetzt die unbekannten Weg- und Kraftgrößen auf dem Rand ermitteln, dann reicht es nicht mehr aus, eine Matrix zu invertieren, sondern man muß ein System von 2 Volterraschen Integralgleichungen lösen.

Integralgleichungen in denen der Parameter x, oder wie hier die Zeit t, eine der Integrationsgrenzen ist, nennt man *Volterrasche Integralgleichungen*. Kopplung in der Zeit bedeutet also mit der eigenen Geschichte verträglich sein, oder, mathematisch gesprochen: Volterraschen Integralgleichungen genügen.

Nehmen wir an, wir seien am Schwingungsverhalten des Stabs in Abb. 9.1 im Verlauf der ersten Sekunde interessiert. Die beiden Randverschiebungen $u_j(t)$ sind bekannt, sie sind Null. Die beiden unbekannten Stabendkräfte $f_1(t)$ und $f_2(t)$ sind nun so zu bestimmen, daß sie in allen Zeitpunkten $0 < t < 1$ der Kopplungsbedingung (9.3) genügen. Um aus diesen unendlich vielen Gleichungen endlich viele zu machen, unterteilt man das Intervall in z.B. zehn Abschnitte Δt und approximiert entsprechend die Funktionen f_j durch abschnittsweise konstante Treppenfunktionen f_{hj}

$$ f_1(t) \simeq f_{h1}(t) \,, \qquad f_2(t) \simeq f_{h2}(t) \,, $$

deren 2×10 Knotenwerte man so bestimmt, daß die 2 Kopplungsbedingungen (9.3) in den Mittelpunkten der 10 Intervalle erfüllt sind,

$$ \int\limits_0^{t_k} G_{ij}(t_k - \tau) f_{hj}(\tau)\, d\tau = -d_i(t^k) \,, \qquad t^k = (k - 0,5)\Delta t \,, \quad k = 1, 2, \ldots, 10 \,. $$

Anschließend setzt man die Randdaten in die Einflußfunktion für u ein und kann damit die Verschiebungen an einer beliebigen Stelle x zu einer beliebigen Zeit t im Intervall $0 < t < 1$ berechnen.

9.1.3 Zusammenfassung

Bei beiden Methoden, finiten Elementen wie Randelementen, sind also die Knotenvariablen Funktionen der Zeit. Bei den finiten Elementen bestimmt man deren Verlauf, indem man ein System von n gewöhnlichen Differentialgleichungen durch Vorwärtsschreiten in der Zeit löst, bei den Randelementen, indem man ein System von 2 Volterraschen Integralgleichungen löst. Bei der Diskretisierung dieses Integralgleichungssystems entsteht ein Gleichungssystem der Größe

$$ n = \text{Zahl der Zeitintervalle } \Delta t \times \text{Zahl der Knotenvariablen} $$

$$ = 10 \times 2 = 20 \,. $$

Bei mehrdimensionalen Problemen ist n natürlich entsprechend größer. Zerlegt man den Rand einer Membran in etwa 20 lineare Elemente, dann entspricht dies 20 unbekannten Knotenvariablen und bei 10 Zeitschritten einem Gleichungssystem der Größe 200×200.

Auf die Behandlung von Stäben und Balken wollen wir hier nicht weiter eingehen, sondern gleich mit einem mehrdimensionalen Problem beginnen, der dynamisch beanspruchten Membran. Die zu harmonischen Schwingungen gehörige reduzierte Gleichung, die Helmholtz Gleichung, hatten wir schon in Kap. 8 kennengelernt. Nun wollen wir die unverkürzte Gleichung, die Wellengleichung, betrachten.

9.2 Die Wellengleichung

Zu der Wellengleichung

$$-c^2 \Delta u(\boldsymbol{x},t) + \ddot{u}(\boldsymbol{x},t) = p(\boldsymbol{x},t)$$

gehören die Identitäten

$$G(u,\hat{u}) = \int_{\Omega} (-c^2 \Delta u + \ddot{u}) * \hat{u}\, d\Omega + \int_{\Gamma} c^2 \frac{\partial u}{\partial n} * \hat{u}\, ds$$

$$- c^2 \int_{\Omega} \nabla u * \nabla \hat{u}\, d\Omega - \int_{\Omega} (u * \hat{u})^{\cdot\cdot}\, d\Omega$$

$$+ \int_{\Omega} [\dot{u}_0 \hat{u} + u_0 \dot{\hat{u}}]\, d\Omega = 0$$

und

$$B(\hat{u},u) = G(\hat{u},u) - G(u,\hat{u}) = 0\,.$$

Greift in einem Punkt $\boldsymbol{x}$ des Raums eine Einzelkraft $\hat{P}$ an, deren Größe sich gemäß einem stetigen Gesetz $f(\tau)$ mit der Zeit ändert, wobei wir von der Funktion f nur verlangen, daß sie eine 'ruhige Vergangenheit' hat

$$f(\tau) = 0\,, \qquad \tau \leq 0\,, \qquad \dot{f}(0) = 0\,,$$

dann lautet die zugehörige Lösung der Wellengleichung

$$\hat{u}(\boldsymbol{y},\boldsymbol{x},\tau) = \frac{1}{c^2 4\pi r} f\!\left(\tau - \frac{r}{c}\right)\,.$$

Sei nun $u = u(\boldsymbol{y}, \tau)$ eine glatte Lösung der Differentialgleichung

$$-c^2 \Delta u + \ddot{u} = p(\boldsymbol{y}, \tau)\,,$$

dann folgt

$$\lim_{\varepsilon \to 0} B(\hat{u}, u)_{\Omega_\varepsilon} = c(\boldsymbol{x}) f(\tau) * u(\boldsymbol{x}, \tau) + \int_\Gamma c^2 \frac{\partial \hat{u}}{\partial \nu} * u \, ds_{\boldsymbol{y}}$$

$$- \int_\Omega [\hat{u}(\boldsymbol{y}, \boldsymbol{x}, t)\dot{u}(\boldsymbol{y}, 0) + \hat{\dot{u}}(\boldsymbol{y}, \boldsymbol{x}, t)u(\boldsymbol{y}, 0)] \, d\Omega_{\boldsymbol{y}}$$

$$- \int_\Gamma \hat{u}(\boldsymbol{y}, \boldsymbol{x}, \tau) * c^2 \frac{\partial u}{\partial \nu}(\boldsymbol{y}, \tau) \, ds_{\boldsymbol{y}}$$

$$- \int_\Omega \hat{u}(\boldsymbol{x}, \boldsymbol{y}, \tau) * p(\boldsymbol{y}, \tau) \, d\Omega_{\boldsymbol{y}} = 0\,.$$

Die Funktion $c(\boldsymbol{x})$ ist identisch mit der charakteristischen Funktion des Laplace Operators.

Strebt die Funktion $f(\tau)$ gleichmäßig gegen den Dirac-Impuls $\delta(t - \tau)$, gilt also in der Grenze für eine beliebige, glatte Funktion q

$$f * q = \int_0^t f(t - \tau) q(\tau) \, d\tau = q(t)$$

und damit auch

$$f\left(\tau - \frac{r}{c}\right) * q(\tau) = \int_0^t f\left(t - \tau - \frac{r}{c}\right) q(t) \, d\tau = q\left(t - \frac{r}{c}\right)\,,$$

dann folgt

$$c(\boldsymbol{x})u(\boldsymbol{x}, t) = \int_\Gamma \left[\hat{u}(\boldsymbol{y}, \boldsymbol{x}, \tau) * c^2 \frac{\partial u}{\partial \nu}(\boldsymbol{y}, \tau) - c^2 \frac{\partial \hat{u}}{\partial \nu} * u(\boldsymbol{y}, \tau)\right] ds_{\boldsymbol{y}}$$

$$+ \int_\Omega [\hat{u}(\boldsymbol{y}, \boldsymbol{x}, t)\dot{u}(\boldsymbol{y}, 0) + \hat{\dot{u}}(\boldsymbol{y}, \boldsymbol{x}, t)u(\boldsymbol{y}, 0)] \, d\Omega_{\boldsymbol{y}}$$

$$+ \int_\Omega \hat{u}(\boldsymbol{y}, \boldsymbol{x}, \tau) * p(\boldsymbol{y}, \tau) \, d\Omega_{\boldsymbol{y}}\,. \tag{9.4}$$

342

Nun gilt

$$\frac{\partial \hat{u}}{\partial \nu} = \frac{1}{4\pi c^2}[-\frac{r_\nu}{r^2}\delta(t - \frac{r}{c} - \tau) - \frac{r_\nu}{cr}\dot{\delta}(t - \frac{r}{c} - \tau)]$$

und wegen

$$\int\limits_0^t \dot{\delta}(t - \tau)q(\tau)\, d\tau = \dot{q}(t)$$

damit auch

$$c^2\frac{\partial \hat{u}}{\partial \nu} * u = -\frac{r_\nu}{4\pi r^2}[u(\boldsymbol{y},t - \frac{r}{c}) + \frac{r}{c}\dot{u}(\boldsymbol{y},t - \frac{r}{c})]\,.$$

Ferner ist

$$\hat{u}(\boldsymbol{y},\boldsymbol{x},\tau) * c^2\frac{\partial u}{\partial \nu}(\boldsymbol{y},\tau) = \frac{1}{4\pi r}\frac{\partial u}{\partial \nu}(\boldsymbol{y},t - \frac{r}{c})\,,$$

so daß insgesamt folgt

$$c(\boldsymbol{x})u(\boldsymbol{x},t) = \int\limits_\Gamma \frac{r_\nu}{4\pi r^2}[u(\boldsymbol{y},t - \frac{r}{c}) + \frac{r}{c}\dot{u}(\boldsymbol{y},t - \frac{r}{c})]\, ds_{\boldsymbol{y}}$$

$$+ \int\limits_\Gamma \frac{1}{4\pi r}\frac{\partial u}{\partial \nu}(\boldsymbol{y},t - \frac{r}{c})\, ds_{\boldsymbol{y}} + \int\limits_\Omega \frac{1}{4\pi c^2 r}\delta(t - \frac{r}{c})\dot{u}(\boldsymbol{y},0)\, d\Omega_{\boldsymbol{y}}$$

$$+ \int\limits_\Omega \frac{1}{4\pi c^2 r}\dot{\delta}(t - \frac{r}{c})u(\boldsymbol{y},0)\, d\Omega_{\boldsymbol{y}}$$

$$+ \int\limits_\Omega \hat{u}(\boldsymbol{y},\boldsymbol{x},\tau) * p(\boldsymbol{y},\tau)\, d\Omega_{\boldsymbol{y}}\,. \tag{9.5}$$

Die Integrale der Anfangsdaten sind im übrigen äquivalent mit

$$\int\limits_\Omega \frac{1}{4\pi c^2 r}\delta(t - \frac{r}{c})\dot{u}(\boldsymbol{y},0)\, d\Omega_{\boldsymbol{y}} = t\, M_{\boldsymbol{x};ct}[\dot{u}(\boldsymbol{y},0)]$$

bzw.

$$\int\limits_\Omega \frac{1}{4\pi c^2 r}\dot{\delta}(t - \frac{r}{c})u(\boldsymbol{y},0)\, d\Omega_{\boldsymbol{y}} = \frac{\partial}{\partial t}(t\, M_{\boldsymbol{x};ct}[u(\boldsymbol{y},0)])\,,$$

wobei

$$M_{\boldsymbol{x};ct}[u] = \frac{1}{4\pi} \int\limits_0^{2\pi} \int\limits_0^{\pi} u(\boldsymbol{x} + ct\nabla_{\boldsymbol{y}}r, 0) \sin\vartheta \, d\vartheta \, d\varphi\,, \qquad r = |\boldsymbol{y} - \boldsymbol{x}|\,,$$

der Mittelwert von $u(\boldsymbol{y}, 0)$ über eine Kugel mit dem Radius ct und dem Mittelpunkt $\boldsymbol{x}$ ist, s. [73, S. 375]. Dort findet man auch die Einflußfunktion für die zweidimensionale Wellengleichung.

Gleichung (9.5) ist die Einflußfunktion für die dreidimensionale Wellenfunktion $u(\boldsymbol{x}, t)$. Der 'Rand' auf dem sich die Kopplungsbedingung nun stellt, besteht aus der Oberfläche Γ und der Zeitachse $t \geq 0$. Bei zweidimensionalen Problemen, etwa bei dem Problem einer aperiodischen Schwingung einer Membran, gleicht der Rand einem Schlauch, der an dem Rand Γ der Membran festgemacht ist, und der sich bis zu dem Zeitpunkt T erstreckt, bis zu dem man die Schwingungen verfolgen will, s. Abb. 9.2. Auch die Kopplungsbedingung (9.5) ist natürlich, wie im Falle des Stabs, von der Gestalt

$$\boldsymbol{H} * \boldsymbol{u} = \boldsymbol{G} * \boldsymbol{f} + \boldsymbol{d}(t)\,.$$

Die Faltung ist durch die Umformungen beim Übergang von (9.4) zu (9.5) ja nur etwas verdeckt worden.

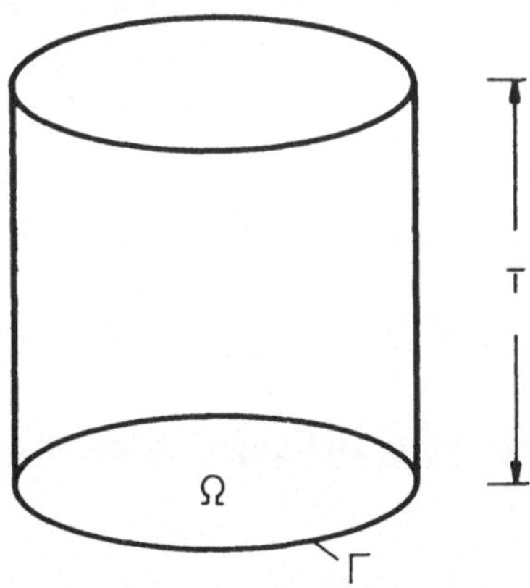

Abb. 9.2 Der Rand, auf dem sich die Kopplungsbedingung stellt

9.3 Dynamische Verschiebungsfelder

Zu dem Differentialgleichungssystem

$$-c_2^2 \Delta\boldsymbol{u} - (c_1^2 - c_2^2)\nabla \operatorname{div}\boldsymbol{u} + \ddot{\boldsymbol{u}} = \boldsymbol{p}(\boldsymbol{y}, \tau) \tag{9.6}$$

gehören die Identitäten

$$G(\boldsymbol{u}, \hat{\boldsymbol{u}}) = \int\limits_{\Omega} (-c_2^2 \Delta \boldsymbol{u} - (c_1^2 - c_2^2)\nabla \operatorname{div} \boldsymbol{u} + \ddot{\boldsymbol{u}}) * \hat{\boldsymbol{u}}\, d\Omega$$

$$+ \int\limits_{\Gamma} \boldsymbol{\tau}(\boldsymbol{u}) * \hat{\boldsymbol{u}}\, ds - \int\limits_{\Omega} (\boldsymbol{u} * \hat{\boldsymbol{u}})^{\overline{}}\, d\Omega$$

$$+ \int\limits_{\Omega} [\dot{\boldsymbol{u}}_0 \cdot \hat{\boldsymbol{u}}(\boldsymbol{y}, t) + \boldsymbol{u}_0 \cdot \dot{\hat{\boldsymbol{u}}}(\boldsymbol{y}, t)]\, d\Omega - E^*(\boldsymbol{u}, \hat{\boldsymbol{u}}) = 0$$

und

$$B(\hat{\boldsymbol{u}}, \boldsymbol{u}) = G(\hat{\boldsymbol{u}}, \boldsymbol{u}) - G(\boldsymbol{u}, \hat{\boldsymbol{u}}) = 0\,,$$

wobei

$$E^*(\boldsymbol{u}, \hat{\boldsymbol{u}}) = \int\limits_{\Omega} \sigma_{ij} * \hat{\varepsilon}_{ij}\, d\Omega = \int\limits_{\Omega} S(\boldsymbol{u}) * E(\hat{\boldsymbol{u}})\, d\Omega = \int\limits_{\Omega} E(\boldsymbol{u}) * S(\hat{\boldsymbol{u}})\, d\Omega$$

die Faltung der Wechselwirkungsenergie zwischen den Spannungs- und Verzerrungstensoren $S(\boldsymbol{u})$ und $E(\hat{\boldsymbol{u}})$ ist.

Greift in einem Punkt $\boldsymbol{x}$ des Kontinuums eine konzentrierte Kraft (Einheitsvektor $\boldsymbol{e}_i$) an, deren Größe sich gemäß einem Gesetz

$$f(\tau) \in C^2[0, +\infty)\,, \qquad f(\tau) = 0 \qquad \text{für } \tau \leq 0\,, \qquad \dot{f}(0) = 0\,,$$

ändert, hat das Differentialgleichungssystem (9.6) also die Gestalt

$$-c_2^2 \Delta \boldsymbol{u} - (c_1^2 - c_2^2)\nabla \operatorname{div} \boldsymbol{u} + \ddot{\boldsymbol{u}} = \delta_0(\boldsymbol{x} - \boldsymbol{y})\boldsymbol{e}_i f(\tau)\,,$$

dann lautet das zugehörige Verschiebungsfeld des Kontinuums, s. [43, S. 239]

$$\boldsymbol{g}^i(\boldsymbol{y}, \boldsymbol{x}, \tau; f) = \frac{1}{4\pi\rho r}[(3\nabla r \otimes \nabla r - \boldsymbol{I}) \int\limits_{1/c_1}^{1/c_2} \lambda f(\tau - \lambda r)\, d\lambda$$

$$+ \nabla r \otimes \nabla r \left(\frac{1}{c_1^2} f\left(\tau - \frac{r}{c_1}\right) - \frac{1}{c_2^2} f\left(\tau - \frac{r}{c_2}\right) \right)$$

$$+ \frac{1}{c_2^2} f\left(\tau - \frac{r}{c_2}\right) \boldsymbol{I}]\, \boldsymbol{e}_i\,, \tag{9.7}$$

$$\nabla r = \{r_{,i}\}\,.$$

Zu diesem gehört der Spannungstensor, s. [43, S. 239],

$$S^i(\boldsymbol{y},\boldsymbol{x},\tau;f) = \frac{1}{4\pi r^2}[(\nabla r \cdot \boldsymbol{e}_i)f_1 \nabla r \otimes \nabla r - (\nabla r \cdot \boldsymbol{e}_i)f_2\,\boldsymbol{I} - \nabla r \otimes \boldsymbol{e}_i f_3$$

$$- \boldsymbol{e}_i \otimes \nabla r f_3]\,, \tag{9.8}$$

wobei[1]

$$f_1(\tau,r) = 5f_0(\tau,r) + 12[f(\tau - \frac{r}{c_2}) - qf(\tau - \frac{r}{c_1})]$$

$$+ \frac{2r}{c_2}[\dot{f}(\tau - \frac{r}{c_2}) - q\dot{f}(\tau - \frac{r}{c_1})]\,,$$

$$f_2(\tau,r) = f_0(\tau,r) + 2f(\tau - \frac{r}{c_2}) + (1 - 4q)f(\tau - \frac{r}{c_1})$$

$$+ \frac{r}{c_1}(1 - 2q)\dot{f}(\tau - \frac{r}{c_1})\,,$$

$$f_3(\tau,r) = f_0(\tau,r) + 3f(\tau - \frac{r}{c_2}) - 2qf(\tau - \frac{r}{c_1}) + \frac{r}{c_2}\dot{f}(\tau - \frac{r}{c_1})\,,$$

$$f_0(\tau,r) = -\,6c_2^2 \int\limits_{1/c_1}^{1/c_2} \lambda f(\tau - \lambda r)\,d\lambda\,,$$

$$q = c_2^2/c_1^2\,.$$

Die Komponenten $j = 1,2,3$ des Felds $\boldsymbol{g}^i$ bezeichnen wir mit

$$u_{ij}(\boldsymbol{y},\boldsymbol{x},\tau;f) \tag{9.9}$$

und die Komponenten $j = 1,2,3$ des Spannungsvektors $\boldsymbol{S}^i\boldsymbol{\nu}$ mit

$$t_{ij}(\boldsymbol{y},\boldsymbol{x},\tau;f)\,. \tag{9.10}$$

Die Lösung $\boldsymbol{g}^i$ wird *Stokes state of quiescent past* genannt.

Um nun eine Integraldarstellung für eine reguläre Lösung $\boldsymbol{u} \in C^2(\bar{\Omega}) \times C[0, +\infty)$ des Systems (9.6) abzuleiten, gehen wir wieder wie folgt vor:

---

[1] Der Faktor 5 in f_1 fehlt in [43].

346

1) Wir formulieren die 2. Identität für das Paar g^i, u in dem gelochten Gebiet

$$\Omega_\varepsilon(x) = \Omega - N_\varepsilon(x)$$

und lassen dann den Radius ε gegen Null gehen.

2) In einem zweiten Schritt lassen wir die Funktion $f(\tau)$ gegen die Impulsfunktion $\delta(t - \tau)$ streben.

Der erste Schritt liefert

$$C(x)u(x,\tau) * f(\tau) + \int\limits_\Gamma [T(y,x,\tau) * u(y,\tau) - U(y,x,\tau) * t(y,\tau)] \, ds_y$$

$$- \int\limits_\Omega U(y,x,\tau) * p(y,\tau) \, d\Omega_y$$

$$- \int\limits_\Omega [U(y,x,t)\dot{u}_0 + \dot{U}(y,x,t)u_0] \, d\Omega_y = 0, \tag{9.11}$$

wobei $C(x)$ identisch ist mit der Matrix der Somigliana Identität, der Identität des stationären Problems, siehe den Beweis am Ende dieses Abschnitts.

Im zweiten Schritt strebt nun die Funktion $f(\tau)$ gegen die Impulsfunktion $\delta(t - \tau)$, so daß in der Grenze für eine beliebige, glatte Funktion q gilt

$$f * q = \int\limits_0^t f(t - \tau)q(\tau) \, d\tau = q(t)$$

und daher auch

$$f(\tau - \frac{r}{c}) * q(\tau) = \int\limits_0^t f(t - \tau - \frac{r}{c})q(\tau) \, d\tau = q(t - \frac{r}{c}).$$

Damit geht (9.11) über in

$$C(x)u(x,t) + \int\limits_\Gamma [T(y,x,\tau) * u(y,\tau) - U(y,x,\tau) * t(y,\tau)] \, ds_y$$

$$- \int\limits_\Omega U(y,x,\tau) * p(y,\tau) \, d\Omega_y$$

$$+ \int\limits_\Omega [U(y,x,t)\dot{u}_0(y,t) - \dot{U}(y,x,t)u_0(y,t)] \, d\Omega_y = 0, \tag{9.12}$$

wobei, s. [73, S. 405], die Faltungsintegrale die einfache Gestalt

$$U_{ij} * t_j = u_{ij}(\boldsymbol{y}, \boldsymbol{x}, t; t_j(\boldsymbol{y}, t)),$$

$$T_{ij} * u_j = t_{ij}(\boldsymbol{y}, \boldsymbol{x}, t; u_j(\boldsymbol{y}, t)),$$

$$U_{ij} * p_j = u_{ij}(\boldsymbol{y}, \boldsymbol{x}, t; p_j(\boldsymbol{y}, t)),$$

haben, d.h. in (9.9) und (9.10) ist jeweils die Funktion f durch $t_j(\boldsymbol{y}, t)$, $u_j(\boldsymbol{y}, t)$ bzw. $p_j(\boldsymbol{y}, t)$ zu ersetzen. Dabei ist zu beachten, daß, wie im Fall der Funktion f, (*quiescent past*), für negative Argumente der Zeit, den Funktionen t_j, u_j und p_j der Wert Null zugewiesen wird, so daß man z.B. erhält

$$U_{ij} * t_j = u_{ij}(\boldsymbol{y}, \boldsymbol{x}, t; t_j)$$

$$= \frac{1}{4\pi\rho r}\{(3r_{,i}\, r_{,j} - \delta_{ij}) \int_{1/c_1}^{1/c_2} \lambda t_j(\boldsymbol{x}, t - \lambda r)\, d\lambda$$

$$+ r_{,i}\, r_{,j}\, [\frac{1}{c_1^2} t_j(\boldsymbol{y}, t - \frac{r}{c_1}) - \frac{1}{c_2^2} t_j(\boldsymbol{y} - \frac{r}{c_2})] + \frac{\delta_{ij}}{c_2^2} t_j(\boldsymbol{x}, t - \frac{r}{c_2})\}$$

$$= \frac{1}{4\pi\rho r}\{(3r_{,i}\, r_{,j} - \delta_{ij})[H(t - \frac{r}{c_1}) \int_{r/c_1}^{t} \tau t_j(\boldsymbol{y}, t - \tau)\, d\tau$$

$$- H(t - \frac{r}{c_2}) \int_{r/c_2}^{t} \tau t_j(\boldsymbol{y}, t - \tau)\, d\tau]\frac{1}{r^2}$$

$$+ r_{,i}\, r_{,j}\, [\frac{1}{c_1^2} H(t - \frac{r}{c_1}) t_j(\boldsymbol{y}, t - \frac{r}{c_1}) - \frac{1}{c_2^2} H(t - \frac{r}{c_2}) t_j(\boldsymbol{y}, t - \frac{r}{c_2})]$$

$$+ \frac{\delta_{ij}}{c_2^2} H(t - \frac{r}{c_2}) t_j(\boldsymbol{y}, t - \frac{r}{c_2})\},$$

wobei

$$H(x) = \begin{cases} 1, & 0 < x, \\ 0, & x < 0, \end{cases}$$

die *Heaviside Funktion* ist.

Physikalisch entspricht dem die endliche Ausbreitungsgeschwindigkeit einer Störung. Bis die Welle die Punkte mit dem Abstand r erreicht hat, benötigt sie die Zeit $t_r = r/c_i$. Solange t kleiner ist,

$$t - t_r = t - \frac{r}{c_i} < 0 \,,$$

herrscht dort Ruhe. Bezogen auf die Integraldarstellung heißt dies: Zur Zeit t haben nur die Punkte $\boldsymbol{y}$ einen Einfluß auf den Punkt $\boldsymbol{x}$, deren Abstand r der Ungleichung

$$t - \frac{r}{c_i} > 0$$

genügt. Die Laufzeit r/c_i der Welle bis zum Punkt $\boldsymbol{x}$ muß also kleiner sein als t.

Das Gebietsintegral, das den Einfluß der Anfangsdaten beschreibt, kann, ähnlich wie bei der Wellengleichung, noch weiter modifiziert werden, s. [73, S. 407].

Wir beweisen nun noch das

Theorem 9.1

$$\text{p:}\ \boldsymbol{u}(\boldsymbol{x}, \tau) \in C(\bar{\Omega}) \times C[0, +\infty) \,,$$

$$\text{q:}\ \lim_{\varepsilon \to 0} \int\limits_{\Gamma_{N\varepsilon}(\boldsymbol{x})} \boldsymbol{S}^i \boldsymbol{\nu} * \boldsymbol{u}\, ds\boldsymbol{y} = (C(\boldsymbol{x})\, \boldsymbol{e}_i) \cdot \boldsymbol{u}(\boldsymbol{x}, \tau) * f(\tau) \,.$$

Von der Oberfläche des Hohlraums $\Gamma_{N\varepsilon}(\boldsymbol{x})$ weist der Normalenvektor $\boldsymbol{\nu}$ auf den Mittelpunkt $\boldsymbol{x}$, daher gilt

$$\boldsymbol{\nu} = -\nabla r \,, \qquad \nabla r \cdot \boldsymbol{\nu} = -1 \,,$$

und somit folgt für den Spannungsvektor in einem Punkt $\boldsymbol{y}$ der Oberfläche

$$\boldsymbol{S}^i \boldsymbol{\nu} = \frac{1}{4\pi r^2}[-(\nabla r \cdot \boldsymbol{e}_i)f_1 \nabla r + (\nabla r \cdot \boldsymbol{e}_i)f_2 \nabla r + \nabla r(\boldsymbol{e}_i \cdot \nabla r)f_3 + \boldsymbol{e}_i f_3]$$

$$= \frac{1}{4\pi r^2}[(-f_1 + f_2 + f_3)\nabla r \otimes \nabla r + f_3 \boldsymbol{I}]\boldsymbol{e}_i \,.$$

Die Grenzwerte $r = \varepsilon \to 0$ der Funktionen f_i lauten

$$\lim_{r \to 0} f_1(\tau, r) = 3(q-1)f(\tau) = -\frac{3}{2(1-\nu)}f(t) \,,$$

$$\lim_{r \to 0} f_2(\tau, r) = -qf(t) \,,$$

$$\lim_{r \to 0} f_3(\tau, r) = qf(t) \,,$$

und daher folgt weiter

$$\lim_{\varepsilon \to 0} \int\limits_{\Gamma_{N\varepsilon}(\boldsymbol{x})} S^i \boldsymbol{\nu}\, ds\boldsymbol{y} = \frac{1}{8\pi(1-\nu)} \int\limits_{S_1(\boldsymbol{x},\Omega)} [3\nabla r \otimes \nabla r + (1-2\nu)I]\boldsymbol{e}_i\, ds\boldsymbol{y} f(\tau)$$

$$= C(\boldsymbol{x})\boldsymbol{e}_i f(\tau)\,.$$

Hierbei ist das Integral über die Oberfläche der Einheitskugel zu nehmen, bzw. Teile davon, wenn $\boldsymbol{x}$ ein Randpunkt ist. Mit diesem Resultat folgt nun leicht wegen

$$|\boldsymbol{u}(\boldsymbol{y},\tau)| < \infty \quad \text{in} \quad \bar{\Omega} \times [0,+\infty)\,, \qquad \boldsymbol{y} = \boldsymbol{x} + \varepsilon\nabla r\,,$$

die Behauptung

$$\lim_{\varepsilon \to 0} \int\limits_{\Gamma_{N\varepsilon}} S^i(\boldsymbol{y},\boldsymbol{x},\tau)\boldsymbol{\nu} * \boldsymbol{u}(\boldsymbol{x} + \varepsilon\nabla r,\tau)\, ds\boldsymbol{y} = (C(\boldsymbol{x})\,\boldsymbol{e}_i) \cdot \boldsymbol{u}(\boldsymbol{x},\tau) * f(\tau)\,.$$

9.4 Numerische Behandlung

Betrachten wir als Beispiel ein starres, masseloses Fundament, das stoßartig belastet wird und dadurch den elastischen Halbraum zum Schwingen bringt. Gefragt ist nach dem Verhalten des Bodens im Verlauf der ersten Sekunde. Weil keine Volumenkräfte vorhanden sind, und auch die Anfangsdaten Null sind, lauten die Kopplungsbedingungen

$$H * \boldsymbol{u} = G * \boldsymbol{f}\,.$$

Wir bezeichnen den Vektor der Kraftgrößen mit $\boldsymbol{f}$, um ihn von der Zeit t zu unterscheiden.

Da es hier nur ums Verständnis geht, können wir die Dinge einfach halten, und uns vorstellen, daß wir die Randdaten in Raum und Zeit mit stückweise konstanten Funktionen approximieren. Das Zeitintervall zerlegen wir in 10 Zeitschritte Δt und die Oberfläche des Halbraums in 30 Elemente. Allerdings wird nicht die ganze Oberfläche diskretisiert, sondern nur die Aufstandsfläche des Fundaments und seine nähere Umgebung. Dies ist zulässig, da die Randdaten entlang der Oberfläche schnell abklingen.

Der Vektor $\boldsymbol{u}$ der Elementverschiebungen setzt sich also aus 10 Vektoren

$$\boldsymbol{u}^1, \boldsymbol{u}^2, \ldots, \boldsymbol{u}^{10}$$

zusammen, die die Verschiebungen der Oberfläche des Halbraums in den Mittelpunkten der Elemente zu Zeit $t^i = i\Delta t$ beschreiben. Jeder Vektor $\boldsymbol{u}^i$ besteht also aus je 30 × 3 Komponenten $u^i_j(\boldsymbol{x}^k)$, den drei Verschiebungen in den 30 Knoten $\boldsymbol{x}^k$.

Ganz entsprechend ist der Vektor $\boldsymbol{f}$ der Kräfte aufgebaut. Da aber die freie Oberfläche lastfrei, und die Fläche unter dem Fundament nur zur Zeit $t^1 = 1\Delta t$ belastet ist, ist nur der Vektor $\boldsymbol{f}^1$ ungleich dem Nullvektor und auch nur in den Punkten, die unter dem Fundament liegen. Die diskreten Kopplungsbedingungen haben somit eine Form wie in Abb. 9.3, wobei die treppenförmige Gestalt von der endlichen Ausbreitungsgeschwindigkeit der Wellen herrührt. Angenommen wurde, daß nach 5 Zeitschritten die Störung alle Elemente erfaßt hat.

Dieses Gleichungssystem wird nun wie zuvor gelöst und anschließend mittels der Einflußfunktionen die Verschiebungen und Spannungen im Halbraum berechnet.

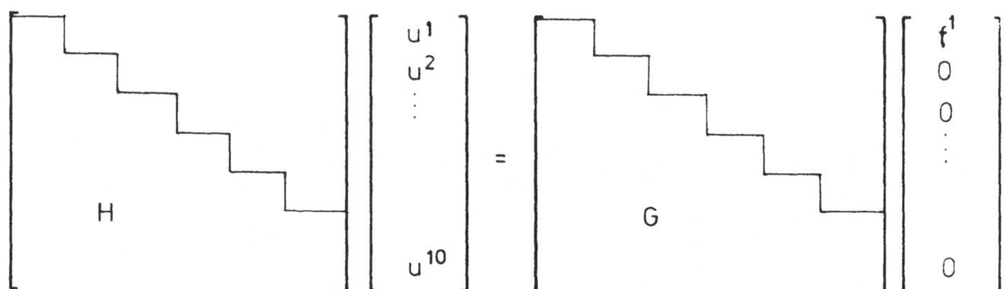

Abb. 9.3 Die Gestalt des Gleichungssystems

9.5 Fourier- und Laplace-Transformationen

Aus (9.6) läßt sich die Zeitvariable durch eine *Fourier-Transformation*

$$\tilde{u}(\boldsymbol{x}, \omega) = \frac{1}{2\pi} \int\limits_{-\infty}^{+\infty} u(\boldsymbol{x}, t) e^{i\omega t} \, dt$$

oder eine *Laplace-Transformation*

$$\tilde{u}(\boldsymbol{x}, s) = \int\limits_{0}^{\infty} u(\boldsymbol{x}, t) e^{st} \, dt$$

eliminieren. Man spricht in diesem Zusammenhang vom *Übergang aus dem Zeitbereich in den Frequenzbereich.*

Die Fourier-Transformation führt auf das Differentialgleichungssystem

$$-c_2^2 \Delta \tilde{\boldsymbol{u}} - (c_1^2 - c_2^2)\nabla \operatorname{div} \tilde{\boldsymbol{u}} - \omega^2 \tilde{\boldsymbol{u}} = \tilde{\boldsymbol{p}}(\boldsymbol{x}, \omega)$$

und die Laplace-Tansformation auf das System

$$-c_2^2 \Delta \tilde{\boldsymbol{u}} - (c_1^2 - c_2^2)\nabla \operatorname{div} \tilde{\boldsymbol{u}} + s^2 \tilde{\boldsymbol{u}} = \tilde{\boldsymbol{p}} + s\,\boldsymbol{u}_0 + \dot{\boldsymbol{u}}_0, \qquad (9.13)$$

das mit dem ersten System, setze $s = i\,\omega$, identisch ist. Die Grundlösungen sind die Grundlösungen des harmonischen Problems, s. Kap. 8, und daher kann z.B. das Randwertproblem der Laplace-Transformierten:

Finde $\tilde{\boldsymbol{u}}(\boldsymbol{x}, s)$ so, daß $\tilde{\boldsymbol{u}}$ (9.13) und den Randbedingungen

$$\tilde{u}_i = \bar{u}_i(\boldsymbol{x}, s) \qquad \text{auf } \Gamma_1, \qquad \tilde{t}_i = \bar{t}_i(\boldsymbol{x}, s) \qquad \text{auf } \Gamma_2$$

genügt, wieder mittels Randelementen gelöst werden.

Die Schwierigkeit besteht jetzt nur darin, daß man das Randwertproblem für eine ganze Schar von komplexen Parametern s lösen muß und erst anschließend durch (numerische) Rücktransformation aus dem Frequenzbereich

$$\boldsymbol{u}(\boldsymbol{x}, t) = \frac{1}{2\pi i} \int\limits_{\beta - i\infty}^{\beta + i\infty} \tilde{\boldsymbol{u}}(\boldsymbol{x}, s)e^{st}\, ds$$

die eigentliche Lösung gewinnt.

Manolis, [74], hat ein ebenes dynamisches Problem nach allen drei Methoden

      a) Volterrasche Integralgleichung   'Zeit-Lösung',

      b) Fourier-Transformation   'Fourier-Lösung',

      c) Laplace-Transformation   'Laplace-Lösung',

gelöst, und er zieht am Ende seiner Arbeit die folgenden Schlüsse:

i) Will man gleiche Genauigkeit, dann ist der Aufwand für die Fourier- bzw. Zeit-Lösung um einen Faktor $1,7$ bzw. $5,0$ höher als für die Laplace-Lösung. Die Zeit-Lösung hat jedoch den Vorteil, daß sie das anfängliche Verhalten sehr genau beschreibt. Die Fourier- und Laplace-Transformierten streben bei abklingender Belastung gegen die Lösung des statischen Falls, während die Zeit-Lösung dazu neigt, nach einer großen Zahl von Zeitschritten zu divergieren.

ii) Das Problem der Zeit-Lösung ist, daß die Zeitschritte sehr klein gewählt werden müssen, und damit viele Zeitschritte nötig sind. Darüber hinaus wird die Bestimmung der Lösung mit wachsender Zeit aufwendiger, weil die Informationen von immer mehr zurückliegenden Zeitstufen berücksichtigt werden müßen. Das Problem der Integraltransformationen ist, daß mit komplexen Zahlen gerechnet wird, und daher immer die doppelte Anzahl von Operationen nötig ist.

iii) Ein Vorteil der Integraltransformationen ist, daß sich der statische Fall als ein Spezialfall der Fourier-Lösung ergibt, und daß sich die Lösung viskoelastischer Probleme als Sonderfall der Laplace-Lösung ergibt; man hat hier nur die Konstanten umzubenennen.

9.6 Dynamische Steifigkeitsmatrizen

Bei stationären Problemen sind die diskreten Kopplungsbedingungen algebraische Gleichungen

$$H u = G f.$$

Bei dynamischen Problemen dagegen Volterrasche Integralgleichungen

$$H * u = G * f. \tag{9.14}$$

Die Knotenverschiebungen $u_i = u_i(t)$ und Knotenkräfte $f_i = f_i(t)$ sind Funktionen der Zeit.

Theoretisch ließe sich durch Multiplikation mit dem inversen Operator G^{-1} und Multiplikation mit der Gramschen Matrix F aus (9.14) auch eine dynamische Steifigkeitsmatrix ableiten

$$F G^{-1} H * u = F f,$$

nur ist die Gestalt des inversen Operators G^{-1} natürlich nicht bekannt.

Nun entspricht (9.14) im Frequenzbereich die Gleichung

$$\tilde{H} \tilde{u} = \tilde{G} \tilde{f},$$

denn der *Faltung im Zeitbereich* entspricht das *Produkt im Frequenzbereich*

$$\mathcal{L}^{-1}\{\tilde{H} \tilde{u}\} = H * u = G * f = \mathcal{L}^{-1}\{\tilde{G} \tilde{f}\},$$

(Laplace-Transformation) d.h. im Frequenzbereich hat man es wieder mit der gewöhnlichen Matrizenalgebra zu tun, und man kann so zumindest im Frequenzbereich dynamische Steifigkeitsmatrizen formulieren. Der Übergang zum Frequenzbereich hat den weiteren Vorteil, daß sich im Fall harmonischer Schwingungen die Resultate direkt, ohne Rücktransformation, anwenden lassen. Im Frequenzbereich sind wir sozusagen wieder bei den harmonischen Schwingungen des Kap. 8. Ottenstreuer, [75], hat im Frequenzbereich mittels Randelementen dynamische Steifigkeitsmatrizen für starre, masselose Fundamente auf elastischem Halbraum abgeleitet. Wir zitieren im folgenden aus dieser Arbeit.

Im Frequenzbereich lautet die Kopplungsbedingung zwischen den Randdaten des Halbraums, s. Kap. 8,

$$\frac{1}{2}\,u(x) + \int_{\Gamma} T(y,x)u(y)\,ds_y = \int_{\Gamma} U(y,x)t(y)\,ds_y\,.$$

(Wir lassen die Tilde ~ hier und im folgenden fort).

Weil die Normalableitung r_ν des Abstands r zwischen zwei Punkten auf der Oberfläche des Halbraums Null ist, vereinfacht sich die Matrix T zu

$$\begin{bmatrix} 0 & 0 & * \\ 0 & 0 & * \\ * & * & 0 \end{bmatrix}\,.$$

In erster Näherung kann man auch die verbliebenen Terme noch streichen, wenn man, wie in der Literatur i.allg. üblich, den Einfluß der Kontaktflächenschubspannungen vernachlässigt,

$$T_{13} = T_{31} = T_{23} = T_{32} = 0\,. \tag{9.15}$$

Bezogen auf die Berechnung der Einflußmatrizen U und T bedeutet dies, daß sich in der Ebene die vertikalen und horizontalen Größen nicht beeinflussen. Somit reduziert sich die diskrete Kopplungsbedingung auf die Gestalt

$$\frac{1}{2}\,u = G\,t\,.$$

Bezeichne der Index i die Elemente unter dem Fundament und der Index a die freiliegenden Elemente

$$\frac{1}{2}\begin{bmatrix} u^i \\ u^a \end{bmatrix} = \begin{bmatrix} G^{ii} & G^{ia} \\ G^{ai} & G^{aa} \end{bmatrix} \begin{bmatrix} t^i \\ t^a \end{bmatrix}\,,$$

dann gilt, da die Spannungsvektoren t^a Null sind,

$$\frac{1}{2}\,u^i = G^{ii}t^i\,.$$

Beiträge aus Bereichen außerhalb des Fundaments treten also nicht auf, und daher muß nur das Fundament diskretisiert werden. Dieses ist nach Voraussetzung starr und hat daher nur 6 Freiheitsgrade

$$u = \{u_1, u_2, u_3, \varphi_1, \varphi_2, \varphi_3\}^T \,.$$

Der Vektor der Elementverschiebungen

$$u^i = \{u^1, u^2, u^3, \ldots, u^n\}^T \,, \qquad u^k = \{u_1(x^k), u_2(x^k), u_3(x^k)\} \,,$$

(die Untervektoren sind die Verschiebungen in die drei Achsrichtungen in den Elementmittelpunkten x^k (konstante Ansätze)), ist daher über eine Matrix R an u gekoppelt

$$u^i = R\,u \,.$$

Entsprechend der Dualität zugeordneter Größen, werden die äquivalenten Knotenkräfte Ft mit der transponierten Matrix R^T multipliziert, so daß man insgesamt erhält

$$R^T F G^{-1} R\,u = R^T F t = p \,, \qquad G = \frac{1}{2} G^{ii} \,.$$

Da die globalen Ansatzfunktionen elementweise konstant und nur auf dem Element ungleich Null sind, dessen Index mit ihrem Index übereinstimmt, ist die Gramsche Matrix F eine Diagonalmatrix auf deren Diagonalen die Flächen der Elemente stehen. Der Vektor der äquivalenten Knotenkräfte p hat die 6 Komponenten

$$K_1 = \sum_i \int_{\Gamma_i} t_1 \, ds \,, \qquad M_1 = \sum_i \int_{\Gamma_i} t_3 r_2 \, ds \,,$$

$$K_2 = \sum_i \int_{\Gamma_i} t_2 \, ds \,, \qquad M_2 = -\sum_i \int_{\Gamma_i} t_3 r_1 \, ds \,,$$

$$K_3 = \sum_i \int_{\Gamma_i} t_3 \, ds \,, \qquad M_3 = \sum_i \int_{\Gamma_i} (t_2 r_1 - t_1 r_2) \, ds \,,$$

(die r_j bedeuten hier die Hebelarme bezogen auf die Achsen x_j und die Summe i ist über die Elemente zu nehmen), und die (6×6)-Matrix

$$K = R^T F G^{-1} R$$

ist die komplexe dynamische Steifigkeitsmatrix. Sie stellt in Abhängigkeit von der Frequenz ω die Beziehung her zwischen den Starrkörperbewegungen eines Fundaments und den resultierenden Kräften.

In Abb. 9.4 sind die vertikalen Nachgiebigkeiten f_{zz} (also die Elemente der Flexibilitätsmatrix K^{-1}) des Bodens über einer bezogenen, dimensionslosen Frequenz

$$a_0 = \frac{\omega b}{c_2}, \qquad b = \text{Fundamentlänge (Quadrat)},$$

aufgetragen. Der Realteil f_{zz}^R ist die eigentliche Nachgiebigkeit des Bodens. Sie wird mit zunehmender Frequenz kleiner. Der Boden wird härter; das Funda-

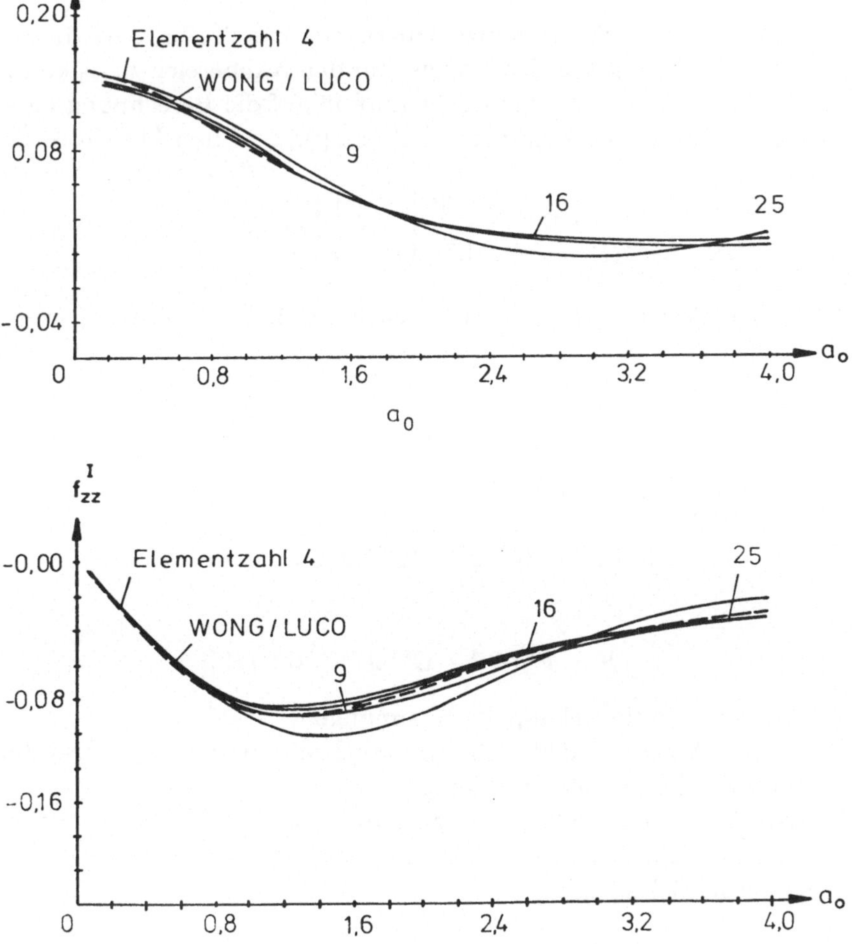

Abb. 9.4 Die Änderungen der vertikalen Nachgiebigkeiten mit der Frequenz a_0

ment prellt stärker ab. Die Größe des Imaginärteils f_{zz}^I ist ein Maß für die Dämpfung des Bodens, also ein Maß dafür, wieviel Energie verloren geht.

Numerische Untersuchungen haben gezeigt, daß die nötige Elementanzahl von der Frequenz a_0 abhängt. Für kleine Werte bis zur Größenordnung 3, waren für ein Einzelfundament 16 bis 25 Elemente ausreichend. Bei höheren Frequenzen mußte dagegen die Elementanzahl vergrößert werden, da die Wellenlänge verglichen mit der Elementlänge zu klein wurde.

Läßt man die vereinfachende Annahme (9.15) fallen, sind die Gleichungen also nicht mehr entkoppelt, dann haben nun auch die Verschiebungen $\boldsymbol{u}^a$ der freien Oberfläche Einfluß auf die Verschiebungen $\boldsymbol{u}^i$ unter dem Fundament,

$$\left[\quad H \quad\right]\left[\begin{array}{c} \boldsymbol{u}^i \\ \boldsymbol{u}^a \end{array}\right] = \left[\quad G \quad\right]\left[\begin{array}{c} \boldsymbol{t}^i \\ \boldsymbol{t}^a \end{array}\right], \tag{9.16}$$

und nun muß theoretisch die ganze Oberfläche des Halbraums diskretisiert werden. In der Praxis reicht es jedoch aus, nur den Nahbereich zu diskretisieren, da die abliegenden Teile nur sehr wenig Einfluß auf die Berechnung haben.

Für die verbleibenden Elemente wird aus (9.16) durch Multiplikation mit $\boldsymbol{G}^{-1}$ und $\boldsymbol{F}$

$$\boldsymbol{F}\boldsymbol{G}^{-1}\boldsymbol{H}\left[\begin{array}{c} \boldsymbol{u}^i \\ \boldsymbol{u}^a \end{array}\right] = \boldsymbol{F}\left[\begin{array}{c} \boldsymbol{t}^i \\ \boldsymbol{t}^a \end{array}\right].$$

Schreiben wir kürzer $\boldsymbol{Q} = \boldsymbol{F}\boldsymbol{G}^{-1}\boldsymbol{H}$ und beachten, daß $\boldsymbol{t}^a = \boldsymbol{o}$ ist, so ergibt sich

$$\left[\begin{array}{cc} \boldsymbol{Q}^{ii} & \boldsymbol{Q}^{ia} \\ \boldsymbol{Q}^{ai} & \boldsymbol{Q}^{aa} \end{array}\right]\left[\begin{array}{c} \boldsymbol{u}^i \\ \boldsymbol{u}^a \end{array}\right] = \boldsymbol{F}\left[\begin{array}{c} \boldsymbol{t}^i \\ \boldsymbol{o} \end{array}\right]$$

und durch Elimination von $\boldsymbol{u}^a$

$$\boldsymbol{F}^T(\boldsymbol{Q}^{ii} - \boldsymbol{Q}^{ia}\boldsymbol{Q}^{aa-1}\boldsymbol{Q}^{ai})\boldsymbol{F}\boldsymbol{u} = \boldsymbol{F}^T\boldsymbol{R}\boldsymbol{t}.$$

Also ist

$$\boldsymbol{K} = \boldsymbol{F}^T(\boldsymbol{Q}^{ii} - \boldsymbol{Q}^{ia}\boldsymbol{Q}^{aa-1}\boldsymbol{Q}^{ai})\boldsymbol{F}$$

die Steifigkeitsmatrix für gekoppelte Spannungen.

Mit solchen Matrizen läßt sich dann auch die gegenseitige Beeinflussung von benachbarten Fundamenten erfassen.

Mit dem hier vorgestellten Modell kann man — durch Einsetzen komplexer elastischer Konstanten — auch die viskoelastischen Eigenschaften des Baugrunds berücksichtigen.

Literatur

1   Mikhlin, S.G.: Multdimensional Singular Integrals and Integral Equations. London: Pergamon Press 1965

2   Hartmann F.: The Mathematical Foundation of Structural Mechancis. Berlin Heidelberg New York Tokyo: Springer-Verlag 1985

3   Wendland, W.: On some mathematical aspects of boundary element methods for elliptic problems. In: The Mathematics of Finite Elements and Applications V, Mafelap 1984. J.R. Whiteman (Ed.). London: Academic Press 1985, pp. 193-227

4   Aziz, A.K. (Ed.): The Mathematical Foundations of the Finite Element Method with Applications to Partial Differential Equations. New York London: Academic Press 1972

5   Arnold, D.N; Wendland, W.L: Collocation versus Galerkin procedures for boundary integral methods. In: Boundary Element Methods in Engineering, Proc. 4th Int. Seminar Southampton 1982, C.A. Brebbia (Ed.). Berlin Heidelberg New York: Springer Verlag 1982, pp.18-33

6   Hartmann, F.: Elastic potentials on piecewise smooth surfaces. J. Elasticity 12 (1982) 31-50

7   Hartmann, F.: The physical nature of elastic layers. J. Elasticity 12 (1982) 19-29

8   Friemann, H.: Anwendung eines Integralverfahrens auf die Berechnung elastischer Scheiben mit statischen oder geometrischen Randbedingungen unter der Einwirkung von Rand- oder Innenlasten. Habilitationsschrift, Darmstadt 1973

9   Freitag, H.: Berechnung von isotropen, elastischen Platten mit beliebigen Randbedingungen unter der Einwirkung von Rand- und Innenlasten nach der Integralmethode mit Hilfe der Scheiben-Platten-Analogie, Veröffentlichung des Instituts für Statik und Stahlbau der TH Darmstadt 1979

10 Kuhn, G.; Löbel, G.; Potrc, I.: Kritisches Lösungsverhalten der Randelementmethode mit logarithmischen Kern. GAMM-Tagung 1986, Dortmund

11 Trefftz, E.: Ein Gegenstück zum Ritzschen Verfahren. 2. Int. Kongress f. Techn. Mechanik, Zürich 1926, S. 131-137

12 Rektorys, K.: Variationsmethoden in Mathematik, Physik und Technik. München Wien: Carl Hanser Verlag 1984

13 Stein, E.: Die Kombination des modifizierten Trefftzschen Verfahrens mit der Methode der finiten Elemente. In: Finite Elemente in der Statik, Hrsg. K.E.Buck, D.W. Scharpf, E.Stein, W.Wunderlich. Berlin München Düsseldorf: Verlag von Wilhelm Ernst & Sohn 1973

14 Ruoff, G.: Die praktische Berechnung der Kopplungsmatrizen bei der Kombination der Trefftzschen Methode und der Methode der finiten Elemente bei flachen Schalen. In: Finite Elemente in der Statik, Hrsg. K.E.Buck, D.W.Scharpf, E.Stein, W.Wunderlich. Berlin München, Düsseldorf: Verlag von Wilhelm Ernst & Sohn 1973

15 Collatz, L.: Differentialgleichungen, 5. Auflage. Stuttgart: Teubner 1973

16 Hörmander, L.: On the theory of general partial differential operators. Acta Mathematica 94 (1955) 161-248

17 Kitahara, M.: Boundary Integral Equation Methods in Eigenvalue Problems of Elastodynamics and Thin Plates. New York: Elsevier 1985

18   Ortner, V.N.: Regularisierte Faltung von Distributionen, Teil 1: Zur Berechnung von Fundamentallösungen. ZAMP 31 (1980) 133-154

19   Ortner, V.N., Regularisierte Faltung von Distributionen, Teil 2: Eine Tabelle von Fundamentallösungen. ZAMP 31 (1980) 155-173

20   Antes, H.: On boundary integral equations for circular cylindrical shells. In: Boundary Element Methods, Proc. 3rd Int. Seminar Irvine, C.A. Brebbia (Ed.). Berlin Heidelberg New York: Springer-Verlag 1981, pp. 224-238

21   Newton, D.A., Tottenham, H.: Boundary value problems in thin shallow shells of arbitrary plane form, J.Eng. Math. 2 (1968) 211-224

22   Simmonds, J.G., Bradley, M.R.: The fundamental solution for a shallow shell with an arbitrary quadratic midsurface. J. Appl. Mech. 43 Trans. ASME (1976) 286-290

23   Tepavitcharov, A.D.: Fundamental solutions and boundary integral equations in the bending theory of shallow spherical shells. In: Boundary Element Methods, Proc. 7th Int. Conf. Lake Como 1985, C.A. Brebbia (Ed.). Berlin Heidelberg New York: Springer-Verlag, pp. 4-53 - 4-62

24   Matsui, T.; Matsuoka, O.: The fundamental solution in the theory of shallow shells. Int. J. Solids Struct. 14 (1978) 971-981

25   Hein, J.C.: Ein gemischtes Randwertproblem der Kreiszylinderschale mit beliebigen Ausschnitten. Math. Meth. Appl. Sci. 4 (1982) 354-381

26   Tosaka, N.; Miyake, S.: Nonlinear analysis of elastic shallow shells by boundary element method. In: Boundary Element Methods, Proc. 7th Int. Conf. Lake Como 1985, C.A. Brebbia (Ed.). Berlin Heidelberg New York: Springer-Verlag, pp. 4-43 - 4-52

27   Lazarenko, M.V.; Tarakanov, V.I.: On the fundamental solutions of the equations of cylindrical shells. In: Mechanics of continuous media. Tomsk: 1983, pp. 35-47 (in Russian)

28   Hadjikov, L.M.; Marginov, S.; Bekyarova, P.T.: Cubic- spline boundary element method for circular cylindrical shells. In: Boundary Element Methods, Proc. 7th Int. Conf. Lake Como 1985, C.A. Brebbia (Ed.). Berlin Heidelberg New York: Springer-Verlag, pp. 4-93 - 4-102

29   Krätzig W.B.: SSt-Micro, Programmsystem für den Ingenieurhochbau und Industriebau, Ruhr-Universität Bochum, Lehrstuhl für Statik und Dynamik

30   Sauer, E.: Schub und Torsion bei elastischen prismatischen Balken. Mitteilungen aus dem Institut für Massivbau der TH Darmstadt, Nr. 29. Berlin München: Verlag von Wilhelm Ernst & Sohn 1980

31   Hersh, R.; Griego, R.J.: Brownian motion and potential theory. Sci. Am. 220 (1969) 66-77

32   Schulze, B.W.; Wildenhain, G.: Zur Potentialtheorie für stark elliptische Systeme mit konstanten Koeffizienten. Math. Nachrichten 62 (1974) 189-215

33   Maz'ja, V.G.; Plamenevskij, B.A.: The first boundary value problem for classical equations of mathematical physics in domains with piecewise smooth boundaries II. Z. Analysis und ihre Anwendungen 2 (1983) 523-551

34   Fichera, G.: Il teorema del massimo modulo per l'equazione dell' elastostatica tridimensionale. Arch. Rational Mech. Anal. 7 (1961) 373-387

35   Adler, G.: Majoration des tensions dans un corps élastique à l'aide des déplacements superficiels. Arch. Rational Mech. Anal. 16 (1964) 345-372

36   Neureiter, W.; Kuhn, G.: Boundary-Element-Methode mit Substrukturtechnik. ZAMM 61 (1981) T 112 - T114

37   Lamp, U.; Schleicher, T.; Stephan, E.; Wendland, W.: Theoretical and experimental asymptotic convergence of the boundary integral method for a plane mixed boundary value problem. In: Boundary Element Methods in Engineering, Proc. 4th Int. Seminar Southampton 1982, C.A. Brebbia (Ed.). Berlin Heidelberg New York: Spinger Verlag 1982, pp. 3-17

38   Atkinson, C.; Xanthis, L.S.; Bernal, M.J.M: Boundary integral equation crack-tip analysis and applications to elastic media with spatially varying elastic properties. Comp. Meth. Appl. Mech. Eng. 29 (1981) 35-49

39   Atkinson, C.: Fracture Mechanics Stress Analysis. In: Progress in Boundary Element Methods 2, C.A. Brebbia (Ed.), London Plymouth: Pentech Press 1983

40   Jin, H.; Tullberg, O.: More on boundary elements for three-dimensional potential problems. In: Boundary Element Methods, Proc. 7th Int. Conf. Lake Como 1985, C.A. Brebbia (Ed.). Berlin Heidelberg New York: Springer-Verlag, pp. 2-13 - 2-24

41   Hartmann, F; Pickhardt, S.: Der Fehler bei finiten Elementen. Bauingenieur 60 (1985) 463-468

42   Hartmann, F.: The Somigliana identity on piecewise smooth surfaces. J. Elasticity 11 (1981) 403-423

43   Gurtin, E. M.: The linear theory of elasticity. In: Handbuch der Physik (Hrsg. S. Flügge) Band VIa/2 Festkörpermechanik II (Band-Hrsg. C. Truesdell). Berlin Heidelberg New York: Springer-Verlag 1972

44   Brebbia, C.A.; Telles, J.C.F.; Wrobel, L.C.: Boundary Element Techniques. Berlin Heidelberg New York Tokyo: Springer-Verlag 1984

45   Stippes, M.; Rizzo, F.J.: A note on the body force integral of classical elastostatics. ZAMP 28 (1977) 339-341

46   Kröner, H.: Ein Verfahren zum Auffinden elliptischer Löcher in elastisch isotropen Scheiben mit Hilfe einer Randelementmethode. Fortschrittberichte VDI Reihe 1: Konstruktionstechnik/Maschinenelemente Nr. 128. Düsseldorf: VDI Verlag 1985

47   Li, H.-B.; Han, G.-H.; Mang, A.H.: A new method for evaluating singular integrals in stress analysis of solids by the direct BEM. Int. J. Numer. Method Eng. 21 (1986) 2071-2098

48   Mukherjee, S.: Boundary element methods in creep and fracture. London, New York: Applied Science Publishers 1982

49   Tan, C.L.; Lee, K.H.: Elastic-plastic stress analysis of a cracked thick-walled cylinder. In: Boundary Integral Equation Methods in Stress Analysis. London: Mechanical Engineering Publications 1983, pp. 50-57

50   Hartmann, F.: Integral representations of plate bending solutions. Unveröffentlichtes Manuskript.

51   Zotemantel, R.: Berechnung von Platten nach der Methode der Randelemente. Dissertation Universität Dortmund 1985

52   Hartmann, F.: A note on the domain force integral of Kirchhoff plates. Engineering Analysis 2 (1985) 111-112

53   Czerny, F.: Tafeln für Rechteckplatten und Trapezplatten. In: Betonkalender 1980. (Hrsg. G. Franz). Berlin München Düsseldorf: Verlag von Wilhelm Ernst & Sohn 1980

54   Zienkiewicz, O.C.: The Finite Element Method. London: McGraw-Hill Book Company (UK) Ltd. 1977, p. 234

55   Schwarz, H.R.: Methode der finiten Elemente. Stuttgart: Teubner 1980, S. 126

56   Ornth, W.: Berechnung und Konstruktion einer schiefen Plattenbrücke aus Spannbeton unter Vergleich verschiedener FE-Approximationen. Diplomarbeit KIB Ruhr-Universität Bochum 1984

57   Melzer, H.; Rannacher, R.: Spannungskonzentrationen in Eckpunkten der Kirchhoffschen Platte. Bauingenieur 55 (1980) 181-184

58   Rüsch, H.; Hergenröder, A.: Einflußfelder der Momente schiefwinkliger Platten. 3. Auflage. Düsseldorf: Werner-Verlag 1969, Blatt 98

59   Puttonen, J.; Varpasuo, P.: Boundary element analysis of a plate on elastic foundations. Int. J. Numer. Meth. Eng. 23 (1986) 287-303

60   Costa, J.A.; Brebbia, C.A.: Elastic buckling of plates using the boundary element method. In: Boundary Element Methods, Proc. 7th Int. Conf. Lake Como 1985, C.A. Brebbia (Ed.). Berlin Heidelberg New York: Springer-Verlag, pp. 4-29 - 4-42

61   Zienkiewicz, O.C.; Kelly, D.W.; Bettess, P.: Marriage à la mode - the best of both worlds (finite elements and boundary integrals). In: Energy Methods in Finite Element Analysis. R. Glowinski, E.Y. Rodin, O.C. Zienkiewicz (Eds.). Chichester New York: John Wiley & Sons 1979

62   Li, H.-B.; Han, G.-M.; Mang, H.A.; Torzicky, P.: A new method for the coupling of finite element and boundary element discretized subdomains of elastic bodies. Comp. Meth. Appl. Mech. Eng. 54 (1986) 161-185

63   Beer, G.: Finite element, boundary element and coupled analysis of unbounded problems in elastostatics. Int. J. Numer. Meth. Eng. 19 (1983) 567-580

64   Tullberg, O.; Bolteus, S.: A critical study of different boundary element matrices. In: Boundary Element Methods in Engineering, Proc. 4th Int. Seminar Southampton 1982, C.A. Brebbia (Ed.). Berlin Heidelberg New York: Spinger Verlag 1982, pp. 621 - 635

65   Tullberg, O.: BEMDYN - A boundary element program for two-dimensional elastodynamics. In: Boundary Elements, Proc. 5th Int. Conf. Hiroshima 1983. Berlin Heidelberg New York: Springer- Verlag 1983, pp. 835-845

66   Bronstein, I.N.; Semendjajew, K.A.: Taschenbuch der Mathematik. Zürich Frankfurt am Main: Verlag Harri Deutsch 1979

67   Wong, G.K.K.; Hutchinson, J.R.: An improved boundary element method for plate vibrations. In: Boundary Element Methods, Proc. 3rd Int. Seminar Irvine, C.A. Brebbia (Ed.). Berlin Heidelberg New York: Springer-Verlag 1985, pp. 272-290

68   Akyol, T.P.: Ein Beitrag zur Berechnung der von rotationssymmetrischen Maschinenstrukturen abgestrahlten Schalleistung mit Hilfe einer Randelement Methode. Dissertation Universität Dortmund 1984

69   Burton, A.J.; Miller, G. F.: The application of integral equation methods to the numerical solution of some exterior boundary-value problems. Proc. Roy. Soc. London A323 (1971)

70   Kress, R.: Minimizing the condition number of boundary integral operators in acoustic and electromagnetic scattering. NAM-Bericht Nr. 5, Inst. f. num. u. angew. Math. Universität Göttingen 1983

71   Nardini, D.; Brebbia, C.A.: A new approach to free vibration analysis using boundary elements. In: Boundary Element Methods in Engineering, Proc. 4th Int. Conference Boundary Element Methods, Southampton University, 1982, Brebbia, C.A., (Ed.). Berlin Heidelberg New York: Springer-Verlag 1982

72   Wrobel, L.C.; Telles, J.C.F.; Brebbia, C.A.: A dual reciprocity boundary element formulation for axisymmetric diffusion problems. In: Boundary Elements VIII, Proceedings of the 8th Int. Conf., Tokyo Japan September 1986, Tanaka, M., Brebbia, C.A. (Eds.). Berlin Heidelberg New York Tokyo: Springer-Verlag 1986

73   Eringen, C.A.; Şuhubi, E.S.: Elastodynamics, Vol. II. New York London: Academic Press 1974

74   Manolis, G.D.: A comparative study of three boundary element method approaches to problems in elastodynamics. Int. J. Numer. Meth. Eng. 19 (1983) 73-91

75   Ottenstreuer, M.: Das Verfahren der Randelemente — Ein Beitrag zur Darstellung der Wechselwirkung zwischen Bauwerk und Baugrund. Dissertation Ruhr-Universität Bochum 1981

Bibliographie

1929

Kellogg, O.D.: Foundations of Potential Theory. Berlin: Springer-Verlag 1929 (reprint 1967)
Nemenyi, P.: Eine neue Singularitätenmethode für die Elastizitätstheorie. ZAMM 9 (1929)
480-490

1931

Weinel, E.: Die Integralgleichungen des ebenen Spannungszustandes und der Plattentheorie.
ZAMM 11 (1931) 349-360

1941

Pucher, A.: Über die Singularitätenmethode bei elastischen Platten. Ing. Arch. 12 (1941)
76-100

1942

Hartmann, F.: Die Berechnung von ebenen Spannungs- und Formänderungszuständen mit
Hilfe von Spannungs- und Verschiebungsfunktionen, unter besonderer Berücksichtigung
der allgemeinen Lösungen und der Probleme der Einzelkraft, des Einzelmoments und der
verteilten Belastungen. Dissertation TH Berlin 1942

1943

Wegener, U.: Eine neue Methode zur approximativen Lösung von Spannungsproblemen bei
Platten und Scheiben. Forschungshefte aus dem Gebiet des Stahlbaus 6 (1943) 183-189

1949

Hamel, G.: Integralgleichungen. Berlin Göttingen Heidelberg: Springer-Verlag 1949

1951

Williams, M.L.: Surface stress singularities resulting from various boundary conditions in
angular corners of plates under bending. Proc. 1st U.S. Nat. Congr. of Appl. Mech. (1951),
pp. 325-329

1952

Bueckner, H.: Die praktische Behandlung von Integral-Gleichungen. Berlin Göttingen Heidelberg: Springer-Verlag 1952
Williams, M.L.: Stress singularities resulting from various boundary conditions in angular
corners of plates in extension. J. Appl. Mech., Trans. Am. Soc. Mech. Engrs. 19 (1952),
526-528

1953

Bergmann, S.; Schiffer, M.: Kernel Functions and Elliptic Differential Equations in Mathematical Physics. New York London: Academic Press 1953
Muskhelishivili, N.I.: Singular Integral Equations. Groningen: P. Noordhoff N.V. 1953

362

1957

Glahn, H.: Eine Integralgleichung zur Berechnung gelenkig gelagerter Platten. Ing. Arch. 44 (1957) 189-198

1963

Nordgren, R.P.: On the method of Green's function in the thermoelastic theory of shallow shells. Int. J. Eng. Sci. 1 (1963) 279-308

1964

Jahanshahi, A.: Some notes on singular solutions and the Green's functions in the theory of plates and shells. J. Appl. Mech. Trans. ASME 31 (1964) 441-446

Stein, E.: Beiträge zu den direkten Variationsverfahren in der Elastostatik der Balken- und Flächentragwerke. Dissertation Universität Stuttgart 1964

1965

Borgwardt, F.: Berechnung von krummlinig berandeten Scheiben mit Hilfe eines Integralgleichungsverfahrens. Dissertation Universität Braunschweig 1965

England, H.: On stress singularities in linear elasticity. Int. J. Eng. Sci. 9 (1965) 571-585

Fischer, D.: Über die singulären Grundlösungen der partiellen DGL für die Plattenbiegung mit veränderlicher Dicke. Dissertation TH Wien 1965

Günter, N.M.: Potential Theory and its Applications to Basic Problems of Mathematical Physics. New York: Ungar Pub. 1965

Kupradze, V.D.: Potential Methods in the Theory of Elasticity. Jerusalem: Israel program for scientific translations 1965

Massonet, Ch.: Numerical use of integral procedures. In: Stress Analysis, O.C. Zienkiewicz; S.G. Holister (Ed.). London New York: John Wiley 1965

Mußchelischwili, N.I.: Singuläre Integralgleichungen. Berlin: Akademie Verlag 1965

Wendland, W.: Lösung der ersten und zweiten Randwertaufgabe des Innen- und Außengebiets für die Potentialgleichung im R^n durch Randbelegungen. Dissertation D 83 TU Berlin 1965

1966

Stroud, A.H.; Secrest, D.: Gaussian Quadratur Formulas. Englewood Cliffs: Prentice-Hall 1966

1967

Rizzo, F.J.: An integral equation approach to boundary value problems of classical elastostatics. Quart. Appl. Math. 25 (1967) 83-95

Jaswon, M.A.; Maiti, M.; Symm, G.T.: Numerical biharmonic analysis and some applications. Int. J. Solids Struct. 3 (1967) 309-312

1968

Cruse, T.A.; Rizzo, F.J.: A direct formulation and numerical solution of the general transient elastodynamic problem I. J. Math. Analysis and Appl. 22 (1968) 244-259

Cruse, T.A.: A direct formulation and numerical solution of the general transient elastodynamic problem II. J. Math. Analysis and Appl. 22 (1968) 341-355

Jaswon, M.A.; Maiti, M.: An integral equation formulation of plate bending problems, J. Engng. Math. 2 (1968) 83-93

Martensen, E.: Potentialtheorie. Stuttgart: Teubner Verlag 1968

Oliveira, E.R.A.: Plane stress analysis by a general integral method. J. Eng. Mech. Div. Proc. ASCE 94 (1968) 79-101

Rieder, G.: Mechanische Deutung und Klassifizierung einiger Integralverfahren der ebenen Elastizitätstheorie, I,II. Bulletin de l'academie polonaise des sciences, 5 und 6, Vol. XVI, No.2 (1968) 101 - 150

Segedin, C.M.; Brickell, D.G.A.: Integral equation method for a corner plate. J. Struct. Div. Proc. ASCE 94 (1968) 41-52

1969

Cruse, T.A.: Numerical solutions in three dimensional elastostatics. Int. J. Solids Struct. 5 (1969) 1295-1274

Forbes, D.J.; Robinson, A.R.: Numerical analysis of elastic plates and shallow shells by an integral equation method. University of Illinois, Structural Research Series Report 345 (1969)

Heise, U.: Eine Integralgleichungsmethode zur Lösung des Scheibenproblems mit gemischten Randbedingungen. Dissertation TH Aachen 1969

1970

Antes, H.: Die Splineinterpolation zur Lösung von Integralgleichungen und ihre Anwendung bei der Berechnung von Spannungen in krummlinig berandeten Scheiben. Dissertation TH Aachen 1970

Heise, U.: Über die Spektren einiger Integraloperatoren für die isotrope elastische Kreisscheibe. ZAMM 50 (1970) T 122 - T 124

Kompis, V.: Lösung singulärer Integralgleichungen der Elastizitätstheorie im Falle unstetig vorgegebener Spannungen auf dem Rande. ZAMM 50 (1970) T 131 - T 132

Mehlhorn, G.: Ein Beitrag zum Kipp-Problem bei Stahlbeton und Spannbetonträgern. Dissertation D 17 TH Darmstadt 1970

Pahnke, U.: Berechnung von beliebig geformten Scheiben und Platten mit ausspringenden Ecken und geschlitzten Scheiben mit Hilfe eines Integralgleichungsverfahrens. Dissertation TH Aachen 1970

1971

Bergmann, S.: Integral Operators in the Theory of Linear Partial Differential Equations, (3rd ed.). Berlin Heidelberg New York: Springer-Verlag 1971

Christiansen, S.: Numerical solution of an integral equation with a logarithmic kernel. BIT 11 (1971) 267-287

Heise, U.: Lösung des geometrischen Randwertproblems für Scheiben mit Hilfe von Stufenversetzungen. ZAMM 51 (1971) T 112 - T 114

Mehlhorn, G.; Schwarz, P.: Ein Beitrag zur Lage des Schubmittelpunktes. Bauingenieur 46 (1971) 6-10

Mußchelischwili, N.I.: Einige Grundaufgaben zur mathematischen Elastizitätstheorie. München: Carl Hanser Verlag 1971

Stroud, A.H.: Approximate Calculation of Multiple Integrals. Englewood Cliffs: Prentice-Hall 1971

1972

Altenbach, J.: Die Berechnung ebener Flächentragwerke mit Hilfe von Einflußfunktionen zugeordneter vereinfachter Grundaufgaben. ZAMM 52 (1972) T 288 - T 292

Antes, H.: Die Spline-Funktionen bei der Lösung von Integralgleichungen. Numer. Math. 19 (1972) 116-126

Guerrero, I.; Turteltaub, M.J.: The elastic sphere under arbitrary concentrated surface loads. J. Elasticity 2 (1972) 21-33

Hajdin, N.; Krajcinovic, D.: Integral equation method for solution of boundary value problems of structural mechanics. Part I. Ordinary differential equations. Int. J. Numer. Meth. Eng. 4 (1972) 509-522

Hajdin, N.; Krajcinovic, D.: Integral equation method for solution of boundary value problems of structural mechanics. Part II. Elliptic partial differential equations. Int. J. Numer. Meth. Eng. 4 (1972) 523-539

Krawietz, A.: Energetische Behandlung des Singularitätenverfahrens. Dissertation D 83 TU Berlin 1972

Pahnke, U.: Zur Berechnung von Scheiben und Platten mit ausspringenden Ecken. ZAMM 52 (1972) T 142 - T 143

Watson, J.O.: The analysis of thick shells with holes by integral representation of displacement. Ph.D. Thesis, University of Southampton 1972

364

1973

Antes,H.: Über die Integralgleichungen von Massonet und Rieder. ZAMM 53 (1973) T 64 - T 66

Appelt, W.: Numerische Lösung einer Fredholmschen Integralgleichung erster Art zur Ladungsdichtenberechnung auf Elektroden. ZAMM 53 (1973) T 177 - T 178

Cruse, T.A.: Application of the boundary integral equation method to three-dimensional stress analysis. Computers & Structures 3 (1973) 509-527

Hsiao, G.; MacCamy, R.C.: Solution of boundary value problems by integral equations of the first kind. SIAM Rev. 15 (1973) 687-705

Schwarz, P.: Ein Beitrag zur Berechnung von Platten mit Hilfe eines potentialtheoretischen Analogieverfahrens. Dissertation D17 TH Darmstadt 1973

1974

Christiansen, S.: On Green's third identity as a basis for derivation of integral equations. ZAMM 54 (1974) T 185 - T 186

Cruse, T.A.: An improved boundary-integral equation method for three dimensional elastic stress analysis. Computers & Structures 4 (1974) 741-754

Heise, U.: Die Erzeugung von Singularitäten für Integralverfahren der Elastostatik. ZAMM 54 (1974) T 82 - T 84

Maiti, M.; Chakrabarty, S.K.: Integral equation solutions for simply supported polygonal plates. Int. J. Eng. Sci. 12 (1974) 93-806

McDonald, B.H.; Friedmann, M.; Wexler, A.: Variational solution of integral equations. IEEE Transactions on microwave theory and techniques (MTT-22) 3 (1974) 237-248

Warlo, F.: Behandlung des Rizzo-Integralgleichungsverfahren der Elastostatik im Hinblick auf die Lösung technischer Probleme. Dissertation TU München 1974

1975

Christiansen, S.: Integral equations without a unique solution can be made useful for solving some plane harmonic problems. J. Inst. Math. Appl. 16 (1975) 143-159

Christiansen, S.; Hansen, E.: A direct integral equation method for computing the hoop stress at holes in plane isotropic sheets. J. Elasticity 5 (1975) 1-14

Davis, P.J.; Rabinowitz, P.: Methods of Numerical Integration. New York: Academic Press 1975

Heise, U.: The calculation of Cauchy principal values in integral equations for bvp of the plane and three-dimensional theory of elasticity. J. Elasticity 5 (1975) 99-110

Heise, U.: Integralgleichungen unterschiedlicher Integrationsstufen für Randwertprobleme der ebenen Elastostatik. ZAMM 55 (1975) T 90 - T 91

Kutt, H.R.: The numerical evaluation of principal value integrals by finite part integration. Numer. Math. 24 (1975) 205-210

Mayr, M.: Ein Integralgleichungsverfahren zur Lösung rotationssymmetrischer Elastizitätsprobleme. Dissertation TU München 1975

Mieth, H.-J.: Über abklingende Lösungen elliptischer Randwertprobleme (Prinzip von Saint-Venant). Dissertation TH Darmstadt 1975

Pahnke, U.: Genauigkeits- und Wirtschaftlichkeitsbetrachtungen bei Integralgleichungsverfahren der ebenen Elastizitätstheorie. ZAMM 55 (1975) 105-107

Vogel, S. M; Rizzo, F.J.: An integral equation formulation of three-dimensional anisotropic elastostatic boundary value problems. J. Elasticity 3 (1975) 203-216

Zabreyko, P.P.: Integral Equations - A Reference Text. Leyden: Noordhoff International Publishing 1975

1976

Hansen, E.B.: Numerical solution of integro-differential and singular integral equations for plate bending problems. J. Elasticity 6 (1976) 39-56

Ivanov, V.V.; The Theory of Approximate Methods and Their Application to the Numerical Solution of Singular Integral Equations. Leyden: Noordhoff International Publishing 1976

Lachat, J.C.; Watson, J.O.: Effective numerical treatment of boundary integral equations:

a formulation for three-dimensional elastostatics. Int. J. Numer. Meth. Eng. 10 (1976) 991-1005

Maiti, M.; Bela Das; Palit, S.S.: Somigliana's method applied to plane problems of elastic half-spaces. J. Elasticity 6 (1976) 429-439

Mayr, M.: Über eine Erweiterung der Rizzoschen Integralgleichungsmethode auf rotationssymmetrische Elastizitätsprobleme. ZAMM 56 (1976) T 131 - T 132

Nédélec, J.C., Curved finite element methods for the solution of singular integral equations on surfaces in R^3, Comp. Math. Appl. Mech. Eng. 8 (1976) 61-80

Rieder, G.; Heise, U.; Pahnke, U.; Antes, H.; Glahn, H.; Kompis, V.: Berechnung von elastischen Spannungen in beliebig krummlinig berandeten Scheiben und Platten. Forschungsbericht des Landes Nordrhein-Westfalen, Nr. 2552, Opladen: Westdeutscher Verlag 1976

Schweiger, W.; Mayr, M.: On the solution of a certain fluid-structure-coupling problem using the boundary-integral equation method. Mech. Res. Comm 3 (1976) 495-500

Pahnke, U.: Über die Hebung von Ecksingularitäten bei Integralgleichungsverfahren. ZAMM 56 (1976) T 138 - T 140

Simmonds, J.G.; Bradley, M.R.: The fundamental solution for a shallow shell with an arbitrary quadratic midsurface. J. Appl. Mech. Trans. ASME 43 (1976) 286-290

Wang, S.T.; Blandford, G.E.: Comparison of boundary integral equation and FE methods. J. Eng. Mech. Div. Proc. Am. Soc. Civil Eng. 102 (1976) 1941-1947

de Wolff, S.; de Mey, G.: Numerical solution of integral equations for potential problems by a variational principle. Inf. Process. Lett. 4 (1976) 136-139

1977

Bischoff, H.: Die Berechnung von Potentialfeldern mit der Randintegralmethode dargestellt am Beispiel der ebenen stationären Grundwasserströmung. Dissertation D 17 TH Darmstadt 1977

Cruse, T.A.; Snow, D.W.; Wilson, R.B.: Numerical solutions in axisymmetric elasticity. Computers & Structures 7 (1977) 445-451

Hsiao, G.C.; Wendland, W.L.: A finite element method for some integral equations of the first kind. J. Math. Anal. Appl. 58 (1977) 449-481

Jaswon, M.A.; Symm,G.T.: Integral Equation Methods in Potential Theory and Elastostatics. London New York San Francisco: Academic Press 1977

Mehlhorn, G.; Neurath, E.: Das ebene elektrostatische Potentialfeld als Analogie zu Problemen der Elastomechanik. Forschungsberichte aus dem Institut für Massivbau der TH Darmstadt, Nr. 36, 1977

Melnikov, Y.A.: Some application of the Green's function method in mechanics. Int. J. Solids Struct. 13 (1977) 1045-1058

Prössdorf, S.; Silbermann, B.: Projektionsverfahren und die näherungsweise Lösung singulärer Gleichungen. Leipzig: Teubner 1977

Mayr, M.; Neureiter, W.: Ein numerisches Verfahren zur Lösung des axialsymmetrischen Torsionsproblems. Ing. Arch. 46 (1977) 137-142

Shippy, D.J.; Rizzo, F.J.: An advanced boundary integral equation method for three-dimensional thermoelasticity. Int. J. Numer. Meth. Eng. 11 (1977) 1753-1768

Zienkiewicz, O.C.; Kelly, D.W.; Bettess, P.: The coupling of the finite element and boundary solution procedures. Int. J. Numer. Meth. Eng. 11 (1977) 355-375

1978

Altiero, N.; Sikarskie, D.: A boundary integral method applied to plates of arbitrary plane form. Computers & Structures 9 (1978) 163-168

Brebbia, C.A. (Ed.): Recent Advances in Boundary Element Methods, Proc. 1st Int. Conf. Boundary Element Methods, Southampton University, 1978. London: Pentech Press 1978

Christiansen, S.: A review of some integral equations for solving the Saint-Venant torsion problem. J. Elasticity 8 (1978) 1-20

Friemann, H.; Freitag, H.: Berechnung von Scheiben mit einspringenden Ecken mit Hilfe großer Elemente nach einem Integralverfahren. Stahlbau 47 (1978) 85-89

Heise, U.: The spectra of some integral operators for plane elastostatic boundary value problems. J. Elasticity 8 (1978) 47-49

Heise, U.; Müller, C.H.: Numerical properties of integral equations in which the given boundary values and the sought solution are defined on different curves. Computers & Structures 8 (1978) 199-205

Mayr, M.; Schweiger, W.: Dynamische Druckbelastung von flüssigkeitsgefüllten Schalen. Forsch. Ing.-Wes. 44 (1978) 42-46

Richter, G.R.: Numerical solution of integral equations of the first kind with nonsmooth kernels. SIAM J. Numer. Anal. 15 (1978) 511-522

1979

Abou El-Seoud: Numerische Behandlung von schwach singulären Integralgleichungen 1. Art. Dissertation TH Darmstadt 1979

Banerjee, P.K.; Butterfield, R., (Ed.): Developments in Boundary Element Methods - 1. London: Applied Science Publishers Ltd. 1979

Drexler, W.; Kuhn, G.; Mayr, M.: Behandlung der axialsymmetrischen Torsion scharf gekerbter Bauteile mittels Randintegralgleichungsmethoden. ZAMM 59 (1979) 177-179

Friedmann, M.J.: A finite element method for the solution of a potential theory integral equation. Math. Meth. in the Appl. Sci. 1 (1979) 581-587

Hein, J.C.: Eine Integralgleichungsmethode zur Lösung eines gemischten Randwertproblems der beliebig belasteten Kreiszylinderschale mit Auschnitten glatter Berandung. Dissertation TH Darmstadt 1979

Holzemer, K.: Integralgleichungsverfahren für Platten mit verschiedenen Randbedingungen auf nicht zusammenhängenden Randkurven. Ing. Arch. 48 (1979)1-11

Krenk, S.: Stress concentration around holes in anisotropic sheets. Appl. Math. Modelling 3 (1979) 137-142

Kupradze, V.D.,(Ed.): Three-dimensional Problems of the Mathematical Theory of Elasticity and Thermoelasticity. Amsterdam: North-Holland Publishing Co. 1979

Lukasiewicz, S.: Local Loads in Plates and Shells. Alphen aan den Rijn: Sitjhoff and Noordhoff and PWN Polish Scientific Publishers 1979

Stanisic, M.M.: On the response of thin elastic plates by means of Green's functions. Ing. Archiv 48 (1979) 279-288

Stern, M.: A general boundary integral formulation for the numerical solution of plate bending problems. Int. J. Solids Struct. 15 (1979) 769-782

1980

Albrecht, J.; Collatz, L.: Numerical Treatment of Integral Equations, ISMN 53. Basel Boston Stuttgart: Birkhäuser Verlag 1980

Altiero, N.J.; Gavazza, S.C.: On a unified boundary-integral equation method. J. Elasticity 10 (1980) 1-9

Banerjee, P.K.; Cathie, D.N.: A direct formulation and numerical implementation of the boundary element method for two-dimensional problems in elasto-plasticity. Int. J. Mech. Sci. 22 (1980) 233-245

Biollay, Y.; First boundary value problem in elasticity: bounds for the displacements and Saint-Venant's principle. ZAMP 31 (1980) 556-567

Brebbia, C.A., (Ed.): New Developments in Boundary Element Methods, Proc. 2nd Int.Conference Boundary Element Methods, Southampton University, 1980. Southampton: CML Publications 1980

Glahn, H.: Anwendung linearer Integralgleichungsmethoden bei nichtlinearem Stoffgesetz. Bautechnik 57 (1980) 413-416

Hartmann, F.: Elastische Potentiale in Gebieten mit Ecken. Dissertation Universität Dortmund 1980

Heise, U.: Systematic compilation of integral equations of the Rizzo type and of Kupradze's functional equations for boundary value problems of plane elastostatics. J. Elasticity 10 (1980) 23-56

Heise, U.; Müller, C.: Numerical calculation of eigenvalues of integral operators for plane elastostatic boundary value problems. Computer Methods in Appl. Mech. Eng. 21 (1980) 17-43

Heise, U.: Integral equations for the mixed boundary vlaue problem in plane elastostatics. Appl. Math. Modelling 4 (1980) 63-66

Irschik, H.; Ein Integralgleichungsverfahren zur Berechnung allseits frei drehbar gelagerter Trapezplatten mit rechten Winkeln. ZAMM 60 (1980) T 125 - T 127

Johnson, C.; Nédélec, J.C.: On the coupling of boundary integral and finite element methods. Math. Comp. 35 (1980) 1063-1079

Kuhn, G.: Erweiterung der Randintegralgleichungsmethode auf ebene thermoelastische Rißprobleme. ZAMM 60 (1980) T136-T138

Kuhn, G.: Behandlung ebener Rißprobleme mittels Boundary-Element-Methode, Vorträge der 12. Sitzung des Arbeitskreises Bruchvorgänge, Deutscher Verband für Materialprüfung, 7. + 8. Oktober 1980, Freiburg, Fraunhofer Institut für Werkstoffmechanik

Mattioli, F.: Numerical instabilities of the integral approach to the interior boundary-value problem for the two-dimensional Helmholtz equation. Int. J. Numer. Meth. Eng. 15 (1980) 1303-1313

Lyness, J.N.: Quadrature error functional expansions for the simplex when the integrand function has singularities at the vertices. Math. Comp. 35 (1980) 213-225

Mayr, M.; Drexler, W.; Kuhn, G.: A semianalytical boundary integral approach for axisymmetric elastic bodies with arbitrary boundary conditions. Int. J. Solid Struct. 16 (1980) 863-871

Michlin, S.G.; Prößdorf, S.: Singuläre Integraloperatoren. Berlin: Akademie Verlag 1980

1981

Banerjee, P.K.; Butterfield, R.: Boundary Element Methods in Engineering Science. London: McGraw Hill (UK) 1981

Bettess, P.: Operation counts for boundary integral and finite element methods. Int. J. Numer. Meth. Eng. 17 (1981) 306-308

Bezine, G.: A boundary integral equation method for plate flexure with conditions inside the domain. Int. J. Numer. Meth. Eng. 17 (1981) 1647-1657

Bialecki, R.; Nowak, A.J.: Boundary value problems in heat conduction with nonlinear material and nonlinear boundary conditions. Appl. Math. Modelling 5 (1981) 417-421

Blandford, G.E.; Ingraffea, A.R.; Liggett, J.A.: Two-dimensional stress intensity factor computations using the boundary element method. Int. J. Numer. Meth. Eng. 17 (1981) 387-404

Brebbia, C.A., (Ed.): Boundary Element Methods, Proc. of the 3rd Int.Seminar, Irvine, California, July 1981. Berlin Heidelberg New York: Springer-Verlag und CML Publications 1981

Brebbia, C.A., (Ed.): Progress in Boundary Element Methods, Vol.1. London, Plymouth: Pentech Press 1981

Christiansen, S.: Condition number of matrices derived from two classes of integral equations. Math. Meth. Appl. Sci. 3 (1981) 364-392

Drexler, W.; Kuhn, G.: Numerische Behandlung axialsymmetrischer Bauteile unter Fliehkraft- und Temperaturbeanspruchung. ZAMM 61 (1981) T 82 - T 84

Fabrikant, V.; Hoa, S.V.; Sankar, T.S.: On the approximate solution of singular integral equations. Comp. Meth. Appl. Mech. Eng. 29 (1981) 19-33

Fusco, F.B. Jr.: A unified formulation of the finite and boundary element methods using energy methods. Appl. Math. Modelling 5 (1981) 263-268

Hackbusch, W.: Die schnelle Auflösung der Fredholmschen Integralgleichungen zweiter Art. Beiträge zur Numerischen Mathematik 9 (1981) 47-62

Heise, U.: Removal of the zero eigenvalues of integral operators in elastostatic boundary value problems. Acta Mechanica 41 (1981) 41-46

Heise, U.: Comparison of round-off errors in integral equation formulations of elastostatical boundary value problems. Comp. Meth. Appl. Mech. Eng. 28 (1981) 145-177

Hsiao, G.C.; Wendland, W.L.: Super approximation for boundary integral methods. In: Advances in Computer Methods for Partial Differential Equations IV, R. Vichnevetsky & R.S. Steplemand (Eds.), IMACS Syp. Rutgers Univ. Dept. Comp. Sc. New Brunswick, N.J., 1981, pp. 200-205

Ioakimidis, N.I.: On the weighted Galerkin method of numerical solution of Cauchy type singular integral equations, SIAM J. Numer. Anal. 18 (1981) 1120-1127

Kramer, M.A.; Calo, J.M.: An improved computational method for sensitivity analysis: Green's function method with 'AIM', Appl. Math. Modelling 5 (1981) 432-441

Kuhn, G.: Numerische Behandlung von Mehrfachrissen in ebenen Scheiben. ZAMM 61 (1981) T 105 - T 106

Liggett, J.A.; Salmon, J.R.: Cubic spline boundary elements. Int. J. Numer. Meth. Eng. 17 (1981) 543-556

Mukherjee, S.; Morjaria, M.: A boundary element formulation for planar time-dependent inelastic deformation of plates with cutouts. Int. J. Solids Struct. 17 (1981) 115-126

Okabe, M.: A boundary integral approach in the geoelectrical cavity prospecting. Comp. Meth. Appl. Mech. Eng. 29 (1981) 297-311

Prössdorf, S.; Schmidt, G.: A finite element collocation method for singular integral equations. Math. Nachr. 100 (1981) 33-66

Telles, J.C.F.; Brebbia, C.A.: Boundary element solution for half-plane problems. Int. J. Solids Struct. 17 (1981) 1149- 1158

1982

Banerjee, P.K.; Shaw, R.P., (Eds.): Developments in Boundary Element Methods - 2. London, New York: Applied Science Publishers 1982

Brebbia, C.A., (Ed.): Boundary Element Methods in Engineering, Proc. 4th Int. Conference Boundary Element Methods, Southampton University, 1982. Berlin Heidelberg New York: Springer-Verlag 1982

Christiansen, S.: On two methods for elimination of non-unique solutions of an integral equation with logarithmic kernel. Appl. Anal. 13 (1982) 1-18

Crotty, J.M.: A block equation solver for large unsymmetric matrices arising in the boundary integral equation method. Int. J. Numer. Meth. Eng. 18 (1982) 997-1017. Siehe hierzu auch: Letter to the editor by Dr. Stabrowski. 21 (1985) 967-970

Fenyö, S.; Stolle, H.W.: Theorie und Praxis der linearen Integralgleichungen, Bd. 1-4. Basel, Boston, Stuttgart: Birkhäuser Verlag 1982

Fischer, T.M.: An integral equation procedure for the exterior three-dimensional slow viscous flow. Integral Equations and Operator Theory 5 (1982) 490-505

Gospodinov, G.; Ljutskanov, A.: The boundary element method applied to plates. Appl. Math. Modelling 6 (1982) 237-244

Groenenboom, P.H.L.: The application of boundary elements to steady and unsteady potential fluid flow problems in two and three dimensions. Appl. Math. Modelling 6 (1982) 35-40

Höllinger, F.: Ein Randintegralgleichungsverfahren für Flüssigkeitsschwingungen in beliebig geformten Staubecken mit elastischen Sperrenkonstruktionen, ZAMM 62 (1982) T 46 - T 48

Howell, G.C.; Doyle, W.S.: An assessment of the boundary integral equation method for in-plane elastostatic problems. Appl. Math. Modelling 6 (1982) 245-256

Ioakimidis, N.I.: Application of finite-part integrals to the singular integral equations of crack problems in plane and three-dimensional elasticity. Acta Mechanica 45 (1982) 31-47

Johnson, W.C.; Lee, J.K: An integral equation approach to the inclusion problem of elasto-plasticity. Trans. ASME 49 (1982) 312-318

Kamiya, N.; Sawaki, Y.: Integral equation formulation for nonlinear bending of plates - formulation by weighted residual method. ZAMM 62 (1982) 651-655

Kamiya, N.; Sawaki, Y.; Nakamura, Y.; Fukui, A.: An approximate finite deflection analysis of a heated elastic plate by the boundary element method. Appl. Math. Modelling 6 (1982) 23-27

Katz, C.: Ein symmetrisches Verfahren zur Berechnung von Problemen der Potential-, Scheiben- oder Plattentheorie mit Greenschen Funktionen. Dissertation TU München 1982

Kuhn, G.; Drexler, W.; Neureiter, W.: Integralgleichungsmethode, Forschungsberichte der Forschungsvereinigung Verbrennungskraftmaschinen e.V.,Frankfurt, Heft 310-1 bis 310-3, 1982

Liu, P.L-F.; Abbaspour, M.: An integral equation method for the diffraction of oblique waves by an infinite cylinder. Int. J. Numer. Meth. Eng. 18 (1982) 1497-1504

Mansur, W.J.; Brebbia, C.A.: Numerical implementation of the boundary element method for two dimensional transient scalar wave propagation problems. Appl. Math. Modelling 6 (1982) 299-306

Mukherjee, S.; Morjaria, M.: Comparison of boundary element and finite element methods in the inelastic torsion of prismatic shafts. Int. J. Numer. Methods Eng. 18 (1982) 1576-1588

Novati, G.; Brebbia, C.: Boundary element formulation for geometrically nonlinear elastostatics. Appl. Math. Modelling 6 (1982) 136-138

Rangogni, R.; Reali, M.: The coupling of the finite difference method and the boundary element method. Appl. Math. Modelling 6 (1982) 233-236

Redekop, D.: Fundamental solutions for the collocation method in planar elastostatics. Appl. Math. Modelling 6 (1982) 390-393

Utuku, M.; Carey, G.F.: Boundary penalty techniques. Comp. Meth. Appl. Mech. Eng. 30 (1982) 103-118

van der Weeën, F.: Application of the boundary integral equation method to Reissner's plate model. Int. J. Numer. Meth. Eng. 18 (1982) 1-10

1983

Arnold, D.N.; Wendland, W.L.: On the asymptotic convergence of collocation methods. Math. Comp. 41 (1983) 349-381

Arvay, K.: Calculation of structures with application of a set of integral equations. ZAMM 63 (1983) T 339 - T 340

Atkinson, K.; Graham, I.; Sloan, I.: Piecewise continuous collocation for integral equations. SIAM J. Numer. Anal. 20 (1983) 172-186

Bettess, J.A.: Economical solution technique for boundary integral matrices. Int. J. Numer. Meth. Eng. 19 (1983) 1073-1077

Brebbia, C.A.,(Ed.): Progress in Boundary Element Methods, Vol.2. London, Plymouth: Pentech Press 1983

Brebbia, C.A.; Futagami, T.; Tanaka, M.: Boundary Elements, Proceedings of the 5th Int. Conf., Hiroshima, Japan, November 1983. Berlin Heidelberg New York Tokyo: Springer-Verlag 1983

Christiansen, S.: Numerical investigation of an integral equation of Hsiao and MacCamy. ZAMM 63 (1983) T 341 - T 343

Crouch, S.L.; Starfield, A.M.: Boundary Element Methods in Solid Mechanics. London: George Allen & Unwin 1983

Hodous, M.F.; Katnik, R.B.; Bozek, D.G.; Kline, K.A.: Vector processing applied to boundary element algorithms on the CDC CYBER-205. In: Vector and Parallel Computing in Scientific Applications. Paris: Pluralis 1983

Howell, G.C.; Dolye, W.S.: The plane stress/strain analysis of non-homogeneous continua by the boundary integral equation method. Computers & Structures 17 (1983) 603-610

Kuhn, G.; Möhrmann, W.: Boundary element method in elastostatics: theory and applications. Appl. Math. Modelling 7 (1983) 97-105

Nardini, D.; Brebbia, C.A.: A new approach to free vibration analysis using boundary elements. Appl. Math. Modelling 7 (1983) 157 - 162

Noblesse, F.: Integral identities of potential theory of radiation and diffraction of regular water waves by a body. J. Eng. Math. 17 (1983) 1-13

Phan-Thien, N.: On the image system for the Kelvin-state. J. Elasticity 13 (1983) 231-235

Redekop, D.; Thompson, J.C.: Use of fundamental solutions in the collocation method in axisymmetric elastostatics. Computers & Structures 17 (1983) 485-490

Rudolphi, T.J.: An implementation of the boundary element method for zoned media with stress discontinuities. Int. J. Numer. Meth. Eng. 19 (1983) 1-15

Telles, J.C.F.: The Boundary Element Method Applied to Inelastic Problems. Lecture Notes in Engineering, Vol.1. Berlin Heidelberg New York Tokyo: Springer-Verlag 1983

Tsamasphyros, G.; Theocaris. P.S.; Stassinakis, C.A.: A numerical solution of singular integral equations without using special collocation points. Int. J. Numer. Meth. Eng. 19 (1983) 421-430

Venturini, W.S.: Boundary Element Method in Geomechanics. Lecture Notes in Engineering, Vol.4. Berlin Heidelberg New York Tokyo: Springer-Verlag 1983

van der Weeën, F.: Mixed mode fracture analysis of rectilinear anisotropic plates using singular boundary elements. Computers & Structures 17 (1983) 469-474

1984

Banerjee, P.K.; Mukherjee, S.: Developments in Boundary Element Methods - 3. London New York: Elsevier Applied Science Publishers 1984

Brebbia, C.A.: Boundary Element Techniques in Computer-Aided Engineering. Dordrecht Boston Lancaster: Martinus Nijhoff Publishers 1984

Brebbia, C.A.,(Ed.): Topics in Boundary Element Research, Vol.1. Berlin Heidelberg New York Tokyo: Springer-Verlag 1984

Costabel, M.: Starke Elliptizität von Randintegraloperatoren erster Art. Habilitationsschrift, TH Darmstadt 1984

Hasegawa, M.; Nakai, S.; Fukuwa, N.; Tamura, T.: Dynamic analysis of a structure embedded in a multilayered medium by the boundary element method. Shimizu Tech. Res. Bull. 4 (1984) 1-7

Hebeker, F.K.: Zur Randelemente-Methode in der 3-D viskosen Strömungsmechanik. Habilitationsschrift, Universität Paderborn 1984

Hromadka II, T.V.: The Complex Variable Boundary Element Method. Lecture Notes in Engineering, Vol. 9. Berlin Heidelberg New York Tokyo: Springer-Verlag 1984

Hsiao, G.C.; Kopp, P.; Wendland, W.L.: Some applications of a Galerkin-Collocation method for boundary integral equations of the first kind. Math. Meth. Appl. Sci. 6 (1984) 280-325

Ingham, D.B.; Kelmanson, M.A.: Boundary Integral Equation Analysis of Singular, Potential and Biharmonic Problems. Lecture Notes in Engineering, Vol.7. Berlin Heidelberg New York Tokyo: Springer-Verlag 1984

Kawase, H.; Nakai, S.: Dynamic structure-soil-structure interaction analysis by boundary element method. Shimizu Tech. Res. Bull 3 (1984) 19-25

Mackerle, J.; Andersson, T.: Boundary element software in engineering. Ad. Eng. Software 6 (1984) 66-102

Mathiak, F.: Die Randsingularitäten am eingespannten Rand einer isotropen, schubelastischen Platte. Beton- und Stahlbetonbau 79 (1984) 151-161

Martinez, J.; Dominguez, J.: On the use of quarter-point boundary elements for stress intensity factor computations. Int. J. Numer. Meth. Eng. 20 (1984) 1941-1950

Meric, R.A., Boundary element methods for optimization of distributed parameter systems, Int. J. Numer. Methods Eng. 20 (1984) 1291-1306

Mukehrjee, S., Morajaria, M., On the efficiency and accuracy of the boundary element method and the finite element method. Int. J. Numer. Meth. Eng. 20 (1984) 515-522

Quinghua Du; Zhenhan Yao; Guoshu Song: Solution of some plate bending problems using the boundary element method. Appl. Math. Modelling 8 (1984) 15-22

Radaj, D.; Möhrmann,W.; Schilberth,G.: Economy and convergence of notch stress analysis using boundary and finite element methods. Int. J. Numer. Meth. Eng. 20 (1984) 565-572

Rank, E.; A-posteriori error estimates and adaptive refinement for some boundary integral element methods. In: Proceedings of the ARFEC-Conference Lisbon, Portugal, 19 - 22 June 1984

Shi, Z.C.: On the convergence rate of the boundary penalty method. Int. J. Numer. Meth. Eng. 20 (1984) 2017-2032

Sládek, J.; Sládek, V.: Boundary integral equation method in thermoelasticity: part II crack analysis. Appl. Math. Modelling 8 (1984) 27-36

Stephan, E.: Boundary Integral Equations for Mixed Boundary Value Problems, Screen and Transmission Problems in R^3. Habilitationsschrift, TH Darmstadt 1984

Swoboda, G.; Beer, G.: Städtischer Tunnelbau - Rechenmodelle und Resultatinterpretation als Grundlage für Planung und Bauausführung. In Finite Elemente Anwendung in der Baupraxis. H.Grundmann, E.Stein, W.Wunderlich, (Hrsg.). Berlin München: Wilhelm Ernst & Sohn 1984

Theocaris, P.S.; Tsamasphyros, G.; Theotokoglou, E.E.: A combination of the finite element and singular-integral equation methods for the solution of the generally cracked body, Int. J. Numer. Meth. Eng. 20 (1984) 2065-2075

Waas, G.: Berechnung dynamischer Boden-Bauwerk-Wechselwirkungen. In Finite Elemente Anwendungen in der Baupraxis. H.Grundmann, E.Stein, W. Wunderlich, (Hrsg.). Berlin München: Wilhelm Ernst & Sohn 1984

Wu, J.C.: Fundamental solutions and numerical methods for flow problems. Int. J. Numer. Meth. Fluids 4 (1984) 185-201

Zietsman, J.F.W.: The coupled finite element and boundary integral analysis of ocean wave loading: a versatile tool. Comp. Meth. Appl. Mech. Eng. 44 (1984) 153-176

1985

Adeyeye, J.O.; Bernal, M.J.; Pitman, K.E.: An improved boundary integral equation method for Helmholtz problems. Int. J. Numer. Meth. Eng. 21 (1985) 779-787

Alarcon, E.; Reverter, A.; Molina, J.: Hierarchical boundary elements. Computers & Structures 20 (1985) 151-156

Aliabadi, M.H.; Hall, W.S.: Taylor expansions for singular kernels in the boundary element method. Int. J. Numer. Meth.. Eng. 21 (1985) 2221-2236

Antes, H.: A boundary element procedure for transient wave propagations in two-dimensional isotropic elastic media. Finite Elements in Analysis and Design 1 (1986) 313-323

Athanasiadis, G.: Direct and indirect boundary element methods for solving the heat conduction problem. Comp. Meth. Appl. Mech. Eng. 49 (1985) 37-54

Bezine, G.; Cimetiere, A.; Gelbert, J.P.: Unilateral buckling of thin elastic plates by the boundary integral equation method, Int. J. Numer. Meth. Eng. 21 (1985) 2189-2199

Brebbia, C.A.; Maier, G., (Eds.): Boundary Elements VII, Proceedings of the 7th Int. Conf., Villa Olmo, Lake Como, Italy, September 1985. Berlin Heidelberg New York Tokyo: Springer-Verlag 1985

Brebbia, C.A.; Noye, B.J.: BETECH 85, Proceedings of the 1st boundary element technology conference, South Australia Inst. of Technology, Adelaide, Australia, Nov. 1985. Berlin Heidelberg New York Tokyo: Springer-Verlag 1985

Clements, D.L.; Haselgrove, M.: The boundary integral equation method for the solution of problems involving elastic slabs. Int. J. Numer. Meth. Eng. 21 (1985) 663-670

Deconinck, J.: Current density distributions and electrode shape changes in electrochemical systems, a boundary element approach. Ph. D. thesis, Vrije Universiteit Brussel 1985

Deconinck, J.; Maggetto, G.; Vereecken, J.: Calculation of current distribution and electrode shape change by the boundary element method. J. Electrochem. Soc. (1985) 2960-2965

Delves, L.M.; Mohamed, J.L.: Computational Methods for Integral Equations. Cambridge London New York New Rochelle Melbourne Sydney: Cambridge University Press 1985

Hartmann, F.; Katz, C.; Protopsaltis, B.: Boundary elements and symmetry. Ing. Arch. 55 (1985) 440-449

Hromadka, T.V.: The Complex Variable Boundary Element Method. Lecture Notes in Engineering, Vol.9. Berlin Heidelberg New York Tokyo: Springer-Verlag 1985

Hromadka II, T.V.; Yen, C.C.; Guymon, G.L.: The complex variable boundary element method: applications. Int.J.Numer. Methods Eng. 21 (1985) 1013-1025

Hromadka II, T.V.; Pardoen, G.C.: Application of the CVBEM to non-uniform St.Venant torsion. Comp. Meth. Appl. Mech. Eng. 53 (1985) 149-161

Hume III, E.C.; Brown, R.A.; Deen, W.M.: Comparison of boundary and finite element methods for moving-boundary problems governed by a potential. Int. J. Numer. Meth. Eng. 21 (1985) 1295-1314

Kawahara, M.; Kashimaya, K.: Boundary type finite element method for surface wave motion based on trigonometric function interpolation. Int. J. Numer. Meth. Eng. 21 (1985) 1833-1852

de Mey, G.: The auxiliary boundary element method for time dependent problems. J. Comp. Appl. Math. 12 & 13 (1985) 239- 245

Michlin, S.G.: Fehler in numerischen Prozessen. Berlin: Akademie-Verlag 1985

Mitsui, Y.; Ichikawa, Y.; Obara, Y.; Kawamoto, T.: A coupling scheme for boundary and finite elements using a joint element. Int. J. Numer. Meth. Eng. 9 (1985) 161-172

Perucchio, R.; Ingraffea, A.R.: An integrated boundary element analysis system with interac-

372

tive computer graphics for three-dimensional linear-elastic fracture mechanics. Computers
& Structures 20 (1985) 157-171

Protopsaltis, B.: Rand-Integral-Gleichungen für dünne elastische Platten und ihre Kopplung
mit Finiten Elementen. Dissertation TU München 1985

Radaj, D.: Schwingfestigkeit von Biegeträgern mit Quersteife nach dem Kerbgrundkonzept.
Stahlbau 54 (1985) 243-249

Rank, E.: A-posteriori-Fehlerabschätzungen und adaptive Netzverfeinerung für Finite-Element-
und Randintegralelement-Methoden. Dissertation TU München 1985

Rizzo, F.J.; Shippy, D.J.; Rezayat, M.: A boundary integral equation method for radiation
and scattering of elastic waves in three dimensions. Int. J. Numer. Meth.. Eng. 21 (1985)
115-129

Vable, M.: An algorithm based on the boundary element method for problems in engineering
mechanics, Int. J. Numer. Meth.. Eng. 21 (1985) 1625 - 1640

Ye, T.Q.; Liu, Y.: Finite deflection analysis of elastic plates by the boundary element method.
Appl. Math. Modelling 9 (1985) 183-188

Zastrow, U.: On the formulation of the fundamental solutions for orthotropic plane elasticity.
Acta Mechanica 57 (1985) 113-122

1986

Alarcon, E.; Reverter, A.: p-adaptive boundary elements. Int. J. Numer. Methods Eng. 23
(1986) 801-829

Ang, W.T.; Clements, D.L.: A boundary element method for determining the effect of holes
on the stress distribution around a crack. Int. J. Numer. Methods Eng. 23 (1986) 1727-
1738

Antes, H.; Spyrakos, C.C.: Time domain boundary element method approaches in elastodynamics: a comparative study. Computer & Structures, to appear

Bakr, A.A., The Boundary Integral Equation Method in Axisymmetric Stress Analysis Problems. Lecture Notes in Engineering, Vol. 14. Berlin Heidelberg New York Tokyo: Springer-
Verlag 1986

Bausinger, R.: Die Boundary-Element-Methode, CAE-Journal, 3- 86

Cruse, T.A.; Polch, E.Z.: Elastoplastic BIE analysis of cracked plates and related problems.
Part 1: Formulation, Int. J. Numer. Meth. Eng. 23 (1986) 429-437

Cruse, T.A.; Polch, E.Z.: Elastoplastic BIE analysis of cracked plates and related problems.
Part 2: Numerical results, Int. J. Numer. Meth. Eng. 23 (1986) 439-452

Fabrikant, V.I.: Computer evaluation of singular integrals and their applications. Int. J.
Numer. Meth. Eng. 23 (1986) 1439-1453

Hartmann, F.; Zotemantel, R.: The direct boundary element method in plate bending. Int.
J. Numer. Meth. Eng., to appear

Hebeker, F.K.: Efficient boundary element methods for three-dimensional exterior viscous
flows. Numer. Meth. Partial Diff. Equations (1986) to appear

Hsiao, G.C.: On the stability of integral equations of the first kind with logarithmic kernels.
Arch. Rational Mech. Analysis 94 (1986) 179-192

Ingham, D.B.; Kelmanson, M.A.: A note on the comparison between BIE and FD techniques
for solving elliptic bvps with boundary singularities. Comm. Appl. Numer. Meth. 2 (1986)
189

Jirousek, J.; Guex, L.: The Hybrid-Trefftz finite element model and its applications to plate
bending. Int. J. Numer. Meth. Eng. 23 (1986) 651-694

Karabalis, D.L.; Beskos, D.E.: Dynamic response of 3-D embedded foundations by the boundary element method. Comp. Meth. Appl. Mech. Eng. 56 (1986) 91-119

Löbel, G.: Optimale und kritische Konditionierung bei der Boundary-Element-Methode.
GAMM-Tagung 1986, Dortmund

Mang, H.; Zhi-Yuan, C.: Zur Symmetrisierbarkeit von Kopplungsmatrizen bei FE-BE Dis-
kretisierungen elastischer, fester Körper. GAMM-Tagung 1986, Dortmund

Manolis, G.D.; Beskos, D.E.; Pineros, M.F.; Beam and plate stability by boundary elements.
Computers & Structures 22 (1986) 917-923

Manolis, G.D.; Banerjee, P.K.: Conforming versus non-conforming boundary elements in
three-dimensional elastostatics. Int. J. Numer. Meth. Eng. 23 (1986) 1885-1904

Migeot, J.-L.: BEM-Condition number of systems obtained when solving mixed boundary value potential problems. Communications Appl. Num. Methods 2 (1986) 429-435

Minato, A; Tone, T; Miya, A.: Three-dimensional analysis of magnetic field distortion of ferromagnetic beam-plates by the boundary element method. Int. J. Numer. Meth. Eng. 23 (1986) 1201- 1216

Miller, G.R.: A Green's function solution for plane anisotropic contact problems. Transactions of the ASME 53 (1986) 386-389

Murai, T.; Kagawa, Y.: Boundary element iterative techniques for determining the interface boundary between two Laplace domains - a basic study of impedance plethysmography as an inverse problem. Int. J. Numer. Meth. Eng. 23 (1986) 35-47

Ohga, M.; Shigematsu, T.; Hara, T.: Structural analysis by a combined boundary element-transfer matrix method. Computers & Structures 24 (1986) 385-390

Paris, F.; De Leon, S.: Simply supported plates by the boundary integral equation method. Int. J. Numer. Meth. Eng. 23 (1986) 173-191

Providakis, C.P.; Beskos, D.E.: Dynamic analysis of beams by the boundary element method. Computers & Structures 22 (1986) 957-964

Rencis, J.J.; Mullen, R.J.: Solution of elasticity problems by a self-adaptive mesh refinement technique for boundary element computations. Int. J. Numer. Methods Eng. 23 (1986) 1509-1527

Schippers, H.: Multigrid methods for boundary integral equations. Numer. Math. (1986), to appear

Sharp, S.; Crouch, S.L.: Boundary integral methods for thermoelasticity problems. Trans. ASME 53 (1986) 298-302

Shaw, R.P. et al. (Eds.): Innovative Numerical Methods in Engineering. Proceedings of the 4th Int. Symp., Georgia Inst. of Tech. Atlanta Georgia March 1986. Berlin Heidelberg New York Tokyo: Springer-Verlag 1986

Sládek, V.; Sládek, J.; Balas, J.: Boundary integral equation formulation of crack problems. ZAMM 66 (1986) 83-94

Sládek, J.; Sládek, V.: Dynamic stress intensity factors studied by boundary integro-differential equations. Int. J. Numer. Meth. Eng. 23 (1986) 919-928

Tanaka, M.: Boundary Elements. Amsterdam: North-Holland, In Vorbereitung

Tanaka, M.; Brebbia, C.A. (Eds.): Boundary Elements VIII, Proceedings of the 8th Int. Conf., Tokyo Japan September 1986. Berlin Heidelberg New York Tokyo: Springer-Verlag 1986

Wendland, W.L.; Christiansen, S.: On the condition number of the influence matrix belonging to some first kind integral equations with logarithmic kernel. Appl. Analysis 21 (1986) 175-183

Zhang, J.-D.; Atluri, S.N.: A boundary/interior element method for quasi-static and transient response analyses of shallow shells. Computers & Structure 24 (1986) 213-224

Index

Programmservice

Die Programme

BE-LAPLACE
BE-PLATES
BE-PLATE-BENDING

sind in TURBO-PASCAL geschrieben und laufen auf dem IBM-PC und kompatiblen Computern, die mit dem Numerik-Prozessor 8087 ausgestattet sind.

Die Programme werden in zwei Versionen angeboten.

Studentenversionen S2

Bei diesen Versionen ist die Zahl der maximal möglichen Gleichungen eingeschränkt:

BE-LAPLACE	System 40 × 40	max. 20 Elemente,
BE-PLATES	System 80 × 80	max. 20 Elemente,
BE-PLATE-BENDING	System 88 × 88	max. 40 Elemente.

Preis 75.-

Bei Plattenproblemen sind unter Umständen etwas mehr als 40 Elemente möglich.
Die Zahl der Elemente für Teillastflächen (subdomains) oder Linienlasten ist nicht eingeschränkt. Nur die Zahl der Unbekannten darf nicht größer als angegeben sein.

Die Studentenversionen kommen mit 384 KB Hauptspeicher aus. Sie werden nur zusammen zu einem Preis von 75.- abgegeben.

Originalversionen 1.2

Die Originalversionen benötigen 640 KB Hauptspeicher. Die aktuellen Preise erfragen Sie bitte beim Verfasser.

Zum Lieferumfang beider Versionen gehören Programme mit denen die Ergebnisse auf dem Bildschirm graphisch dargestellt werden können. Hardware-Voraussetzung ist eine Hercules-Karte (720 × 348 Punkte) oder der IBM-Color-Graphics-Adapter (640 × 200 Punkte) bzw. die EGA-Karte.

Bei der Bestellung bitte immer angeben:
a) Typ des Computers
b) Größe der Laufwerke (360 KB oder 1.2 MB)
c) Testplatte vorhanden (J/N)

Bestellungen und Anfragen sind zu richten an.

Dr.-Ing. Friedel Hartmann
Universität Dortmund
Lehrstuhl Baumechanik-Statik
August-Schmidt-Str.8
46 Dortmund 50

Konto: 3495 83-605 Postscheckamt Frankfurt am Main

Die Lieferung erfolgt gegen Vorkasse.

Topics in Boundary Element Research

Editor: C.A.Brebbia

Volume 1

Basic Principles and Applications

Editor: C.A.Brebbia

1984. 144 figures, 11 tables. XIII, 256 pages.
Hard cover DM 168,-. ISBN 3-540-13097-7

Contents: Boundary Integral Formulations. –
A Review of the Theory. – Applications in
Transient Heat Conduction. – Fracture
Mechanics Application in Thermoelastic
States. – Applications of Boundary Element
Methods to Fluid Mechanics. – Water Waves
Analysis. – Interelement Continuity in the
Boundary Element Method. – Applications in
Geomechanics. – Applications in Mining. –
Finite Deflections of Plates. – Trefftz Method.
– Subject Index.

Volume 2

Time–dependent and Vibration Problems

Editor: C.A.Brebbia

1985. 140 figures, 5 tables. XIV, 260 pages.
Hard cover DM 168,-. ISBN 3-540-13993-1

Contents: Fundamentals of Boundary Integral
Equation Methods in Elastodynamics. –
Elastic Potentials in BIE Formulations. –
Time-Dependent Non-Linear Potential
Problems. – Further Developments on the
Solution of the Transient Scalar Wave Equa-
tion. – Transient Elastodynamics. – Propaga-
tion of Surface Waves. – Boundary Integral
Formulation of Mass Matrices for Dynamic
Analysis. – Boundary Element Method for
Laminar Viscous Flow and Convective Diffu-
sion Problems. – Asymptotic Accuracy and
Convergence for Point Collaboration
Methods. – Subject Index.

Volume 3

Computational Aspects

Editor: C.A.Brebbia

1987. 126 figures, 28 tables. Approx.
306 pages. Hard cover DM 248,-.
ISBN 3-540-16113-9

Contents: Numerical Convergence of Bound-
ary Solutions in Transient Heat Conduction
Problems. – New Integral Equation Approach
to Viscoelastic Problems. – Numerical Inte-
gration. – Computational Aspects of the
Boundary Element Method. – The Edge
Function Method in Elastostatics. – Theore-
tical and Practical Aspects of Multigrid
Methods in Boundary Element Calculations.
– Complex Variable Elements in Compu-
tational Mechanics. – Software for Potential
Problems. – Software for Elastostatics.

Volume 4

Engineering Applications

1987. Approx. 267 pages. Hard cover.
In preparation. ISBN 3-540-17497-4

Springer-Verlag
Berlin Heidelberg New York
London Paris Tokyo